Anders satt

Friederike Schmitz

Anders satt

Wie der Ausstieg aus der Tierindustrie gelingt

ventil

Friederike Schmitz ist promovierte Philosophin, Autorin und eine der profiliertesten Stimmen der deutschen Tierrechtsbewegung. Zu ihren Veröffentlichungen zählen unter anderem der viel besprochene Sammelband »Tierethik. Grundlagentexte« (Suhrkamp 2014) und das Buch »Tiere essen – dürfen wir das?« (Metzler 2020). In Artikeln, Seminaren und Vorträgen setzt sie sich seit Jahren faktenbasiert mit den Folgen der Tierindustrie und den Alternativen auseinander. Als gefragte Gesprächspartnerin in den Medien und bei Veranstaltungen diskutiert sie regelmäßig mit Menschen aus Landwirtschaft, Politik und Zivilgesellschaft darüber, was sich in unserem Ernährungssystem ändern muss. Mit ihrem aktuellen Buch zeigt sie konkrete Wege zur Transformation auf.

MIX
Papier aus verantwortungsvollen Quellen
FSC® C126011
FSC www.fsc.org

2. Auflage April 2023
ISBN 978-3-95575-192-0

Gestaltung und Satz: Oliver Schmitt
Cover unter Verwendung einer Fotografie von Alice Baldwin
Druck und Bindung: CPI Books GmbH, Leck

Ventil Verlag, Boppstraße 25, 55118 Mainz
www.ventil-verlag.de

Inhalt

Vorwort von Niko Rittenau

Mit großer Freude schreibe ich dieses Vorwort zu dem Buch »Anders satt« von Dr. Friederike Schmitz, da es eine wichtige Lücke in der aktuellen Debatte um die dringend benötigte Ernährungswende schließt. Es führt die vielen – häufig augenscheinlich widersprüchlichen – Argumente für und gegen die aktuell vorherrschende Tierhaltung und unsere damit einhergehende westliche Mischkost zusammen und schafft es dadurch, dass trotz der Komplexität der Thematik das große Ganze auch für Nicht-Fachkräfte verständlich wird.

Dabei behält Dr. Schmitz stets einen objektiven Blick auf die in ihrem Buch besprochenen Themen, beleuchtet die Argumente von Befürworter*innen und Kritiker*innen gleichermaßen und liefert damit genau das, was auch der Untertitel verspricht: Eine fundierte Begründung sowie eine realitätsnahe Anleitung für den Ausstieg aus der Tierindustrie.

Im Zuge all dieser wichtigen Debatten steht allerdings eine große Frage im Raum, die quasi wie das sprichwörtliche Damoklesschwert über all jenen schwebt, die sich für eine tierproduktfreie Ernährung einsetzen: Und zwar die Frage, ob es aus ernährungsphysiologischer Sicht überhaupt möglich ist, zur Gänze auf tierische Lebensmittel zu verzichten und dabei keinerlei gesundheitlich abträgliche Effekte befürchten zu müssen. Als Ernährungswissenschaftler habe ich dieser Fragestellung in den letzten Jahren mehrere Bücher gewidmet und behandle dieses Thema ebenfalls vertiefend im Rahmen meiner aktuell laufenden Dissertation. Die Kurzantwort auf diese Frage ist ein klares »Ja«. Allerdings lohnt es sich hier noch deutlich tiefer einzusteigen, um dieses vielschichtige Thema mit der angebrachten Differenziertheit zu beleuchten.

Grundsätzlich kann zu Beginn festgehalten werden, dass Menschen (ebenso wie alle anderen Lebewesen) keine bestimmten Lebensmittel, sondern nur bestimmte Nährstoffe benötigen. Auch wenn man es anders hört und liest; weder tierische noch pflanzliche Lebensmittel haben per se ein Monopol auf einzelne essenzielle Nährstoffe; oder anders gesagt: Es gibt keinen lebensnotwendigen Nährstoff, den man ausschließlich über den Konsum tierischer oder pflanzlicher Lebensmittel erhält. Es ist nicht das Fleisch, das wir brauchen, sondern beispielsweise gewisse Amino- und Fettsäuren sowie bestimmte Vitamine und Mineralstoffe, die im Fleisch stecken. Diese stecken aber auch mehr oder weniger dicht konzentriert in unterschiedlichen nicht-tierischen Lebensmitteln. Wir benötigen auch nicht zwingend Milch für unsere Kalziumversorgung oder Fisch für die Jod- und Omega-3-Versorgung. All diese Stoffe stecken selbstverständlich in diesen Lebensmitteln, aber wir können sie auch abseits dieser Produkte zuführen.

Das liegt daran, dass Tiere quasi nie die Primärproduzenten derartiger lebensnotwendiger Nährstoffe sind. Ebenso wie der Mensch nehmen andere Tiere die meisten der Nährstoffe, die wir mit den aus ihren Körpern hergestellten Produkten assoziieren, extern über die Nahrung auf und reichern sie dann lediglich in ihrem Gewebe an. Vereinfacht gesagt: Es ist beispielsweise nicht der Fisch, der für den Großteil des Omega-3-Gehalts seines Filets verantwortlich ist, sondern es sind marine Pilze und Mikroalgen, die jene Omega-3-Fettsäuren ursprünglich in großer Menge als Primärproduzenten herstellen und die sich dann schlichtweg im Laufe der Nahrungskette anreichern, da sie von Fischen verzehrt werden und diese wiederum von anderen Raubfischen. So gelangt ursprünglich pflanzliches Omega 3 auch in die Fische, die wir dann als Omega-3-Quelle kennen. Ebenso verhält es sich mit anderen Fett- und Aminosäuren, aber auch mit Vitaminen: Diese werden von Pflanzen, Pilzen und Bakterien produziert und gelangen so in den Nahrungskreislauf. B12 und andere Vitamine sind bakteriellen Ursprungs und weder Kuh, Schwein noch Huhn sind in der Lage, B12 zu produzieren. Sie sind allerdings in der Lage, das extern aufgenommene B12 (bzw. bei Wiederkäuern das in ihrem Verdauungstrakt von Bakterien produzierte B12) in ihren Organen und Muskeln als Vorrat zu speichern, und geben auch moderate Mengen davon in ihre Muttermilch bzw. ihre Eier ab. Auch all die Mineralstoffe, die wir mit tierischen Lebensmitteln assoziieren – Eisen in rotem Fleisch, Kalzium in der Milch oder Jod im Fisch -, stammen ursprünglich aus unseren Böden, aus denen sie von den Wurzeln von Pflanzen aufgenommen und dann entweder über die Pflanzen oder den Umweg des Tiers zu uns gelangen. Wenn wir diesen Grundsatz verstanden haben, merken wir, dass wir den »Mittelfisch«, die »Mittelkuh« und auch alle anderen von uns als sogenannten Nutztiere gehaltenen Lebewesen nicht benötigen, um alle für uns lebensnotwendigen Nährstoffe zu erhalten. In früheren Zeiten mag dies anders gewesen sein und auch heute gibt es noch Gebiete auf der Welt, in denen die Tierausbeutung für Menschen ein notwendiges Übel darstellt. Doch hierzulande verfügen wir über das notwendige Wissen, um über Fermentation, selektive Pflanzenzüchtung, Lebensmittelanreicherung und Nahrungsergänzung alle mit tierischen Produkten assoziierten Nährstoffe auch abseits des Tiers zu bekommen. Mit ein wenig Know-how in der Lebensmittelverarbeitung können Mineralstoffe aus pflanzlichen Lebensmitteln ebenso gut bioverfügbar sein wie aus tierischen Quellen, die biologische Wertigkeit pflanzlicher Proteinträger ebenso hoch wie jene von Fleisch, Milch und Eiern und auch das restliche Nährstoffspektrum kann vergleichbar sein. Durch moderne Lebensmitteltechnologie sind wir außerdem in der Lage, die von vielen Menschen geliebten Geschmäcker von tierischen Produkten ohne Tierprodukte zu replizieren.

All diese Prozesse wären heute schon sowohl technologisch als auch finanziell umsetzbar, jedoch verlassen wir uns als Gesellschaft noch zu sehr auf das System der Tierhaltung, um unseren Speiseplan mit Nährstoffen zu versorgen, und so wird es noch einige Zeit dauern, bis wir eine derart nährstoff-optimierte Lebensmittelproduktion hierzulande vorfinden. Bis es soweit ist, müssen die Personen, die eine tierproduktfreie Ernährung verfolgen zwar als Übergangslösung noch einige der Nährstoffe supplementieren (oder über angereicherte Lebensmittel zuführen), die unter den aktuellen Rahmenbedingungen überwiegend in tierischen Produkten zu finden sind. Aber dies ist nur eine temporäre Notwendigkeit und stellt in sich auch kein valides Argument gegen die Position des Veganismus dar. Ob eine Ernährungsweise einen oder mehrere Nährstoffe in Form eines Nahrungsergänzungsmittels enthält oder ob der gesamte Nährstoffbedarf gänzlich ohne Nahrungsergänzungsmittel gedeckt werden kann, spielt allerdings bei richtiger Dosierung und Qualität der Nährstoffe keine relevante Rolle für die gesundheitliche Bewertung der jeweiligen Ernährungsform, solange die Bedarfsdeckung gewährleistet wird.

Supplementiert wird darüber hinaus ohnehin von beinahe allen Menschen in westlichen Ländern, denn eine Nährstoffzugabe zu den Tierfuttermittel ist in der herkömmlichen Tierhaltung gang und gäbe. Somit supplementieren die allermeisten mischköstlich essenden Personen ebenfalls, aber eben über den Umweg des Tieres. Durch die richtigen Anbau- und Verarbeitungsmethoden können zukünftig all die essenziellen Nährstoffe auch gänzlich ohne Nahrungsergänzungsmittel durch nichttierische Lebensmittel zugeführt werden, aber hierfür benötigt es noch eine weitreichendere Reformation unserer aktuellen Lebensmittelproduktion mit einem stärkeren Schwerpunkt auf die Nährstoffbedürfnisse von Personen, die sich gänzlich frei von Tierprodukten ernähren. Dieser Fokus ist von äußerst großer Bedeutung, denn er ermöglicht es, dass wir als Gesellschaft zukünftig keine Kompromisse mehr in Bezug auf die ethischen, ökologischen, gesundheitlichen und kulinarischen Aspekte unserer Ernährung mehr eingehen müssen.

Denn wenn wir über gesunde Ernährung sprechen, kommen wir schlichtweg nicht umher, Faktoren wie den ökologischen Fußabdruck unserer Kostzusammenstellung zu besprechen, da ein gesundes Überleben unserer Spezies nur im Rahmen eines intakten Ökosystems machbar ist, wie Dr. Schmitz in aller Ausführlichkeit beschreibt. Bezieht man darüber hinaus noch die Ethik in die Essensentscheidung mit ein – und es gibt kein valides Argument, dies nicht zu tun –, stellt man fest, dass eine reine Reduktion tierischer Lebensmittel zugunsten mehr pflanzlicher Lebensmittel (was aus ökologischer und weltgesundheitlicher Sicht ausreichend wäre) eben nicht genügt, wie es Dr. Schmitz in aller Ausführlichkeit in diesem Buch und ihren bereits publizierten Büchern beschreibt.

Ich bin zuversichtlich, dass das vorliegende Werk meiner geschätzten Kollegin bei allen Leser*innen zu vielen erhellenden Momente beitragen wird und viele Zusammenhänge zwischen unseren täglichen Essensentscheidungen und der Gesundheit des Planeten und seiner Bewohner*innen besser begreifbar macht. Ich bin zudem davon überzeugt, dass dieses Buch einen wichtigen Beitrag zu der dringend benötigten Reformierung der Mensch-Tier-Beziehung leistet und wünsche viel Freude beim Lesen.

Niko Rittenau,
Ernährungswissenschaftler & Autor

Einleitung

Die Liste der Probleme, die mit der aktuellen Tierhaltung und dem Konsum von Tierprodukten verbunden sind, ist lang: Tierleid, Gesundheitsgefahren, Klimaemissionen, Ressourcenverschwendung, um nur einige zu nennen. Ähnlich lang ist die Liste der Lösungsvorschläge, die jeweils Teile der Problematik adressieren: Bessere Tierschutzvorschriften und Fördergelder sollen das Leid der Tiere in den Mastanlagen verringern. Technische Innovationen könnten die Erzeugung von Fleisch und Milchprodukten klimafreundlicher machen. Beliebt ist auch der Fokus auf den individuellen Konsum: Jede Person kann etwas für die eigene Gesundheit und die Umwelt tun, indem sie einfach weniger Wurst und Käse konsumiert.

In diesem Buch argumentiere ich dafür, dass solche Maßnahmen dem Ernst der Lage nicht gerecht werden. Mit kleinen Anpassungen in der Tierhaltung oder unseren Ernährungsgewohnheiten ist es nicht getan. Stattdessen braucht es, so meine These, einen Ausstieg aus der Tierindustrie – und damit meine ich eine politisch organisierte, umfassende Transformation von Landwirtschaft und Ernährung, im Zuge derer die sogenannte Nutztierhaltung systematisch und schnell abgebaut und schließlich abgeschafft wird.

Diese Transformation bietet zugleich immense Chancen: Gerade weil die Tierindustrie eine Schnittstelle so vieler Probleme und Krisen bildet, bringt ihr Ende Vorteile in vielen Bereichen. Wir können nicht nur große Mengen Klimagase einsparen, sondern dazu Artenvielfalt wiederherstellen, neuen Pandemien vorbeugen, gigantisches Tierleid beenden und auf freiwerdenden Flächen aktiv Klimaschutz betreiben.

Die Ansicht, dass die Tierindustrie nicht reformierbar ist, sondern stattdessen abgeschafft gehört, gilt in vielen Diskussionen als radikal. Ich bin aber davon überzeugt – und werde in den folgenden Kapiteln begründen –, dass genau diese Radikalität der Sache, also unserer aktuellen Realität, angemessen ist.

Schon der Ausdruck »Tierindustrie« wird häufig als Kampfbegriff aufgefasst, mit dem man eine sachliche Debatte verlässt. Dabei ist auch dieser Begriff der Realität angemessen: Wir haben es mit einer Wirtschaftsbranche zu tun, die an jedem einzelnen Tag allein in Deutschland über zwei Millionen fühlende Lebewesen tötet und verarbeitet – die allermeisten davon an Fließbändern in großen Schlachtfabriken.

Viele Argumente für einen politisch organisierten Ausstieg aus dieser Industrie liegen eigentlich seit Jahren auf dem Tisch. Und es kommen sogar stetig neue Gründe hinzu.

Stichwort Gesundheit: Seit 2020 wissen wir aus eigener Erfahrung, was eine globale Pandemie bedeutet. Viele seriöse Institutionen haben seitdem darauf hingewiesen, dass gerade die Tierindustrie praktisch täglich Gefahr läuft, neue Viren heranzuzüchten, die sich zudem als viel zerstörerischer erweisen können als Covid-19.[1]

Stichwort Ernährungssicherheit und Ressourcenverschwendung: Im Februar 2022 begann der russische Angriffskrieg auf die Ukraine. Neben den direkten, furchtbaren Auswirkungen auf die Menschen und Tiere in der Ukraine hat der Krieg auch Folgen für das globale Ernährungssystem, denn Russland und die Ukraine sind wichtige Exportländer für Getreide und Düngemittel. Wenn diese Güter knapper werden, steigen die Lebensmittelpreise und gerade ärmere Menschen können sich nicht mehr ausreichend ernähren. In dieser Situation ist es besonders unverantwortlich, dass global ein Drittel der Getreideernte an Tiere verfüttert wird und wir in Deutschland sogar fast die Hälfte des Ackerlands dafür verwenden, Tierfutter anzubauen.[2]

Stichwort Klima: Im April 2022 ist ein neuer Bericht des Weltklimarats erschienen, der unmissverständlich klarstellt: Wir sind auf Kurs in eine kaum vorstellbare Klimahölle aus extremen Unwettern, Dürren und Hitze. Um die Erderwärmung noch abzubremsen, braucht es drastische Umbrüche in allen Wirtschafts- und Lebensbereichen. Und eine Umstellung von Landwirtschaft und Ernährung auf pflanzenbasierte Nahrung hat dabei besonders großes Potential.[3]

Die Situation der Tiere in der Tierindustrie wiederum ist trotz aller Bemühungen um »mehr Tierwohl« seit Jahren fast unverändert grauenhaft. Schweine müssen auf wenigen Quadratmetern Spaltenboden über ihrem eigenen Kot leben. Hühner sind so gezüchtet, dass viele von ihnen kaum mehr laufen können oder sie sich, wie im Fall der sogenannten »Legehühner«, mit hoher Wahrscheinlichkeit mindestens einmal in ihrem kurzen Leben das Brustbein brechen. Und die Kühe, die zur Milchproduktion genutzt werden, sind praktisch dauerschwanger, ohne dass sie eines ihrer Kälber je selbst versorgen dürfen.

Wenn man all diese Problemfelder ernstnimmt, wird schnell klar, dass es mit moderaten Reformen nicht getan ist – etwas mehr Platz würde den Tieren kein gutes Leben verschaffen und eine nur etwas verringerte Produktionsmenge bliebe klimaschädlich, verschwenderisch und gesundheitsgefährdend.

Es ist auch nicht angemessen, den Verbraucher*innen die ganze Verantwortung zuzuschieben, indem man nur dazu aufruft, dass wir alle als Einzelne bessere Kaufentscheidungen treffen sollen. Erstens geht das in Anbetracht der Krisen nicht schnell genug: Der Fleisch- und Milchkonsum sinkt in Deutschland zwar bereits, aber nur in sehr geringem Maße, während der Konsum von Käse und Eiern sogar zwischen 2010 und 2021 gestiegen ist.[4] Zweitens ist das Agrar- und Ernährungssystem von staatlichen Regelungen und Subventionen stark geprägt. So fließen jedes Jahr mindestens 13 Milliarden Euro an öffentlichen Geldern in die Erzeugung von Fleisch, Milch und Eiern.[5] Wir haben nicht nur Verantwortung für den je eigenen Konsum, sondern eine gemeinsame Verantwortung für diese einflussreichen Rahmenbedingungen.

Aber obwohl diese Einsichten eigentlich auf der Hand liegen, werden sie bislang weder von relevanten Parteien ernsthaft aufgegriffen noch von großen Organisationen in politische Forderungen übersetzt. Das liegt sicher auch daran, dass die logische Konsequenz, also der umfassende Ausstieg aus der Tierindustrie, als unrealistisch gilt – der Verdacht ist, dass es sich zwar vielleicht um eine schöne Utopie handelt, aber nicht um eine echte Option. Denn es scheinen zu wichtige Interessengruppen dagegen zu stehen.

Da ist zum einen die übergroße Mehrheit der Konsument*innen. 90 Prozent der Deutschen essen Fleisch, vegan lebende Menschen bilden nur verschwindende zwei Prozent.[6] Wer eine Änderung von Ernährungsweisen fordert, wird sofort an die Reaktionen auf den »Veggie Day«-Vorstoß der Grünen im Bundestagswahlkampf 2013 erinnert: Weil die Partei vorgeschlagen hatte, in Kantinen einen fleischfreien Tag pro Woche einzuführen, brach in vielen Medien ein Sturm der Empörung los.

* Um eine geschlechtergerechte Sprache umzusetzen, verwende ich meist das Gendersternchen. Weil das aber nicht bei jedem Wort gleich gut funktioniert und in der Häufung die Lesbarkeit erschweren kann, benutze ich bisweilen auch die männliche Form, die weibliche Form oder die Doppelnennung. Ziel ist, alle Geschlechter einzuschließen und sichtbar zu machen, aber zugleich einen gut lesbaren und verständlichen Text zu bieten.

Zum anderen gibt es die tierhaltenden Landwirt*innen, die Tierindustrie-Konzerne und ihre Interessenverbände, die die Branche vehement verteidigen und zudem häufig darauf beharren, dass eine Landwirtschaft mit deutlich weniger oder ohne Tierhaltung gar nicht praktikabel wäre.

In dieser Situation scheint das einzig Vernünftige zu sein, einen Kompromiss im Sinne eines Mittelwegs zu suchen und zum Beispiel einen bloßen »Umbau der Tierhaltung« anzustreben – was eben bedeutet, die Produktion von Fleisch, Milch und Eiern nur anzupassen, aber nicht grundsätzlich in Frage zu stellen.

Nun möchte ich gar nicht bestreiten, dass die Suche nach Kompromissen in einer Demokratie der richtige Ansatz ist. Ich bin unbedingt der Überzeugung, dass man die Wünsche und Interessen sowohl der Verbraucherinnen als auch der Landwirte sehr ernst nehmen muss, auch weil ohne sie eine Transformation von Landwirtschaft und Ernährung gar nicht funktionieren wird.

Aber wer die Situation richtig einschätzen will, muss auch anerkennen, dass die allermeisten Verbraucher*innen in tiefen Widersprüchen leben. Sie konsumieren Tierprodukte, wenden sich aber mit Grausen ab, wenn sie Videoaufnahmen aus Mastanlagen oder Schlachthöfen sehen – denn zum ganz normalen moralischen Empfinden gehört, dass wir Tiere nicht leiden lassen wollen. Tatsächlich stimmten bei einer repräsentativen Umfrage im Jahr 2021 fast 70 Prozent der Befragten der Aussage zu, dass die Massentierhaltung in Deutschland verboten werden sollte. Nur 21 Prozent waren dagegen.[7]

Genauso möchten die allermeisten Menschen ein lebenswertes Klima erhalten und sind dafür auch zu persönlichen Umstellungen bereit, wenn sie Informationen erhalten und über gemeinsame Maßnahmen mitentscheiden können.

Im Bürgerrat Klima zum Beispiel kamen 160 zufällig ausgeloste und nach repräsentativen Kriterien ausgewählte Menschen zusammen, um unterstützt von Wissenschaftler*innen über sinnvolle Klimaschutzmaßnahmen zu beraten. Für den Bereich Ernährung stimmten am Ende über 90 Prozent der Ratsmitglieder u. a. dafür, in allen öffentlichen Kantinen den Anteil von Tierprodukten drastisch zu reduzieren.[8]

Die Agrarverbände und Tierhalter*innen wiederum stützen sich, wenn sie die Tierindustrie verteidigen, in Wahrheit zum großen Teil auf Mythen und irreführende Darstellungen, die leicht zu widerlegen sind. So suggeriert zum Beispiel der Bundesverband Rind und Schwein gern, die besonders klimaschädliche Rinderhaltung sei eigentlich klimaneutral, weil das dabei entstehende Methan nach etwa zehn Jahren wieder zu Kohlendioxid zerfalle.[9] Dabei ist diese kurze Lebensdauer des Methans in den üblichen Berechnungen zur Klimabilanz schon längst berücksichtigt.

Auch wird von Agrarseite immer wieder behauptet, dass die Tierhaltung notwendig sei, um nicht ackerfähiges Land und pflanzliche Nebenprodukte sinnvoll zu nutzen. Tatsächlich kann man mit diesem Argument aber das aktuelle Ausmaß der Tierindustrie nicht rechtfertigen. Denn wenn man die Tiere nur noch auf dieser Basis ernähren wollte, müssten die Tierzahlen eben massiv sinken. Es gibt außerdem für diese Flächen und die Nebenprodukte auch andere Nutzungsmöglichkeiten.[10]

Dass diejenigen, die die Tierindustrie verteidigen, zu solchen Mitteln greifen, zeigt vielleicht schon an, in welcher Zwangslage sie sich befinden: Sie sind derzeit wirtschaftlich von einer Praxis abhängig, die den Empfehlungen der Wissenschaft zuwiderläuft und zunehmend den gesellschaftlichen Rückhalt verliert. Die Polarisierung zwischen Gesellschaft und Landwirtschaft wird zwar allerorten beklagt, zu wenig wird dabei aber anerkannt, dass viele – wenn auch sicher nicht alle – Kritikpunkte an der modernen Tierindustrie nicht auf Entfremdung oder Unkenntnis von Stadtmenschen beruhen, sondern ganz reale Probleme adressieren.

In dieser Situation einen Kompromiss mit der Tierindustrie zu suchen, bedeutet letztlich, die Falschdarstellungen ernst zu nehmen und die gravierenden Probleme, die für einen konsequenten Ausstieg sprechen, zu ignorieren. Damit erweist man aber nicht nur der Gesellschaft oder den Tieren, sondern am Ende auch der Landwirtschaft selbst einen Bärendienst.

Stattdessen muss es darum gehen, auf Basis der Fakten eine Lösung zu suchen, die für alle gut ist. Und genau das kann der Ausstieg aus der Tierindustrie sein, wie ich in diesem Buch zeigen möchte. Ebenfalls möchte ich zeigen, dass es sich entgegen verbreiteter Einschätzungen nicht bloß um eine unerreichbare Utopie, sondern dagegen um eine realistisch umsetzbare Option handelt: Eine Landwirtschaft ohne sogenannte »Nutztiere« funktioniert und ist effizient. Es gibt politische Maßnahmen, mit denen sich die Ernährungsgewohnheiten der Bevölkerung beeinflussen lassen, ganz ohne Essensdiktatur – sogar im Gegenteil: Gerade eine Demokratisierung des Ernährungssystems ist ein wichtiger

Schritt hin zu einer ökologisch und ethisch vertretbaren Ernährung. Und für diejenigen, die heute von der Tierhaltung leben, lässt sich eine gerechte Transformation gestalten, indem Subventionen umgeschichtet und gute Alternativen geschaffen werden.

Ich möchte in diesem Buch verdeutlichen: Der Ausstieg aus der Tierindustrie ist nicht nur eine der dringlichsten gesellschaftlichen Aufgaben. Er ist zugleich eine gewaltige Chance, der Klimakatastrophe zu begegnen und den Umgang mit unseren Mitlebewesen und miteinander auf ein neues Fundament zu stellen. Wir dürfen uns diese Chance nicht entgehen lassen.

Aber ist es nicht vermessen von mir, gleichsam aus dem Lehnstuhl heraus ein solches Transformationsprogramm vorgeben zu wollen – gerade weil viele Praktiker*innen aus der Landwirtschaft meinen Zielen, gelinde gesagt, sehr skeptisch gegenüberstehen? Tatsächlich ist das ein beliebter Vorwurf gegenüber allen, die Kritik an der Tierindustrie üben oder sich für drastische Veränderungen einsetzen: Sofern sie nicht selbst Landwirtschaft betreiben oder Tiere halten, sollten sie eigentlich gar nicht mitreden.

Der Vorwurf verkennt aber zum einen, dass es jede Menge Kritik an der Tierindustrie auch innerhalb der Landwirtschaft gibt – für dieses Buch habe ich zum Beispiel mit einigen Landwirt*innen gesprochen, die sich aus tiefer Überzeugung für vegane Anbaumethoden einsetzen.

Zum anderen geht die Frage, wie wir uns in Zukunft ernähren werden, natürlich uns alle an. Wir müssen gemeinsam als Gesellschaft darüber verhandeln und entscheiden. Und dafür sind eine immense Vielzahl an Themen relevant, die zu ganz unterschiedlichen Praxisbereichen und wissenschaftlichen Disziplinen gehören: In dieses Buch sind zum Beispiel Erkenntnisse aus der Klimawissenschaft, der Verhaltensforschung, der Bodenkunde, der Virologie, der Systemanalyse und der Soziologie eingeflossen, um nur einige zu nennen. Wenn wir Lösungen für die komplexe Problematik unseres Agrar- und Ernährungssystems finden wollen, dürfen wir uns nicht auf einseitige Fachkompetenzen verlassen, die häufig ja von der herrschenden Normalität geprägt sind. Genauso wenig dürfen wir uns aber auf bloße Meinungen ohne Faktenbasis stützen. In diesem Buch verfolge ich gegen beide Tendenzen den Anspruch, verschiedene Sichtweisen ernst zu nehmen und alle meine Aussagen fundiert zu begründen. Genau an diesem Anspruch müssen sich letztlich meine Vorschläge messen lassen.

Das radikal-realistische Transformationsprogramm, das ich skizziere, möchte ich schließlich niemandem »vorschreiben« – wie auch? –, sondern ich möchte es als Beitrag in der gesellschaftlichen Auseinandersetzung zur Diskussion stellen. Dort muss es verhandelt werden; als Alternative sowohl zu den moderaten Reformplänen als auch zu den unerreichbaren Utopien. Das ist so wichtig, gerade weil wir es uns umgekehrt gar nicht leisten können, viele weitere Jahre nur zu diskutieren. Die Argumente für radikale Schritte sind da, geeignete Maßnahmen sind verfügbar. Es muss jetzt darum gehen, sie umzusetzen – gemeinsam.

Überblick

Das Buch ist folgendermaßen aufgebaut: In den ersten drei Kapiteln behandle ich zentrale Problemfelder der aktuellen Tierindustrie. Dabei erkläre ich zugleich, warum ein bloßer »Umbau« nicht die Lösung ist und welche Vorteile ein umfassender Ausstieg mit sich bringen würde.

Zunächst geht es im ersten Kapitel um Pandemiegefahren, resistente Keime, Feinstaub und gesunde Ernährung. Danach betrachte ich im zweiten Kapitel den Zusammenhang von Tierindustrie und Klimakatastrophe, ich beleuchte Fragen der globalen Gerechtigkeit sowie das Potential für Klima- und Artenschutz, das in pflanzlichen Ernährungsweisen liegt. Im dritten Kapitel rücke ich endlich diejenigen in den Fokus, die am direktesten unter der aktuellen Tierindustrie leiden, nämlich die Hühner, Schweine, Fische und all die anderen Tiere, deren Körper und Körperprodukte routinemäßig zu Nahrungsmitteln verarbeitet werden. Ich beleuchte, unter welchen Umständen diese Tiere heute leben und sterben müssen, warum so viele Menschen trotz ethischer Gegengründe das System aufrechterhalten und wie sich ein besseres Verhältnis zu Tieren entwickeln könnte.

In den folgenden Kapiteln stehen dann nicht mehr die Probleme, sondern die Lösungen im Vordergrund. Zunächst erkläre ich im vierten Kapitel unter dem Motto »Die neue Landwirtschaft«, wie die Alternativen zur Tierindustrie konkret aussehen. Ich berichte von Besuchen bei vegan anbauenden Landwirt*innen und antworte auf beliebte Einwände und Bedenken gegen eine Landwirtschaft ohne Melkanlagen, Ställe und Schlachthöfe.

Das fünfte Kapitel behandelt die rasante Entwicklung neuer Nahrungsmittel, die Tierprodukte immer originalgetreuer nachahmen – und so die Hoffnung wecken, dass technische Fortschritte die Tierindustrie bald überflüssig machen könnten. Ich werfe einen differenzierten Blick auf diese Entwicklung. Aus meiner Sicht spielen die neuen Produkte eine wichtige Rolle für die nötige Ernährungswende, dürfen aber zugleich nicht darüber hinwegtäuschen, dass es dafür auch gesellschaftlicher und politischer Veränderungen bedarf.

Um genau solche Veränderungen geht es daraufhin im sechsten Kapitel. Ich erkläre, warum eine staatliche Ernährungspolitik sinnvoll und nötig ist und mit welchen Mitteln verschiedene Institutionen dazu beitragen können, den Konsum von Tierprodukten zu senken. Dabei entsteht eine Vision davon, wie sich soziale Normen im Bereich der Ernährung in kurzer Zeit verschieben könnten.

Im siebten Kapitel präsentiere ich ergänzend dazu ein Paket an Maßnahmen auf der Seite der Produktion. Die Frage ist, was in der Agrarpolitik getan werden muss, um einen schnellen und zugleich sozial gerechten Abbau der Tierzahlen zu erreichen. Ich schlage u. a. vor, Tierhalter*innen zu entschädigen, wenn sie aus der Tierhaltung aussteigen, und landwirtschaftliche Subventionen ganz anders zu verteilen. Außerdem diskutiere ich in diesem Kapitel, ob eine marktbasierte Landwirtschaft eigentlich das beste System ist, und welche Chancen in solidarisch organisierten Projekten liegen.

Das Transformationsprogramm, das ich vor allem in den Kapiteln 6 und 7 für Ernährung und Landwirtschaft entwerfe, könnte sofort umgesetzt werden – sofern der politische Wille dafür vorhanden wäre. Tatsächlich ist das leider bislang nicht der Fall. Daher geht es im achten und letzten Kapitel darum, wie wir als Bürger*innen dafür sorgen können, den benötigten politischen Willen hervorzubringen, und wie wir entsprechende Veränderungen von unten anstoßen können. Denn das ist letztlich das Wichtigste von allem: Dass wir als Gesellschaft nicht nur wissen, was zu tun wäre, sondern es auch tun.

1.

Zoonosen und Zivilisationskrankheiten: Was ist Gesundheit uns wert?

Im größten Schlachthof Europas im nordrhein-westfälischen Rheda-Wiedenbrück standen im Sommer 2020 für mehrere Wochen alle Fließbänder still. Es fuhren keine Lastwagen mit aufgeregten, schreienden Schweinen auf das Gelände. Es floss kein Blut. An einem normalen Tag werden hier über 20.000 Schweine getötet und verarbeitet – so viele Tiere, wie Menschen in einer kleinen Stadt leben. Die mehrwöchige Schließung wurde von den Behörden verordnet, weil sich in dem Schlachtbetrieb der Firma Tönnies hunderte Arbeiter*innen mit dem Corona-Virus angesteckt hatten. Die Zahl stieg bald auf über 1.500 Infizierte.[1]

Dass sich das Virus unter den Arbeitskräften am Schlachthof so stark verbreitete, war kein Zufall. Schon in den Monaten zuvor hatte es mehrere Corona-Ausbrüche in Schlachthöfen gegeben. Ein Grund: Die miesen Arbeitsbedingungen und die schlechte Unterbringung. Allein bei Tönnies betraf das mehrere Tausend Menschen. 2020 waren viele Arbeiter*innen mit Werkverträgen bei Subunternehmen angestellt und schufteten zehn, zwölf Stunden am Tag im Schlachthof.

In den großen Hallen, in denen die Schweine zerlegt werden, ist es kalt, nur etwa 12 Grad. Es ist so laut, dass man schreien muss, um sich zu verständigen. Die Menschen stehen eng beieinander. Sie sind immer unter Zeitdruck. »Die Vorarbeiter haben uns am Hinterkopf gepackt, manchmal Kisten voller Fett auf Kollegen geschmissen und uns ausgeschimpft, dass wir schneller machen sollen«, berichtet ein Mann, der bei Tönnies als Werkvertragsarbeiter beschäftigt war. »Man musste funktionieren wie ein Roboter. Die Arbeit im Schlachthof ist ziemlich hart, daran kann man sich noch gewöhnen. Aber der psychische Stress ist nicht auszuhalten.«[2]

Die Wohnungen, in denen die Arbeitskräfte von den Subunternehmen untergebracht wurden, waren häufig extrem beengt und unhygienisch: Sechs oder zehn Menschen teilten sich ein Zimmer, funktionierende Waschbecken und Duschen waren oft Mangelware. Durch Schimmel in den Unterkünften hatten manche schon vor Corona Atemwegserkrankungen.[3]

Als im Frühling 2020 deutschlandweit Kontaktbeschränkungen galten, als wir alle in Supermarkt und im Zug Masken tragen mussten, änderte sich für die Arbeiter*innen in den Schlachthöfen wenig: Sie zerschnitten die Schweine weiter eng beieinander und ohne Masken, sie hausten weiter in Mehrbettzimmern und fuhren in Sammelbussen zur

Arbeit. Lange schien das niemanden zu interessieren – schließlich galten Schlachthöfe als Teil der »kritischen Infrastruktur« für die Versorgung der Bevölkerung.[4] Bis es zu spät war und sich die Infektionen häuften. Erst dann wurden mehrere Schlachthöfe geschlossen und Hygieneregeln verschärft. Dabei kam die Misere für viele nicht überraschend.

»Angesichts der Bedingungen, unter denen die Arbeitsmigranten in der Fleischindustrie arbeiten müssen, war solch ein Ausbruch leider vorhersehbar«, meint der niedersächsische Pfarrer Peter Kossen, der seit vielen Jahren dafür kämpft, dass sich die Situation der Arbeitenden verbessert. Denn die Tätigkeit im Schlachthof ist auch ganz unabhängig von Corona gesundheitsschädlich.[5]

Der Hausarzt Florian Kossen, der Bruder des Pfarrers, behandelt in seiner Praxis Arbeiter*innen aus mehreren Schlachthöfen in Niedersachsen. Diese Patienten zeigten oft eine totale Erschöpfung, sagt er. Sie hätten keine Möglichkeit zur Regeneration, »weil sie durch ihre Arbeits- und Lebensbedingungen ständig physisch und psychisch unter Druck stehen«.[6] Wer sich krankschreiben lässt oder wer wegen Verletzungen nicht weiterarbeiten kann, werde entlassen und ersetzt. Diejenigen, die die harte Arbeit in kalten Räumen über mehrere Jahre durchhielten, trügen chronische Leiden davon, sagt Arzt Kossen.

Die Ausbeutung der Arbeitenden wurde mit ermöglicht durch das Modell der Werkverträge. Die Menschen waren bei Subunternehmen angestellt, so dass die großen Unternehmen wie Tönnies für die Bedingungen nicht direkt verantwortlich gemacht werden konnten. Erst durch die Corona-Infektionen rückten die Zustände in die öffentliche und politische Diskussion. Im Sommer 2020 kündigte die Bundesregierung an, Werkverträge in der Fleischindustrie zu verbieten – offenbar mussten erst Anwohner*innen durch negative Folgen (hohe Corona-Inzidenzen) betroffen sein. Das Leid der migrantischen Arbeitskräfte reichte zuvor nicht aus, um hinreichenden Handlungsdruck zu erzeugen.[7]

Seit Januar 2021 gilt tatsächlich ein neues Arbeitsschutzgesetz: In bestimmten Kernbereichen wie Schlachtung und Zerlegung ist es nun verboten, dass Subunternehmen die Arbeit für die Schlachthofbesitzer liefern.

Das Gesetz hat zwar laut Beobachter*innen der Branche einige Aspekte verbessert, zum Beispiel eine gewerkschaftliche Organisierung ermöglicht. Aber einiges hat sich trotzdem nicht verändert, kritisiert Pfarrer Peter Kossen. »Die Behandlung dieser Leute – auch das Austricksen, das Umgehen von Sozialstandards, primitivsten Standards – das ist nach wie vor Gang und Gäbe.« Die Betroffenen schilderten, dass sie genauso behandelt und angeschnauzt würden, wie es vorher der Fall war.[8]

Das Gesetz deckt zugleich nicht alle Arbeitsbereiche im Schlachthof ab. Die Reinigungskräfte, die nachts die Maschinen säubern, sind noch immer über Werkverträge und Subunternehmen angestellt. Und allgemein gilt: Die Arbeit an Schlachthöfen ist weiterhin extrem hart, die Menschen verdienen wenig und ihre Gesundheit wird kaum geschützt. Auch im Jahr 2021 kam es immer wieder zu Corona-Ausbrüchen an Schlachthöfen. Guido Grüner von der Arbeitslosenselbsthilfe Oldenburg, der Schlachthof-Arbeiter*innen berät, kritisiert zusätzlich, dass häufig nicht ordentlich getestet wurde und Menschen trotz Infizierung nicht quarantänisiert wurden.[9]

Ich finde das skandalös. Diese Industrie macht also immer noch Arbeiter*innen krank. Und das ist nicht alles: Die Massenproduktion von Fleisch, Milch und Eiern birgt immense Gesundheitsrisiken für die gesamte Bevölkerung, also für uns alle.

Achtung Ansteckung

Im Falle von Corona haben sich die Menschen in den Schlachthöfen gegenseitig infiziert. Der Umgang mit den Tieren spielte dabei keine direkte Rolle. Aber das Corona-Virus selbst ist, wie wir mittlerweile wissen, eine Zoonose, d.h. eine Krankheit, die von Tieren auf Menschen übertragen wurde – nach jetzigem Kenntnisstand wahrscheinlich von Wildtieren auf dem Fisch- und Tiermarkt von Wuhan.[10] Dass wir uns bei Tieren mit gefährlichen Keimen anstecken, ist keine Seltenheit: Tatsächlich sind 60 Prozent aller Infektionskrankheiten Zoonosen. Die Pest, Tuberkulose, Pocken, Masern, die Spanische Grippe, Ebola, AIDS – viele der schlimmsten Seuchen der Geschichte wurden von Tieren auf Menschen übertragen. Wenn man nur die neu auftretenden Erreger betrachtet, stammen sogar drei Viertel von ihnen von Tieren – teils von Wildtieren, teils von domestizierten Tieren.[11]

Bei Wildtieren können wir uns nur anstecken, wenn wir in irgendeiner Weise in Kontakt mit ihnen kommen. HIV zum Beispiel wurde von Affen auf Menschen übertragen. Man geht davon aus, dass Jäger, die Affen gejagt und verspeist haben, sich erstmals mit dem Virus infizierten. Es braucht aber nicht unbedingt diesen absichtlichen direkten Kontakt. Dadurch, dass wir die Lebensräume von Tieren zerstören, kommen wir ihnen zwangsläufig immer näher.

»Die Wissenschaft ist eindeutig: Wenn wir weiterhin die Tierwelt ausbeuten und unsere Ökosysteme zerstören, können wir mit einem stetigen Strom dieser Krankheiten, die von Tieren auf Menschen übertragen werden, in den kommenden Jahren rechnen«, warnte die Chefin vom Umweltprogramm der Vereinten Nationen (UNEP), Inger Andersen, im Sommer 2020.[12] Eine wichtige Rolle spielt dabei die immer weiter steigende Entwaldung. Es ist nicht nur so, dass wir uns die Keime von Tieren einfangen können, die vorher tief im Urwald verborgen waren. Hinzu kommt, dass sich in geschädigten Ökosystemen Viren leichter verbreiten können. Die Wissenschaft forscht noch an den genauen Ursachen, aber klar scheint zu sein: Eine hohe Artenvielfalt fungiert als Krankheitskontrolle.[13]

Je mehr Wald wir also abholzen, je mehr Land wir in Beschlag nehmen und je mehr Spezies wir ausrotten, desto mehr steigt das Risiko für neue Krankheiten und Pandemien – die auch deutlich schlimmer ausfallen könnten als die Corona-Pandemie. Aber was hat das mit der Tierindustrie zu tun? Sie ist ein wesentlicher Faktor bei dieser Entwicklung, weil sie global die Entwaldung und das Artensterben vorantreibt. Denn um immer mehr Fleisch, Milch und Eier zu produzieren, braucht es immer mehr Land – entweder um die Tiere weiden zu lassen, wie es oft in Brasilien auf ehemaligen Regenwaldflächen geschieht, oder um Futtermittel wie Soja anzubauen. Auch in den hiesigen Tierfabriken wird weiterhin Soja aus Regenwaldgebieten verfüttert.[14] Auf diese Weise steigert auch die deutsche Tierindustrie das Risiko, dass neue Erreger von Wildtieren auf uns überspringen.

Frische Viren aus eigener Zucht

Wenn in einer Hühnermastanlage die Vogelgrippe ausbricht, können innerhalb weniger Tage alle Tiere daran erkranken. Einige Hühner bekommen Atemnot, andere Durchfall, Blutstauungen an den Füßen oder Gleichgewichtsstörungen. Zu den Symptomen gehört auch ein Ausfluss aus Augen und Schnabel sowie Teilnahmslosigkeit. Die Krankheit führt oft innerhalb von ein paar Stunden zum Tod. Bis dahin vergehen ab der Infektion nur ein bis drei Tage. Der Verlauf ist für die Hühner offensichtlich qualvoll.

Weil die Seuche große wirtschaftliche Bedeutung hat – Tierhaltungsbetriebe und Schlachtkonzerne können durch sie viel Geld verlieren –, ist sie meldepflichtig und muss staatlich bekämpft werden. Das bedeutet, dass bei einem Ausbruch alle Tiere in dem betroffenen Stall getötet werden. Die toten Vögel und die kotbeschmutzte Einstreu werden entsorgt. Damit soll verhindert werden, dass die Erreger in die Umgebung gelangen und so Wildvögel und weitere Bestände von Nutzgeflügel infizieren.

Trotz dieser Maßnahmen breitet sich die Krankheit immer wieder großflächig aus. Alle paar Jahre kommt es auch in Deutschland zu Ausbrüchen und Tötungsaktionen. Seit 2020 ist das Virus sogar dauerhaft in Europa präsent. Allein im Winter 2020/21 wurden in Deutschland 1,4 Millionen Vögel, vor allem Puten, getötet.[15]

Der Seuche fallen immer auch zahlreiche wild lebende Gänse, Enten, Möwen und andere Vögel zum Opfer. Im November 2020 meldete Schleswig-Holstein, dass über 10.000 Wildvogelkadaver an den Küsten und anderswo gefunden wurden.[16] Im Sommer 2022 starben an Nord- und Ostsee tausende Brandseeschwalben an dem Virus. Häufig hatten sie Küken zu versorgen, die reihenweise in den Nestern verhungerten.[17]

Woher kommt aber dieses tödliche Virus? Als ich zu dem Thema recherchiert habe, las ich in den Zeitungsartikeln häufig, es sei von Wildvögeln aus Asien eingeschleppt worden. Das sagt auch das Friedrich-Löffler-Institut, das Bundesforschungsinstitut für Tiergesundheit.[18] Besonders Zugvögel würden das Virus über weite Strecken verbreiten. In die geschlossenen Mastställe kann es dann zum Beispiel gelangen, indem Menschen es an den Schuhen hineintragen. Diese Verbreitungsgeschichte erklärt allerdings noch nicht, wo die gefährlichen Grippeviren ursprünglich entstehen. Dafür sind nämlich üblicherweise nicht die Wildvögel verantwortlich – in den Hintergrundmaterialien zur Vogelgrippe stellt auch das Friedrich-Löffler-Institut das klar.[19]

Wildlebende Vögel tragen zwar jede Menge Grippeviren mit sich herum – sie gelten als »natürliches Reservoir für aviäre Influenzaviren«. Diese sind aber meist ziemlich harmlos, also verursachen bei den Vögeln keine schweren Krankheitssymptome. Erst wenn sie mutieren, werden sie zu gefährlichen Killern. In natürlichen Ökosystemen haben so mutierte Viren aber nur geringe Chancen, sich zu etablieren, denn sie töten ihr Wirtstier in so kurzer Zeit, dass sich kaum andere Vögel anstecken können. Außerdem sind Gruppen von Wildvögeln genetisch vielfältig. Ein Virus, das bei einem Vogel tödlich wirkt, kann bei anderen auf Resistenzen stoßen.

Ganz anders sieht es in einer industriellen Geflügelanlage aus. »Tierfabriken sind optimal, um aus allen möglichen Krankheitserregern die gefährlichsten herauszuselektieren«, sagt der Evolutionsbiologe Rob Wallace.[20] Verständlich wird das, wenn man sich die Bedingungen in der Geflügelindustrie anschaut.

In einer üblichen Mastanlage sind in Deutschland mehrere Zehntausend Hühner untergebracht. Sie stehen dicht an dicht, pro Quadratmeter drängen sich über 20 Tiere. Ein Virus hat es so besonders leicht, von Huhn zu Huhn überzuspringen. Auch tote Tiere können noch viele andere anstecken. Daher können sich auch die Viren, die sehr krank machen und in kurzer Zeit zum Tod führen, ungehindert ausbreiten.

Alle Hühner in einer Mastanlage sind außerdem genetisch extrem ähnlich. Man hat sie für die Zwecke der Mast auf ganz bestimmte Eigenschaften gezüchtet, sie sind standardisiert wie andere Industriewaren. Abweichungen sind genauso wenig erwünscht wie bei Autos oder Waschmaschinen. Beliebt in Deutschland und weltweit ist zum Beispiel das Modell Ross 308, ein Masthuhn der Firma Aviagen, die zur deutschen EW Group gehört, dem Weltmarktführer in Hühnergenetik. Bei richtiger Fütterung soll das Huhn im Alter von 28 Tagen genau 1.573 Gramm wiegen. So lautet das »Performance-Ziel« laut einem Dokument auf der Firmen-Website, das man als Produktdatenblatt verstehen kann.[21]

Ein Virus, das sich in einem dieser Hühner erfolgreich vermehrt, kann das also bei allen anderen genauso gut, weil es kaum genetische Abweichungen gibt, die seine Verbreitung aufhalten könnten. Hinzu kommt ein dritter Faktor, der es den Viren in Vogelfabriken besonders leicht macht: Die Tiere haben nur schwache Abwehrkräfte. Ihr Körper ist darauf ausgelegt, in kurzer Zeit möglichst viel an Gewicht zuzunehmen. Der Gesundheit tut das nicht gut – die Tiere neigen schon ohne Virus zu Skeletterkrankungen und Stoffwechselproblemen.[22] Weil sie auf ihrem eigenen Kot stehen, atmen sie stetig Ammoniakdämpfe ein, auch das beeinträchtigt ihr Immunsystem.

Zehntausende geschwächte, genetisch fast gleiche Tiere auf engstem Raum: Mit den industriellen Geflügelställen hat die Tierindustrie ideale Zuchtstationen für gefährliche Viren erschaffen. Aus harmlosen Influenza-Viren, die von Wildvögeln in den Stall gelangen, können hochpathogene Vogelgrippestämme entstehen. Von dort wird die Krankheit dann zurück auf Wildvögel übertragen, die zur Verbreitung beitragen – und selbst reihenweise leiden und sterben.

Zwar gilt Asien als ein »Schwerpunkt des Seuchengeschehens«, von wo aus sich immer wieder Epidemien nach Europa ausbreiten.[23] Bei einer seit 2021 wütenden Variante ist allerdings bislang unklar, wo sie entstanden ist.[24] Einige andere Virenstämme sind zudem zuerst in den Niederlanden und in Niedersachsen aufgetreten. Zwischen 1959 und 2015 wurde weltweit 39-mal eine Wandlung eines harmlosen zu einem krankmachenden Virus festgestellt. Die große Mehrheit dieser Wandlungen fand in Industrienationen statt: 14 in Europa, sieben in Australien, sechs in Nordamerika.[25]

Und die Tendenz ist steigend: Anzahl und Schwere der Seuchenausbrüche haben in den letzten Jahren weltweit stark zugenommen, konstatiert das Friedrich-Löffler-Institut.[26] Das scheint kein Zufall zu sein: Seit dem Jahr 2000 hat sich die Geflügelfleischerzeugung weltweit fast verdoppelt.[27] In Deutschland ist die Industrie sogar noch stärker gewachsen: Wir produzieren heute 2,2-mal so viel Vogelfleisch wie noch vor zwanzig Jahren.[28]

Wenn wir die gesamte globale Tierindustrie betrachten, sehen wir: Verheerende Tierseuchen, die die Industrie mindestens teilweise selbst verschuldet, sind nicht die Ausnahme, sondern die Regel. Während Hühner- und Putenhalter sich vor der Vogelgrippe fürchten, haben Schweinemästerinnen Angst vor der Afrikanischen Schweinepest. Diese tödliche Viruserkrankung tritt seit dem Herbst 2020 auch bei Wildschweinen in Deutschland auf. Seit 2021 gibt es auch vereinzelte Fälle von infizierten Hausschweinen.

Schon das Virus-Vorkommen bei Wildschweinen ist für die deutsche Schweineindustrie ein Problem, weil China deshalb kein deutsches Schweinefleisch importiert. Das Land hat nämlich die Seuche gerade erst selbst wieder in den Griff bekommen – im Jahr 2019 sind in China wegen der Schweinepest bis zu 200 Millionen Schweine gestorben oder getötet worden, 40 Prozent des gesamten Bestandes.[29]

Die Afrikanische Schweinepest stammt, wie der Name schon sagt, aus Afrika. Sie hat sich durch Lebensmittel- und Tiertransporte auf andere Kontinente ausgebreitet, u. a. über Fleisch- und Wurstprodukte. Letztlich erkranken und sterben also die Wildschweine hierzulande aufgrund der globalen Warenströme, die zur aktuellen Tierindustrie dazugehören.

Virusinfektionen wie Vogelgrippe oder Schweinepest sind natürlich nicht die einzigen Gesundheitsprobleme, an denen Hühner, Puten, Schweine und Rinder in der Nutztierhaltung leiden. Die Weltgesellschaft für Tiergesundheit schätzt, dass Tierkrankheiten pro Jahr mindestens ein Fünftel der globalen Tierproduktion vernichten.[30]

All das ist grauenhaft genug – denn hinter jedem statistischen Todesfall steht ein fühlendes, leidendes Lebewesen. Die Virenzuchtstationen, um die es sich bei den industriellen Tierfabriken handelt, sind darüber hinaus hochgefährlich für uns Menschen.

Die nächste Pandemie?

Am Montag, dem 5. Januar 2004, informierten vietnamesische Behörden die Weltgesundheitsorganisation (WHO) über einen ungewöhnlichen Vorfall in Hanoi: Elf Kinder waren wegen schwerer Atemwegsbeschwerden und Fieber ins Krankenhaus gekommen. Sieben waren schon gestorben, zwei schwebten in Lebensgefahr. Die Ärzt*innen befürchteten, dass ein ungewöhnliches Virus die Ursache war.

Wenige Tage später stellte sich heraus, dass in zwei Geflügelanlagen im Süden Vietnams zahlreiche Vögel an dem Vogelgrippevirus H5N1 verendet waren, das schon im Dezember des Vorjahres in drei Betrieben in Korea gewütet und viele Hühner getötet hatte. Am 12. Januar 2004 stand fest: Mindestens drei der toten Kinder in Hanoi waren mit dem Virus infiziert gewesen.[31]

Zu der Zeit war schon bekannt, dass dieser Virusstamm besonders gefährlich ist. Denn obwohl es sich ursprünglich um ein Vogelvirus handelt, kann H5N1 die Speziesgrenze überwinden und Menschen anstecken. Sobald das geschieht, verursacht das Virus schwere Erkrankungen mit hoher Sterblichkeit: Bis zu 60 Prozent der infizierten Menschen sterben. Das Virus ist damit mehr als 50-mal so tödlich wie der COVID-19-Erreger, der bis Juni 2022 weltweit in unter 1,2 Prozent der dokumentierten Fälle zum Tod führte.[32] Man kann sich kaum ausmalen, wie zerstörerisch eine Pandemie mit diesem Vogelgrippe-Virus wäre, wenn es leicht von Mensch zu Mensch übertragen würde. Das ist Stoff für Katastrophen- und Endzeitfilme.

Genau diese Eigenschaft, leicht von Mensch zu Mensch übertragen zu werden, fehlte dem Virus H5N1 aber im Jahr 2004. Auch von Vögeln auf Menschen sprang es nur in wenigen Fällen über, obwohl viele Menschen Kontakt mit infizierten Tieren hatten. Das waren wichtige Gründe dafür, warum es damals nicht zur Pandemie unter Menschen kam – obwohl die Grippe Tausende Geflügelställe in ganz Asien heimsuchte. 120 Millionen Vögel starben oder wurden zum Seuchenschutz getötet. Trotzdem sind bis zum Jahr 2021 weltweit nur rund 850 Menschen an H5N1 erkrankt, von denen rund 450 starben.[33]

Ein Virus droht nur dann eine ernste Gefahr für die ganze Bevölkerung zu werden, wenn es eine ganz bestimmte Kombination von Eigenschaften aufweist. Es muss ansteckend für Menschen sein, leicht von Mensch zu Mensch übertragen werden und schwere Symptome verursachen. Den verbreiteten Vogelgrippeviren fehlt bislang mindestens eine dieser Eigenschaften – zum Glück. Das muss aber nicht so bleiben. Je mehr Chancen die Viren bekommen zu mutieren, desto eher kann einmal die richtige Kombination an Eigenschaften dabei herauskommen. Mehrere Studien bestätigen, dass Vogelgrippeviren sich die nötigen Eigenschaften für die Mensch-Mensch-Übertragung aneignen können.[34] In zahllosen Hühner- und Putenbetrieben auf der ganzen Welt finden die Viren die idealen Bedingungen vor, um sich auf diese Weise weiterzuentwickeln. Das Umweltprogramm der Vereinten Nationen sieht entsprechend den global wachsenden Konsum von Tierprodukten als einen der wichtigsten Treiber für das Auftreten neuer Pandemien.[35]

Es gibt außerdem einen weiteren Weg, auf dem tierische Grippeviren für viele Menschen bedrohlich werden können: Viren verändern sich nicht nur durch Mutation, sondern auch durch einen anderen Vorgang, der »Reassortment« genannt wird. Wenn zwei verschiedene Viren dieselbe Zelle infizieren und Teile ihrer Gensequenz austauschen, entstehen neue Gen-Kombinationen – wie wenn bei einem Kartenspiel zwei Spieler untereinander die Karten tauschen. Und genau das passiert leicht im Körper von Schweinen. Diese Tiere können sich nämlich sowohl mit Vogelgrippe als auch mit menschlichen Grippeviren anstecken. Zusätzlich tragen sie manchmal auch Viren der Schweinegrippe in sich. Und dann fungieren sie als eine Art Mischgefäß, in dem alle diese Viren untereinander Gensequenzen tauschen können.[36]

Auf diese Weise entstand wahrscheinlich der Subtyp vom Virus H1N1, der im Jahr 2009 tatsächlich eine Pandemie auslöste. Die Krankheit wird Schweinegrippe genannt, aber müsste richtig eigentlich »Schweine-Vogel-Menschen-Grippe« heißen – denn das Virus enthält Gensequenzen aller drei Virenarten. Bei Menschen brach es zuerst in Mexiko und den USA aus. Obwohl sie viel milder verlief als zunächst befürchtet, tötete die neue Grippe allein im ersten Jahr bis zu 575.400 Menschen weltweit und führte zusätzlich vermutlich zu hunderttausenden Fällen der Myalgischen Enzephalomyelitis, die wir heute auch als Langzeitfolge von Covid-19-Infektionen kennen.[37]

Der Ursprung des Virus wird in Schweinefabriken in Nordamerika gesehen. Da einige von diesen in der Nähe industrieller Geflügelanlagen liegen, könnten von dort die Vogelgrippe-Viren stammen. Und über die Arbeitkräfte in den Anlagen kamen dann menschliche Grippeviren hinzu. In den gestressten, genetisch fast gleichen und dicht an dicht zusammengesperrten Schweinen konnten sich die Viren ungebremst entwickeln.

Wie es zu der Pandemie kam, kann man daher nur verstehen, wenn man betrachtet, wie sich Landwirtschaft und Ernährung in Nordamerika in den letzten Jahrzehnten verändert haben. Dasselbe gilt für die Tatsache, dass sich die gefährlichen Zoonosen in den letzten Jahren weltweit häufen. Es reicht nicht, die biologischen Mechanismen von Mutation und Reassortment zu kennen. Denn es sind politische und wirtschaftliche Umstände, die für den Aufstieg der Tierindustrie und die Ausbreitung der industriellen Landwirtschaft sorgten.

Der Evolutionsbiologe Rob Wallace hat deswegen eine neue wissenschaftliche Disziplin definiert, die er »politische Virologie« nennt: Seine Arbeitsgruppe aus unabhängigen Wissenschaftler*innen untersucht, wie biologische, soziale und ökonomische Verhältnisse verknüpft sind.[38] Das H1N1-Virus von 2009 nennt Wallace »NAFTA-Virus«, nach dem nordamerikanischen Freihandelsabkommen: »1994 öffneten Mexiko und die USA die Grenzen für den Warenverkehr, US-Firmen entsorgten Fleisch auf dem mexikanischen Markt. Das zerstörte lokale Ernährungssysteme und trieb die industrialisierte Landwirtschaft voran. So gelangte H1N1 nach Mexiko City, in die USA und von dort in die ganze Welt.«[39]

Auch die vielen Vogelgrippe-Ausbrüche und die immer neuen Virusstämme gäbe es nicht ohne die Geflügelindustrie, die trotz der Gefahren immer weiterwächst. Genau dieser Zusammenhang wurde aber auch in Deutschland lange kaum diskutiert. Das Friedrich-Löffler-Institut, zuständig für die Erforschung von Tierkrankheiten, empfahl bis Ende 2021 nur konkrete Seuchenschutzmaßnahmen gegen die Vogelgrippe: Bei Ausbruch in einem Betrieb werden die Tiere getötet und entsorgt.

Schutz- und Überwachungszonen werden eingerichtet. Bei Ausbrüchen in anderen Ländern darf kein Geflügelfleisch von dort importiert werden.[40]

Daneben soll generell die »Biosicherheit« der Hühner- und Putenanlagen erhöht werden – das bedeutet, dass man die Tiere so weit wie möglich von der Außenwelt isoliert, damit keine Keime hinein- oder hinausgelangen. Am sichersten ist es, wenn die Tiere immer im Stall sind, weil sie dort kaum mit Wildtieren in Kontakt kommen können. Menschen, die in den Anlagen arbeiten, müssen Schutzkleidung anziehen und beim Betreten und Verlassen durch eine Desinfektionsschleuse gehen.

Tatsächlich sehen manche einen großen Vorteil der industriellen Tierhaltung darin, dass sie eine solche Abschottung besonders gut gewährleistet. »Ich finde eine hochindustrialisierte Tierhaltung sehr unangenehm, aber in manchen Bereichen ist sie auch sehr professionell«, sagt zum Beispiel Christina Hölzel, die an der Universität Kiel über Zoonosen forscht. »Beim Schutz gegen Erreger werden viele Dinge richtig gemacht.« Daher seien für die Übertragung von Infektionskrankheiten die geschlossenen Tierfabriken weniger gefährlich als »romantische kleine Bauernhöfe«, wo nicht so strenge Hygieneregeln gelten.[41]

Für die Verbreitung gefährlicher Viren spielen offene Tierhaltungen zwar wirklich eine wichtige Rolle. Außerdem bieten sie den Viren auch gute Gelegenheit zum Reassortment, also dem Austausch von Gensequenzen. So kam es zum Beispiel in China immer wieder zu neuen Kombinationen aus verschiedenen Vogelviren, weil dort eine Vielzahl großer und kleiner Geflügelbetriebe und Lebendtiermärkte zusammenwirken.[42] Aber trotzdem gilt, dass die besonders krankmachenden Virusstämme typischerweise in den industrialisierten Anlagen entstehen – und sich dann erst mit den harmloseren Wildvogelviren vermischen.

Kein Biosicherheitskonzept ermöglicht eine vollständige Abschottung der Tiere von der Außenwelt. Wenn das funktionieren würde, könnte die Vogelgrippe ja nicht in die geschlossenen Ställe hineinkommen – offensichtlich tut sie das auch in Deutschland aber immer wieder. Beim Transport der Tiere und auch über die Gülle gelangen Viren wieder in die Außenwelt. Und sobald gefährliche Tierviren die Fähigkeit bekommen, leicht auf Menschen überzuspringen, werden Arbeitskräfte in den Ställen und Schlachthöfen sowie Tierärzt*innen sich anstecken und die Krankheit weitertragen.

Natürlich ist bei der Abschottung noch viel Luft nach oben. In China entstehen gerade mehrgeschossige Schweinefabriken, die abgelegen in den Bergen Zehntausende von Schweinen beherbergen. Die Arbeiter*innen wohnen direkt neben der Anlage und müssen bei der Ankunft für mehrere Tage durch eine Quarantäne-Schleuse.[43]

Soll das die Zukunft der Tierindustrie sein? Ich finde diese Vorstellung grausig. Und völlige Sicherheit bieten diese Anlagen auch nicht – die Afrikanische Schweinepest schaffte es trotzdem in einige Schweinehochhäuser hinein.

Das Friedrich-Löffler-Institut hat seine Risikoeinschätzung zur Vogelgrippe im Januar 2022 um neue Empfehlungen ergänzt. Neben den Maßnahmen zur Biosicherheit rät das Institut nun immerhin dazu, kurz- bis mittelfristig die Dichte kommerzieller Geflügelbetriebe durch Wiederbelegungsverbote zu verringern.[44]

Die Superbazillen

Nicht nur Viren können uns krankmachen. Die andere große Gruppe von Krankheitserregern, die Bakterien, halten wir derzeit hierzulande noch ziemlich gut in Schach – dank Antibiotika. Die Tierindustrie allerdings trägt mit dazu bei, dass diese wertvollen Medikamente auf Dauer ihre Wirkung verlieren – weil immer mehr Resistenzen entstehen. Schon seit Jahren kritisieren Fachleute und NGOs die großen Mengen an Antibiotika, die in den Mastanlagen eingesetzt werden. Geändert hat sich aber noch viel zu wenig.

»Wenn wir den Antibiotika-Resistenzen nicht Einhalt gebieten, könnte die nächste Pandemie eine bakterielle sein und viel tödlicher als COVID-19«, sagt Maria Helena Semedo, Generaldirektorin der UN-Organisation für Landwirtschaft und Ernährung. Dabei spiele der globale Lebensmittel- und Agrarsektor eine zentrale Rolle, heißt es in einer Stellungnahme der Organisation vom November 2020. Denn: »In vielen Weltregionen werden mehr Antibiotika bei Tieren als bei Menschen eingesetzt«.[45]

Genau das ist auch in Deutschland der Fall. Etwa 670 Tonnen Antibiotika bekamen Hühner, Puten, Schweine und Rinder in deutschen Ställen im Jahr 2019 verabreicht – das ist fast doppelt so viel, wie alle Menschen zusammen im gleichen Zeitraum einnahmen.[46] Jeder Einsatz von

Antibiotika befördert aber Resistenzen. Denn die Bakterien, die aufgrund genetischer Besonderheiten das Antibiotikum abwehren können, haben plötzlich freie Bahn – sie vermehren sich besonders schnell. Die direkten Folgen sind klar messbar: Bei einer Untersuchung wurden in allen betrachteten 34 Hähnchenmastanlagen resistente Bakterien gefunden; bei Schweinemast- und Milchbetrieben wurden die Wissenschaftler in vier von fünf Ställen fündig.[47] Mehr als jedes zweite Stück Hähnchenfleisch ist mit solchen Keimen belastet.[48] Auch in der Gülle, die auf den Feldern landet, lassen sich resistente Bakterien nachweisen.[49]

Wenn sich solche Bakterien zum Beispiel in einer Wunde einnisten, nachdem man sich beim Kleinschneiden der Hühnerbrust geschnitten hat, kann es passieren, dass Antibiotika nichts mehr ausrichten. Die Wunde heilt nicht, es kann zu Blutvergiftung kommen. Auch bei inneren Infekten wie einer Lungenentzündung sind resistente Keime gefährlich. Heute erkranken in Europa jedes Jahr etwa 670.000 Menschen durch multiresistente Erreger, 33.000 Menschen sterben daran.[50] Wenn sich die Resistenzen häufen, drohen Antibiotika insgesamt ihre Wirkung zu verlieren. Das sei für die Medizin eine Katastrophe, sagt Lothar Wieler, der Chef des Robert-Koch-Instituts:

»Durch die Antibiotika sind wir eigentlich erst in die Lage versetzt worden, die moderne Medizin zu betreiben. In der Krebstherapie stellen Sie die Patienten unter einen Antibiotikaschutz. Wenn Sie bestimmte Operationen durchführen, brauchen Sie einen Antibiotikaschutz, um den Menschen vor Infektionen zu schützen. Wenn Sie Transplantationen vornehmen zum Beispiel. Das heißt, die Antibiotika sind ein Pfeiler der modernen Medizin. Und darum gilt es diese Waffe Antibiotika so lange wie möglich stark zu halten. Sie muss wirken.«[51]

In welchem Ausmaß ist aber die Tierhaltung für die resistenten Keime verantwortlich, an denen die Menschen heute schon erkranken? Der Nierenarzt Gerd-Ludwig Meyer behandelt Patient*innen, bei denen Antibiotika nicht mehr wirken, in seiner Praxis in Niendorf in Niedersachsen. Er sagt, er könne an den jeweiligen Keimen ablesen, was in den Agrarfabriken gerade verwendet werde. Resistenzen gegen Penizillin-Präparate seien rückläufig, weil deren Einsatz in der Tierhaltung zurückgegangen sei. Dafür gebe es mehr Resistenzen gegen andere Wirkstoffe, die auch in den Ställen zugenommen hätten.[52]

Die Tiermedizinerin Christina Hölzel dagegen, die an der Uni Kiel über Zoonosen forscht, meint: Die weit überwiegende Zahl der Keime, die in Krankenhäusern zu Problemen führen, hätten mit den resistenten Keimen in den Ställen nichts zu tun. Sie stammten aus der Humanmedizin.[53] Genauere Zahlen gibt es für einzelne Bakterienarten: Der wohl bekannteste Keim ist der Methicillin-resistente Staphylococcus aureus (MRSA). Von allen MRSA-Keimen gehen tatsächlich nur wenige Prozent auf die Tierindustrie zurück – am höchsten liegt der Anteil in Regionen mit hoher Dichte an Mastanlagen, wo der Keim immer wieder Menschen besiedelt, die beruflich mit »Nutztieren« zu tun haben. Dort stammen etwa zehn Prozent der untersuchten MRSA-Erreger aus der Landwirtschaft.[54]

Für bestimmte andere Erreger, die Menschen besiedeln, schätzt eine niederländische Studie, dass sie in ca. 60 Prozent auf eine Übertragung von Mensch zu Mensch zurückzuführen ist, wohingegen eine Übertragung von Lebensmitteln tierischen Ursprungs 17,8 Prozent und von Haustieren 7,9 Prozent ausmacht.[55] Bei vielen weiteren Erregern lässt sich derzeit nicht eindeutig sagen, welcher Anteil auf die Nutztierhaltung zurückgeht. Unklar ist auch, welche Auswirkungen die Keime haben, die über die Gülle in die Umwelt gelangen.

Auch wenn der Großteil der resistenten Keime, an denen Menschen derzeit erkranken, wohl nicht aus Ställen stammen, trägt die Tierindustrie doch ihren Teil zum Problem bei. Und dieses Problem wird insgesamt dramatisch wachsen, da sind sich Fachleute einig. Weltweit ist davon auszugehen, dass die Zahl der Erkrankungen und Todesfälle stark ansteigen wird, weil sich immer mehr Resistenzen bilden und die medizinische Forschung nicht im gleichen Tempo neue Medikamente entwickelt.[56]

Antibiotika tonnenweise in der Nutztierhaltung zu verpulvern, erscheint vor diesem Hintergrund extrem unvernünftig. Es sind sich auch alle Akteure einig, dass möglichst wenig Antibiotika eingesetzt werden sollten. So ein »möglichst« lässt allerdings viel Interpretationsspielraum. Die Branche weist darauf hin, dass sie schon große Fortschritte gemacht habe, da sich ihr Verbrauch von Antibiotika in Deutschland seit 2011 mehr als halbiert habe.[57] Was die Gesamtmenge in Tonnen betrifft, stimmt das.[58] Allerdings werden teilweise wirksamere Mittel verwendet – das reine Gewicht ist also nur bedingt aussagekräftig. Und bei einigen Tieren, nämlich in der Hühner- und Putenmast sowie in der Kälbermast, hat sich seit mehreren Jahren kaum etwas geändert – die Antibiotika-Mengen sind fast unverändert hoch.[59]

Man kann daher davon ausgehen, dass ein durchschnittliches Masthuhn noch immer an zehn von 42 Lebenstagen Antibiotika erhält.[60] Bei Hühnern bekommt immer gleich der ganze Stall die Medikamente ins Futter gemischt, weil sich bei 40.000 Tieren die Mühe nicht lohnt, die kranken Hühner von den gesunden zu trennen. Zwar müssen Antibiotika tierärztlich verordnet werden. Aber die Tierärzt*innen haben ein Eigeninteresse daran, möglichst viel Antibiotika zu verwenden: Sie verkaufen die Antibiotika selbst und verdienen daran. Die Einnahmen daraus machen sogar ein Drittel bis die Hälfte ihres Einkommens aus.[61]

Besonders brisant ist, dass Hühner und Puten in den letzten Jahren zunehmend sogar mit Antibiotika gefüttert werden, die von der WHO als besonders wichtig für die Behandlung von Menschen eingestuft werden – die Ärzt*innen zum Beispiel einsetzen, wenn andere Antibiotika nicht mehr helfen. Der Verbrauch solcher Medikamente, oft auch »Reserveantibiotika« genannt, ist in der Tierindustrie in den letzten Jahren sogar gestiegen.[62] Für Nierenarzt Meyer ist das ein Verbrechen:

»Reserveantibiotika sind dafür entwickelt worden, Menschenleben zu retten, schwerste Verläufe, Septikämien, Pneumonien schwerster Art, auf Intensivstationen. Dafür sind die da – und nicht, um dafür zu sorgen, dass das Masthähnchen seinen Zweiunddreißigsten, nämlich den Schlachttag, erreicht.«[63]

Seit Juli 2022 gibt es einen neuen EU-Rechtsakt, der bestimmte antimikrobielle Mittel allein für den Menschen reservieren und ihren weiteren Einsatz in der Veterinärmedizin untersagen soll. Tatsächlich wird durch den Rechtsakt aber keines der Antibiotika, die die WHO als besonders wichtig einstuft, geschützt.[64]

Solange sich weder das Ausmaß noch die Art der Tierhaltung grundlegend wandeln, werden also weiterhin große Mengen der kostbaren Medikamente in Tierställen eingesetzt werden. Neue Resistenzen, die auch im Essen und in der Umwelt landen, nehmen wir auf diese Weise in Kauf.

Ist es das wert?

Man könne die Antibiotika-Gaben kaum weiter herunterfahren, argumentiert der Bauernverband gegen die anhaltende Kritik. Dabei führt er ein geradezu ironisches Argument ins Feld: Tierschutz. »Kranke Tiere müssen mit Blick auf den Tierschutz medizinisch behandelt werden, ein vollständiger Verzicht auf Antibiotika in der Nutztierhaltung ist deshalb nicht möglich«, heißt es im »Faktencheck Antibiotika«.[65] Auch auf das wichtige Reserveantibiotikum Colistin könne man mit Blick auf das Tierwohl nicht verzichten, solange es keine guten Alternativen gebe.[66] Mit Alternativen sind dabei andere, neue Medikamente gemeint. Auch die ehemalige Agrarministerin Klöckner sprach sich 2020 mit derselben Begründung gegen drastische Maßnahmen zur Reduktion von Antibiotika in der Tierhaltung aus.[67]

Wer so argumentiert, blendet offensichtlich die Ursachen der hohen Medikamentenmengen völlig aus. Erstens ist klar, dass viele Tiere überhaupt erst aufgrund der Zucht- und Haltungsbedingungen krank werden. Untersuchungen zeigen auch, dass oft gerade in größeren Betrieben besonders viel Antibiotika pro Tier eingesetzt werden.[68] Wenn es tatsächlich um Tierschutz ginge, müsste man natürlich die Lebensbedingungen der Tiere grundlegend verändern – genau das passiert aber nicht. Die Geflügelwirtschaft zum Beispiel will nur auf Reserveantibiotika verzichten, wenn neue Wirkstoffe zugelassen werden.[69] Die Tiere auf andere Weise gesundzuhalten, kommt offenbar nicht in Frage.

Zweitens gibt es all diese Tiere, gesund oder krank, nur, weil sie für die Erzeugung von Fleisch, Milch oder Eiern regelrecht produziert worden sind. Ein Tier, das gar nicht erst zur Welt kommt, braucht aber mit Sicherheit keine Antibiotika. Es geht nicht darum, ob kranke Tiere ein Recht auf Behandlung haben – natürlich haben sie das. Aber: Wenn wir drastisch weniger Tiere halten, mästen und töten würden, müssten wir ganz automatisch drastisch weniger Antibiotika einsetzen und würden die Resistenzbildung drastisch verringern. Damit würden wir zugleich auch die Risiken für eine neue Grippe-Pandemie viel wirksamer verringern als durch »Biosicherheit«, d.h. die Abschottung der Anlagen von der Außenwelt.

Aber müssen wir denn, so könnte man einwenden, um jeden Preis alle Gesundheitsrisiken verhindern? Natürlich nicht. Eine Gesellschaft kann sich dazu entscheiden, negative Folgen und Gefahren einer Praxis in Kauf zu nehmen. Um große Mengen günstiges Fleisch zu bekommen, könnten wir die gesundheitlichen Risiken akzeptieren. Aber haben wir uns dazu entschieden? Haben wir überhaupt jemals ernsthaft darüber diskutiert? Tatsächlich geht es in den meisten öffentlichen Debatten allein darum, ob und wie wir die negativen Folgen der Tierhaltung abmildern können – anstatt um die Frage, ob wir die Probleme überhaupt entstehen lassen wollen.

Das wird besonders deutlich im Fall eines weiteren Krankmachers aus der Tierindustrie, bei dem die Opferzahlen derzeit noch deutlich höher liegen als bei den Viren und Bakterien: Feinstaub. Die winzigen Partikel dringen über die Atemluft in die Bronchien und Lungenbläschen ein; besonders feine Staubteilchen gelangen in das Lungengewebe und sogar in den Blutkreislauf. Sie können lokale Reizungen und Entzündungen auslösen und auch zu Lungenkrebs, verschiedenen Herzleiden und Infarkten führen.[70]

Über Feinstaub wird meist im Zusammenhang mit dem Autoverkehr gesprochen. Dabei stammt in Deutschland nur etwa ein Fünftel des Feinstaubs aus Fahrzeugmotoren. Mehr als doppelt so viel, 45 Prozent, wird landwirtschaftlichen Emissionen zugeordnet.[71] Es handelt sich zum größten Teil um Ammoniak-Gase aus Tieranlagen und Gülle, die sich in der Atmosphäre mit anderen Gasen zu Feinstaub verbinden.

Die Feinstaubbelastung bewirkt, dass in Deutschland mehrere Zehntausend Menschen pro Jahr vorzeitig sterben – verschiedene Studien beziffern die Zahl auf 34.000 bis zu 120.000 vorzeitige Todesfälle. Knapp die Hälfte davon gehen also auf das Konto der Tierindustrie.[72] Schlechte Luft erhöht auch das Risiko, an COVID-19 zu sterben: Laut einer Untersuchung vom Herbst 2020 ist jeder fünfte Corona-Todesfall in Deutschland darauf zurückzuführen, dass die Opfer über einen längeren Zeitraum schmutzige Luft einatmeten.[73]

Fast in allen Regionen des Landes liegt die Belastung durch Feinstaub deutlich über den Grenzwerten, die die Weltgesundheitsorganisation empfiehlt. Ihrer Einschätzung zufolge gibt es zudem keine ungefährliche Dosis: Sogar kleine Feinstaub-Level sind schädlich.[74]

Auch in diesem Fall ist das Problem bekannt und seit Jahren tut sich fast nichts. Bei den Ammoniak-Emissionen aus der Landwirtschaft verstößt Deutschland sogar seit mehr als zehn Jahren dauerhaft gegen internationale Abkommen – allerdings ohne Konsequenzen.[75] Europäische Richtlinien schreiben zudem vor, dass die Ammoniak-Emissionen bis 2030 um fast ein Drittel sinken müssen. Der Bauernverband sieht nicht, wie das zu schaffen sei.[76] Die Maßnahmen von der Politik konzentrieren sich bislang auf technische Lösungen: Mehr Ställe sollen teure Filteranlagen bekommen, die Lagerung der Gülle soll sich verbessern, auf dem Acker muss die Gülle schneller eingearbeitet werden. Das Agrarministerium selbst vergab im Jahr 2021 Fördergelder von hunderten Millionen Euro für neue Anlagen zur Gülle-Lagerung.[77]

Dabei gibt es auch hier eine viel naheliegendere Lösung: den Abbau der Tierindustrie. Eine umfassende Studie des Umweltbundesamts kommt zum gleichen Schluss: Um die Feinstaubbelastung zu reduzieren, sei eine »deutliche Reduktion des Konsums von tierischem Eiweiß« eine effektivere Maßnahme als die technischen Instrumente. Sie sei zudem einfach umzusetzen und mit wenig bis gar keinen Kosten verbunden.[78]

Wir könnten also Zehntausende vorzeitige Todesfälle und noch viel mehr leidvolle Erkrankungen durch Luftverschmutzung leicht vermeiden, wenn wir die Nutztierhaltung abbauen und unsere Ernährung entsprechend umstellen würden. Aus meiner Sicht ist das ein starkes Argument für den Ausstieg aus der Tierindustrie. Und apropos Ernährung: Der hohe Konsum von Tierprodukten, der heute hierzulande nur dank der Tierindustrie möglich ist, hat selbst immense Auswirkungen auf die Gesundheit und damit die Lebensqualität vieler Menschen.

Bohnen oder Bulette

»Was wir essen, spielt eine riesige Rolle für das Risiko, bestimmte Krankheiten zu bekommen, und auch für das allgemeine Wohlbefinden«, sagt Dr. Hannah Flüh. Sie ist Hausärztin in Ueckermünde an der Ostsee. »Zum Beispiel kam ein Patient zu mir, Anfang 60, mit erhöhtem Blutdruck und hohem Cholesterinspiegel. Das sind beides Risikofaktoren für Herzinfarkte und Schlaganfälle. Ich habe dem Mann gesagt: Ich kann Ihnen jetzt Medikamente verschreiben, oder Sie können es mit einer Ernährungsumstellung und mehr Bewegung versuchen.«

Der Patient entschied sich dafür, seine Lebensweise zu verändern. Zuvor hatte er praktisch jeden Tag Buletten oder Bockwurst gegessen, die ließ er weg. Stattdessen aß er mehr Gemüse, Vollkornprodukte und Hülsenfrüchte wie Linsen und Bohnen. Drei Monate später hatten sich seine Werte deutlich verbessert. Er hatte also sein Risiko für schwere Erkrankungen verringert. »Wurst und Käse gehören zu den Nahrungsmitteln, von denen die meisten Leute deutlich weniger essen sollten«, sagt Hannah Flüh.

Es gibt eine Vielzahl von Studien, die einen Zusammenhang zwischen dem Konsum von Tierprodukten und verschiedenen sogenannten

Zivilisationskrankheiten zeigen: Herz-Kreislauf-Probleme, koronare Herzkrankheit und Schlaganfälle treten öfter bei Menschen auf, die viel rotes Fleisch (das Fleisch von Schweinen und Rindern) und viel verarbeitetes Fleisch zu sich nehmen. Auch ein hoher Milchkonsum steht mit Herz-Kreislauf-Erkrankungen im Zusammenhang. Je mehr tierische Produkte jemand isst, desto höher ist außerdem das Risiko, an Diabetes Typ 2 zu erkranken. Und sogar Krebs kann durch eine ungesunde Ernährung befördert werden: Die Weltgesundheitsorganisation stufte 2018 verarbeitetes Fleisch als »krebserregend« und rotes Fleisch als »wahrscheinlich krebserregend« ein. Vielen pflanzlichen Nahrungsmitteln wie Gemüse wird dagegen eine gesundheitsfördernde Wirkung zugeschrieben.[79]

Es gibt in der Ernährungswissenschaft zwar noch viele Wissenslücken und großen Forschungsbedarf. Bei manchen Produkten wie Milch und Eiern ist die Studienlage bisher noch uneindeutig – ein maßvoller Konsum kann möglicherweise auch positive Effekte haben. Die generelle Richtung ist aber klar: Eine »pflanzenbetonte Ernährung« ist gesünder als eine, die viel Fleisch und Tierprodukte enthält. Das sagt auch die Deutsche Gesellschaft für Ernährung (DGE) und sieht großen Handlungsbedarf: »Damit wir das Ziel einer pflanzenbetonten Ernährungsweise erreichen können, muss der Verbrauch von Gemüse inklusive Hülsenfrüchten, Obst, Getreide, Kartoffeln und Nüssen noch deutlich steigen und der Verbrauch von tierischen Lebensmitteln stark sinken.«[80]

Aber wie stark eigentlich? Die DGE fordert eine Verringerung des Fleischkonsums auf die Hälfte bis ein Viertel. Andere Institutionen gehen besonders im Hinblick auf Rind- und Schweinefleisch noch weiter. Die EAT-Lancet-Kommission ist ein internationales Team aus Wissenschaftler*innen verschiedener Disziplinen. Anfang 2019 veröffentlichte die Kommission eine Reihe von Empfehlungen für eine gesunde Ernährung, die außerdem im Einklang mit Umwelt- und Klimazielen stehen soll. Dafür haben die Expert*innen die vorhandene Studienlage zur Gesundheitswirkung verschiedener Nahrungsmittel ausgewertet.

»Wir empfehlen weniger als einmal die Woche rotes Fleisch zu essen«, sagt Dr. Marco Springmann von der Oxford University. Er hat in der EAT-Lancet-Kommission mitgearbeitet. »Das könnte immer noch zur Erhöhung des Risikos beitragen, aber wir wollten eine Ernährungsweise zusammenstellen, bei der man kein Nahrungsmittel komplett streichen muss.«[81]

Rotes Fleisch sei mit erhöhter Sterblichkeit verbunden, man könne es außerdem gut durch pflanzliche Eiweißquellen ersetzen, heißt es in dem Bericht. Deshalb sei es womöglich am besten, gar kein rotes Fleisch zu konsumieren. Allerdings sei anhand der verfügbaren Daten unklar, ob geringe Mengen tatsächlich schädlich sind. Daher empfiehlt die Kommission, pro Tag höchstens 28 Gramm rotes Fleisch zu essen, besser nur die Hälfte davon, also 14 Gramm. Das bedeutet: Ein kleiner Burger pro Woche. Oder drei Scheiben Schinken. Nicht beides.[82]

Die Deutschen essen im Durchschnitt derzeit etwa zehnmal so viel rotes Fleisch.[83] Es geht also um eine drastische Reduktion insbesondere bei Schweine- und Rindfleisch. Aber auch für Hühner- und Putenfleisch liegt die empfohlene Menge laut EAT-Lancet-Kommission deutlich unter dem üblichen Verbrauch.[84] »Hähnchenfleisch ist gesundheitlich eher neutral«, sagt Springmann. »Aber fast alles andere, insbesondere Gemüse, ist gesünder. Daher empfehlen wir höchstens zwei Portionen Hähnchenfleisch pro Woche.«

Was Milch betrifft, liegt die empfohlene Menge bei einem Glas Milch pro Tag – oder zwei bis drei Scheiben Käse. Auch das steht in großem Kontrast zum realen Konsum, der dreimal so hoch ist.[85]

Fleischlose und vegane Ernährungsweisen sind mit den Empfehlungen der Kommission in allen Lebensphasen gut vereinbar – sofern bei veganer Ernährung Vitamin B12 zusätzlich eingenommen wird.[86] Die Sterblichkeit verringert sich sogar umso mehr, je pflanzenbasierter die Ernährung ist, sagt die Studie. Gemüse darf man umgekehrt nicht weglassen: Mindestens 200 Gramm pro Tag sind vorgesehen, mehr ist besser. Auch eine Handvoll Nüsse sind obligatorisch. Zucker, Salz und Weißmehl wiederum sollen wir sehr wenig zu uns nehmen.

Die Weise, wie die meisten Menschen in Industrienationen dagegen tatsächlich essen, ist nicht nur ein bisschen ungesund. Sie gehört vielmehr zu den wichtigsten Todesursachen.[87] Fast ein Drittel aller Krankheitskosten hierzulande geht nach offiziellen Schätzungen auf ernährungsbedingte Krankheiten zurück.[88] Und Marco Springmann sagt mit Verweis auf eine andere Studie, an der er mitgearbeitet hat: »Wir haben ausgerechnet, dass in Deutschland etwa 160.000 Todesfälle pro Jahr vermieden werden könnten, wenn unsere Ernährung weitgehend pflanzenbasiert wäre«.[89]

Auf individueller Ebene scheint die Bereitschaft, die eigene Ernährung umzustellen, oft eher gering. »Wenn man als Ärztin dieses Thema wichtig nimmt, wird man schnell frustriert«, erzählt Hannah Flüh aus Ueckermünde. »Denn viele Patient*innen wollen das nicht hören, sie wollen ihre Gewohnheiten nicht ändern – praktisch ist es einfacher, auf die Krankheiten zu warten und die dann medikamentös zu behandeln.« Dabei geht es ja um das Leben und Wohlbefinden der Betroffenen selbst – viele der Erkrankungen, die durch ungesunde Ernährung mit verursacht werden, beeinträchtigen die Lebensqualität der Kranken enorm. »Ich versuche immer wahrzunehmen, wann der richtige Moment ist, in dem die Patient*innen selbst das Anliegen haben, ihre Gesundheit durch nicht-medikamentöse Maßnahmen positiv zu beeinflussen – das ist je nach Lebensphase sehr unterschiedlich«, sagt Flüh. »Aber dann macht es große Freude, jemanden dabei zu begleiten, weil sich die Erfolge so schnell einstellen – Menschen fühlen sich einfach besser, ausgeglichener und frischer und das häufig schon nach wenigen Wochen. Zugleich erleben sie dabei eine Selbstwirksamkeit, entwickeln Freude und Zuversicht, auch das ist sehr schön zu sehen.«

Die Ursache der problematischen Gewohnheiten liegt dabei natürlich nicht nur in persönlichen Präferenzen: Die meisten Menschen wurden in eine fleischlastige Ernährung hineinsozialisiert und Tierprodukte gehören zur Normalität in Kantinen, Restaurants und Imbissen. Außerdem sind vollwertige Mahlzeiten mit frischem Obst und Gemüse häufig teurer als Gerichte mit fettreichen Tierprodukten.[90] Auch deshalb ernähren sich ärmere Menschen im Schnitt ungesünder als wohlhabendere.[91] Diese Bedingungen tragen entscheidend dazu bei, dass es für viele Menschen heute eine Anstrengung bedeutet, ihre Konsumgewohnheiten umzustellen.

Ich frage mich: Wann sind wir als Gesellschaft bereit, die vielen Gründe gegen die Tierindustrie und die tierbasierte Ernährung ernst zu nehmen und gemeinsam eine umfassende Wende einzuleiten?

Krankheiten verhindern – Tierfabriken schließen

Die Weltgesundheitsorganisation stellte im Jahr 2019, noch kurz vor der Corona-Pandemie, eine Liste von »Bedrohungen der globalen Gesundheit« auf.[92] Vier der fünf wichtigsten Bedrohungen haben direkt mit der Tierindustrie oder dem Tierkonsum zu tun: Auf Platz 1 ist Luftverschmutzung und Klimawandel – Feinstaub gehört dabei zu den relevanten schädlichen Faktoren. Im nächsten Kapitel geht es außerdem um den Beitrag der Tierindustrie zur Klimakrise. Als zweites auf der Bedrohungsliste kommen nicht-übertragbare Krankheiten wie Diabetes, Krebs und Herzerkrankungen, die besonders durch eine ungesunde Ernährung befördert werden. Die dritte Bedrohung ist eine neue Grippe-Pandemie, und auf Platz 5 stehen die zunehmenden Antibiotika-Resistenzen.

Im Sommer 2020 mussten zahlreiche Schlachthöfe vorübergehend schließen, um die dort Arbeitenden und die benachbarte Bevölkerung vor Corona-Infektionen zu schützen. Die Gesundheit war für Behörden und Regierende wenigstens zeitweise wichtiger als das ungestörte Weiterlaufen der Schlachtbänder. Leider hielt diese Priorität nicht lange – schon bald mussten die Arbeiter*innen weiter schuften, auch wenn es Corona-Infektionen im Betrieb gab. Das Töten der Schweine, Rinder und Hühner darf offenbar nicht dauerhaft ins Stocken geraten.

Im Hinblick auf den Gesundheitsschutz ist das extrem unvernünftig. Und die Schäden und Risiken, die mit der Tierindustrie verbunden sind, können weit schlimmere Ausmaße als die Corona-Pandemie annehmen. Wenn wir damals gute Gründe hatten, einzelne Schlachthöfe zu schließen, dann haben wir heute umso mehr Gründe, alle Tierfabriken zu schließen.

2.

Klimakatastrophe und Gerechtigkeit: Die Zeit zu handeln ist jetzt

Die Klimakrise lässt sich leicht verdrängen. Es ist zwar mittlerweile allgemein bekannt, dass die Erde sich erwärmt und die Folgen dramatisch sind. Mit Hitzesommern, Dürren und der Flutkatastrophe im Sommer 2021 im Ahrtal ist die Krise auch längst hier in Deutschland angekommen. Im Alltag denken viele von uns trotzdem kaum daran – sicher auch deshalb, weil die wissenschaftlichen Erkenntnisse wirklich gruselig sind.

Wenn ich Vorträge über die Tierindustrie und ihre Folgen halte, versuche ich oft, den Zuhörenden und mir selbst wenigstens kurz noch einmal die Dimensionen der Klimakrise vor Augen zu führen. Ich bin keine Klimawissenschaftlerin, aber ich kann Studien lesen und Aussagen von Fachleuten nachvollziehen. Und tatsächlich reichen ein paar wenige Informationen, um sich zu vergegenwärtigen: Die Klimakrise ist eine so große Bedrohung für unsere Gesellschaft und die gesamte Erde, dass es eigentlich keine wichtigere Frage geben dürfte als die, wie wir sie noch aufhalten können.

Warm oder noch wärmer?

Die erste Information ist: Im Vergleich zur vorindustriellen Zeit hat sich die Erde im Durchschnitt bereits um etwas über ein Grad erwärmt. Die Auswirkungen erleben wir. In den letzten Jahren gab es in mehreren Regionen der Welt Wetterextreme wie Dürren, Hitzewellen oder Starkregenfälle in zuvor ungekannter Intensität.

Hurrikan Harvey ließ 2017 in den USA so viel Wasser herunterprasseln wie kein Hurrikan zuvor. Die Millionenstadt Houston stand großflächig unter Wasser, zigtausende Menschen wurden obdachlos.

2018 war der Hitzesommer in Deutschland, in dem für viele Menschen hier die Erderwärmung erstmals spürbar wurde. Der Sommer war mit großem Abstand der bisher wärmste und zugleich trockenste Sommer seit Beginn der Wetteraufzeichnungen. Staubtrockene Böden sorgten für gewaltige Ernteausfälle in der Landwirtschaft.

2019 ereigneten sich extreme Unwetter im Mittelmeerraum und auch in Asien. In Afrika löste der Zyklon Idai schwere Überflutungen in Malawi und Mosambik aus. Hunderttausende Menschen verloren ihr Zuhause.

Dann brannte Australien: Außer Kontrolle geratene Buschbrände töteten im Winter 2019/2020 mindestens 500 Millionen Tiere und hüllten die Stadt Sydney monatelang in eine Rauchwolke.

2020 fegten 30 Tropenstürme über den Atlantik, so viele wie noch nie seit Beginn der Messungen. Sie richteten in Mittelamerika, der Karibik und den USA schwere Schäden an. Überdurchschnittlich starke Monsunregen setzten ein Drittel von Bangladesch sowie Teile Indiens und Nepals unter Wasser. Die zehn schlimmsten Wetterkatastrophen des Jahres zusammengenommen töten mindestens 3.500 Menschen, vertrieben 13,5 Millionen und verursachten 150 Milliarden Dollar an Schäden.[1]

Ein Jahr später, 2021, kamen bei der Hochwasserkatastrophe in Deutschland über 180 Menschen zu Tode, mehrere Dörfer wurden komplett verwüstet. Im selben Sommer suchten extreme Hitzewellen Nordamerika heim. Bei fast 50 Grad starben hunderte Menschen in ihren Häusern. Hitze und Dürre schädigten auch den Ackerbau massiv und sorgten für Ernteausfälle.

In den ersten drei Monaten von 2022 gab es Tote durch massive Überschwemmungen und Erdrutsche in Brasilien und eine historische Hochwasserkatastrophe an der Ostküste von Australien. Auf Madagaskar töteten mehrere schwere Stürme über 100 Menschen und machten über 50.000 obdachlos.

Diese Häufung der Wetterextreme in den letzten Jahren und ihre zunehmende Intensität kann man der globalen Erwärmung zuordnen.[2] Eine noch junge wissenschaftliche Disziplin, die Zuordnungsforschung, kann sogar für jedes Extremwetterereignis berechnen, inwieweit es vom Klimawandel beeinflusst wurde. Die Hitzewelle in Nordamerika im Jahr 2021 zum Beispiel wurde durch den Klimawandel 150-mal wahrscheinlicher und zwei Grad heißer.[3]

Die zweite Information, die wir uns vergegenwärtigen müssen, lautet: Derzeit steuern wir global auf eine Erwärmung von mehr als 2,5 Grad zu. Selbst unter der Voraussetzung, dass alle Staaten die Verpflichtungen einhalten würden, die sie bis zum Jahr 2021 zum Klimaschutz eingegangen sind, landen wir laut den Vereinten Nationen bei 2,7 Grad Erwärmung.[4] Das sind wahrlich katastrophale Aussichten: In einer so viel wärmeren Welt verursachen häufigere Dürren fatale Ernährungskrisen. Noch schlimmere Wetterextreme, Stürme und Hitzewellen töten Millionen von Menschen. Weite Küstenregionen werden unbewohnbar.[5]

Auch das ist noch nicht alles, denn wir müssen noch eine dritte Information zur Kenntnis nehmen: Es ist gut möglich, dass die Erwärmung sich auf mehr als drei, sogar vier, fünf oder noch mehr Grad hochschraubt. Zum einen sieht es nicht so aus, als ob alle Staaten ihre Klimaschutzversprechen einhalten würden.[6] Zum anderen kann es ab einem gewissen Punkt sogar ganz ohne unser Zutun geschehen, dass sich die Erde noch stärker erwärmt. Der Grund sind verschiedene Rückkopplungseffekte, die eine einmal begonnene Entwicklung weiter vorantreiben.

Je mehr zum Beispiel vom arktischen Meereis wegschmilzt, desto größer ist die Fläche, auf der die Sonne auf Wasser trifft, wo vorher Eis war. Weil Wasser dunkler ist als Eis, spiegelt es weniger Sonnenstrahlung zurück und nimmt mehr Wärme auf als zuvor das Eis. Das erwärmte Wasser sorgt dann mit dafür, dass noch mehr Eis schmilzt, und so weiter.

Ein weiterer Rückkopplungseffekt: Bei Wärme und Trockenheit steigt die Waldbrandgefahr. Und wenn ein Wald verbrennt, gehen große Mengen Kohlendioxid in die Luft. Berechnungen ergaben zum Beispiel, dass bei den Bränden in Kalifornien im Jahr 2018 genau so viele Treibhausgase freiwurden, wie der Bundesstaat pro Jahr für seine Energieversorgung emittiert.[7]

Tatsächlich wissen wir nicht, ab welcher Erwärmung die Rückkopplungseffekte gleichsam von alleine weiterlaufen werden. Der Punkt könnte schon bei zwei Grad erreicht sein. Das stellt eine Studie fest, an der auch der Potsdamer Klimaforscher Hans Joachim Schellnhuber mitgearbeitet hat. Die Studie hat den Begriff der »Heißzeit« geprägt, in die der Planet geraten kann.[8]

In meinen Vorträgen zeige ich manchmal ein Schaubild aus dieser Studie. Man sieht darauf eine Art Wellenrelief. Die Erde bewegt sich durch die Zeit in einer Rinne auf etwa derselben Höhe, die eine bestimmte Stabilität darstellt. Die Rinne fällt allerdings an einer Stelle steil nach unten ab. Mit unseren Emissionen sorgen wir dafür, dass die Erde in dieser Rinne bleibt. Das bedeutet, dass sie irgendwann von alleine nach unten rollen wird, hinein in die Heißzeit, in der es langfristig vier oder mehr Grad wärmer ist als in der vorindustriellen Zeit.

Um dann zu verdeutlichen, was eine Erwärmung von vier Grad bedeutet, zitiere ich im Vortrag den Klimaforscher Kevin Anderson: »Eine Vier-Grad-Zukunft ist unvereinbar mit einer geordneten globalen Gemeinschaft, ist wahrscheinlich jenseits aller Anpassungsmöglichkeiten, würde die Mehrzahl aller Ökosysteme vernichten und mit hoher Wahrscheinlichkeit nicht stabil sein.«[9] Der letzte Teil bedeutet, dass sich eine solche Welt voraussichtlich von selbst weiter erwärmen würde. Selbst die Weltbank – nicht gerade eine grüne NGO –, hält es für unklar, ob eine Anpassung an eine vier Grad wärmere Welt überhaupt möglich ist.[10]

An dieser Stelle ist es immer sehr still im Vortragsraum. Die wenigen Informationen, aufs Neue aufgezählt, reichen aus, um eine gewisse Schockstarre auszulösen. Mir selbst wird dabei manchmal etwas schwindelig: Die ganze Welt ist in Gefahr. Also eigentlich alles, was wir kennen. Alles, was uns wichtig ist. Und es geht nicht um eine ferne Zukunft. Wir sind schon mittendrin in der Klimakatastrophe. Wir selbst und unsere Kinder werden erleben, wie die Temperaturen weiter klettern, wie die Dürren, Stürme und Überschwemmungen zunehmen, wie Küsten unbewohnbar werden.

In dieser Darstellung fehlen zugleich noch wesentliche Aspekte. Der wichtigste ist die Ungerechtigkeit, die in der Klimakrise steckt. Viele Menschen im globalen Süden leiden unter den Folgen der Erderwärmung deutlich stärker als zum Beispiel wir hier in Deutschland. Das liegt zum einen daran, dass die Wetterextreme dort schlimmer ausfallen. Einer Studie von 2021 zufolge werden zum Beispiel Kinder, die heute im Nahen Osten und Nordafrika leben, in ihrem Leben durchschnittlich mehr Extremwetterereignisse erleben als Kinder in Europa.[11]

Zum anderen hat es auch damit zu tun, dass ärmere Länder weniger Ressourcen haben, um sich gegen die Veränderungen zu wappnen und für Katastrophenfälle vorzusorgen. Die Schäden sind also ungleich verteilt.[12]

Das wäre für sich genommen schon ungerecht. Hinzu kommt aber zusätzlich, dass die früh industrialisierten Länder wie Deutschland in viel größerem Maße für die Misere verantwortlich sind. Sie haben im Laufe der Geschichte ein Vielfaches der Treibhausgase ausgestoßen, die Staaten wie Indien oder Malawi verursacht haben. Und auch heute noch sind die Emissionen pro Kopf sehr unterschiedlich. Wir in Deutschland jagen pro Person im Schnitt mehr als viermal so viel Treibhausgase in die Atmosphäre wie die Menschen in Indien. Im Vergleich zu Malawi sind unsere Emissionen sogar mehr als 100-mal so hoch![13]

Und wir dürfen auch die Tiere nicht vergessen: Unzählige Säugetiere, Vögel, Fische und viele andere verlieren durch die Erderhitzung ihre Lebensräume. Sie ertrinken bei Überschwemmungen, sie verbrennen bei Waldbränden, sie verhungern und verdursten bei Dürren. Und sie haben nichts zur Erderwärmung beigetragen.

Natürlich kann man in Anbetracht der bestürzenden Fakten leicht den Mut verlieren. Die Katastrophe scheint kaum zu verhindern zu sein. Das Zeitfenster, das uns noch bleibt, um die Welt wenigstens unter der Zwei-Grad-Marke zu halten, ist dabei sich zu schließen.

Aber selbst wenn es nicht gelingt, die Erderwärmung aufzuhalten, ist es nicht egal, was wir tun – denn je weniger Treibhausgase wir verursachen, desto kleiner fallen die Schäden aus, zumindest solange wir den Punkt nicht überschreiten, an dem die Rückkopplungseffekte unaufhaltbar werden. Und auch dann macht jedes Zehntelgrad einen Unterschied. Es geht um alles. Deshalb ist es so wichtig, dass wir in allen Bereichen so viel Treibhausgase einsparen wie nur irgend möglich. Das gilt auch für die Landwirtschaft und das Ernährungssystem, das global gesehen immerhin für ein Viertel bis über ein Drittel aller Treibhausgase verantwortlich ist.[14]

In diesem Bereich gibt es interessanterweise nicht nur großes Potential für Einsparungen. Darüber hinaus ist es sogar möglich, Treibhausgase in Boden und Pflanzen einzulagern und sie so effektiv aus der Atmosphäre herauszuholen. Das bedeutet, dass wir die Emissionen der anderen Wirtschaftsbereiche ein Stück weit ausgleichen könnten – wenn wir unseren Umgang mit dem Boden und unsere Ernährung grundlegend umgestalten.

Klimakiller Tierindustrie

»Mich hat interessiert, ob ich meinen eigenen Konsum von Tierprodukten damit in Einklang bringen kann, dass die globale Umwelt zusehends zerstört wird«, sagt Joseph Poore von der Universität Oxford.[15] »Ich wollte wissen, ob es eine nachhaltige Erzeugung von Tierprodukten gibt.«[16] Um das herauszufinden, hat Poore mit seinem Kollegen Tomas Nemecek über fünf Jahre lang eine immense Menge von Daten ausgewertet. Die Frage war, wie sich die Erzeugung von verschiedenen Lebensmitteln – pflanzlichen wie tierischen – auf Umwelt und Klima auswirkt. Herausgekommen ist eine der umfassendsten Studien, die es zu dem Thema gibt. Poore und Nemecek haben Daten von über 40.000 Agrarbetrieben in 119 Ländern einbezogen und dabei 40 verschiedene Lebensmittel berücksichtigt.[17]

Besonders überraschend war dabei für die beiden, wie stark sich die Emissionen für dasselbe Produkt je nach Erzeugungsweise unterscheiden können: »Bei Grundnahrungsmitteln wie Reis verursacht eine besonders emissionsintensive Farm sechsmal so viele Treibhausgase pro Kilo Reis wie ein emissionsarmer Betrieb«, sagt Poore.

Die Unterschiede kommen zum Beispiel durch den Standort und die Anbaumethoden zustande. Sie zeigen, dass sich auch bei pflanzlichen Lebensmitteln viele Treibhausgase einsparen lassen, wenn die Anbaumethoden verbessert werden. Das sind genau die Maßnahmen, die auch die europäische Politik und die Lobbyverbände im Blick haben: Landwirt*innen sollen etwa Dünger und Pestizide zielgenauer und damit effizienter einsetzen.

Bei den Tierprodukten gibt es ebenfalls drastische Unterschiede: Wenn Rinder zum Beispiel in Brasilien auf kürzlich gerodeten Flächen weiden, kann man dem Rindfleisch Treibhausgasemissionen zuordnen, die zwölfmal höher sind als die von Rindfleisch aus anderen Quellen. Auch die Effizienz spielt eine wichtige Rolle: Die Milchwirtschaft in Deutschland ist stolz darauf, dass ein hier erzeugter Liter Kuhmilch deutlich weniger Treibhausgase verursacht als im globalen Durchschnitt.[18] Das liegt u.a. daran, dass die Kühe hierzulande so erfolgreich auf eine hohe Milchleistung gezüchtet wurden. Das macht aber deutsche Kuhmilch nicht zu einem klimafreundlichen Lebensmittel.

Denn darin liegt das frappierendste Ergebnis der Oxforder Studie: Die emissionsärmste Kuhmilch verursacht immer noch mehr Treibhausgase als zum Beispiel Sojamilch – und das gilt auch dann, wenn wir bei der Sojamilch diejenige auswählen, die im Hinblick auf Standort und Anbaumethoden am schlechtesten ist. Das lässt sich für alle Tierprodukte verallgemeinern: Sie verursachen typischerweise selbst in der emissionsärmsten Variante deutlich mehr Treibhausgase als vergleichbare pflanzliche Nahrungsmittel. Bei den meisten pflanzlichen Produkten sind die Emissionen sogar zehnmal bis ganze fünfzigmal niedriger als bei Tierprodukten.[19]

Eine andere Studie gibt an, was das für die heute übliche Ernährung in der europäischen Union bedeutet: 83 Prozent der ernährungsbedingten Emissionen stammen aus dem Verzehr von Fleisch, Milch und Eiern. Die Gesamtmenge von Gemüse, Getreide, Obst und Pflanzenfett, die wir in Europa verzehren, verursacht also derzeit weniger als ein Fünftel der Emissionen aus unserer Ernährung.[20]

Wichtig zu sehen ist auch: Für die Klimabilanz eines Lebensmittels ist es vergleichsweise unerheblich, wie weit es transportiert wurde. Viele

Menschen denken ja, dass sie besonders klimafreundlich essen, wenn sie regionale Produkte kaufen. Und tatsächlich ist das ein Faktor für die Klimabilanz – aber er ist immens viel kleiner als der Faktor »Tier oder Pflanze«. Der Transport ist im Schnitt nur für 5 Prozent der Emissionen eines Lebensmittels verantwortlich. Stark ins Gewicht fällt er nur bei Waren, die per Flugzeug transportiert werden, also zum Beispiel frische Beeren, Obst oder Fischfilets aus anderen Erdteilen.[21]

Das bedeutet: Eine fleisch- oder milchlastige Ernährung wird nicht dadurch klimafreundlich, dass diese Nahrungsmittel aus der Region stammen. Regionalität (zusammen mit Saisonalität) hat viele Vorteile, zum Beispiel weil man damit lokale Betriebe und ggf. direkte Vermarktungsstrukturen unterstützt. Aber der zentrale Hebel für das Klima liegt in der Umstellung von Tier- auf Pflanzennahrung.

Was macht aber Tierprodukte so besonders klimaschädlich? Da ist zum einen das Methan, das Wiederkäuer wie Rinder unweigerlich bei ihrer Verdauung bilden. Dem wollen Verteidiger der Tierhaltung am liebsten mit Forschung und Innovation beikommen: Allein hierzulande forschen mehrere Institute daran, wie sich der Methanausstoß von Kühen verringern ließe. Dazu operieren einige Wissenschaftler*innen ihren Versuchskühen eine Art seitliches Loch in den Körper, durch das sie von außen in den Magen hineingreifen und Messungen anstellen können.[22] Die Öffnung lässt sich auf- und zuschrauben. Ich habe selbst solche Kühe an der Universität Hohenheim in Baden-Württemberg gesehen. Mitten im braunen Fell steckte ein handgroßer Plastikschraubverschluss. Ich finde den Anblick verstörend, auch wenn die Mitarbeiterin erklärte, das Loch bereite den Kühen keine dauerhaften Schmerzen.

Tatsächlich lässt sich der Methanausstoß einer Kuh u. a. durch die Fütterung beeinflussen. Viele frische Kräuter zum Beispiel senken die Produktion des klimaschädlichen Gases um 20 Prozent.[23] Eine deutlich größere Verringerung scheint aber derzeit noch nicht möglich zu sein.[24] Methan ist nicht nur ein besonders wirksames Treibhausgas. Weil es nach etwa zehn Jahren wieder zerfällt, ist es gerade für den kurzfristigen Klimaschutz extrem relevant – auf die nächsten zwanzig Jahre gerechnet, erwärmt ein Kilo Methan die Erde über 80-mal so stark wie ein Kilo Kohlendioxid. Daher ist es so wichtig, den Ausstoß schnell zu reduzieren.[25]

Methan entsteht nicht nur in Rindermägen, sondern auch bei der Lagerung von Gülle. Und wenn Landwirt*innen mit Gülle ihre Felder düngen, wird zusätzlich Lachgas frei, ebenfalls ein sehr wirksames Treibhausgas.

Ein Kernproblem bei der Erzeugung von Tierprodukten ist damit allerdings noch gar nicht berührt: Die sogenannten Umwandlungsverluste. Die Tierindustrie nennt sich selbst gern »Veredelungsbranche«, weil sie in ihrer eigenen Wahrnehmung pflanzliche Futtermittel zu Fleisch, Milch und Eier »veredelt«. Das ist allerdings ein Verlustgeschäft. Wir müssen in die Tiere immer mehr reinstecken, als wir nachher herausbekommen. Denn zwischendurch müssen sie ja selbst leben. Auch wenn sie ihr ganzes Leben in einem engen Stall verbringen, brauchen sie Nahrung und Energie, mindestens um ihren Stoffwechsel aufrechtzuerhalten. Und das Futter für die Tiere muss irgendwo wachsen. Deshalb nehmen Tierprodukte deutlich mehr Agrarfläche in Anspruch als die meisten pflanzlichen Nahrungsmittel – auch wenn die Tiere selbst dicht gedrängt stehen und nie einen Huf nach draußen setzen.

Drei Zahlen, die sich auch aus der Studie von Poore und Nemecek ergeben, verdeutlichen den unterschiedlichen Flächenbedarf sehr gut: Weltweit verwenden wir derzeit mehr als vier Fünftel, etwa 83 Prozent des gesamten Agrarlands, für die Nutztierhaltung einschließlich der Aquakultur. Tierprodukte liefern uns zugleich aber nur 18 Prozent der global erzeugten Kalorien. Wenn wir statt der Kalorien die Proteine betrachten, ist der Anteil höher, dieser liegt aber auch nur bei 37 Prozent. Der ganze Rest stammt von pflanzlichen Nahrungsmitteln, die wir also auf nur knapp einem Fünftel der Gesamtfläche produzieren.[26]

Ein Großteil des Landes, das heute der Nutztierhaltung dient, ist Grünland, d.h. Wiesen und Weiden. Aber wir bauen auch auf 40 Prozent der globalen Ackerflächen keine Nahrung für Menschen, sondern Tierfutter an.[27] In Deutschland sehen die Verhältnisse etwas anders aus, aber auch hier belegt die Tierhaltung sehr viel Land. Ein Drittel der landwirtschaftlich genutzten Fläche ist Grünland. Vom Ackerland verwenden wir fast die Hälfte für Tierfutter.[28] Zusätzlich wird noch Futter importiert.

Man kann sich den Flächenbedarf auch je Nahrungsmittel anschauen. Joseph Poore und sein Kollege haben dabei ebenfalls eine große Variabilität festgestellt. Aber auch hier gilt, dass Tierprodukte generell deutlich mehr Land brauchen als eiweißreiche pflanzliche Lebensmittel, die man stattdessen essen könnte. Ein Kilo Käse zum Beispiel benötigt für die Erzeugung im Schnitt über zehnmal so viel Land wie ein Kilo Erbsen;

ein Kilo Schweinefleisch fast fünfmal so viel wie ein Kilo Tofu. Und die Erzeugung von Rindfleisch braucht im Schnitt sogar fast hundertmal so viel Land wie die Herstellung von Tofu![29]

Besonders eindrücklich finde ich auch das Ergebnis einer anderen Studie. Darin wird folgendes Szenario untersucht: Angenommen, wir würden das gesamte Fleisch, das in Europa verzehrt wird, durch Alternativen aus Erbseneiweiß und Rapsöl ersetzen. Müssten wir dann jeden Acker komplett mit Erbsen und Rapspflanzen bestellen? Keineswegs. Wir bräuchten nur 12 Prozent der landwirtschaftlichen Fläche, um dieses Erbsenfleisch herzustellen – also viel weniger Land, als gerade zur Erzeugung von Futtermitteln genutzt wird.[30]

Und was hat das nun mit den Klimauswirkungen zu tun? Zum einen verursacht die Bewirtschaftung von Land heute fast immer Treibhausgasemissionen. Das liegt zum Beispiel daran, dass beim Düngen Lachgas entsteht. Wenn man Kunstdünger verwendet, muss der energieaufwändig produziert werden. In Deutschland spielt außerdem die Nutzung von ehemaligen Mooren als Grünland oder Ackerfläche eine bedeutende Rolle. Man hat in der Vergangenheit diese Feuchtgebiete entwässert, um dort Torf abzubauen, Getreide zu erzeugen oder Rinder weiden zu lassen. In Moorböden ist aber jede Menge Kohlenstoff gebunden, der bei der landwirtschaftlichen Nutzung nach und nach freiwird.

Die Folgen sind immens: Die Moore machen mit fünf Prozent zwar nur einen Bruchteil der Landfläche aus, verursachen aber mehr als sechs Prozent der gesamten deutschen Treibhausgasemissionen, das entspricht immerhin einem Drittel der Emissionen aus dem Verkehrssektor.[31] Und über die Hälfte der entwässerten Moorböden in Deutschland dienen dabei als Grünland für die Tierhaltung.[32]

Zum anderen entstehen Treibhausgase, wenn wir neues Land für Ackerbau oder Tierhaltung erschließen. In Deutschland passiert das kaum noch, aber global steigt die Agrarfläche kontinuerlich an – und ein zentraler Treiber dafür ist die Tierindustrie.[33] Dieser Flächenhunger heizt die Klimakatastrophe an, zerstört überall auf der Welt artenreiche Ökosysteme und sorgt dabei zugleich für krasse Ungerechtigkeiten zwischen Menschen.

Futtermittel und Neokolonialismus

Ein wichtiger Schauplatz der Ungerechtigkeit, die durch die globale Tierindustrie verursacht wird, ist Südamerika. Die brasilianische Aktivistin Valeria Santos erläutert in einem Podcast-Interview mit dem Aktionsbündnis »Gemeinsam gegen die Tierindustrie« die Zusammenhänge.[34] »Die Soja-Agrarindustrie hinterlässt eine Spur der Zerstörung und Gewalt«, sagt sie. Beispiele dafür gebe es in ganz Südamerika. Santos selbst engagiert sich besonders für den Schutz des Cerrados, eine artenreiche bewaldete Savannenregion im Südosten von Brasilien, die etwa fünfmal so groß ist wie Deutschland.

»Der Cerrado befindet sich seit den 1970er Jahren in einer Phase der totalen Zerstörung durch die Agrarindustrie und den industriellen Anbau verschiedener Rohstoffe«, sagt Santos. Schätzungen zufolge ist im Cerrado in den letzten Jahrzehnten bereits mehr als die Hälfte der ursprünglichen Vegetation vernichtet worden. Eine entscheidende Rolle spielt dabei der Anbau von Soja für den Export.[35]

Die weltweite Sojaproduktion hat sich seit 1997 mehr als verdoppelt.[36] Mittlerweile ist der Sojaanbau nach der Weidewirtschaft die zweitwichtigste Ursache dafür, dass Wälder abgeholzt werden, insbesondere in Brasilien und Argentinien.[37]

Um die Entwaldung im Amazonas-Gebiet zu verringern, wurde bereits im Jahr 2006 ein »Soja-Moratorium« beschlossen. Es verbietet den Handel mit Soja, das von Regenwaldflächen stammt, die nach 2008 gerodet wurden – allerdings nur im Amazonas. Die Sojaindustrie expandiert deshalb in den Cerrado.

»Der Cerrado hat nicht die gleiche Sichtbarkeit wie das Amazonasgebiet«, kritisiert Valeria Santos. Dabei geht es auch dort um wertvolle Ökosysteme mit großer Artenvielfalt: Die Savannen des Cerrado sind zum Beispiel die Heimat des Großen Nandu, dort leben Tapire und Mähnenwölfe.

Zu den Opfern der agrarindustriellen Expansion gehören aber auch viele Menschen, insbesondere die Angehörigen indigener Bevölkerungsgruppen. »Wir beobachten immer wieder, dass die Rechte der traditionellen Gemeinschaften verletzt werden«, sagt Santos. »In unseren Kämpfen geht es um die Verteidigung des Cerrados und der Lebensweise der dortigen Bevölkerungsgruppen.« Internationale Agrarkonzerne wie

Bunge und Cargill seien direkt für die Abholzung und Zerstörung von Wiesen und Wäldern verantwortlich, aber auch für die zunehmende Landnahme, also Landgrabbing.

»Am stärksten betroffen sind die Gruppen, deren Gebiete noch nicht offiziell eingetragen sind«, berichtet Santos. Sie würden häufig von den Orten vertrieben, wo sie seit Generationen leben. »Es gibt eine direkte und gewaltsame Verdrängung, die vom Staat und seiner Justiz durchgeführt wird. Hinzu kommt die Vertreibung durch Druck und Drohung. Die Lebensgrundlagen der Gemeinschaften werden so zerstört, dass sie an diesem Ort nicht mehr in der Lage sind, Widerstand zu leisten.«

Aber auch Gruppen, deren Landansprüche schon anerkannt seien, müssten häufig ihre angestammten Wohnorte verlassen. »Sie sind ebenfalls durch wirtschaftliche und politische Vereinbarungen bedroht, die die Umweltgesetzgebung völlig flexibel gestalten und multinationalen Unternehmen die Nutzung gewähren. Zum Beispiel hat eine Gemeinschaft, deren Land zwar rechtlich anerkannt wurde, die aber von Sojabohnenmonokulturen umgeben ist, keine Voraussetzungen für die Aufrechterhaltung einer gesunden Nahrungsmittelproduktion. Die Abholzung der Wälder verursacht ein Klimaproblem, das den Wasserkreislauf verändert und dazu führt, dass Wasserquellen versiegen. Das alles endet in der sozialen Vertreibung, da in vielen Gegenden die Überlebensbedingungen nicht gegeben sind.« Immer wieder komme es darüber hinaus zu Morden an Anführer*innen von traditionellen Gemeinschaften.

Auch die europäische Union profitiert vom Wachstum der Sojaproduktion im Cerrado, sagt Santos, und sei damit mit verantwortlich für die Zerstörung. »Die multinationalen Konzerne schaffen eine Landschaft des Todes. Das Soja ist genetisch verändert, es benötigt hohe Mengen an Pestiziden, die die Flüsse, die Gesundheit der Menschen und die biologische Vielfalt vergiften. Das Soja wird dann als vermeintlich sauber nach Europa, nach China und an andere Orte exportiert.«

Die Europäische Union ist der zweitgrößte Sojaimporteur der Welt und bezieht etwa halb so viel an Soja aus Brasilien wie China. Innerhalb der EU ist Deutschland der größte Abnehmer. Im Jahr 2019 wurden geschätzt 2,2 Millionen Tonnen Sojaprodukte aus Brasilien nach Deutschland transportiert. Hinzu kamen noch 2,5 Millionen Tonnen aus den USA, denn auch dort wird viel Soja angebaut.[38]

Fast 90 Prozent dieser Importe dienen als Futtermittel.[39] Soja enthält mehr Eiweiß als andere Hülsenfrüchte und bildet u.a. deshalb eine zentrale Grundlage der aktuellen Tierindustrie. Besonders viel davon wird in der Hühnermast verfüttert, aber auch Schweine und Rinder müssen Soja fressen, um schneller an Gewicht zuzunehmen bzw. mehr Milch zu bilden.

Verteidiger*innen der Tierindustrie verweisen gern darauf, dass die meisten Futtermittel in Deutschland im Inland angebaut werden – tatsächlich gilt das für 95 Prozent der über 180 Millionen Tonnen Futter, darunter Grassilage, Mais und Getreide.[40] Daraus folgt aber nicht, dass die Importe unwichtig wären: Betrachtet man den Eiweißanteil im Futter, so stammen fast 30 Prozent davon aus importierten Futtermitteln, u. a. aus Soja.[41] Fiele das weg, müsste die Tierindustrie drastisch schrumpfen. Um wie viel, hat ein Forschungsteam an der Universität Uppsala für Europa ausgerechnet: Ohne Sojaimporte müsste die Produktion von Schweinefleisch EU-weit um 43 Prozent verringert werden, die Geflügelindustrie sogar um ganze 58 Prozent.[42]

Eine andere Verteidigungsstrategie besteht darin zu behaupten, dass Sojabohnen eigentlich nur angebaut würden, um Sojaöl zu produzieren – das Sojaschrot falle dabei nur als Nebenprodukt an und es sei also eine Form von Resteverwertung, wenn man es dann an Tiere verfüttert.

Richtig ist, dass Sojaöl und Sojaschrot Koppelprodukte sind: Aus der Sojapflanze wird beides gewonnen. Mehr Geld verdienen die Produzent*innen allerdings mit dem Schrotanteil, daher ist es die Nachfrage der Tierindustrie nach diesem Futtermittel, die den Anbau und damit auch die Naturzerstörung und die Ungerechtigkeiten vorantreibt.[43]

Und die deutsche Tierindustrie ist daran direkt beteiligt. Selbst der Lobbyverband der Futtermittelfirmen geht davon aus, dass nur zwei Drittel des hierzulande verfütterten Sojas »entwaldungsfrei« ist – demnach würde also mindestens ein Drittel auf kürzlich gerodeten Waldflächen angebaut.[44] Die Deutsche Umwelthilfe schätzt in einem Bericht von 2021 die Situation noch deutlich problematischer ein: Nur 22 Prozent der Sojaimporte nach Deutschland könnten als entwaldungsfrei angesehen werden.[45]

Aber nicht nur im Cerrado, auch im Amazonasgebiet finden weiterhin Brandrodungen und Abholzungen statt, unter anderem für neue Sojafarmen. Unterstützt wird dies durch die Politik des rechtspopulistischen Präsidenten Jair Bolsonaro, der die Bestimmungen zum Umweltschutz fortlaufend lockert. Im den ersten sechs Monaten von 2022 erreichte die Abholzungsrate im Amazonasgebiet einen neuen Höchststand. Allein in diesem Zeitraum wurden fast 4.000 Quadratkilometer gerodet.[46] Das ist eine Fläche von mehr als der vierfachen Größe von Berlin.

Die Auswirkungen sind katastrophal: Nicht nur werden Menschen vertrieben, zahllose Tiere getötet und artenreiche Ökosysteme vernichtet. Der Wald spielt auch für das Klima eine wichtige Rolle. Im Sommer 2021 erschien eine Studie in der Fachzeitschrift Nature, der zufolge einige Teile des Amazonas-Waldes bereits mehr Treibhausgase ausstoßen, als sie binden.[47]

All das kann nur passieren, weil sowohl der Naturschutz als auch die Rechte der indigenen Bevölkerungsgruppen mit Füßen getreten werden – zugunsten der multinationalen Konzerne, die das begehrte Soja exportieren. Dieselben Konzerne, deren Vorgehen die Aktivistin Valeria Santos kritisiert, liefern auch nach Deutschland, darunter Bunge und Cargill.[48] »Oft ist den Menschen in Europa nicht bewusst, wie viel Soja in ihrem Steak und in ihrem Fastfood steckt und dass an diesem Fleisch deswegen Blut klebt«, sagt Santos im Podcast-Interview. »Für solche Nahrungsmittel wurde der Tod von Menschen und der Natur in Kauf genommen.«

Die Machenschaften der Agrarindustrie in Brasilien sind letztlich eine Form von Neokolonialismus. Das glaubt auch Valeria Santos. »Die internationalen Wirtschaftsverträge machen Länder wie Brasilien, aber auch andere Länder Lateinamerikas und Afrikas, zu einfachen Produzenten von Rohstoffen für den globalen Norden. Diese Gebiete werden weiterhin gewaltsam ausgebeutet.«

Wäre es eine Lösung, wenn Tierbetriebe hierzulande statt Soja aus dem globalen Süden verstärkt heimische Eiweißpflanzen verfütterten? Das wird gern als Antwort auf die Soja-Problematik vorgeschlagen. Tatsächlich steigt die hiesige Anbaufläche für Soja stetig an, seit 2016 hat sie sich mehr als verdoppelt.[49] Brauchen wir bald gar kein Soja aus Brasilien mehr?

In Wahrheit ist die hierzulande angebaute Menge im Vergleich zum Import-Soja verschwindend gering und die Importe haben dadurch nicht abgenommen.[50] Hinzu kommt, dass durch den hiesigen Futteranbau das Problem letztlich nur verschoben wird.[51] Denn der hohe Flächenbedarf für die Fleischproduktion bleibt ja bestehen: Schon jetzt bauen wir auf 60 Prozent unser eigenen Agrarflächen Futterpflanzen an. Wenn wir noch mehr Futter hier anbauen, müssen wir noch mehr Nahrungsmittel importieren – denn der Gesamtflächenbedarf ändert sich ja nicht. Er könnte durch die Maßnahme sogar steigen, weil der Ertrag von Soja geringer ist, wenn es hierzulande angebaut wird.

Schon jetzt beanspruchen wir in Deutschland für unsere Ernährung viel mehr Land, als im Inland zur Verfügung steht – konkret über 5 Millionen Hektar mehr, das entspricht knapp einem Drittel der deutschen landwirtschaftlich genutzten Fläche.[52] Wir sind also ein Netto-Importeur von Agrarland – und dabei handelt es sich oft um Land, das durch Naturzerstörung gewonnen wurde oder das den Menschen in den jeweiligen Regionen fehlt, um Lebensmittel für den eigenen Gebrauch anzubauen.[53] Außerdem erhöhen die Importe unsere Abhängigkeit von anderen Ländern und dem Weltmarkt. Diese Problematiken werden eigentlich erst seit dem Krieg in der Ukraine ernsthaft öffentlich diskutiert.

In einem offenen Brief an die Bundesregierung vom April 2022 argumentieren Forscher*innen aus den Agrar- und Klimawissenschaften, dass Deutschland u.a. im Sinne der Sicherheitspolitik den Bedarf an Futtermitteln und Mineraldünger verringern müsse, um nicht von Importen aus Krisenregionen und autokratisch regierten Ländern abhängig zu sein. Außerdem würde ein hiesiger Abbau von Fleischkonsum und Tierbeständen den Nachfragedruck auf die globalen Getreide- und Futtermittelmärkte reduzieren und somit dazu beitragen, die Preise für Nahrungsmittel zu senken und Hungersnöten in Ländern des Globalen Südens vorzubeugen.[54]

Die globale Lage wird in Zukunft noch viel brisanter, denn die Weltbevölkerung wächst. Noch entscheidender ist, dass Prognosen zufolge auch die weltweite Fleischproduktion drastisch ansteigen soll.[55] Beides führt also dazu, dass immer mehr Getreide und Hülsenfrüchte produziert werden müssen – bis zum Jahr 2050 schätzungsweise 60 bis 70 Prozent mehr.[56] Zwar ist es in einigen Gebieten möglich, durch Effizienzsteigerung auf denselben Äckern mehr Nahrung zu produzieren. Das wird aber nicht reichen, um den höheren Bedarf zu decken.[57] Hinzu kommt, dass die Klimakatastrophe durch Wetterextreme regelmäßig zu massiven Ernteeinbußen und Ernteausfällen führt. Schätzungen zufolge könnten die Ernteerträge bis 2050 daher um 30 Prozent zurückgehen.[58]

Wirklich Fläche und Ressourcen einsparen können wir nur, wenn wir ändern, was wir essen. Zwar braucht es offensichtlich politische Änderungen in den Anbauländern, fairere internationale Beziehungen und eine Entmachtung der Konzerne. Menschenrechte, Umwelt und Klima zu schützen funktioniert aber zugleich nicht ohne eine globale

Ernährungswende weg von Tierprodukten. Diese könnte schon jetzt die Nachfrage nach Soja verringern und so den Druck auf die Flächen reduzieren.

Joseph Poore und Thomas Nemecek kamen in ihrer Mammutstudie zu dem Schluss, dass sich der globale Landbedarf um ganze drei Viertel, 76 Prozent, verringern würde, wenn alle Menschen sich vegan ernähren würden. Ein Großteil des eingesparten Landes sind Wiesen und Weiden.[59] Aber auch der Bedarf an Ackerland, wo also Feldfrüchte wie Getreide und Gemüse angebaut werden, würde sich um fast ein Fünftel, nämlich 19 Prozent verringern.[60]

Dass die ganze Welt von heute auf morgen vegan wird, ist natürlich nicht nur unrealistisch. Es wäre auch äußerst schwierig in kurzer Zeit auf gerechte Weise umzusetzen, u.a. weil viele Menschen vor allem in ärmeren Ländern derzeit von der Tierhaltung wirtschaftlich abhängig sind. Aber die Zahlen zeigen uns dennoch, in welcher Größenordnung die Vorteile einer Ernährungswende liegen.

Je pflanzenbasierter die Menschen essen, desto eher kann auch eine wachsende Weltbevölkerung ernährt werden, ohne weitere Wälder zu zerstören. Zu diesem Ergebnis kommt eine Studie von 2016, die verschiedene Szenarien der Entwicklung bis 2050 untersucht hat. Im Extremfall, wenn sich die ganze Welt vegan ernähren würde, bräuchten wir 2050 sogar *weniger* Ackerland als im Jahr 2000, so die Studie.[61]

Und bezogen auf Deutschland gilt: Wenn wir die Tierhaltung drastisch reduzieren oder abschaffen, brauchen wir keine importierten Futtermittel mehr und können zugleich mehr Flächen hierzulande nutzen, um Nahrung für Menschen anzubauen: Getreide, Hülsenfrüchte, Gemüse, Obst und Nüsse.

Aus einer solchen Umstellung würden sich zugleich immense Chancen für den Klimaschutz ergeben.

Klimaschutzpotentiale

Methan aus Rindermägen, Lachgas aus der Gülle, große Umwandlungsverluste, hoher Landverbrauch und Regenwaldzerstörung: Das sind die Hauptgründe, warum Bratwurst und Käse so viel stärker den Klimawandel anheizen als Räuchertofu und Bohnenaufstrich. Aber wie viel Treibhausgase könnten wir effektiv einsparen, wenn wir weniger Tiere äßen? Poore und Nemecek kommen in ihrer Studie auf eine gigantische Menge: Wenn alle Menschen weltweit sich nur noch pflanzlich ernähren würden, könnten wir damit die Emissionen aus dem Ernährungssystem halbieren. Damit würden wir unseren gesamten Ausstoß um mehr als 12 Prozent verringern. Das wäre ein größerer Effekt, als wenn wir ab sofort alle Autos und Lastwagen stilllegen würden.[62] Nicht schlecht, oder? Einsparungen in vergleichbarem Umfang lassen sich nicht erreichen, wenn wir nur die Produktionsweisen verändern, also zum Beispiel effizienter düngen oder methansparende Rinder halten.[63]

Wie ich in der Einleitung bereits erwähnt habe, sind die Einsparungen nicht alles. Denn wenn wir die Tierindustrie abbauen, wird jede Menge Land frei – sowohl Äcker als auch Wiesen und Weiden. Überall dort können wir aktiven Klimaschutz betreiben, indem wir die Flächen renaturieren, d. h. dafür sorgen, dass wieder eine natürliche Vegetation entsteht. Wo jetzt Getreide und Soja als Futtermittel angebaut werden, könnte wieder Wald wachsen. Wo jetzt Rinder auf entwässerten Mooren weiden, könnten wir natürliche Feuchtgebiete wieder herstellen.

Poore und Nemecek haben in ihrer fünfjährigen Mammutstudie auch abgeschätzt, wie viel Kohlenstoff auf diese Weise in den neu wachsenden Pflanzen und im Boden gebunden werden könnte. Ihr Ergebnis: Im Szenario der veganen Welt könnten wir über 8 Milliarden Tonnen Kohlendioxid aus der Atmosphäre holen – jedes Jahr bis 2100. Damit würden wir alle Emissionen, die die Produktion unserer pflanzlichen Nahrungsmittel noch verursacht, komplett ausgleichen, und dazu noch einige Treibhausgase aus anderen Bereichen. Insgesamt würden sich die weltweiten Emissionen um ganze 28 Prozent verringern.

»Ich war kein Veganer, als ich mit der Studie begonnen habe«, sagt Joseph Poore. »Aber ich habe nach einem Jahr aufgehört, tierische Produkte zu konsumieren. Diese Auswirkungen sind nicht notwendig, um unseren aktuellen Lebensstil aufrechtzuerhalten. Die Frage ist, wie viel davon wir reduzieren können, und die Antwort ist: eine Menge.«[64]

Eine andere Untersuchung, die 2020 in der Zeitschrift Nature veröffentlicht wurde, zeigt noch eindrücklicher, wie groß das Potential durch eine Ernährungswende ist: Wenn bis zum Jahr 2050 alle Menschen vegan leben würden, dann könnten wir dadurch insgesamt 547 Gigatonnen Kohlendioxid in Wäldern und Böden einlagern – das ist so viel Kohlendioxid, wie die Menschheit aktuell innerhalb von 15 Jahren dadurch in die Atmosphäre pustet, dass sie fossile Treibstoffe verbrennt.[65]

Wir können mithilfe einer drastischen Ernährungswende also praktisch 15 Jahre versäumten Klimaschutz ausgleichen. Das bedeutet keineswegs, dass wir getrost weiter fossile Treibstoffe verbrennen könnten. Der versäumte Klimaschutz liegt ja schon in der Vergangenheit – die Menge an Kohlendioxid ist schon längst viel zu hoch. Aber eine Ernährungswende ist ein entscheidender Beitrag dazu, die Erderwärmung wenigstens abzubremsen. Und sie ist sogar unverzichtbar, wenn wir doch noch eine Chance haben wollen, die Erwärmung unter 2 Grad zu halten. Das ist das Ergebnis einer weiteren Untersuchung: Wenn es so weitergeht wie bisher, dann wird allein das globale Ernährungssystem dafür sorgen, dass sich die Erde um mehr als 1,5 Grad und wahrscheinlich über 2 Grad erwärmen wird – selbst wenn wir alle anderen Emissionen sofort stoppen würden, wonach es nicht aussieht.[66]

Auch der Weltklimarat IPCC verweist in seinem neuesten Bericht von 2022 auf diese Erkenntnisse und stellt zusätzlich fest, dass eine Umstellung auf pflanzenbasierte Ernährungsweisen zu den wirksamsten Maßnahmen gehört, um Treibhausgasemissionen zu reduzieren.[67]

Und in Deutschland? Der wissenschaftliche Beirat am Landwirtschaftsministerium schätzt in einem Gutachten von 2016, dass wir durch einen Umstieg auf eine komplett vegane Ernährung fast 40 Prozent der Treibhausgase einsparen könnten, die derzeit aus der Ernährung entstehen.[68] Das liegt in der Größenordnung von etwa 10 Prozent der Treibhausgase, die Deutschland bei den landesbezogenen Klimabilanzen zugerechnet werden.[69]

Und das ist noch nicht alles: Der wissenschaftliche Beirat rechnet dabei nämlich gar nicht mit ein, dass wir die freiwerdenden Flächen zum Klimaschutz nutzen und renaturieren bzw. aufforsten könnten. Das Potential zur Einlagerung von Treibhausgasen ist aber, wenn Poore und Nemecek recht haben, sogar größer als das Einsparpotential.

Anfang 2022 hat ein Forschungsteam konkret beziffert, wie viel Treibhausgase in Pflanzen und Böden eingelagert werden könnten, wenn einzelne Länder ihre Ernährung umstellen würden. Dabei haben sie nicht mit einer kompletten Veganisierung gerechnet, sondern angenommen, dass die Menschen die Empfehlungen der EAT-Lancet-Kommission, also die Planetary Health Diet umsetzen. Für Deutschland bedeutet das, dass sich der Tierkonsum um durchschnittlich drei Viertel verringern würde.

Die Folge? Durch Renatuierung könnten über die nächsten Jahrzehnte insgesamt 4,7 Gigatonnen Kohlendioxid aus der Atmosphäre geholt werden.[70] Zum Vergleich: Das Treibhausgasbudget, das Deutschland laut Sachverständigenrat für Umweltfragen (SRU) noch zur Verfügung steht, um mit fünfzigprozentiger Wahrscheinlichkeit die Erderwärmung auf 1,5 Grad zu begrenzen, beträgt nur 4,2 Gigatonnen Kohlendioxid ab 2020. Eine Ernährungsumstellung hat also das Potenzial, unseren Spielraum zum Erreichen des 1,5-Grad-Ziels zu verdoppeln – oder realistisch betrachtet dieses Ziel überhaupt nur erreichbar zu machen.

Mehrere wissenschaftliche Institutionen haben in den letzten Jahren Untersuchungen veröffentlicht, die mit teils unterschiedlichen Grundannahmen zu sehr ähnlichen Schlüssen kommen: Eine deutliche Ernährungsumstellung ist für den Klimaschutz unerlässlich. Das Öko-Institut argumentiert zum Beispiel in einer Studie von 2019, dass Deutschland die selbst gesetzten Klimaziele nur einhalten kann, wenn wir unseren Fleischkonsum verringern und die Tierbestände abbauen.[71] In einer Studie von 2021 im Auftrag von Greenpeace kommt dasselbe Institut zu dem Schluss, dass die Tierbestände halbiert werden müssen, wenn Deutschland bis 2045 klimaneutral werden will.[72]

Der wissenschaftliche Beirat am Landwirtschaftsministerium hat bereits in dem schon erwähnten Gutachten von 2016 empfohlen, dass wir nur so viel Fleisch und Tierprodukte verzehren, wie die Deutsche Gesellschaft für Ernährung (DGE) empfiehlt – das entspricht ebenfalls einer Halbierung des Fleischkonsums. Ein zweiter wissenschaftlicher Beirat der Regierung, der Beirat für Globale Umweltveränderungen, geht darüber hinaus und empfiehlt eine Orientierung an den Empfehlungen der EAT-Lancet-Kommission.[73]

Die Wissenschaft ist sich also einig: Wenn wir die Emissionen aus der Landwirtschaft stark senken wollen, kommen wir um eine Umstellung unserer Ernährung nicht herum. Wir müssen drastisch weniger Fleisch, Milch und Eier und dafür mehr pflanzliche Produkte zu uns nehmen. Dabei muss es mindestens um eine Halbierung gehen.

Wenn man die Dramatik der Klimakatastrophe ernstnimmt, ist das aber bei weitem nicht genug: Es wäre doch schlichtweg unverantwortlich und auch extrem unvernünftig, nicht alles zu tun, was irgend möglich ist, um die Erderwärmung zu bremsen. Je weiter wir die Tierhaltung abbauen können, desto mehr Emissionen sparen wir ein und desto mehr Fläche gewinnen wir, um Kohlenstoff einzulagern.

Es gibt einzelne Wissenschaftler*innen, die an dieser Stelle widersprechen: Es sei richtig, dass wir hierzulande den Konsum von Tierprodukten drastisch reduzieren müssen. Aber dasselbe gelte nicht automatisch für die Tierhaltung: Die Schweine- und Hühnermast und auch die Milchproduktion seien hier in Nordeuropa mit weniger Emissionen verbunden als an vielen anderen Orten auf der Welt. Deshalb sollten wir weiter Fleisch und Milchprodukte erzeugen, aber primär für den Export – so würden wir effektiv Emissionen reduzieren.[74]

Das Argument funktioniert aber nur, wenn man davon ausgeht, dass der globale Tierkonsum eine fixe Größe ist. Das ist er aber nicht: Er wird unter anderem von Angebot, Kultur, internationalen Abkommen und vielen weiteren Faktoren beeinflusst.

Aktuell erhält die Tierindustrie zum Beispiel massive staatliche Unterstützung auf internationaler Ebene: So hat die Weltbank, die den Vereinten Nationen untersteht, in den Jahren 2019 bis 2021 jedes Jahr etwa 700 Millionen US-Dollar an Krediten für die Tierindustrie zur Verfügung gestellt. Außerdem setzt die Weltbank sich sogar dafür ein, dass Unternehmen der Tierindustrie leichter an Gelder kommen, die speziell für Klimamaßnahmen vorgesehen sind – sofern die Unternehmen Maßnahmen umsetzen, um Treibhausgase zu reduzieren.[75]

Damit betreibt die Weltbank letztlich klassisches Greenwashing und finanziert weiterhin eine der klimaschädlichsten Branchen überhaupt. Und das, obwohl andere Organisationen der Vereinten Nationen längst klar formuliert haben, dass eine Abkehr vom Tierkonsum dringend erforderlich ist.

Unsere Regierungen könnten und müssten sich dagegen auf allen Ebenen für eine globale Verringerung der Tierzahlen einsetzen. Das wiederum ist umso unwahrscheinlicher, je wichtiger die Tierwirtschaft hierzulande ist.

Eine starke Tierwirtschaft beeinflusst zudem auch den Konsum, indem zum Beispiel die entsprechenden Unternehmen Werbung machen und Lobbyarbeit gegen Ernährungsumstellungen betreiben. Eine kohärente Politik muss daher unbedingt Konsum und Produktion gleichermaßen adressieren.

Leider sind wir von einer solchen Wende aktuell meilenweit entfernt.

Politik für Erderhitzung

In Ost- wie in Westdeutschland hat sich der Fleischkonsum pro Person zwischen 1950 und 1990 mehr als verdoppelt. Auch der Konsum von Hühnereiern und Kuhmilch stieg in der Zeit rasant.[76] Die Grundlage dafür war eine Industrialisierung und massive Ausweitung der Agrartierhaltung, die bis 1990 in der BRD und der DDR ziemlich parallel stattfand. Lange Zeit war genau diese Entwicklung gesellschaftlich gewünscht und wurde auch politisch unterstützt und gefördert – nicht nur durch hohe Subventionen für die Tierhaltung, sondern auch dadurch, dass ein öffentliches Veterinärwesen aufgebaut und zahlreiche Beratungsangebote für Landwirt*innen geschaffen wurden, mit deren Hilfe sie ihre Tierhaltung intensivieren und die »Leistungen« der Tiere steigern konnten.[77] Darüber hinaus finanzierte zumindest die Bundesrepublik auch Werbung für die Erzeugnisse der deutschen Agrarwirtschaft.[78]

Seit 1991 ist der durchschnittliche Fleischkonsum allerdings rückläufig, wenn auch nur leicht: Von knapp 64 Kilogramm pro Person im Jahr 1991 sank er auf 55 Kilogramm im Jahr 2020.[79] Die Produktion von Fleisch ist trotzdem während dieses Zeitraums angewachsen: Zwar wurden Anfang der 1990er Jahre die Tierbestände in der ehemaligen DDR im Zuge der Umstrukturierung der Landwirtschaft deutlich reduziert. Seit 1994 stieg allerdings die gesamtdeutsche Schlachtmenge kontinuierlich an. 2016 wurde in Deutschland 50 Prozent mehr Fleisch produziert als noch in den 1990er Jahren. Entsprechend stieg im selben Zeitraum die Exportmenge an. Erst seit 2016 geht die hiesige Fleischproduktion langsam leicht zurück.[80]

Über die letzten Jahrzehnte vollzog sich zugleich ein massiver Strukturwandel in der Landwirtschaft: Es gibt jedes Jahr weniger Betriebe, die durchschnittlich immer größer werden. Während Anfang der 50er Jahre noch 24 Prozent der Erwerbstätigen in der Landwirtschaft arbeiteten, sind es heute nur noch 1,4 Prozent.[81]

Diese Entwicklung der Landwirtschaft und der Tierindustrie wurde durch die deutsche und europäische Agrarpolitik mitgeprägt. Ein entscheidender Faktor sind dabei sicher die Subventionen, mit der die Branche staatlich gefördert wird. Aus der Gemeinsamen Europäischen Agrarpolitik fließen jedes Jahr fast 60 Milliarden Euro in die Landwirtschaft, gut 6 Milliarden davon nach Deutschland.

Seit langem kritisieren Umweltverbände, dass ein wichtiger Teil dieser Gelder, die sogenannten Direktzahlungen aus der Europäischen Agrarpolitik, pauschal nach Fläche verteilt werden. Das bedeutet zum einen, dass flächenstarke Großbetriebe viel mehr Geld erhalten als kleine Familienbetriebe. Zum anderen bedeutet es, dass mit diesen Flächenprämien alle Bewirtschaftungsweisen gleichermaßen gefördert werden, unabhängig davon, wie ökologisch verträglich oder zerstörerisch sie sind. In Deutschland wurden in den letzten Jahren über 60 Prozent der Direktzahlungen für Flächen gezahlt, auf denen Futtermittel für Tiere wachsen – damit wurde also praktisch die Tierindustrie subventioniert.

Auch von vielen anderen Subventionen für die Landwirtschaft fließt ein Großteil in die Tierhaltung und den Futterbau, zum Beispiel als Förderung für Stallbauten. Lange gab es keine Zahlen dazu, um welchen Betrag es insgesamt geht. Wenn man bedenkt, wie viele Diskussionen es um diese Branche gibt, ist das ein ziemlicher Skandal. Anfang 2021 habe ich deshalb an einer Studie mitgearbeitet, die erstmals in dieser Frage Transparenz schaffen sollte. In einer umfangreichen Recherche habe ich mit einem Agrarökonomen und weiteren Autor*innen für das Bündnis »Gemeinsam gegen die Tierindustrie« verschiedenste Fördertöpfe zusammengestellt. Wir haben aufgeschlüsselt, welche Posten aus dem Haushalt des Bundesagrarministeriums direkt oder indirekt die Erzeugung von Fleisch, Milch und Eiern fördern. Wir haben auch andere Regelungen mit Subventionscharakter untersucht, zum Beispiel Steuererleichterungen wie die reduzierte Mehrwertsteuer für Tierprodukte. So sind wir zu einem Mindestbetrag dafür gekommen, wie viel an öffentlichem Geld in die Tierwirtschaft fließt: 13,2 Milliarden Euro.[82]

Zum Vergleich: Der umstrittene Berliner Flughafen BER, dessen Bau viel mehr Geld verschlang als ursprünglich geplant, hat bislang knapp 5 Milliarden Euro gekostet.[83] Mindestens fast das Dreifache davon fließt also direkt oder auf Umwegen in die Tierindustrie – jedes Jahr!

Diese riesige Summe deckt dabei nur einen Teil der Förderungen ab, denn viele weitere Maßnahmen konnten wir nicht genau beziffern. Die landwirtschaftliche Rentenbank, eine staatliche Bank, vergibt zum Beispiel jedes Jahr Förderkredite in Höhe von mehreren Milliarden Euro für Investitionen in landwirtschaftliche Betriebe – darunter viele Neu- und Umbauten von Ställen. Die Zinskonditionen sind günstiger als auf dem übrigen Kapitalmarkt, nur lässt sich schwer belegen, wie viel günstiger sie sind.

All diese Gelder unterstützen seit Jahren die Tierindustrie. Dabei liegen deren negative Folgen unter anderem für das Klima schon längst klar auf dem Tisch und werden auch in der Politik immer wieder diskutiert. Nur wenn es um konkrete Schritte geht, kommt regelmäßig etwas dazwischen.

Im ersten Entwurf für den deutschen Klimaschutzplan zum Beispiel, den die damalige Umweltministerin Barbara Hendricks im Jahr 2016 vorlegte, war neben vielen anderen Maßnahmen im Bereich der Landwirtschaft die Forderung enthalten, bis 2050 die Tierbestände in Deutschland abzustocken und den Fleischkonsum zu halbieren. Außerdem sollten schon bis 2030 fünf bis zehn Prozent der Moore wieder vernässt werden.[84] Beide Ziele waren zwar nicht besonders ambitioniert in Anbetracht dessen, was möglich und nötig wäre – aber immerhin.

Bauernverbandspräsident Joachim Rukwied allerdings kritisierte den Entwurf scharf. »Würde das eins zu eins umgesetzt, wären die wirtschaftlichen Folgen für die Landwirtschaft gravierend«[85], warnte er. Und forderte, dass das Kapitel Landwirtschaft im Klimaschutzplan grundlegend überarbeitet würde. Schützenhilfe bekam er vom damaligen CSU-Agrarminister Christian Schmidt.[86]

Und siehe da: In der weiteren Abstimmung im Kabinett und Kanzleramt wurden die zentralen Ziele kassiert.[87] In dem Klimaschutzplan, der letztlich verabschiedet wurde, ist keine Rede mehr von einem Abbau der Tierbestände. Noch nicht einmal die Formulierung aus einem Zwischenentwurf, wonach man immerhin »der Erhöhung der Tierzahlen entgegensteuern« will, hat es in das Dokument geschafft.[88] Zum Moorschutz und zur Wiedervernässung gibt es keine genauen Zahlen mehr.

Die Zauberworte lauteten stattdessen Effizienz und Forschung: Der Klimaschutzplan sieht vor, Emissionen aus der Tierhaltung verringern, indem wissenschaftlich-technische Erkenntnisse und Innovationen für eine klimaverträgliche Tierhaltung gefördert werden.[89] Wie viel Treibhausgase damit insgesamt eingespart werden sollen, bleibt offen: Die Emissionen aus der Landwirtschaft sollen entsprechend nicht mehr halbiert, sondern nur noch »deutlich reduziert« werden.

Der Bauernverband selbst wollte derweil nicht als Klimaschutz-Blockierer dastehen. Im Januar 2018 veröffentlichte er seine »Klimastrategie 2.0« unter der Überschrift »Ambitionierte Ziele im Klimaschutz«. Tatsächlich ist das 50-seitige Dokument statt einer Klimastrategie eher eine Klimaschutz-Abwehrstrategie.[90] Schon die Präambel stellt klar, dass der

Landwirtschaft beim Klimaschutz eine Sonderrolle zustünde, weil sie ja das Überleben der Menschen gewährleiste – »Ernährungssicherung hat Vorrang«, steht da, ohne Diskussion darüber, um *welche* Ernährung es gehen soll.

Der Bauernverband räumt zwar ein, dass die Landwirtschaft Treibhausgase verursacht, aber er beziffert diese auf nur sieben Prozent der nationalen Emissionen. Diese Zahl stammt zwar vom Umweltbundesamt, ist aber trotzdem irreführend: Darin sind zum Beispiel Emissionen aus der Landnutzung nicht enthalten, ebenso fehlen die Emissionen aus dem Energieverbrauch, der Düngemittelproduktion oder dem Import von Futtermitteln – von den verschenkten Klimaschutzpotentialen durch Renaturierung noch ganz zu schweigen.[91]

Der Bauernverband setzt dann auf die gleichen Zauberworte wie der Klimaschutzplan der Regierung: Effizienz und Forschung. Aber wie oben bereits beschrieben, sind auch besonders effizient erzeugte Tierprodukte noch immer viel klimaschädlicher als vergleichbare Nahrungsmittel aus Pflanzen. Für wirksamen Klimaschutz müssen die Tierbestände und der Tierkonsum sinken – und zwar viel schneller und stärker als bisher.

Seit 2018 hat sich die Debatte vordergründig etwas verschoben. Zum einen ist die Dringlichkeit der Klimakatastrophe weiter ins allgemeine Bewusstsein gedrungen und auch die gesellschaftliche Kritik an der Tierhaltung nimmt seit Jahren immer mehr zu. Zum anderen wuchs die Unzufriedenheit der Bauern selbst mit der Situation in der Nutztierhaltung: Insbesondere die Schweinehalter*innen stehen seit einigen Jahren wirtschaftlich stark unter Druck. Auch in der Landwirtschaft insgesamt herrscht Krisenstimmung. Es scheint klar: Es muss sich etwas ändern.

Die letzte Bundesregierung setzte daher nacheinander zwei verschiedene Kommissionen ein, die gemeinsame Lösungen für die Probleme erarbeiten sollten. Im »Kompetenznetzwerk Nutztierhaltung«, der sogenannten Borchert-Kommission, kamen primär Vertreter*innen der Länder, der Wissenschaft und der Agrar- und Wirtschaftsverbände zusammen.

»Ziel unserer Nutztierstrategie ist es, ein Mehr an Tierwohl unter Berücksichtigung des Umweltschutzes zu erreichen«, sagte der Vorsitzende Jochen Borchert.[92] In den 2020 veröffentlichten Empfehlungen der Kommission ist allerdings keinerlei Abbau der Tierbestände vorgesehen – stattdessen geht es allein um eine Verbesserung des »Tierwohls«.[93]

Dafür sollen nach Wunsch der Kommission in den nächsten Jahren zusätzlich Milliarden Euro öffentliche Gelder in die Tierhaltung fließen. Im Hinblick auf den Klimaschutz ist das nicht nur wirkungslos, sondern sogar gefährlich, weil es die hohen Tierbestände stabilisieren und womöglich sogar einen weiteren Ausbau befördern könnte.

Die »Zukunftskommission Landwirtschaft« startete im Sommer 2020. Auch darin waren Menschen aus den Agrar- und Wirtschaftsverbänden und der Wissenschaft stark vertreten, zusätzlich aber auch einige Personen aus Umwelt- und Tierschutzverbänden. Die Kommission hatte die Aufgabe, »praxistaugliche Empfehlungen für eine produktive und ressourcenschonende Landwirtschaft« zu erarbeiten. Und diese Kommission räumt tatsächlich in dem 160 Seiten starken Abschlussbericht ein, dass unter anderem für den Klimaschutz »der Konsum und damit einhergehend die Produktion tierischer Produkte zurückgehen« sollten.[94] Auch aus Gesundheitsgründen sollten sich die Konsum- und Ernährungsstile »entsprechend den Empfehlungen der Deutschen Gesellschaft für Ernährung« weiterentwickeln – das würde immerhin eine Halbierung des Fleischverbrauchs bedeuten.[95]

Das Problem daran ist aber nicht nur, dass diese Forderung in Anbetracht der Folgen der Tierhaltung noch unzureichend ist. Schlimmer ist, dass die Zukunftskommission weder erklärt, in welchem Zeitraum die Reduktion passieren soll, noch konkrete Ziele oder Maßnahmen zum Abbau Tierhaltung vorschlägt – stattdessen befürwortet sie die Pläne der Borchert-Kommission. Wenn das »Tierwohl« in den Ställen verbessert würde, müssten die Tierzahlen automatisch sinken, meint die Zukunftskommission. Ohne entsprechende Politik passiert das aber nicht. Die Zukunftskommission legt stattdessen den Fokus darauf, dass die Tierhaltung wirtschaftlich tragfähig bleiben müsse. Auf diese Weise lässt sich die nötige drastische Transformation weg von der Tierindustrie, hin zu einer pflanzenbasierten Landwirtschaft und Ernährung, nicht erreichen.

Obwohl der Bundestag bereits im Sommer 2020 beschlossen hatte, die Borchert-Empfehlungen umzusetzen, ist danach kaum etwas in dieser Richtung passiert.[96] Seit Herbst 2021 gibt es nun eine neue Regierung und mit Cem Özdemir einen grünen Agrarminister. Das grüne Wahlprogramm forderte noch, dass wir als Gesellschaft aus Klimagründen weniger tierische Produkte produzieren und konsumieren – allerdings auch ohne den Umfang der Reduktion zu beziffern. Im Koalitionsvertrag der Ampelkoalition findet sich davon nun fast nichts wieder. Auf der Seite der Landwirtschaft ist nur die Rede von einem »Umbau« der Tierhaltung. Außerdem heißt es: »Die Entwicklung der Tierbestände soll sich an der Fläche orientieren und wird in Einklang mit den Zielen des Klima-, Gewässer- und Emissionsschutzes (Ammoniak/Methan) gebracht.« Das kann man zwar in Richtung einer deutlichen Abstockung der Bestände interpretieren – nur das wäre ja tatsächlich im Einklang mit den Klimazielen – aber die Formulierung legt das nicht fest, was sicher genauso beabsichtigt ist.

Im Hinblick auf die Ernährung sieht der Koalitionsvertrag vor, bis 2023 eine Ernährungsstrategie zu beschließen. Zwar sollen pflanzliche Alternativen gestärkt werden, aber ob oder wie stark der Tierkonsum real verringert werden soll, bleibt offen.

Im Frühsommer 2022, als ich dieses Buch schreibe, ist zwar noch nicht genau abzusehen, was das neue Agrarministerium im Hinblick auf die Tierhaltung unternehmen wird. Die bisherigen Äußerungen von Cem Özdemir lassen allerdings darauf schließen, dass er, wenn überhaupt, an die Empfehlungen der beiden Kommissionen anschließen will. Im Jahr 2023 sollen 150 Millionen Euro in den »Umbau« von Ställen fließen, über vier Jahre eine Milliarde, aber ohne damit verknüpften Abbau der Tierzahlen. Der so dringend nötige Ausstieg aus der Tierindustrie steht damit noch immer nicht auf der Agenda.

Auch auf der Ebene der EU passiert nicht das, was nötig wäre, sondern effektiv das Gegenteil: Ein Teil der Agrarsubventionen wird zwar vordergründig auch nach dem Kriterium Klimaschutz vergeben. Aber die Gelder sind in dieser Hinsicht bislang wirkungslos. Zu diesem Schluss kam der EU-Rechnungshof in einem Bericht im Sommer 2021.[97] Obwohl ganze 100 Milliarden Euro dafür ausgegeben wurden, sind die Treibhausgasemissionen aus der europäischen Landwirtschaft zwischen 2014 und 2020 gar nicht gesunken.

Im Jahr 2021 wurden vom EU-Parlament die Regeln für die nächste Förderperiode beschlossen – und trotz großer Ankündigungen hat sich wenig geändert. Tatsächlich tragen die Gelder auch in Zukunft kaum dazu bei, die negativen Effekte der aktuellen Landwirtschaft zu verringern.[98] Das liegt u. a. daran, dass praktisch keine Anreize gesetzt werden, die Tierhaltung in Europa zu verringern.

Stattdessen hat die EU zwischen 2016 und 2020 über 250 Millionen Euro für Werbekampagnen für Fleisch- und Milchprodukte ausgegeben – deutlich mehr als für Kampagnen für Obst und Gemüse.[99]

Dass die Politik auf praktisch allen Ebenen in dieser zentralen Frage weiterhin in die falsche Richtung steuert, wird derweil von immer mehr Umweltverbänden und Klimaschutzgruppen kritisiert. Die Klima-Allianz, in der sich über 140 zivilgesellschaftliche Organisationen zusammengeschlossen haben, forderte zum Beispiel schon 2019 von der Bundesregierung eine Abstockung der Tierbestände.[100]

Wenn es darum geht, wie umfassend die Transformation sein soll, sind allerdings auch viele Umweltverbände noch viel zu zaghaft. Greenpeace zum Beispiel will mittlerweile immerhin eine Halbierung der Tierbestände bis 2035 – unterstützt aber zugleich die Empfehlungen der Borchert-Kommission, die keinen deutlichen Abbau vorsehen.[101] Mehrere andere große Naturschutzorganisationen setzen ebenfalls auf die Borchert-Empfehlungen, ohne sich aber auf deutliche Reduktionsziele festzulegen.[102]

Auch das Bündnis, das jedes Jahr die Wir-haben-es-satt-Demo organisiert, tut sich mit drastischen Abbau-Forderungen schwer. Stattdessen wird dort gern ein Gegensatz zwischen »Tierfabriken« und »Megaställen« einerseits und »Bauernhöfen« andererseits betont.[103] Während erstere abgeschafft werden sollen, gilt eine »kleinbäuerliche Tierhaltung« oft noch als wünschenswert – und zwar besonders die Rinderhaltung auf Grünland. Für die Verbände der ökologischen Landwirtschaft und ihnen nahestehenden Akteure handelt es sich dabei geradezu um das Idealbild einer naturverträglichen und sogar klimafreundlichen Landwirtschaft. Diese Vorstellung ist allerdings falsch und gefährlich.

Klimafreundliche Weidehaltung? Achtung Greenwashing

»Mit Rindern das Klima retten« lautet der Titel eines Artikels in der Allgäuer Zeitung vom April 2021.[104] Der Text erzählt von dem Projekt »KUHproKLIMA«, für das sich u.a. acht bayerische Milchbetriebe zusammengetan haben. Sie wollen mit wissenschaftlicher Begleitung neue Strategien für die Weidewirtschaft ausprobieren und verbreiten, um die Nachhaltigkeit und zugleich die Produktivität ihrer Betriebe zu verbessern. Denn gerade Grünlandbetriebe mit Rindern könnten »positiv auf die wesentlichen Ökosystemprozesse einwirken, die in ihrer Gesamtheit das Klima positiv beeinflussen«, heißt es im bunten Flyer, der das Projekt erklärt. Es wird vom Land Bayern und mit EU-Fördermitteln unterstützt.

Ausgerechnet die Rinderhaltung, die wegen des Methanausstoßes der Tiere als besonders schädlich gilt, soll plötzlich gut für das Klima sein? Genau das ist die Idee. Sie ist nicht neu, gewinnt aber zunehmend mehr Anhänger*innen. Das ist vielleicht wenig verwunderlich, denn sie kommt all denjenigen sehr gelegen, die Rindfleisch und Käse gegen die wachsende Kritik verteidigen wollen. Tatsächlich handelt es sich um einen klaren Fall von Greenwashing – eine beliebte Strategie, um umstrittenen Branchen zu einem besseren Image zu verhelfen. Deshalb gehe ich im Folgenden auf die Hintergründe ein.

Eine zentrale Figur in der Debatte in Deutschland ist die Tierärztin Anita Idel. Sie hat schon 2010 das Buch »Die Kuh ist kein Klima-Killer!« veröffentlicht, das mittlerweile in achter Auflage erschienen ist.[105] Sie hält Vorträge bei Bauerntagen, schreibt Gutachten für grüne Politiker, nimmt an Diskussionen auf Biomessen teil und gibt Interviews. Ein Ergebnis sind diverse Medienartikel mit Überschriften wie »Weidetiere helfen, das Klima zu schützen«.[106] Zahlreiche Institutionen machen sich diese Sichtweise zu eigen, vor allem im Bereich der ökologischen Landwirtschaft.[107]

Wie begründet Idel ihre Position? Die Argumentation geht so: In Böden, auf denen Kühe weiden, kann bei gutem, extensivem Weidemanagement der Humusgehalt steigen. Auf diese Weise wird Kohlenstoff im Boden eingelagert und Kohlendioxid aus der Atmosphäre entfernt. Die Rinder seien für diesen Prozess entscheidend, sagt Idel. Gras und Grasfresser hätten sich gemeinsam entwickelt, die Beweidung löse bei den Pflanzen einen Wachstumsimpuls aus. So bilden sie mehr Biomasse, die später zu Erde wird. Die fruchtbarsten Böden der Welt seien auf diese Weise entstanden, indem Gräser und Grasfresser zusammenwirkten.

Zum Klimakiller werde die Kuh erst dann, wenn sie Kraftfutter zu fressen bekomme, um mehr Milch zu geben. Denn beim Anbau von Mais und anderen Futterbestandteilen entstehen große Mengen Lachgas. Idel kritisiert daher die Idee, dass »effizientere« oder intensiver genutzte Kühe besser fürs Klima wären. Wenn man die Haltungssysteme ganzheitlich betrachte, sei das Gegenteil der Fall: Weidekühe, die nur Gras fräßen, hätten eine bessere Klimabilanz als die im Stall mit Kraftfutter gedopten Hochleistungstiere.[108]

Aktuelle Studien geben Idel in diesem letzten Punkt tatsächlich recht: Extensive Weidehaltung ist weniger klimaschädlich als Stallhaltung.[109] Sie hat außerdem unter bestimmten Umständen Vorteile für die Artenvielfalt – ein Punkt, auf den ich im vierten Kapitel näher eingehe.[110]

Aber daraus folgt keineswegs, dass die Weidehaltung gut fürs Klima wäre! Sie ist eben nur weniger schlecht. Die Emissionen sind geringer, aber nicht gleich null oder gar negativ, sondern zum Beispiel bei Milch zwei- bis dreimal so hoch wie diejenigen von pflanzlichen Milchalternativen.[111] Wenn man genau liest, behauptet Idel in ihrem Buch auch gar nicht, dass bei Weidehaltung keine Emissionen anfielen. Trotzdem ist es genau diese Botschaft – Weidekühe seien Klimaretter – die vielerorts verbreitet wird. Und zwar nicht nur in Deutschland.

In den USA, zufällig der größte Rindfleischproduzent der Welt, gibt es eine regelrechte Bewegung, die das Image der Rinderhaltung rehabilitieren will – ganz unabhängig von Anita Idel, aber mit ähnlichen Argumenten. Dort lautet das Zauberwort, das auch zunehmend hierzulande verwendet wird, »regenerative grazing«, zu Deutsch »regenerative Weidewirtschaft«. Einer der geistigen Väter des Konzepts ist der Südafrikaner Allan Savory. Sein TED-Talk aus dem Jahr 2008 wurde bereits elf Millionen Mal angeschaut.[112] Seine Perspektive wurde auch von der Doku »Kiss the Ground« aufgegriffen, die auf Netflix läuft.

Savorys Behauptungen sind noch um einiges steiler als die von Anita Idel: Wenn wir nur mehr Rinder auf Weiden halten würden, könnten wir überall erodiertes Land wiederbeleben, Wüsten begrünen und insgesamt den Klimawandel nicht nur aufhalten, sondern praktisch umkehren. Alle Treibhausgase, die seit der Industrialisierung in der Atmosphäre gelandet seien, könnten nämlich über die richtige Beweidung in Grasland eingelagert werden. Nach Savory braucht es dafür aber nicht die normale extensive Weidehaltung, sondern ein spezielles Management, bei dem man große Herden von Tieren auf verschiedenen Flächen rotieren lässt. In vielen Fällen müsse man die Gesamtzahl der Tiere sogar erhöhen, um beste Ergebnisse zu erzielen. Die Welt retten und dabei noch mehr Steaks essen – was für ein Versprechen!

Das international tätige Savory Institute und weitere Akteure sind seit einigen Jahren aktiv dabei, die »regenerative Weidewirtschaft« global zu bewerben und zu verbreiten. Ihr Motto: »It's Not the Cow, it's the How!« In Workshops geben Praktiker*innen ihr Wissen weiter, in Facebook-Gruppen vernetzen sich Zehntausende von Interessierten aus der ganzen Welt, auch in Deutschland wächst die Anhängerschaft.

Das Problem: Die steilen Behauptungen, die großen Versprechen sind Humbug. Es ist zwar richtig, dass die Art des Weidemanagements für die Emissionen einen großen Unterschied machen kann – insofern wäre es auf vielen Flächen tatsächlich sehr vorteilhaft, das Management zu verändern. Aber die Idee, dass Rinderhaltung positiv fürs Klima sein könnte, lässt sich wissenschaftlich nicht untermauern, im Gegenteil.

Ein Forschungsnetzwerk an der Universität Oxford veröffentlichte im Jahr 2017 eine umfassende Metastudie genau zu der Frage, welche Rolle die Weidewirtschaft mit Wiederkäuern für die Klimakrise spielen kann, und bezog sich dabei auch direkt auf die Konzepte von Savory und Co.[113] Sie kamen zu folgenden Ergebnissen: Die Daten dazu, wie viel Kohlenstoff man durch Beweidung im Boden einlagern kann, sind uneinheitlich und sehr widersprüchlich. Die Wirkungen sind, wenn überhaupt vorhanden, klein. Insgesamt verursacht die Weidewirtschaft viel mehr Treibhausgase, als mithilfe dieser Beweidungsmethoden eingelagert werden könnten.

Ein Grund dafür ist wiederum die enorme Klimaschädlichkeit des Methans, das Wiederkäuer bei ihrer Verdauung bilden.[114] Neuere Studien besagen darüber hinaus, dass die schädliche Wirkung von Methan sogar noch größer sein könnte, als bisher in der Forschung angenommen wird: In einer immer wärmeren Welt verlangsamt sich möglicherweise der chemische Prozess, der dieses Treibhausgas stetig aus der Atmosphäre entfernt.[115] Umso dringlicher ist es, die Rinderhaltung abzubauen.

Zugleich bleibt es natürlich wichtig, Kohlenstoff im Boden einzulagern. Aber dafür ist die Beweidung eben keineswegs die einzige oder beste Methode. Mithilfe bestimmter Praktiken beim Pflanzenbau kann man ebenfalls den Kohlenstoffgehalt im Boden erhöhen, während man zugleich mehr Nahrung pro Fläche erzeugt.[116] Und noch größere Mengen könnte man auf geeigneten Flächen durch Renaturierung einlagern, auch das zeigen Studien.[117]

Viele Fans der Weidewirtschaft scheren sich allerdings nicht besonders um wissenschaftliche Belege.[118] Und sie schauen auch bei der konkreten Umsetzung ihrer Forderungen oft nicht so genau hin.

Tatsächlich erfordert das »regenerative grazing« nach Allan Savory ein ganz bestimmtes Weidemanagement. Und Anita Idel in Deutschland streitet theoretisch für eine Rinderhaltung, bei der die Tiere ausschließlich von Gras ernährt werden. Wenn es aber um die Werbung für die Praxis geht, ist das offenbar nicht so wichtig.

Zum Beispiel wenn das Ziel ist, eine Landkarte voller »regenerativer Bauernhöfe« zu veröffentlichen. Die Organisation »Regeneration International« präsentiert eine solche Karte auf ihrer Website: Tausende

Farmen auf der ganzen Welt zeigen, wie verbreitet die Praxis schon ist. Wirklich? Ein Journalist meldete bei der Organisation einen Milchbetrieb als regenerativen Hof an – prompt wurde er auf der Karte aufgeführt. Es gab nicht nur keine Kontrolle, ob dort tatsächlich irgendwelche Regeln befolgt werden. Den Milchbetrieb gibt es in Wahrheit gar nicht – er war bloß ausgedacht.[119] Viele andere Höfe auf der Karte sind zwar real, aber welche Art der Landwirtschaft sie genau betreiben, ist offensichtlich völlig unklar. Die meisten Höfe verkaufen Tierprodukte.

Aus der Grazing-Szene kommen zugleich einige der schärfsten Angriffe auf die vegane Lebensweise. Monokulturen und Chemie – das sei die Essenz des Vegan-Trends. Industrieller Ackerbau, Gentechnik und Ackergifte seien das eigentliche Problem der heutigen Landwirtschaft, Tierhaltung und besonders die Weidewirtschaft dagegen harmlos oder sogar vorteilhaft.[120] Dass ein Drittel der Getreideernte in den Futtertrögen landet, wird dabei genauso unterschlagen wie die Tatsache, dass große Teile der globalen Weideflächen übernutzt wird – eine Katastrophe für die Böden und das Klima.

Auf diese Weise sorgt die Grazing-Bewegung letztlich für ein Greenwashing der gesamten Tierindustrie. Kein Wunder also, dass schon Großkonzerne mit einsteigen: In Nordamerika setzen sich Firmen wie Danone, General Mills, Cargill, McDonald's und Nestle für sogenannte regenerative Praktiken der Rinderhaltung ein.[121] Auch in Großbritannien hat McDonald's ein Regenerative-Grazing-Projekt auf den Weg gebracht.[122] Vordergründig wollen sie alle ihre Emissionen verringern – was man natürlich als positive Entwicklung werten kann. Die Gefahr besteht allerdings darin, dass die Verringerung sehr klein, der Marketing-Effekt aber umso größer ist. Es gibt bei mehreren Programmen keine festen Vorgaben für die Landwirt*innen und der Verdacht liegt nahe, dass es bei all den Bemühungen mindestens auch darum geht, die Fleisch- und Milchproduktion in Zeiten der Klimakrise weiter profitabel zu halten.[123]

Auch in Deutschland werden die Bedingungen für die vermeintlich klimafreundliche Weidewirtschaft je nach Bedarf zurechtgebogen. Ein Tagesschau-Beitrag zum Beispiel portraitiert einen Biomilchbetrieb in Hessen. Dort könne man lernen, »warum Kühe keine Klimakiller sind«.[124] Auch Anita Idel kommt zu Wort. Nicht thematisiert wird, dass die Kühe auf dem Betrieb keineswegs nur von Gras leben, sondern wie fast alle Milchkühe in Deutschland zusätzlich Getreide fressen – das noch nicht einmal aus der Region kommt.[125] Aber Hauptsache Weide!

Das Öko-Image der regenerativen Landwirtschaft amerikanischer Prägung wiederum spricht einige Menschen so erfolgreich an, dass auch Vegetarier*innen wieder anfangen, begeistert Fleisch zu essen – wenn es denn aus Weidehaltung stammt. Wie genau das Management und die Fütterung aussieht und ob auf derselben Fläche ein Moor wiedervernässt oder ein Wald wieder hergestellt werden könnte, ist dann auch egal.[126]

Der Mythos von der klimafreundlichen Weidehaltung wird sicher auch deshalb so gern geglaubt, weil Tiere wie Rinder, Hühner und Schweine für viele Menschen zum idyllischen Bild eines Bauernhofs einfach dazugehören. Eine ökologische Landwirtschaft ohne diese Tiere können wir uns schwer vorstellen. Dabei laufen alle vernünftigen Argumente genau darauf hinaus – wie das aussieht und wie gut es funktionieren kann, erkläre ich im vierten Kapitel.

Von dieser Rehabilitierung der Tierhaltung profitieren am Ende nicht nur die wenigen ökologischen Weidehaltungsbetriebe, sondern die ganze Fleischindustrie, vermute ich. Denn wenn etwas prinzipiell auch umweltfreundlich hergestellt werden *kann*, dann fühlt sich das Produkt schon besser an, auch wenn die tatsächliche Produktionsweise extrem schädlich ist. Dabei fällt zudem komplett unter den Tisch, dass Tierhaltung und Tierkonsum selbst dann drastisch sinken müssten, wenn eine klimafreundliche Weidehaltung möglich wäre. Denn das aktuell hohe Level beruht ja auf den Futtermitteln vom Acker.

Aber getreu dem Motto »It's Not the Cow, it's the How« geht es in wichtigen Debatten oft nicht um den Rückbau der Tierbestände, sondern allein um die Art und Weise der Tierhaltung – man diskutiert zum Beispiel darüber, mit welchen Maßnahmen man Landwirt*innen dazu bringen kann, ihre Rinder auf die Weide zu schicken, anstatt darüber, welche Anreize es braucht, damit die Betriebe mit der Tierhaltung aufhören.

Deshalb habe ich den Mythos hier so ausführlich erläutert – obwohl gleichzeitig klar ist: Kleine Familienbetriebe, die nach Biorichtlinien ein paar Rinder halten, sind nicht die erste Adresse, wenn wir einen gesellschaftlichen Ausstieg aus der Tierindustrie organisieren wollen. Natürlich müssen dabei zuoberst die industriellen Tierfabriken auf der Liste stehen, die großen Milch- und Mastbetriebe, die Schweine- und Hühnermastanlagen, die Megaschlachthöfe. Die kleinbäuerliche Rinderhaltung bzw. die Weidehaltung ist aber keine Alternative – die Lösung liegt nicht im Umbau der Tierhaltung, sondern im konsequenten Abbau.

»Nutztiere« gegen Wildtiere

In meinem Garten gibt es in den Sommermonaten noch jede Menge summende und schwirrende Insekten. Wenn man sich dem Lavendelbusch nähert, hört man ein sattes Brummen von den vielen Hummeln und Bienen. Auf den Stäben, die die Tomaten stützen, lassen sich gern Libellen nieder. Die Feldwespen bauen sich Nester in den Schuppen und abends hört man sogar ein paar Grillen.

Wie in meinem Garten merkt man an vielen Orten noch wenig vom großen Insektensterben – trotzdem ist es da und wissenschaftlich gut belegt. Großes Aufsehen erregte in Deutschland eine Studie, die der entomologische Verein Krefeld im Herbst 2017 veröffentlichte. Die Forscher*innen hatten zwischen 1989 und 2016 jedes Jahr Daten gesammelt. In verschiedenen Naturschutzgebieten in Deutschland hatten sie Fallen aufgestellt und die dort verendeten Insekten gewogen. Das alarmierende Ergebnis: Die Biomasse von Insekten ist seit 1989 um über 75 Prozent zurückgegangen.[127] Verschwunden sind nicht einzelne Arten, sondern massenweise Fluginsekten. Hummeln, Wespen, Schmetterlinge, Nachtfalter, Schwebfliegen, Fliegen, Mücken, Käfer, Bienen, Libellen. Ich kann also davon ausgehen, dass es vor dreißig Jahren in meinem Garten – der damals noch nicht mein Garten war – bis zu viermal so viel Summen und Schwirren gegeben hat.

»Wir befinden uns mitten in einem Albtraum, da Insekten eine zentrale Rolle für das Funktionieren unserer Ökosysteme spielen« bewertete Prof. Dr. Johannes Steidle von der Universität Hohenheim die Studie.[128] In den letzten Jahren haben auch mehrere andere Studien bestätigt, dass wir einen immensen Rückgang von Insekten erleben.[129] Nicht nur die Masse, sondern auch die Artenvielfalt nimmt ab. Zum Beispiel sind von den Schmetterlingen schon 60 Arten ausgestorben, knapp 500 weitere Arten sind stark gefährdet.[130] Und tatsächlich sehe ich auch in meinem Garten nur wenige Schmetterlinge und die gehören fast immer zu den häufigsten vier Spezies.

Die Gründe für das Insektensterben sind zwar vielfältig und noch nicht umfassend erforscht – Lichtverschmutzung, Flächenversiegelung, Handystrahlung, Autoverkehr und andere Faktoren haben wahrscheinlich einen negativen Einfluss. Kaum ein Experte bestreitet allerdings, dass die aktuelle Landwirtschaft eine wesentliche Rolle spielt.[131] Etwa die Hälfte der Gesamtfläche Deutschlands wird derzeit landwirtschaftlich genutzt.[132] Natürlich haben die Art der Nutzung, die Struktur der Landschaft und die dort freigesetzten Stoffe einen Einfluss auf die Organismen, die dort leben – wie könnte es anders sein?

Die Forscher*innen der Krefelder Studie vermuten selbst eine Ursache für das Insektensterben in der intensiven Landwirtschaft. Ihre Messstationen lagen fast alle in kleinen Naturschutzgebieten, die von Agrarflächen gleichsam eingeschlossen waren.

Im Fokus der Diskussion stehen oft drei Faktoren, die Insekten schaden: Erstens Pestizide, zweitens Überdüngung und drittens die Tatsache, dass der Lebensraum für Insekten immer kleiner wird, weil Blumenwiesen, Hecken und Brachflächen fehlen.

Meist wird nur beim Thema Überdüngung eine Verbindung zur Tierhaltung gezogen. Denn gerade in Regionen mit hohen Tierbeständen landet besonders viel Gülle als Dünger auf den Feldern. Ein Teil der Nährstoffe kann von Boden und Pflanzen nicht aufgenommen werden und gelangt in umliegende Ökosysteme und Gewässer. Das zeigen auch die Messungen von Nitrat im Grundwasser, die in vielen Gebieten mit intensiver Tierhaltung besonders hoch sind.[133] Viele Arten, darunter Schmetterlinge wie der Schachbrettfalter oder der Kleine Fuchs, sind aber auf nährstoffarme Biotope angewiesen. Gibt es zu viel Stickstoff, taugen Pflanzen nicht mehr als Nahrung oder Ei-Ablageplatz.[134] Gewässer versauern und bieten keinen Lebensraum mehr.

Auf diese Weise tragen Tierfabriken, die große Mengen Gülle produzieren, also direkt zum Insektensterben bei. Die Düngeverordnung, die seit Jahren immer wieder verschärft wird, kann die Schäden höchstens begrenzen, das Grundproblem aber kaum beheben: All die Gülle, die ja auch die Nährstoffe aus dem importierten Soja enthält, muss irgendwo hin.[135]

Die Tierindustrie spielt außerdem unabhängig von der Gülle eine Rolle für das Insektensterben – und das kommt in der Diskussion oft zu kurz. Der Knackpunkt liegt noch einmal in den Umwandlungsverlusten und im Flächenverbrauch. Denn wenn auf fast der Hälfte der Ackerflächen Tierfutter angebaut wird, dann bedeutet das, dass ein relevanter Teil der Pestizide indirekt auf das Konto der Tierindustrie gehen.[136]

Diese Giftstoffe bedrohen wichtige Ökosystemfunktionen und somit unsere Lebensgrundlagen – zu dem Schluss kommt die renommierte Nationale Akademie der Wissenschaften Leopoldina.[137] Sogar auf Grünland, das zumeist der Fütterung von Rindern dient, werden Gifte gegen unerwünschte Pflanzen eingesetzt.[138] Auch das schadet den Insekten. Futterflächen müssen außerdem genau wie Flächen, auf denen Nahrungsmittel für Menschen wachsen, gedüngt werden. Wenn wir deutlich weniger Tiere füttern müssten, würden also entsprechend weniger Nährstoffe in Ökosysteme gelangen, wo sie nicht hingehören.

Die Tierhaltung abzubauen hätte zur Folge, dass gigantische Flächen frei werden. Im Rahmen eines klugen Gesamtkonzepts sollten wir diese Flächen zum Klimaschutz renaturieren, wie ich im letzten Abschnitt dargestellt habe. Auf diese Weise können wir nun zugleich wertvollen Lebensraum für Insekten und viele andere Tiere schaffen. Blühwiesen, Magerwiesen, Brachflächen, Feuchtgebiete, Wald – all diese Ökosysteme können nur (wieder-)entstehen, wenn wir Land mindestens teil- oder zeitweise aus der landwirtschaftlichen Nutzung nehmen. Und das wiederum können wir uns nur leisten, wenn wir insgesamt weniger Fläche beanspruchen – also weniger Tierprodukte erzeugen.

Das »Kursbuch Agrarwende« im Auftrag von Greenpeace rechnet zum Beispiel vor: Wenn wir den Fleischkonsum halbieren, können wir in Deutschland den Selbstversorgungsgrad mit Lebensmitteln erhöhen, deutlich weniger Pestizide verwenden und zugleich 15 Prozent des Agrarlands für Naturschutzmaßnahmen zur Verfügung stellen.[139]

Um die Insekten zu schützen, sind strengere Gesetze zu Pestiziden und Düngung zwar wichtig – sie können die Schäden für die Ökosysteme verringern. Wenn wir aber die Tierhaltung nicht drastisch reduzieren, verschenken wir einen zentralen Hebel, mit dem wir die Situation massiv verbessern könnten. Weder von der Bundesregierung noch von der europäischen Kommission ist das bislang vorgesehen.

Die Lage der Insekten spitzt sich derweil immer weiter zu. Und mit ihr die Lage zahlreicher anderer Tiere. Denn die Ökosysteme sind verschränkt und viele Spezies wechselseitig voneinander abhängig. Wenn es weniger Insekten gibt, leiden darunter auch die Vögel, die sich von Insekten ernähren. Wenig überraschend ist daher, dass wir seit einigen Jahren in Deutschland ein dramatisches Vogelsterben beobachten können – und zwar besonders im Agrarland.[140] Und Pestizide, Lebensraummangel und Überdüngung schaden auch Amphibien wie Salamandern, Kröten oder Fröschen, bei denen ein dramatischer Verlust zu verzeichnen ist.[141]

Global betrachtet sieht es noch düsterer aus. Wir befinden uns im sechsten großen Massenaussterben. Seit 1970 hat sich die Zahl der wildlebenden Tiere etwa halbiert.[142] »Die Natur schwindet global so rapide wie noch nie zuvor in der Geschichte der Menschheit«, warnte der Weltbiodiversitätsrat im Jahr 2019. »Die Rate des weltweiten Artensterbens ist bereits jetzt mindestens zehn- bis einhundertmal höher als im Durchschnitt der letzten 10 Millionen Jahre.«[143] Von geschätzten 8 Millionen Tier- und Pflanzenarten sind dem Rat zufolge eine Million vom Aussterben bedroht. Einige Wissenschaftler sehen im Artensterben eine noch größere Bedrohung als im Klimawandel.[144]

Und der wichtigste Treiber für den Artenverlust bei den Landlebewesen? Die Inanspruchnahme von Flächen durch den Menschen, insbesondere für die Landwirtschaft – und wie wir gesehen haben, dienen über 80 Prozent der landwirtschaftlich genutzten Flächen der Tierproduktion. Auf dem Land, wo vorher Wildtiere gelebt haben, wächst also jetzt Gras oder Soja für unsere »Nutztiere«. Wir haben auf diese Weise die Tierwelt auf unserem Planeten radikal verändert.

Stellen wir uns vor, dass wir alle Rinder, Schweine, Schafe und Ziegen auf der Welt, die wir für Fleisch und Milch nutzen, auf eine gigantische Waage stellen könnten. Und nehmen wir außerdem an, dass wir das mit allen heute noch wildlebenden Säugetieren ebenfalls tun könnten: Auf eine zweite Waage stellen wir also alle Mäuse, Dachse, Rehe, Zebras, Elefanten und alle anderen Säugetiere. Was würden wir sehen? Die sogenannten »Nutztiere« wiegen insgesamt 15-mal so viel wie die wildlebenden Säugetiere zusammen![145]

Menschen sind auch Säugetiere. Wie sieht es aus, wenn wir alle drei Gruppen miteinander vergleichen? Die Menschen machen dann gut ein Drittel der Biomasse aller Säugetiere aus. Die wildlebenden Säugetiere kommen nur noch auf vier Prozent. Die verbleibenden 60 Prozent der Biomasse entfallen auf die Rinder, Schweine, Schafe und Ziegen, die wir für unsere Zwecke nutzen.

Diese Zahlen verdeutlichen die Dimensionen der globalen Nutztierhaltung. Wir haben die Wildtiere in ihrer gigantischen Vielfalt drastisch dezimiert und sie praktisch durch Rinder, Schweine und Hühner ersetzt, die wir für unsere Zwecke halten und schlachten.

Was bei dieser Betrachtung noch völlig außen vor bleibt, ist die Situation in den Meeren und die schier unfassbare Vernichtung, die die moderne Fischerei dort anrichtet. Jedes Jahr werden heute weltweit Tiere mit einem Gesamtgewicht von etwa 82 Millionen Tonnen aus dem Meer geholt, das ist fast fünfmal so viel wie noch im Jahr 1950.[146] Die Populationen der Fischarten, die von Menschen genutzt werden, haben sich dadurch im Schnitt halbiert.[147] Von den großen Raubfischen wie Haien, Thunfisch und Kabeljau sind seit Beginn der industriellen Fischerei sogar 90 Prozent verschwunden.[148]

Für ökologische Verwüstung sorgen dabei auch die Fangmethoden: Bei der Grundschleppnetzfischerei wird der Meeresboden regelrecht umgepflügt. Zahlreiche Lebewesen sterben, auch wenn sie sich nicht im Netz verfangen. Und von denjenigen, die mit den Netzen an die Luft geholt werden, landen bis zu 80 Prozent später tot wieder im Meer – als unnützer Beifang.[149]

Was die Fischerei für die Tiere selbst bedeutet, beschreibe ich im nächsten Kapitel. Für die Ökosysteme der Meere und den ganzen Planeten sind die Folgen katastrophal. Ein Drittel der weltweiten Fischbestände gilt als »überfischt«.[150] Die Fischerei verschärft außerdem die Klimakatastrophe: Das Aufwühlen des Meeresbodens setzt Kohlendioxid frei – und zwar einer Studie zufolge weltweit mehr als der gesamte Luftverkehr. Dadurch versauern die Ozeane schneller und können weniger Treibhausgase aus der Luft aufnehmen.[151] Aber auch das Rausfangen der Fische verstärkt wahrscheinlich die Erderwärmung, weil dadurch weniger Biomasse in Form von Fischkot an den Meeresboden sinkt.[152] Und die Fischerei ist zusätzlich noch für andere Umweltprobleme verantwortlich, an die man zunächst gar nicht denken würde: Der Plastikmüll, der die Ozeane verschmutzt und zahllose Meeresbewohner tötet, besteht in einigen Regionen bis zu 85 Prozent aus alten Fischernetzen.[153]

Und was haben wir damit zu tun? Die Menschen in Deutschland essen zwar pro Kopf etwas weniger Fisch als der globale Durchschnitt. Sie bedienen sich dabei aber an den sinkenden Beständen auf der ganzen Welt: Europa ist der größte Fischimporteur der Welt.[154] Und von dem Fisch, der hierzulande verkauft wird, stammen drei Viertel aus dem Ausland.[155]

Weil die Fischpopulationen weiter schrumpfen und zugleich die Nachfrage steigt, wird derweil weltweit die Aquakultur massiv ausgebaut. Diese hat jedoch ebenfalls dramatische Auswirkungen – vor allem, aber nicht nur, wenn dabei Raubfische gezüchtet werden, die man mit Fischmehl aus Wildfang füttert.[156]

Dieses Fischmehl bekommen außerdem oft auch Hühner und Schweine in den Futtertrog. So hängen die Ausbeutung der Meere und die industrielle Mast von Landlebewesen direkt zusammen.

Das Ernährungssystem innerhalb der planetaren Grenzen

Unser Heimatplanet sieht heute in vielen Hinsichten radikal anders aus als noch vor 200 Jahren. Seit der industriellen Revolution haben Menschen die Umwelt so tiefgreifend verändert, dass immer mehr Wissenschaftler*innen von einem neuen Erdzeitalter sprechen: Wir leben heute im Anthropozän, in der Epoche der Menschen. Sei es die Temperatur oder die Zusammensetzung der Atmosphäre, die Landökosysteme oder das Leben im Meer – praktisch überall zeigt sich der Einfluss menschlicher Aktivitäten. Aber wie viele Veränderungen kann die Erde aushalten und zugleich noch sichere Lebensbedingungen für uns bereitstellen?

Mit dieser Frage beschäftigte sich ein internationales Team von Forscher*innen bei einem Workshop in Stockholm im Jahr 2008. Sie wollten die biophysikalischen Grenzen des Erdsystems bestimmen, innerhalb deren zentrale Bedingungen für unser Wohlergehen einigermaßen stabil bleiben.[157] Ein Jahr später veröffentlichten sie ihre Ergebnisse in einem bahnbrechenden Aufsatz.[158] Darin führten sie den Begriff der »planetaren Grenzen« in die Wissenschaft und die politische Diskussion ein. Diese Belastungsgrenzen definieren einen »sicheren Handlungsspielraum für die Menschheit« – das heißt nichts anderes als: Wenn wir sie überschreiten, gefährden wir unsere eigenen Lebensgrundlagen.

Die Wissenschaftler*innen identifizierten neun verschiedene ökologische Dimensionen, die jeweils eine eigene Grenze aufweisen. Der Klimawandel ist eine der Dimensionen – und da haben wir die Grenze bereits überschritten, als die Konzentration von Kohlendioxid in der Atmosphäre über 350 Millionstel stieg: im Jahr 1987. Auch in der Dimension Artenvielfalt bzw. »Unversehrtheit der Biosphäre« befinden wir uns schon im tiefroten Bereich.

Wie wir gesehen haben, sind unser Ernährungssystem und besonders die Tierindustrie für die Überschreitung dieser beiden Grenzen maßgeblich mit verantwortlich. Landwirtschaft und Tierhaltung spielen außerdem für mehrere weitere Dimensionen eine wichtige Rolle, u. a. für die Landnutzung, für die Wassernutzung und für die »biochemischen Kreisläufe«. Damit sind die Kreisläufe von Phosphor und Stickstoff im Erdsystem gemeint. Auch bei diesen ist die Belastungsgrenze längst überschritten. Denn insbesondere durch die Düngung in der Landwirtschaft landen die Pflanzennährstoffe Phosphor und Stickstoff im Übermaß in Seen und Ozeanen sowie in anderen Ökosystemen, wo sie nicht hingehören.

Unser jetziges Ernährungssystem ist mit den planetaren Grenzen nicht vereinbar, das steht fest. Es braucht zu viel Land und zu viel Wasser, setzt zu viele Treibhausgase frei und verteilt zu viel Phosphor und Stickstoff in der Umwelt.[159] Wie dagegen eine planetenverträgliche Ernährung aussieht, hat die EAT-Lancet-Kommission erarbeitet. Ich habe ihre Empfehlungen im letzten Kapitel schon vorgestellt, als es um die Gesundheitsfolgen der Tierindustrie ging. Denn die Kommission hatte sich zur Aufgabe gemacht, die doppelte Frage zu beantworten: Wie können wir uns so ernähren, dass wir sowohl selbst möglichst gesund bleiben als auch die Belastungsgrenzen unseres Planeten nicht überschreiten? Das Ergebnis nennen die Forscher*innen entsprechend die »Planetary Health Diet«, zu Deutsch etwa die »Planetare Gesundheits-Ernährung«.

Wir erinnern uns: Die Empfehlungen der Kommission sehen für Deutschland eine drastische Reduktion von Tierprodukten vor – nur noch ein Zehntel der heute verzehrten Menge von rotem Fleisch (Rind- und Schweinefleisch), außerdem deutlich weniger Hühnerfleisch, Eier und Milchprodukte. Um innerhalb der planetaren Grenzen zu bleiben, sind global gesehen weitere Veränderungen nötig: dazu gehören technologische Verbesserungen und Effizienzsteigerungen im Ackerbau insbesondere in den Ländern, wo jetzt die Erträge vergleichsweise niedrig ausfallen. Und wir müssen die Verschwendung von Lebensmitteln mindestens um die Hälfte reduzieren. Aber ohne eine Ernährungswende – insbesondere in den Ländern mit hohem Tierkonsum – geht es nicht.[160]

Und diese Ernährungswende muss deutlich drastischer ausfallen, als selbst progressive Kräfte hierzulande eingestehen. Wenn Greenpeace zum Beispiel fordert, den Fleischkonsum bis 2035 zu halbieren, dann entspricht das etwa den Empfehlungen der deutschen Gesellschaft für Ernährung (DGE). Auch der wissenschaftliche Beirat des Agrarministeriums fordert, den Verzehr von Tierprodukten auf das Niveau der DGE-Empfehlungen abzusenken. Aber das reicht nicht! Denn wenn wir so essen, wie die DGE uns rät, sprengen wir noch immer die planetaren Grenzen.

Zu diesem Ergebnis kommt ein Forschungsteam unter der Leitung von Marco Springmann, der auch in der EAT-Lancet-Kommission mitgearbeitet hatte. Das Team hat sich die nationalen Ernährungsrichtlinien von 85 Ländern angeschaut und untersucht, inwieweit diese mit dem Pariser Klimaabkommen und den planetaren Grenzen vereinbar sind. Die meisten fielen durch, darunter auch die deutschen Richtlinien.[161]

Denn was würde passieren, wenn alle Menschen auf der Welt so äßen, wie die DGE rät? »Die DGE-Empfehlungen würden dazu führen, dass global gesehen die Treibhausgase, anstatt vermindert zu werden, ansteigen würden«, erklärt Marco Springmann.[162] Das liegt daran, dass die empfohlenen Mengen für Fleisch und insbesondere für Milchprodukte noch immer zu hoch sind. Und auch im Hinblick auf andere planetare Grenzen wäre es fatal, wenn alle Menschen den DGE-Empfehlungen folgen würden – denn der Tierproduktkonsum würde stärker wachsen, als es ohnehin schon bis 2050 prognostiziert ist.

»Wenn wir uns nicht stringenter ändern, als die DGE empfiehlt, wälzen wir unsere Verantwortung auf andere Länder ab«, sagt Springmann. »Diese müssten dann ihre Ernährung stärker umstellen, als wir das machen.«

Die geringen Mengen an Tierprodukten, die die EAT-Lancet-Kommission noch erlaubt, sind das Maximum, das wir ökologisch verträglich erzeugen können.[163] Wenn alle Menschen statt einmal die Woche zweimal rotes Fleisch verzehren oder statt einem Glas Milch pro Tag zwei trinken, geschieht das auf Kosten anderer Menschen und unserer Zukunft.

Umgekehrt gilt: Je weiter wir über diese Reduktion hinaus hierzulande die Nutztierhaltung abbauen, desto mehr Treibhausgase können wir einsparen und desto mehr Land für Klima- und Artenschutz zurückgewinnen. Die vegane Ernährungsweise richtet der Studie zufolge am wenigsten Schäden an. In Anbetracht der ökologischen Krisen, in denen wir uns befinden, gibt es aus meiner Sicht keine vernünftige Alternative: Wir sollten Tierhaltung und Tierkonsum so weit reduzieren, wie wir irgend können.

Für diese Überlegungen spielt die Perspektive der Tiere selbst offensichtlich gar keine Rolle – obwohl wildlebende Tiere ebenso wie die sogenannten »Nutztiere« ja unmittelbar zu den Betroffenen gehören. Das Konzept der planetaren Grenzen ist ganz anthropozentrisch ausgerichtet: Es bezieht nur mit ein, welche Umweltbedingungen wir als Menschheit zum guten Leben brauchen. Genauso geht es bei der »Planetary Health Diet« nur darum, wie wir Menschen uns gesund ernähren können, ohne diese Umweltbedingungen zu gefährden.

Aber was ist eigentlich mit der Gesundheit und dem Wohlergehen all der Rinder, Schweine, Schafe, Hühner, Puten und Fische, die wir für unsere Ernährung nutzen und töten? Wenn wir ihre Bedürfnisse ernst nehmen würden, wäre es nie so weit gekommen – es gäbe die Tierindustrie gar nicht. Ist es daher nicht erschreckend, dass wir selbst dann, wenn es um die Kritik an unserer Lebensweise, um Klima- und Umweltschutz geht, so oft wieder nur an uns Menschen denken? Das nächste Kapitel nimmt endlich die Lage der sogenannten »Nutztiere« in den Blick.

3.

Respekt statt Ausnutzung: Ein anderes Verhältnis zu Tieren

Ich stehe in einem schlecht beleuchteten, breiten Gang mit blanken Betonwänden und niedriger Decke. An den Seiten hängen dicke, staubige Spinnweben. Ein scharfer Ammoniakgestank dringt durch meine Schutzmaske und macht mir das Atmen schwer. Ich bin fürchterlich nervös und spüre mein Herz klopfen. Eben bin ich draußen im Dunkeln über einen Zaun geklettert und durch eine unverschlossene Tür hier hereingekommen, zusammen mit drei anderen Menschen. Bei dem riesigen Gebäudekomplex, in dem wir uns jetzt befinden, handelt es sich um eine Zucht- und Mastanlage für über 10.000 Schweine. In unseren Rucksäcken haben wir Kameras, um die Zustände in dieser Anlage zu dokumentieren.

Ich rechne ständig damit, dass hinten am Ende des Ganges jemand um die Ecke biegt. Bei jedem entfernten Geräusch, jeder Veränderung des Lichts schrecke ich zusammen. Aber niemand kommt.

Von dem Hauptgang, in dem wir stehen, gehen mehrere Türen ab. Als ich die erstbeste öffne, schlägt mir ein noch beißenderer Gestank entgegen, der in meiner Nase brennt. Es ist dunkel. Ich höre das Rumpeln von Gittern und lautes Grunzen. Mit der Taschenlampe leuchte ich hinein: An dem langen Seitengang liegen dutzende Stallabteile mit Schweinen nebeneinander, ich kann das Ende gar nicht sehen. Wir treten ein und schauen uns um.

In der ersten Bucht von einigen Quadratmetern sind etwa zwanzig Tiere, noch Ferkel, sie gehen uns nur bis zum Schienbein und mustern uns neugierig. Ihre Augen leuchten im Schein der Taschenlampe. Der Boden, auf dem sie stehen, ist kotverschmiert, die hintere Wand und die seitliche Abtrennung zum nächsten Abteil ebenfalls. Auch die Ferkel selbst haben Kot an Beinen und Bäuchen. Von der Decke hängt eine Eisenkette mit einem Plastikgegenstand.

Nach und nach fallen mir mehrere Schweine auf, die offensichtlich nicht gesund sind: Eines hat eine Ausbeulung unten am Bauch, so groß wie eine Grapefruit. Ein Nabelbruch, erklärt mir Lena, die neben mir vor der Bucht steht. Alle Ferkel haben keine Ringelschwänze, sondern nur kurze Stummel. Bei einem Tier fehlt der Schwanz fast ganz, stattdessen ist dort eine blutverschmierte Wunde. Andere Ferkel haben daran herumgefressen. Lena bleibt cool und macht Fotos von den Verletzungen.

Obwohl ich vorher schon Bilder und Videos aus dem Inneren von Schweinemastanlagen gesehen habe, ist der direkte Anblick für mich neu. Die Beule und die Wunde sind unangenehm anzuschauen, ich fühle einen leichten Ekel. Meine Nervosität lässt langsam nach. Ich müsste eigentlich Mitleid mit den Ferkeln haben, stattdessen stellt sich aber ein anderer Eindruck ein, den ich nicht erwartet hatte: Die ganze Situation kommt mir irgendwie unwirklich vor.

Wir haben junge Säugetiere vor uns – Ferkel, die erst einige Wochen alt sind. Solche Tiere rennen eigentlich gern herum, spielen und necken sich gegenseitig. In dem Alter erkunden sie die Welt um sich herum, lernen neue Fähigkeiten und Verhaltensweisen. Unter anderen Bedingungen würden sie ihre Zeit damit verbringen, im Boden zu wühlen, um Wurzeln und Schnecken zu finden. Sie würden mit ihrer feinen Nase an verschiedenen Pflanzen schnuppern und Gras, Klee und andere Pflanzen fressen. Sie würden sich in Pfützen und Teichen suhlen, um sich abzukühlen.

Für die Ferkel in der Bucht vor uns besteht die ganze Welt aber nur aus diesen paar Quadratmetern kotverschmiertem Boden, begrenzt von kotverschmierten Wänden. Dort können sie den Futterbrei fressen, auf dem Plastikding an der Kette herumkauen oder die Schwänze und Ohren ihrer Artgenossen anknabbern – sonst nichts.

Das ist nicht nur eine Phase in ihrem Leben. Die Anlage, in der wir uns befinden, mästet die Ferkel bis zu ihrem »Schlachtalter«. Wenn sie etwas größer sind, werden sie innerhalb des Betriebs umgestallt. Sie bleiben aber in Buchten von ein paar Quadratmetern, auf Spaltenboden. Sie werden nie über eine Wiese oder durch einen Wald laufen, nie Sonne oder Regen auf der Haut spüren. Diese Ferkel werden ihr ganzes Leben in dieser grauen, stinkenden Fabrik verbringen.

Als ich die Tiere anschaue, sehe ich dieses Leben vor mir. Und ich kann in dem Moment gar nicht richtig verstehen, dass es so etwas wie diese Mastanlage überhaupt gibt. Es fühlt sich an wie ein Irrtum, wie ein Fehler in der Wirklichkeit. Ich kann nicht begreifen, wie jemand so etwas erfinden konnte, wie jemand es bauen konnte – und wie wir alle es zulassen konnten.

Skandale und Normalität

Das Team, mit dem ich in jener Nacht heimlich unterwegs war, schickte später die aufgenommenen Fotos und Videos an die Tierrechtsorganisation Animal Rights Watch (ARIWA). Das ist eine von mehreren Organisationen, die seit vielen Jahren regelmäßig derartiges Recherchematerial veröffentlichen und so immer wieder schlimme Zustände in Ställen und Schlachthöfen ans Licht bringen. Das größte Medienecho finden dabei die besonders skandalösen Entdeckungen – hier sind einige Beispiele von vielen:

- 2014: Aufnahmen von versteckten Kameras aus acht Schweinezuchtbetrieben zeigen, dass zu kleine oder überzählige Ferkel brutal erschlagen werden: Sie werden an den Beinen gepackt und mit dem Kopf auf den Boden oder die Boxenwände geschlagen. Auf den Videos sieht man auch, dass einige Ferkel überleben und sich im Kadavereimer noch bewegen.[1]
- 2015–2016: Bilder aus mehreren Puten- und Schweineställen belegen Tierschutzverstöße ausgerechnet in Betrieben von hochrangigen Bauernverbandsvertretern: Verletzte Schweine mit vereiterten Augen, Puten mit riesigen offenen Wunden, die sie sich gegenseitig zugefügt haben.[2]
- 2017: Filmaufnahmen aus Schlachthöfen in Bayern und Nordrhein-Westfalen zeigen, dass bei den Tieren die Betäubung regelmäßig scheitert und sie minutenlang schlimmste Qualen ausstehen. Man sieht, wie Rinder mehrfach mit Elektroschockern malträtiert werden und wie Schweine nach der Schlachtung im heißen Brühbad wieder aufwachen und qualvoll ertrinken.[3]
- 2018: Undercover-Ermittler*innen dokumentieren in einer Brüterei bei München, dass gesunde Küken, männliche wie weibliche, massenhaft getötet werden. Auch wird zahlreichen Küken der empfindliche Schnabel gekürzt.[4]
- 2019: Video-Aufnahmen von einem der größten Milchbetriebe in Bayern zeigen verheerende Zustände und erschreckende Gewalt: Kühe werden geprügelt, am Traktor herumgeschleift, bei Krankheiten nicht versorgt und qualvoll sterben gelassen.[5]
- 2020: Aktivist*innen zeigen das Innere von Bio-Eierbetrieben: Tausende Hennen hocken auf Metallgittern, viele haben kahle Stellen oder sind ganz federlos – die Vorstellung von Biohaltung als Idylle auf grünen Wiesen erweist sich als Illusion. Ein großer Teil der Bio-Eier kommt in Wahrheit aus leidvoller Massenproduktion.[6]
- 2021: Versteckte Kameras filmen das Verladen von Puten für den Transport zum Schlachthof bei einem der größten Putenhalter

Deutschlands. Die Aufnahmen zeigen, wie zahlreiche Tiere brutal getreten und in den LKW geworfen werden. Arbeiter reißen Puten Schwanzfedern aus und durchtrennen anderen den Hals mit einem Bolzenschneider. Schwer verletzt werden die Tiere einem minutenlangen Todeskampf überlassen.[7]

- 2022: Auf Bildern aus familiengeführten Eierbetrieben sieht man Hennen mit eitertriefenden Kloaken sowie kranke und sterbende Tiere, die von Artgenossen bepickt werden.[8]

Wenn solche Skandale aufgedeckt werden, zeigen sich die jeweiligen Tierhalter*innen ebenso wie Lobbyverbände wie der Bauernverband üblicherweise schockiert. Häufig schieben sie die Schuld auf einzelne Angestellte, die für die Arbeit in den Ställen zuständig waren. Sie sprechen von vorübergehenden Ausnahmen, Einzelfällen und »schwarzen Schafen«, die nicht repräsentativ für den Umgang mit Tieren in ihrem Betrieb bzw. in der Branche seien.

Selbst wenn die dokumentierten Zustände tatsächlich Ausnahmen wären, müsste man fragen: Wie kann ein System existieren, das solche grauenhaften Vorfälle überhaupt hervorbringt? Es herrscht ein breiter Konsens in unserer Gesellschaft, dass Tierquälerei nicht akzeptabel ist. Jedes einzelne leidende Tier ist eines zu viel. Eine Branche, die jedes Jahr aufs Neue solche Skandale produziert, hat offensichtlich ein Problem.

Tatsächlich handelt es sich aber bei dem, was in den Medien als Skandal auftaucht, meist eben nicht um Ausnahmen. Dass Ferkel leidvoll erschlagen werden, hat Animal Rights Watch bis zum Jahr 2022 schon in 17 Schweinezuchtanlagen nachgewiesen. Furchtbare Grausamkeit an Schlachthöfen wird immer und immer wieder aufgedeckt, sobald dort Undercover-Aufnahmen gemacht werden. Und dass viele Schweine in Mastbetrieben schwere Krankheiten und Verletzungen haben, die nicht angemessen behandelt werden, bestätigen auch Studien.

Die Tierärztin Elisabeth Große Beilage von der Tierärztlichen Hochschule Hannover hat im Jahr 2017 hunderte tote Schweine untersucht, die während der Mast gestorben und an Tierkörperverwertungsbetriebe geliefert worden waren. Sie hat festgestellt, dass 13 Prozent dieser Schweine vor ihrem Tod länger anhaltende erhebliche Schmerzen oder Leiden ausgestanden haben müssen – sie hatten zum Beispiel tiefgehende Bissverletzungen mit chronischen Entzündungen oder waren extrem abgemagert.

Genau wie das Erschlagen von Ferkeln ist auch diese Vernachlässigung ein klarer Verstoß gegen das Tierschutzgesetz, kommt aber offenbar regelmäßig vor. Hochgerechnet auf Deutschland ergibt sich, dass pro Tag bis zu 1.200 Schweine unter derartigen Qualen in den Mast- und Zuchtanlagen sterben. Die Wissenschaftlerin Große Beilage schreibt in der Studie selbst, dass es sich angesichts der Zahlen nicht um seltene Einzelfälle handelt.[9]

In Putenbetrieben wiederum ist es an der Tagesordnung, dass einige Tiere große Wunden haben, die nicht behandelt werden. Das berichtet mir die Rechercheaktivistin Lena, mit der ich damals zusammen in der Schweinemastanlage war. Sie dokumentiert noch immer regelmäßig in verschiedenen Betrieben die Situation der Tiere. »Bei Puten ist es typisch, dass der Kopf verletzt ist. Das passiert, wenn die Puter, also die männlichen Puten, auf die weiblichen Puten draufspringen, dann halten sie die hinten am Kopf fest, um sie zu besteigen. Dadurch sind die Köpfe ganz blutig und krustig.«

Es sei auch weit verbreitet, dass die Puten sich gegenseitig am Rücken picken. »Dann entsteht so eine riesige verkrustete Wunde, wo keine Federn mehr sind. So etwas passiert nicht an einem Tag, sondern das kommt über die Zeit und wird immer schlimmer.«

Verletzte Tiere müssen laut Gesetz eigentlich von den anderen getrennt und tierärztlich behandelt werden. Das geschieht aber üblicherweise nicht, sagt Lena. »Für das, was eine Pute wert ist, lohnt es sich gar nicht, den Tierarzt zu holen.« Selbst das Separieren in Krankenbuchten sei schwierig, denn der Stall sei so voll, dass man kaum zwischen den Puten durchlaufen könne, um die Verletzten überhaupt zu finden. Sehr häufig würden die Puten einfach unter den anderen liegengelassen, bis sie dort sterben.

Dass schwer verletzte Tiere in Putenställen zum Normalzustand gehören, ist aus Lenas Sicht gar nicht überraschend. »Man kann sich auch vorstellen, dass das passiert, wenn tausende Tiere auf engem Raum miteinander leben. Das ist unfassbare Langeweile den ganzen Tag. Die haben nichts zu tun, keine Reize, keine Eindrücke, nur ihre vollgekotete Einstreu, auf der sie stehen, und die anderen Puten. Da fangen die natürlich an, sich gegenseitig anzupicken. Außerdem gibt es auch Rangkämpfe zwischen männlichen Puten, die geschlechtsreif werden.«

Puten unter solchen Bedingungen zu halten, ist nicht illegal. Zumindest wird es in der Praxis nicht als illegal anerkannt. Es gibt für die

Putenhaltung gar keine spezifischen Vorschriften, wie sie für andere Tierarten existieren – es gilt nur das allgemeine Tierschutzgesetz. Dort steht zwar, dass Tierhalter*innen jedes Tier »seiner Art und seinen Bedürfnissen entsprechend angemessen ernähren, pflegen und verhaltensgerecht unterbringen« müssen – eine Vorgabe, die in der üblichen Putenhaltung eigentlich klarerweise nicht erfüllt ist. Die Veterinärämter beanstanden die Haltung aber nicht. Der Verein Menschen für Tierrechte e.V. versucht schon seit 2015, auf gerichtlichem Weg daran etwas zu ändern – bislang erfolglos.[10]

Für die Schweinehaltung gibt es dagegen detaillierte Vorschriften: Wie viel Platz einem Schwein je nach Gewicht zusteht, wie breit die Spalten im Boden sein dürfen, was als Beschäftigungsmaterial bzw. »Spielzeug« gegeben werden muss, all das ist genau geregelt. Lena sagt, mit ihrem Team finde sie fast in jedem Betrieb Verstöße gegen diese Vorschriften. Die Medien würden sich dafür besonders interessieren und eigentlich nur berichten, wenn sich Gesetzesbrüche nachweisen ließen.

»Aber selbst wenn alle Regeln eingehalten werden, ist die Haltung für die Tiere schrecklich«, meint Lena. »Zum Beispiel das Spielzeug: Das klingt schön, aber unterm Strich ist das oft einfach eine Eisenkette, die von der Decke hängt. Schweine sind sehr intelligent und haben hohe Ansprüche an ihren Bewegungsraum, an ihr Sozialleben – im Vergleich damit ist eine Eisenkette, die da herumbaumelt, ein völliger Witz.«

Das Schlimmste sei für sie oft die Atmosphäre in den Ställen, sagt Lena. »Es ist so stickig, dass man kaum atmen kann, es stinkt, es ist total heiß und super laut. Ich habe immer das Gefühl, die Atmosphäre würde mich erdrücken.«

Lena beschreibt mir das Innere von typischen Schweinemastanlagen, wie ich sie auch gesehen habe: »Die Schweine leben ständig über ihrem eigenen Güllegestank. Dabei sind das total reinliche Tiere. Die Buchten sind so klein, dass sie ihren eigenen Exkrementen nicht ausweichen können. Die liegen da also praktisch drin. Soweit ist das regelkonform, es ist alles nach Vorschrift. Aber es ist einfach die Hölle auf Erden für die Tiere.«

Auch bei der Haltung von Hühnern sind schon die ganz normalen Bedingungen, nicht erst die brutalen Ausnahmen, grauenhaft. In Hühnermastanlagen sind typischerweise 10.000 bis 50.000 Tiere zusammengesperrt, erlaubt sind 22 bis zu 26 Hühner pro Quadratmeter. Schon nach vier bis sechs Wochen erreichen die Hühner ihr »Schlachtgewicht«.

Das schnelle Wachstum führt oft zu Beinproblemen und Stoffwechsel-Erkrankungen. Gegen Ende der Mast bewegen sich die schweren Hühner kaum noch, sondern liegen auf dem vollgekoteten Boden, wo ihr Gefieder verschmutzt und sie Hautentzündungen bekommen. Es ist »normal«, dass drei bis vier Prozent der Hühner während der Mast sterben.[11] Das klingt vielleicht wenig, aber weil über 600 Millionen Hühner in Deutschland jedes Jahr gemästet werden, bedeutet das: An einem einzigen Tag sterben über 50.000 Hühner in deutschen Mastanlagen, ohne Hilfe und qualvoll.

Was die Eierwirtschaft angeht, soll an dieser Stelle eine Zahl genügen, die selbst mich sehr erschreckt hat, obwohl ich mich schon seit Jahren mit der Situation der Tiere in der Nutztierhaltung beschäftige: Etwa 85 Prozent aller »Legehühner« brechen sich während ihres Lebens mindestens einmal das Brustbein. Der Grund ist wahrscheinlich, dass die Hühner darauf gezüchtet sind, große und viele Eier zu legen.[12] Die Brüche sind natürlich schmerzhaft und sie verursachen oft sogar chronische Schmerzen.[13]

Die Milchwirtschaft und generell die Haltung von Rindern können nach außen hin weniger brutal wirken als die anderen Tiernutzungsformen – weil viele Ställe offene Seiten haben und man immer noch hier und da Rinder auf grünen Wiesen sieht. Aber das Bild trügt. Deutschlandweit kommen nur knapp 31 Prozent der sogenannten Milchkühe im Sommer auf eine Weide.[14]

Auch die Kühe sind so gezüchtet, dass ihre eigene Gesundheit Schaden nimmt, die Haltung und der Fokus auf eine hohe »Milchleistung« führen ebenfalls zu Krankheiten. Verschiedene Studien zeigen, dass viele Kühe in Deutschland unter Euterentzündungen, Lahmheiten und Stoffwechselproblemen leiden. Laut einer großen Untersuchung von 2020, die in verschiedenen Bundesländern durchgeführt wurde, lahmen je nach Region 22 bis fast 40 Prozent aller Kühe. Nur etwa ein Drittel der untersuchten Kühe hatte keine Veränderungen an den Sprunggelenken. Obwohl Rinder bis zu 20 Jahre alt werden können, erreichen die »Milchkühe« in Deutschland im Schnitt nur ein Alter von weniger als fünf Jahren – sie werden geschlachtet, weil sie krank oder unfruchtbar sind.[15]

Zur Normalität in der Milchwirtschaft gehört außerdem, dass den Kühen ihre Kälber direkt nach der Geburt weggenommen werden. Die ersten Wochen ihres Lebens verbringen die Kälber üblicherweise in Einzelboxen. Männliche Kälber werden gemästet, häufig sind sie ihr Leben lang in engen Gruppenbuchten auf Spaltenboden eingesperrt.

Schließlich enden praktisch alle sogenannten »Nutztiere«, sofern sie nicht vorher sterben, im Schlachthof. Der Zweck dieses Ortes besteht darin, fühlende Lebewesen in verpackte Waren zu verwandeln. In großen Hühnerschlachthöfen sterben über 200.000 Tiere pro Tag. Auch viele Schweine- und Rinderschlachthöfe verarbeiten tausende bis zehntausende Tiere an einem Arbeitstag. Immer herrscht Zeitdruck, das Schlachtband darf nicht ins Stocken geraten. Ich finde es offensichtlich, dass es unter diesen Bedingungen jeden Tag zu krassem Leid und Schmerzen kommt. Die Brutalitäten, die in Undercover-Recherchen regelmäßig aufgedeckt werden, sind also in Wahrheit nur die Spitze des Eisbergs.

Die Psychologie der Gewalt gegen Tiere

Wenn sie in den Medien sehen, wie in der Tierindustrie mit Tieren umgegangen wird, ist eine Schlussfolgerung für viele Menschen schnell zur Hand: Tierhalter*innen und Schlachthof-Angestellte müssen entweder sadistisch veranlagt oder seelisch völlig abgestumpft sein. Ihnen muss ein moralischer Kompass ebenso fehlen wie jedes Mitgefühl mit anderen Lebewesen – kurz, ihr Charakter oder ihre psychische Verfassung muss sich komplett von uns und unseren Freund*innen unterscheiden. Aber tatsächlich ist das ein gefährlicher Irrtum. Die Menschen, die in dieser Gesellschaft so massive Gewalt gegen Tiere ausüben, sind in den meisten Fällen ganz normale, nette Leute.

Ich war vor einigen Jahren auf Einladung einer Bauernfamilie in einem Tierhaltungsbetrieb in Schleswig-Holstein. Die jungen Betriebsleiter führten mich zu den Kastenständen, in denen Dutzende Muttersauen eingesperrt waren, gingen mit mir an den Mastbuchten für die jungen Ferkel vorbei und zeigten mir auch die Kälber, die jeweils alleine in einem winzigen abgezäunten Bereich an Plastiknuckeln saugten. Alles war vergleichsweise sauber, die Schweine hatten keine schlimmen Verletzungen und in den Ställen stank es zwar nach Gülle, aber der Gestank war auszuhalten. Trotzdem fand ich den Anblick der eingesperrten Tiere extrem bedrückend. Die Sauen konnten sich noch nicht einmal um die eigene Achse drehen. Für die jungen Ferkel gab es in den kleinen

Buchten mit hartem Boden nichts zu tun – es gab kein Sonnenlicht, keinen Regen, keine Wiese, keine Erde, keine Pflanzen. Keinen Platz, um mehr als ein paar Schritte zu machen, geschweige denn ein Stück zu laufen. Und beim Anblick der Kälber musste ich unweigerlich daran denken, dass Säugetierbabys zu ihren Müttern gehören.

Für die beiden Tierhalter, zwei Brüder von vielleicht Mitte zwanzig, war das alles völlig in Ordnung. Auch ein paar andere junge Landwirt*innen, die bei dem Besuch dabei waren, sahen kein Problem. Es handelte sich um einen gut geführten Betrieb und alles entsprach den Vorschriften. Die Ferkel fraßen und wuchsen vermutlich gut und nahmen pro Tag mehrere hundert Gramm zu. Diese »Tageszunahmen« sind eine der entscheidenden Messgrößen in der Branche und für die Wirtschaftlichkeit des Betriebs zentral. Die anderen Landwirt*innen wussten auch, was zur Schweine- und Rinderhaltung noch dazu gehört, was bei unserem Besuch gar nicht zu sehen war: Die Kastration der Ferkel, die damals noch ganz ohne Betäubung stattfinden durfte. Das Abschneiden der Ringelschwänze. Das Ausbrennen der Hörner bei den Kälbern mit einem Brenneisen direkt am Kopf. Der Abtransport der Schweine, Kälber und »ausgedienten« Milchkühe zum Schlachthof.

Ich habe den Tierhaltern natürlich Fragen gestellt: Denkt ihr nicht, dass die Sauen darunter leiden, so eingesperrt zu sein? Dass es zu den Bedürfnissen von Ferkeln gehört, im Boden zu wühlen und die Welt zu erkunden? Oder dass die Kälber ihre Mütter vermissen?

Die Antworten, die die beiden mir gaben, veranschaulichen gut die inneren Strategien, die nötig sind, um einen solchen Beruf überhaupt ausführen zu können. Es sei für die Sauen gar nicht schlimm, im Kastenstand zu stehen, da hätten sie ihre Ruhe vor den anderen Sauen. Auch den Ferkeln ginge es gut. Zwar wäre es womöglich interessanter, draußen herumzulaufen, aber dabei würden sie sich leicht Krankheiten einfangen. Außerdem sei es teurer und die Konsumenten verlangten nach günstigem Fleisch. Die Tiere seien nur zu diesem Zweck auf der Welt. Wenn sie in der freien Natur leben würden wie Wildschweine, wären sie Hunger und Raubtieren ausgesetzt und würden mehr leiden. Zu sagen, dass die Kälber ihre Mutter vermissen, sei eine Vermenschlichung. Da sie ihre Mutter nie kennengelernt hätten, würde ihnen auch nichts fehlen. Und die Einzelhaltung schütze sie vor Infektionen. Wenn die Tiere zum Schlachthof müssen, sei es natürlich sehr wichtig, dass die Tierschutzvorschriften dort auch eingehalten werden. Tierquälerei sei komplett inakzeptabel und wo sie stattfinde, müsse sie sofort abgestellt werden.

Die psychologische Forschung hat mehrere Strategien der »moralischen Abkopplung« beschrieben, von denen ich glaube, dass sie auch hier am Werke sind.[16] Die Strategien erlauben es Menschen, Dinge zu tun, die eigentlich ihren eigenen moralischen Grundsätzen widersprechen, aber dabei trotzdem ein positives Selbstbild zu bewahren. Zum Beispiel indem sie die Verantwortung für ihr Handeln anderen zuschreiben: Die Tierhalter, bei denen ich war, verwiesen auf die Konsument*innen, die das günstige Fleisch nachfragen. Zwar ist der Konsum natürlich Teil des Problems. Aber zugleich können die Konsument*innen auch nur kaufen, was produziert und angeboten wird.

Die Tierhalter versuchten außerdem einzelne Umgangsweisen damit zu rechtfertigen, dass sie schlimmeres Leid durch Infektionen verhindern sollen. Sie beschönigten die Situation der Tiere und hoben positive Aspekte hervor (die Sau hat ihre Ruhe), während die negativen (sie kann sich nicht bewegen) ausgeblendet wurden. Sie versuchten das Leid der Tiere zu relativieren, indem sie auf die Leiden von wildlebenden Artgenossen verwiesen. Sie zogen eine klare Grenze zwischen Menschen und Tieren und sprachen den Tieren bestimmte Bedürfnisse ab. Mit einem sehr technischen, produktionsorientierten Blick verdinglichten und entindividualisierten sie die Tiere – statt auf die Situation einzelner Ferkel einzugehen, fokussierten sie sich auf Größen wie durchschnittliche Tageszunahmen oder Krankheitsraten. Zugleich grenzten sie dabei sich selbst und ihre Praxis ab von anderen, aus ihrer Sicht inakzeptablen Umgangsweisen.

Diese Abgrenzung habe ich auch in anderen Kontexten immer wieder erlebt. Im Januar 2020 habe ich einen Workshop zu Tierethik bei einer Tagung in Berlin gegeben, zur der viele Menschen aus Landwirtschaft und Tierhaltung gekommen waren. Zum Einstieg fragte ich die Teilnehmenden, was sie von Gänsestopfleber halten – für diese »Delikatesse« schiebt man Gänsen mehrmals am Tag ein Rohr in die Speiseröhre und pumpt ihnen Mastfutter direkt in den Magen, damit sie eine sogenannte Fettleber entwickeln. Der Vorgang ist extrem unangenehm und führt oft zu Verletzungen. Die Herstellung ist in Deutschland verboten, der Import aber erlaubt.

Die deutschen Tierhalter*innen in meinem Workshop waren sich einig: Stopfleber ist Tierquälerei. Gänsen solches Leid zuzufügen, nur weil das Endprodukt gut schmecken soll, sei ethisch klar verwerflich. Dass die »normale« Nutztierhaltung aber ebenfalls schlimmes Leid verursacht und sich dabei letztlich sehr ähnliche ethische Probleme stellen, wollten die Menschen in meinem Workshop nicht anerkennen.

Andere Strategien wie die, Tiere zu verdinglichen und zu entindividualisieren, prägen die gesamte Agrarbranche. Das sieht man zum Beispiel, wenn man sich Lehrbücher oder Agrarzeitschriften ansieht. Im Buch »Schweinemast«, das sich an Schweinemäster*innen und Studierende richtet, sind von über 150 Seiten nur acht Seiten, das letzte Kapitel, dem Verhalten von Schweinen gewidmet, während es zuvor ausführlich um den Markt für Schlachtschweine, die Bewertung von Schlachtkörpern, Stallbau und Technik, die Fütterung sowie um die Wirtschaftlichkeit der Schweinemast geht. Auch im Verhaltenskapitel wird nur das Verhalten beschrieben, das die Tiere unter konventionellen Mastbedingungen zeigen, und bei den Verhaltensstörungen kommen nur die vor, die zu Verletzungen führen wie das Schwanz- und Ohrenbeißen – denn diese können auch wirtschaftlich relevant werden. Die Verhaltensstörungen des Leerkauens und des Hin-und-her-Wiegens des Kopfes, die Sauen in Kastenständen oft zeigen, werden dagegen nicht thematisiert.[17]

Oder werfen wir einen Blick in die Zeitschrift »Elite – Magazin für Milcherzeuger«. Ein typischer Artikel dort trägt die Überschrift »Wann muss die Abgangskuh gehen?«. Der Artikel behandelt die Frage, wann Kühe in einem Milchbetrieb zum Schlachten verkauft werden sollten, unter rein wirtschaftlichen Gesichtspunkten. Relevante Überlegungen dabei sind zum Beispiel: »Bei welcher Kuh rechnet es sich, sie dick zu füttern und wie lange? Welche Kuh sollte zeitnah gegen eine Färse [Jungkuh] ausgetauscht werden?«

Schon die Begriffe, mit denen in der Nutztierhaltung hantiert wird, zeigen den vorherrschenden Blick auf Tiere: Da gibt es »Masthühner«, »Legehennen«, »Milchkühe« und »Mastschweine«. So scheint es so, als würde ihr Nutzungszweck zu ihrem Wesen gehören. Der Ort, wo die »Zuchtsauen« in Kastenständen bewegungsunfähig nebeneinander stehen, heißt »Deckzentrum«. Diesen Sauen mit einer Kanüle Sperma einzuführen, heißt »Belegen«. Ihnen später die wenige Wochen alten Ferkel wegzunehmen heißt »Absetzen«. Den Ferkeln wiederum den Ringelschwanz abzuschneiden heißt »Kupieren«. Von allen diesen eigentlich höchst brutalen Eingriffen wird in Lehrbüchern und Agrarzeitschriften mit großer Selbstverständlichkeit gesprochen. Sie alle erscheinen innerhalb einer Nutzung von Tieren, die wirtschaftlich funktionieren muss, als unvermeidbar.

Auf diese Weise wird eine Normalität geschaffen, in der Gewalt gegen Tiere routinehaft ausgeübt und nicht hinterfragt wird. Menschen, die eine landwirtschaftliche Ausbildung oder ein agrarwissenschaftliches Studium absolvieren, wachsen automatisch in diese Normalität hinein. Sie brauchen dafür keine speziellen Charakterzüge.

Tatsächlich wurde in psychologischen Experimenten immer wieder belegt, dass »ganz normale Leute« ziemlich leicht dazu zu bringen sind, physische Gewalt einzusetzen – in diesen Studien handelte es sich um Gewalt gegen Menschen. Im berühmt-berüchtigten Milgram-Experiment beispielsweise fordert ein Versuchsleiter die nichtsahnenden Proband*innen auf, einer anderen Person Stromstöße zu versetzen, wenn diese auf Testfragen nicht richtig antwortet. Je stärker die Stromstöße werden, desto mehr Schmerz und Verzweiflung zeigt das Opfer. Dass es sich dabei um einen Schauspieler handelt und in Wirklichkeit kein Strom fließt, wissen die Proband*innen nicht. Das Experiment wurde vielfach wiederholt und immer wieder stellte sich heraus, dass eine überwältigende Mehrheit von zufällig ausgewählten Menschen dazu bereit waren, einem Unschuldigen extrem schmerzhafte Stromstöße zu versetzen, nur weil sie von einer vermeintlichen Autoritätsperson dazu aufgefordert wurden.

Viele weitere Untersuchungen zeigen, dass es für Menschen sehr wichtig ist, in Konformität mit ihrer jeweiligen Gruppe zu handeln und zu tun, was von ihnen erwartet wird. Wenn Menschen dauerhaft in gewalttätige Praktiken involviert sind, finden sie Wege, sich von ihrer Tätigkeit emotional zu entkoppeln und sie zugleich rational vor sich und anderen zu rechtfertigen. Auf solchen Grundlagen basiert letztlich auch das gewalttätige System der aktuellen Nutztierhaltung.[18]

Daraus folgt nicht, dass Tierhalter*innen oder Schlachthof-Angestellte niemals Zweifel haben oder dass sie keine inneren Konflikte austragen. Tatsächlich ist das wohl häufiger der Fall, als man vielleicht zunächst denken würde – so berichten Insider zum Beispiel, dass viele der Menschen, die am Schlachthof direkt mit den Tieren umgehen, zu Alkohol greifen, um die Arbeit auszuhalten.

In der Außendarstellung der Branche haben solche Zweifel freilich keinen Platz. Im Gegenteil, die Lobbyverbände der Tierindustrie geben sich alle Mühe, die Normalität des aktuellen Umgangs mit Tieren zu verteidigen. Ich habe mich vor einigen Jahren genauer mit den Marketing-Strategien von Interessenverbänden wie dem Bauernverband und dem Geflügelwirtschaftsverband beschäftigt. Beschönigung gehört dabei ebenso zum Tagesgeschäft wie die Verdinglichung von Tieren oder der Versuch, die aktuellen Praktiken als notwendig und unvermeidbar darzustellen.[19]

Für die Tierindustrie ist es überlebenswichtig, die zunehmende Kritik aus der Gesellschaft irgendwie in Schach zu halten – nicht nur, damit die Politik sie weiterhin unterstützt, sondern natürlich auch, damit die Menschen weiter Fleisch, Milch und Eier kaufen und essen. Die Gefahr ist real: Seit einigen Jahren sinkt der Fleischkonsum leicht ab und pflanzliche Alternativen werden immer erfolgreicher. Aber trotzdem war der Anteil der vegan lebenden Menschen an der Bevölkerung im Jahr 2021 nur bei zwei Prozent.[20] Noch halten die meisten Leute das ganze gewalttätige System mit am Laufen – und das verlangt von ihnen einen ganz ähnlichen inneren Spagat, wie ihn diejenigen vollziehen, die direkt in die Aufzucht, Haltung und Tötung der Tiere involviert sind.

Das Fleischparadox, der Karnismus und die Biotierhaltung

Niemand kann heute mehr behaupten nicht zu wissen, wie schlimm es in vielen Mastanlagen und Schlachthöfen zugeht. Die Bilder aus Undercover-Recherchen sind immer wieder im Fernsehen zu sehen, Zeitungen berichten regelmäßig über neue Skandale und seit Jahren tobt eine öffentliche Diskussion über den Umgang mit Tieren. Wie ist es möglich, dass so viele Menschen trotz alledem weiterhin Fleisch und andere Tierprodukte konsumieren?

Die psychologische Forschung spricht hier von einem »Fleischparadox«.[21] Denn die meisten Menschen möchten nicht, dass Tiere leiden – sie konsumieren aber dennoch tierische Produkte. Dieser Widerspruch führt zu einem moralischen Konflikt oder einer »kognitiven Dissonanz«. Der Begriff bezeichnet einen unangenehmen inneren Spannungszustand, der darauf beruht, dass die eigenen Werte nicht mit dem eigenen Verhalten übereinstimmen. Auflösen ließe sich der Konflikt entweder dadurch, dass man die eigenen Werte ändert – d. h. Tierleid nicht mehr problematisch findet – oder dadurch, dass man die eigene Lebensführung, also zunächst die Ernährung, stark umstellt. Letzteres ziehen viele Menschen aber gar nicht erst ernsthaft in Betracht: Sie sind seit der Kindheit an Wurst, Schnitzel, Käse und Rührei gewöhnt, Tierprodukte gehören zu ihrem Alltag, sie mögen den Geschmack und verbinden damit häufig positive Erlebnisse und Gefühle wie das Grillfest mit der Familie.

Auch die kulturelle und soziale Bedeutung gerade von Fleisch ist nicht zu unterschätzen: Es steht noch immer für Wohlstand, Stärke und überdies für Männlichkeit. Männer essen nicht nur im Durchschnitt fast doppelt so viel Fleisch wie Frauen.[22] Für viele gehört es zu ihrer Identität – eine Idee, die in der Werbung für Fleischprodukte gerne bedient und verstärkt wird. So hat eine Analyse von Greenpeace im Jahr 2021 ergeben, dass Fleischfirmen in ganz Europa die Botschaft »Echte Männer essen Fleisch« im Marketing einsetzen; einige stellen darüber hinaus Vegetarismus als schwach oder weiblich dar.[23] Auch solche Zusammenhänge machen verständlich, warum viele Menschen heute eine Abkehr vom Tierkonsum kaum ernsthaft erwägen.

So bleibt aber die kognitive Dissonanz zwischen Werten und Verhalten bestehen. Es braucht daher Mechanismen, mit diesem inneren Konflikt umzugehen. Eine naheliegende Strategie besteht darin, den Konflikt einfach auszublenden: Die Tierhaltung ist heute schon so organisiert, dass die meisten Menschen die Schweine oder Hühner, die sie essen, nie zu Gesicht bekommen. Und viele Tierprodukte erinnern kaum noch an die lebenden Tiere. So lässt sich leicht ignorieren, wie Wurst und Käse eigentlich entstehen.

Was mit Tieren passiert, erscheint außerdem weniger schlimm, wenn man die Opfer als weniger intelligent und empfindsam ansieht. Studien zeigen: Menschen, die Fleisch essen, neigen dazu, die kognitiven Fähigkeiten der klassischen »Nutztiere« zu unterschätzen – und sie wollen das offenbar auch nicht ändern: Je wichtiger einer Person das Fleischessen ist, desto eher geht sie Informationen über die Empfindungsfähigkeit und Intelligenz der Tiere aus dem Weg.[24]

Umgekehrt sinkt die Bereitschaft, ein Tier zu essen, wenn der Fokus auf den psychologischen Eigenschaften wie Intelligenz oder Persönlichkeit liegt. Das Fleischessen hat sogar direkte Effekte auf die Einstellung in dem Moment des Essens: In einer Studie sollten die Teilnehmenden Fragen über Rinder beantworten. Dabei wurden einem Teil von ihnen Erdnüsse, den anderen getrocknetes Rindfleisch serviert. Das Ergebnis: Diejenigen, die das Fleisch aßen, schätzten die Leidensfähigkeit von

Rindern und ihre moralische Bedeutung geringer ein als diejenigen, die Erdnüsse bekommen hatten.[25]

Ich führe regelmäßig Projekttage mit Schulklassen zum Thema »Tiere in der Landwirtschaft« durch. Dort erlebe ich, wie viele Kinder die Fähigkeiten der Tiere unterschätzen, die sie gelernt haben zu essen: Sie sind überrascht, wenn sie erfahren, dass Schweine in etwa so intelligent und sozial sind wie Hunde und sogar noch neugieriger. Ihnen war vorher nicht bewusst, dass Schweine gern spielen, herumrennen, im Boden wühlen oder individuelle Beziehungen zu anderen Tieren pflegen. Wenn man diese Eigenschaften nicht kennt oder ausblendet, erscheint es viel weniger problematisch, Schweine einzusperren und zu mästen, bis sie schwer genug zum Schlachten sind. Die Verdinglichung der Tiere passiert also nicht nur in der Tierhaltungsbranche selbst, sondern durchzieht unsere gesamte Gesellschaft.

Die Sozialpsychologin Melanie Joy hat weitere Mechanismen herausgearbeitet, mit denen Menschen versuchen, den moralischen Konflikt zwischen ihren Werten und ihrem Verhalten zu entschärfen. Dabei handele es sich letztlich um »psychische Betäubung« schreibt Joy in ihrem Buch »Warum wir Hunde lieben, Schweine essen und Kühe anziehen«. Gerade weil wir alle eigentlich Mitgefühl mit Tieren verspüren und nicht für unnötiges Leid verantwortlich sein wollen, ginge es darum zu verstehen, »wie wir lernen, nicht mehr zu fühlen«. Wir werden in dieser Gesellschaft nicht nur dazu gebracht, Tierleid auszublenden und zu verharmlosen, sagt Joy. Zusätzlich üben wir auch eine Reihe von Glaubenssätzen ein, die zur Absicherung des Tierkonsums dienen. Sie sind Teil einer ganzen Ideologie, also eines Überzeugungssystems, das uns laut Joy von Kind auf darauf konditioniert, Tiere und ihre Produkte zu essen – und das auf diese Weise das gewalttätige System der Tierindustrie am Laufen hält. Joy hat dafür einen neuen Begriff geprägt: »Karnismus«.

Als Teil dieser Ideologie identifiziert Melanie Joy die »drei Ns der Rechtfertigung«: Fleischessen sei normal, natürlich und notwendig. Die erste Behauptung, dass Fleischessen normal sei, ist dabei sogar wahr: Nicht nur essen die meisten Menschen in unserer Gesellschaft Fleisch. Tierprodukte sind auch in vielen Bereichen des Lebens allgegenwärtig – sie werden in Supermärkten und Restaurants angeboten, auf Plakaten und in Magazinen beworben, bei Kochshows im Fernsehen zubereitet und in zahllosen Filmen und Büchern selbstverständlich verzehrt. Menschen richten sich als soziale Wesen automatisch danach, wie andere

Menschen handeln. Wir gehen also intuitiv davon aus, dass etwas, das so viele Menschen um uns herum täglich tun, nicht falsch sein kann.

Weil Tierkonsum so normal ist, erfordert es überhaupt erst ein bewusstes Innehalten, um die eigene Ernährung auf den Prüfstand zu stellen. Und es ist nicht leicht anzuerkennen, dass die etablierte Normalität um uns herum auf millionenfachem schlimmstem Leid beruht (und zudem den Planeten zerstört). Wenn diese Normalität dennoch verteidigt werden soll, kommen die beiden anderen Ns ins Spiel: Natürlichkeit und Notwendigkeit.

Wenn es irgendwie von Natur aus vorgegeben wäre, dass wir Tiere nutzen und töten, dann läge es praktisch gar nicht in unserer Verantwortung, was wir essen. Wie wenig an diesem Argument dran ist, erkläre ich etwas später in diesem Kapitel. Auch die Idee, dass wir Tierprodukte brauchen, um gesund zu leben, ist zwar noch recht weit verbreitet, lässt sich aber nicht halten. Nicht nur die Planetary Health Diet erkennt explizit an, dass eine vegane Ernährung gesund sein kann; auch große ernährungswissenschaftliche Gesellschaften wie die amerikanische Academy of Nutrition and Dietetics stellen klar, dass eine gut geplante vegane Ernährung für alle Lebensphasen geeignet ist.[26]

Wahrscheinlich weil heutzutage immer mehr Menschen wissen, dass eine vegane Ernährung möglich ist und sogar gesundheitsförderlich sein kann, kommt eine weitere Verteidigungsstrategie immer öfter zum Einsatz: »Ich esse schon ganz wenig Fleisch und nur wenn ich weiß, wo es herkommt.« Das ist nicht nur die Antwort, die Aktivist*innen oft bekommen, wenn sie an Straßenständen für Veganismus werben. Ich denke auch, dass viele Menschen es mit diesem Glaubenssatz schaffen, ihr eigenes Verhalten so wahrzunehmen, dass es zu ihren Werten passt. Sie denken zum Beispiel: Zwar leiden Tiere für den allgemeinen Fleischkonsum und das ist schlimm, aber es betrifft nur das schreckliche Billigfleisch, das ich aus Prinzip nicht kaufe.

Ich weiß ehrlich gesagt gar nicht, was eigentlich mit »Billigfleisch« gemeint ist. In Deutschland leben 98 Prozent aller Schweine unter praktisch denselben Bedingungen. Sie haben abgeschnittene Schwänze und verbringen ihre gesamte Lebenszeit auf wenigen Quadratmetern Spaltenboden.[27] Ob man abgepackte Wurst im Kühlregal, Schnitzel an der Frischetheke oder Braten beim Metzger kauft, macht da keinen Unterschied. Dass höherpreisige Produkte weniger Tierleid bedeuten, ist ein Mythos.

Dasselbe gilt in der Regel für Bioprodukte. Während viele Menschen bei Bio an glückliche Tiere auf grünen Wiesen denken, sieht die Realität leider anders aus. Hier nur ein paar Schlaglichter: Schweinen steht bei den verschiedenen Bioverbänden zwar ein »Auslauf« zu, der muss aber pro Schwein nur einen Quadratmeter groß sein und ist üblicherweise betoniert, so dass die Schweine dort auch nicht wühlen, geschweige denn rennen oder eine interessante Umgebung erkunden können.[28]

Auf Biomilchbetrieben ist es wie sonst auch üblich, dass man den Kühen ihre Kälber direkt nach der Geburt wegnimmt. Krankheiten und Verletzungen sind in der Biohaltung ebenfalls weit verbreitet. Einer Studie zufolge sind Bio-Kühe in Europa nicht gesünder als ihre Artgenossen in konventionellen Ställen.[29] Dass die allermeisten Legehühner sich mindestens einmal im Leben das Brustbein brechen, gilt auch für Bio-Hühner. Daneben decken Recherche-Teams immer wieder grausige Bilder aus Bio-Ställen auf – und aus biozertifizierten Schlachthöfen, bei denen es sich oft um genau dieselben handelt, aus denen auch das »Billigfleisch« stammt.[30]

Ich selbst habe mehrere Jahre Bio-Eier, Bio-Milch und Bio-Wurst gekauft, nachdem ich das Grauen in der konventionellen Tierindustrie wahrgenommen hatte. Ich wollte es besser machen. Ich wusste über die realen Bedingungen in der Biohaltung nicht Bescheid – aber ich wollte es auch nicht so genau wissen. Und tatsächlich habe ich zu der Zeit immer wieder auch andere, konventionell hergestellte Tierprodukte konsumiert: in der Uni-Mensa, im Restaurant, zu Gast bei Verwandten oder wenn die Bio-Wurst ausverkauft war.

Das scheint ganz typisch zu sein: In einer Umfrage für das Bundesagrarministerium sagten die Hälfte aller Befragten, dass sie bei Fleisch- und Wurstwaren ausschließlich oder häufig Bioprodukte kaufen.[31] Aber der prozentuale Anteil bei den Verkäufen liegt tatsächlich nur bei um die drei Prozent.[32]

Ich glaube nicht, dass alle Befragten in der Umfrage absichtlich übertreiben. Vielmehr machen sich viele Menschen schlicht etwas vor. Ich habe das damals mit Sicherheit getan. Es fühlt sich einfach besser an zu glauben, dass man selbst nur die Produkte aus vermeintlich guter Tierhaltung, von den vermeintlich »glücklichen Tieren«, konsumiert.

Wir könnten uns die Vorstellung einer »ethischen Nutztierhaltung« als einen »psychologischen Zufluchtsort« vorstellen, sagt der US-amerikanische Sozialwissenschaftler Jacy Reese.[33] Denn diese Vorstellung schütze die Konsument*innen vor der kognitiven Dissonanz, die sie sonst spüren müssten, wenn sie ihr Verhalten an ihren eigenen moralischen Werten messen. So können sie weiter Fleisch, Milch und Eier konsumieren.

Das Essen von Tierprodukten selbst hat aber wiederum Auswirkungen auf die Einstellungen gegenüber den typischen »Nutztieren«. Denn solange man sie als Lieferanten von Produkten sieht, neigt man automatisch dazu, ihre Fähigkeiten und Bedürfnisse zu unterschätzen und ihr Wohlergehen weniger wichtig zu finden.[34]

»Der Glaube an eine ethische Nutztierhaltung bekräftigt die Idee, dass Tiere bloße Waren sind – seelenlose Wesen, die nur als Mittel zu menschlichen Zwecken existieren«, schreibt Jacy Reese.[35] Damit werden Tiere also weiterhin verdinglicht. Das Mitgefühl wird betäubt und eine ernsthafte Auseinandersetzung mit dem eigenen Verhalten blockiert.

Ich bin davon überzeugt, dass selbst die beste Biohaltung den moralischen Konflikt nicht lösen kann, der darin steckt, fühlende Wesen für eigene Zwecke zu nutzen und zu töten. Das zeigt sich nicht nur bei den Konsumierenden, sondern auch bei den Biobauern selbst. Viele von ihnen haben sich aus Überzeugung für den Ökolandbau entschieden, auch weil sie den Tieren bessere Bedingungen bieten wollen, ein »artgerechtes« Leben.

Aber sobald man Tiere hält, um ihre Körper und Körperprodukte zu verkaufen, müssen sie ein Stück weit Waren bleiben, sonst funktioniert es nicht. Wer mit dem Verkauf von Eiern Geld verdienen will, kann zum Beispiel nicht für jedes kranke Huhn die Tierärztin rufen. Kein Biobauer kommt darum herum, aus wirtschaftlichen Gründen die Bewegungsfreiheit von Tieren teils massiv einzuschränken, Familien auseinanderzureißen oder Jungtiere zum Schlachter zu schicken.

Gerade wenn einem das Wohlergehen der Tiere wichtig ist, kann es erstaunlicher emotionaler Verrenkungen bedürfen, wenn man zugleich von ihren Produkten leben muss. Besonders eindrücklich fand ich in dieser Hinsicht eine Fernsehreportage von 2015.[36] Darin wird eine Bio-Milchbäuerin vorgestellt, die aus Überzeugung eine muttergebundene Kälberaufzucht betreibt, also die Kälber eine Zeitlang bei den eigenen Müttern säugen lässt – eine absolute Ausnahme auch im Biobereich. »Ich bin selbst Mutter von vier Kindern«, sagt die Bäuerin. »Und wenn ich nur ansatzweise wüsste, man würde mir meine Kinder nach der Geburt wegnehmen – das geht gar nicht.« Sie möchte »gewaltfreie Milch« anbieten.

In derselben Reportage wird allerdings wenig später ein ganz junges Kalb gezeigt, das auf dem Betrieb geboren wurde – und dort nicht bleiben kann, weil es männlich ist. Denn während die weiblichen Kälber vor Ort aufgezogen werden, um später selbst als »Milchkühe« zu dienen, werden die männlichen an Mastbetriebe verkauft.

»Bei den Bullenkälbern ist es noch so, dass wir die Verantwortung einfach abgeben«, sagt die Bäuerin mit Blick auf das kleine Kalb. »Wir geben ihn also in vierzehn Tagen ab, weil wir ihn auch wirtschaftlich einfach nicht halten können.« Und sie fügt hinzu: »Wenn du siehst, wie der Viehhändler die Bullen abholt – die Mamis stehen dann da und die schreien. Und der Viehhändler treibt die Kälber manchmal recht respektlos in dieses Fahrzeug rein. Also wenn du da nicht ein bisschen Mitgefühl hast oder das Mitgefühl abschneidest – das ist schon 'ne Nummer.«

Der Widerspruch zwischen diesem Eingeständnis und ihrem Prinzip, Mütter und Kälber nicht zu trennen, scheint der Bäuerin in der Reportage gar nicht aufzufallen.

Das Leben unter Wasser

Bei einer Gruppe von Tieren ist es besonders üblich, sie als bloße Waren zu sehen und ihr Leid auszublenden: Bei denen, die im Wasser leben. »Fishlove« heißt eine internationale Kampagne, für die sich seit 2009 schon zahlreiche Prominente nackt ausgezogen haben – um sich zusammen mit einem großen Fisch fotografieren zu lassen.[37]

Für die deutsche Fotoserie hält zum Beispiel die Schauspielerin Christiane Paul fast zärtlich einen glänzenden Wildlachs im Arm. Der Schauspieler Benno Führmann presst sich einen Steinbutt vor den nackten Bauch. Beide Fischarten sind von Überfischung bedroht. Die Kampagne soll Aufmerksamkeit für dieses Thema schaffen – und ist zugleich ein krasses Beispiel für Ignoranz. Denn der Lachs und der Steinbutt im Arm der beiden Promis sind tot. Nach dem Fototermin wurden sie aufgegessen.

Die »Liebe«, von der im Kampagnentitel die Rede ist, richtet sich nicht auf Fische als fühlende Lebewesen, sondern als Ressourcen: »Wir glauben, dass Fischbestände bewahrt werden sollten, damit Menschen noch für viele Generationen weiter Fisch essen können«, heißt es in der Beschreibung der Kampagne. Gestartet wurde sie in Großbritannien vom Betreiber eines Sushi-Restaurants.

Auf der Website der Kampagne gibt es Tipps dazu, was man selbst ändern kann: Man soll andere Fischarten essen als die fünf besonders überfischten Spezies. Man soll auf Labels achten und auf die Fangmethode. Eine Empfehlung, einfach keinen Fisch mehr zu essen, ist nicht dabei. Das Leid, das Fischen in Aquakulturen und durch die verschiedenen Fangmethoden zugefügt wird, kommt auf der Website nirgendwo vor.

In Deutschland gibt es für Fische und andere Meerestiere noch nicht einmal eine Schlacht- oder Tötungsstatistik. In der Fischerei und in Aquakulturen wird nicht die Zahl der getöteten Tiere dokumentiert, sondern nur das Gewicht der gewonnenen Nahrungsmittel. Schätzungen zufolge geht die Zahl der Meerestiere, die weltweit in einem Jahr von Menschen getötet werden, in die Billionen – das wären bis zu dreißigmal so viele Tiere, wie pro Jahr in Schlachthöfen sterben.[38]

Bei Fischen scheint es besonders einfach zu sein, kein Mitgefühl zu empfinden und keine ethischen Fragen zu stellen. Fische schreien nicht, sie haben keine für uns verständliche Mimik und ihre ganze Lebensweise unter Wasser ist uns fremd. Was geht in Fischen überhaupt vor? Noch immer gibt es Menschen, sogar Wissenschaftler*innen, die leugnen, dass Fische Schmerzen spüren können – zu ihnen gehört zum Beispiel ein deutscher Professor für Fischereimanagement, der zufällig selbst Angler ist.[39]

Aber tatsächlich ist das Schmerzempfinden bei Fischen inzwischen gut belegt.[40] Zahlreiche Studien zeigen, dass die Tiere sowohl die biologischen Voraussetzungen dafür besitzen als auch komplexes Schmerzverhalten an den Tag legen. Wenn Fischen zum Beispiel eine reizende Substanz in die Lippe gespritzt wird, reiben sie ihren Mund an Gegenständen und hören zeitweise auf zu fressen.[41]

Für ein anderes Experiment wurden Zebrabärblinge in einem Aquarium in zwei verschiedenen, miteinander verbundenen Becken gehalten: Das eine war mit Pflanzen und Gegenständen abwechslungsreich gestaltet, das andere kahl. In dieser Situation hielten sich alle Fische immer nur in dem reichhaltigeren Becken auf. Das änderte sich aber, als die Forscherin manchen Fischen Essigsäure injizierte und in dem kahlen Becken ein Schmerzmittel ins Wasser gab: Die Fische, denen die Säure gespritzt worden war, wechselten das Becken. Das zeigt, dass Zebrabärblinge bereit sind, einen Preis für die Linderung ihrer Schmerzen zu bezahlen.

Wenn man sich mit dem Verhalten von Fischen beschäftigt, kann man viele weitere, faszinierende Fähigkeiten dieser Tiere entdecken. Kaninchenfische zum Beispiel gehen zu zweit auf Futtersuche in Korallenriffen: Während der eine mit dem Kopf zwischen den Riffen verschwindet, ist er sehr angreifbar für Raubfische. Deshalb passt der andere Kaninchenfisch auf und gibt ein Signal, wenn sich Gefahr nähert. Dann verstecken sich beide. Alle paar Minuten tauschen sie die Rollen.

Auch viele Raubfische kooperieren miteinander sogar über Speziesgrenzen hinweg. Dazu gehört Kommunikation: Ein Zackenbarsch kann dadurch, dass er mit dem Kopf wackelt, eine Muräne dazu auffordern, gemeinsam auf die Jagd zu gehen. Dabei ist die Auswahl der Partnerin keineswegs beliebig: Je kooperativer sich eine Muräne verhält, desto eher wird ein Barsch sie wieder fragen, ob sie mit ihm jagen will.

Viele Fische kümmern sich um ihre Nachkommen und beschützen sie vor Gefahren. Zum Beispiel, indem die Elterntiere in bedrohlichen Situationen ihren Mund aufsperren, die Babyfische hineinschlüpfen lassen und sie später wieder freigeben, wenn die Gefahr vorüber ist.

Fische genießen außerdem bestimmte Berührungen: In einer Studie ließen sich gestresste Doktorfische von einer Fischattrappe massieren, um sich zu entspannen. Die Attrappe sah aus wie ein Putzerfisch. Denn diese kleinen, bunten Fische bieten tatsächlich so etwas wie Massagen für andere Fische an: An Riffen arbeiten sie zu dritt oder viert zusammen, um anderen Fischen die Parasiten vom Körper und aus der Mundhöhle zu fressen. Große Raubfische kommen gezielt dorthin und lassen die Putzerfische ungehindert durch ihren Mund und die Kiemen schwimmen. Die Putzerfische wiederum streicheln oder massieren ihre »Kunden« zwischendurch mit ihren Flossen, zusätzlich zum Parasitenservice – wohl weil die großen Fische das genießen und in Zukunft wieder zur selben Putzstation kommen, anstatt sich woanders putzen zu lassen.

Allerdings mögen die Putzerfische auch den Schleim auf der Haut der anderen Fische und naschen manchmal davon, woraufhin die Geschädigten sichtbar zusammenzucken. Studien zeigen nun, dass die Putzerfische das umso weniger tun, je mehr andere Fische gerade ringsherum schwimmen und darauf warten, geputzt zu werden – offenbar wollen die Putzerfische ihr Ansehen bei potentiellen Kunden nicht gefährden.

In Anbetracht solcher komplexen Verhaltensweisen ist es vielleicht gar nicht mehr überraschend, dass Fische nicht nur körperlich, sondern auch psychisch leiden können: Viele Lachse werden zum Beispiel depressiv, wenn sie in überfüllten, kargen Becken gehalten werden. Sie haben dann hohe Level an Stresshormonen, hören auf zu fressen und sterben. Und wenn man Fischen Medikamente gibt, die bei Menschen gegen Angst und Depressionen helfen, bewirken sie bei den Tieren ähnliche Verhaltensveränderungen.

All diese Erkenntnisse geben uns schon einen guten Eindruck davon, was Aquakulturfarmen für die dort gehaltenen Tiere bedeuten: In den Becken gibt es typischerweise keinerlei interessante Strukturen, Pflanzen oder Versteckmöglichkeiten. Sie sind vollgestopft mit Fischen, die dort nichts tun können außer im Kreis zu schwimmen – es muss furchtbar für sie sein. Und wie sieht es mit der Meeresfischerei aus?

Die Tierrechtsorganisation Soko Tierschutz hat im Dezember 2021 das Geschehen auf zwei Fischtrawlern im Ärmelkanal und in der Nordsee gefilmt. Die Aufnahmen sind entsetzlich.[42] Als ich mir einen Zusammenschnitt von der Recherche angesehen habe, musste ich zwischendurch immer wieder die Augen schließen.

Viele Fische, die mit den Schleppnetzen aus dem Meer gezogen wurden, ersticken über viele Stunden an Bord der Boote. Auf den Videos sieht man, wie sie sich winden und mit offenem Mund nach Luft schnappen. Junge Haie, Rochen und Schollen werden bei vollem Bewusstsein aufgeschlitzt und sofort, während sie zappeln, ausgenommen. Betäubungen gibt es nicht. Die Arbeiter*innen auf dem Schiff trampeln immer wieder wahllos auf den Fischen herum. Krebstiere werden ohne erkennbaren Grund einfach totgetreten. Man sieht, wie ein großer Teil der gefangenen Fische und Wassertiere, die zu klein oder unrentabel sind, durch Luken brutal zurück ins Meer gequetscht und getreten werden. Viele von ihnen sind bereits tot, andere schwer verletzt. Es ist ein gigantisches, grausiges Massaker, das sich Tag für Tag auf den Meeren abspielt – auch direkt vor unseren Küsten in Ost- und Nordsee. Auch auf den hübschen bunten Fischkuttern, die wir im Urlaub gern fotografieren.

Für mich ist dieser Umgang mit Wassertieren ein besonders krasses Beispiel für die Brutalität und Rücksichtslosigkeit, mit der wir als Gesellschaft aktuell unserer Mitwelt und unseren Mitlebewesen begegnen. Für die Fischindustrie selbst sind die Tiere bloße Ressourcen oder sogar schlicht Abfall. Und die Menschen, die später die Opfer an Imbissbuden, in Restaurants oder in ihren eigenen Küchen verspeisen, verschwenden kaum je einen Gedanken an das Leid, das hinter ihrer Mahlzeit steht. Bei Fischen fällt uns die Ignoranz wohl noch leichter als bei Schweinen,

Rindern oder Hühnern, aber die Prinzipien sind dieselben: Statt empfindungsfähige Individuen, die für sich wertvoll sind, sehen viele von uns heute nur Waren und Produkte.

Eine andere Perspektive

Das »Land der Tiere« liegt in Mecklenburg-Vorpommern ziemlich genau zwischen Hamburg und Berlin. Die Beschreibung auf der Website lautet »Lebensort für gerettete Tiere und veganes Tierschutzzentrum«. Bei meinem ersten Besuch im Jahr 2016 war es Winter. Das riesige Gelände, das zu DDR-Zeiten noch vom Militär genutzt wurde, war schneebedeckt. Mehrere alte Bunker ragten aus den weißen Wiesen.

Ein paar Wochen zuvor waren zwei gerettete Ferkel angekommen, für die ein Raum in einem der Gebäude hergerichtet worden war – mit ganz viel Stroh, einem großen strohgefüllten Pappkarton zum Einkuscheln und einem Wassernapf. Die Ferkel waren in einer typischen Schweinezuchtanlage geboren worden. Sie gehörten zu den sogenannten »Kümmerlingen«, die so klein und schwach waren, dass sie im Normalfall getötet worden wären – wenn nicht eine Mitarbeiterin des Betriebs Mitleid mit ihnen gehabt und sie an den Lebenshof vermittelt hätte.

Im »Land der Tiere« bekamen sie Namen, Anni und Rosalie, und wurden aufgepäppelt. Als ich sie besuchte, waren die kleinen Ferkel quietschfidel und unternehmungslustig. Sie verbrachten aber noch die meiste Zeit des Tages im Stall: Es war zu kalt für sie, um dauerhaft draußen zu sein, und es gab noch keinen abgezäunten Bereich für die Schweine. Damit sie trotzdem etwas erlebten, gingen Bianca Ulken, Mitarbeiterin auf dem Hof, und ich mit ihnen spazieren.

Als wir die Stalltür öffneten und hinaustraten, sprangen die Ferkel neugierig hinter uns her und senkten gleich ihre Rüssel an den Boden, um zu schnüffeln. Wir drehten mit ihnen eine Runde über das Gelände. »Genau wie Hunde, oder?«, fragte Bianca und die Ähnlichkeit war tatsächlich kaum zu übersehen – die beiden rannten mal voran und fielen mal zurück, blieben aber nah beieinander und grundsätzlich in unserer Nähe. Zwischendurch buddelten sie mit den Rüsseln den kalten Boden auf und ich war beeindruckt von der Kraft, die in diesem Körperteil steckte.

An einer Ecke waren sie plötzlich weg. »Unterwegs zum Apfelbaum«, grinste Bianca. Von früheren Spaziergängen wussten die Ferkel, dass ein

Stück entfernt besondere Leckerbissen zu finden waren: Fallobst vom Herbst. Als wir dort hingingen, waren Anni und Rosalie schmatzend dabei, halb-gefrorene Äpfel zu zerkauen.

Zurück im Strohstall sah ich, dass die beiden von der Kälte ganz rote Füße und Schnauzen bekommen hatten. »Wurde Zeit, dass sie wieder ins Warme kommen«, meinte Bianca und streichelte die Ferkel.

Mittlerweile sind Anni und Rosalie große Sauen, die gut 300 Kilogramm auf die Waage bringen. Für sie und die anderen Schweine, die nach und nach einzogen, wurde das »Schweineland« angelegt: Ein 30.000 Quadratmeter großes Gelände mit Wiesen, Wald und Teichen. Ein ehemaliger Bunker wurde zu einem Stallgebäude ausgebaut, in dem die vierzehn Schweine die Nacht verbringen. Darin riecht es nach Stroh, nicht nach Kot. Am Tag wühlen die Schweine draußen den Boden um auf der Suche nach Wurzeln und Würmern. Sie suhlen sich im Teich, schubbern sich an Bäumen oder liegen auf der Wiese in der Sonne, mit halb geöffneten Augen, als ob sie tagträumen.

Anni wird noch immer gern von Menschen gestreichelt. Dafür legt sie sich flach auf die Seite und lässt sich den Bauch kraulen. Auch Besucher*innen können das am offenen Sonntag bei der Führung über das Gelände ausprobieren.

Das »Land der Tiere« sei aber kein Streichelzoo, sagt Jürgen Foß, Mitbegründer des Projekts. Die Tiere sollen so selbstbestimmt wie möglich leben. »Alle Tiere können sich zurückziehen, wenn sie keine Lust auf Besuch haben, und der Kontakt muss immer freiwillig geschehen«, betont Jürgen. Neben den Schweinen sind eine Schafherde und einige Ziegen, Hühner, Puten, Enten, Kaninchen, Schildkröten sowie mehrere Hunde und Katzen auf dem Lebenshof zu Hause.

»Tiere einfach leben lassen« ist ein Motto des Projekts, das in Videos vom Treiben der Tiere oft am Ende eingeblendet wird. Gäste können erfahren, wie sich typische »Nutztiere« wie Schweine verhalten, wenn man sie einfach leben lässt.

Alle Tiere werden hier als Individuen angesehen, als Wesen mit einer eigenen Persönlichkeit. Auf der Internetseite sind viele Tiere einzeln beschrieben: Rosalie zum Beispiel, der ehemalige Kümmerling, sei ein echtes »Prachtschwein« geworden: »Groß, muskulös, sportlich, sehr selbstbewusst – und bisweilen ziemlich frech. Rosalie ist die Chefin der Schweinetruppe und es gibt nur eine, von der sie sich ›etwas sagen lässt‹: Anni.« Die beiden seien auch als Erwachsene noch unzertrennlich, sowohl bei Streifzügen durch das Schweineland als auch beim Kuscheln im Strohbett.

Das »Land der Tiere« wirbt auf diese Weise für einen anderen Blick auf Tiere. Viele Menschen nehmen einen solchen Blick schon gegenüber ihren Haustieren wie Hunden und Katzen ein – wir betrachten sie ganz selbstverständlich als fühlende Wesen mit eigenen Bedürfnissen und Rechten. Wir finden es schlimm, wenn jemand einen Hund dauerhaft in einem engen Raum einsperrt. Wir würden auch keine Hunde töten, um sie zu essen.

Wenn man die Schweine im Land der Tiere beobachtet, lernt man sie ebenso als liebenswerte Individuen kennen, die Respekt und Rücksicht verdienen. »Unser Ziel ist, den Opfern der Tierindustrie ein Gesicht zu geben«, sagt Jürgen Foß. »Wir möchten die Leidensgeschichten der Tiere erzählen und den Menschen ermöglichen, eine andere Beziehung zu den Tieren aufzubauen.«

Das »Land der Tiere« macht so auch verständlich, welche Schäden und Leiden selbst die Haltung in den bestgeführten Mastanlagen für die Schweine mit sich bringt: Dort wird ihnen praktisch alles das vorenthalten, was ein gutes Schweineleben ausmacht. Und fast genauso sieht es in der Biohaltung aus: Auch in einer betonierten Außenbucht mit etwas Stroh können die Schweine praktisch nichts tun. Im Boden wühlen, ein Stück laufen, in Teichen suhlen, einen Wald erkunden, sich an Bäumen schubbern oder auf einer Wiese träumen – all das ist nicht drin.

»Die Haltung nach den höchsten Biostandards ist immer noch Tierquälerei«, sagt Jürgen. »Und bei allen Formen der Nutztierhaltung gehört die Schlachtung unweigerlich dazu. Die meisten Tiere werden schon im Kindesalter getötet. Mastschweine zum Beispiel sind erst sechs Monate alt und damit noch gar nicht ausgewachsen. Sie könnten sonst über zehn Jahre alt werden.«

Den Bewohner*innen im »Land der Tiere« wird das nicht passieren. »Egal ob Hund oder Schwein, Katze oder Huhn: Alle Tiere haben aus unserer Sicht dasselbe Recht auf Leben und Freiheit«, erklärt Jürgen. Und das gilt selbstverständlich auch für Fische: »Fische leiden zwar für unsere Ohren stumm«, sagt Jürgen. »Aber das bedeutet nicht, dass sie nicht leiden. Wir müssen auch unser Verhältnis zu den Wassertieren grundsätzlich verändern.«

Das »Land der Tiere« ist aus diesen Gründen komplett vegan und die Öffentlichkeitsarbeit für die vegane Lebensweise ist ein wichtiger Teil des Projekts. »Wenn wir Tiere als Individuen ernstnehmen, dann gehört natürlich dazu, dass wir sie nicht töten, um sie aufzuessen«, meint Jürgen. Zumal es heute immer leichter würde, sich vegan zu ernähren. Er selbst macht das schon seit über zwanzig Jahren.

»Ich habe damals mit meiner Partnerin in einem Tierheim gearbeitet«, erzählt er. »Eher zufällig kam es dazu, dass wir ein Schwein im Tierheim aufgenommen haben und auch einige Hühner. Wir haben diese Tiere gepflegt und kennengelernt. Es erschien uns dann absurd, die Tiere zu umsorgen und zugleich ihre Artgenossen zu essen – wir sind erst auf vegetarische Ernährung umgestiegen und wenig später auf vegan. Heute möchten wir andere Menschen dazu motivieren, dasselbe zu tun. Wir möchten den Tierrechtsgedanken verbreiten und dazu beitragen, dass wir irgendwann als Gesellschaft die Ausbeutung der Tiere beenden.«

Tiere essen: Natur und Ethik

Haben Schweine, Rinder, Hühner, Puten und sogar Fische wirklich ein Recht auf Leben? Immerhin nutzen und töten wir Menschen schon seit Jahrtausenden Tiere für unsere Ernährung. Kann das wirklich falsch sein? Hier kommt das Argument der Natürlichkeit wieder ins Spiel. Auch in der Natur ist es üblich, dass Tiere sich gegenseitig töten und auffressen. Wieso sollten wir uns selbst etwas verbieten, das doch für andere Tiere völlig normal ist – wäre das nicht sogar eine ganz neue Art von menschlicher Arroganz?

Diese Grundsatzfragen gehören zur Tierethik, mit der ich mich als Philosophin viel beschäftigt habe. Ich bin dabei zu dem Schluss gelangt, dass wir tatsächlich den Tieren, mindestens sofern sie empfindungsfähig sind, ein Recht auf Leben zugestehen und sie nicht töten und essen sollten. Bei Vorträgen und Gesprächen werde ich immer wieder mit Argumenten gegen diese Position konfrontiert. »Menschen essen von Natur aus Fleisch« und »Der Löwe frisst doch auch das Zebra« gehören zu den beliebtesten Einwänden.

Ich möchte hier zunächst betonen, dass von diesen Grundsatzfragen weniger abhängt, als viele Menschen glauben. Ob Tiere ein Recht auf Leben haben, ist in unserer Gesellschaft umstritten. Die meisten Leute denken, dass es in Ordnung ist, Tiere zu töten, um sie zu essen. Wir Tierrechtler*innen bilden nur eine kleine Minderheit. Nicht umstritten ist dagegen aber, dass Tiere moralisch zählen und wir ihnen nicht ohne guten Grund Leid zufügen sollten. Tierquälerei finden wir alle falsch.

Wenn wir Schweine auf wenigen Quadratmetern einsperren oder Puten in übervollen Hallen dahinvegetieren lassen, dann handelt es sich aber doch klarerweise um Tierquälerei. Wir fügen den Tieren damit massives Leid zu. Das tun wir auch, wenn wir Kälber von ihren Müttern trennen oder Hühner so züchten, dass sie sich fast zwangsläufig die Knochen brechen. Beides ist in der Nutztierhaltung allgemein üblich – auch im Bio-Bereich. Wirklich gute Gründe sehe ich dafür keine. Es geht dabei nur um die Wirtschaftlichkeit der Produktion. Und sowieso: Wir müssen keine Tierprodukte erzeugen und schon gar nicht in der heute produzierten Menge.

Die übliche Nutztierhaltung widerspricht also moralischen Grundsätzen, die die allermeisten Menschen anerkennen und für wichtig halten. Selbst wenn die Tiere kein Recht auf Leben hätten, müsste daher dieser grausame Umgang mit ihnen aufhören. Und wenn wir alle Tierprodukte boykottieren wollen, bei deren Erzeugung Tiere gelitten haben, dann müssen wir, wenn wir ehrlich sind, allein deshalb schon vegan leben. Ich selbst habe angefangen, mich vegan zu ernähren, nachdem ich mich damit beschäftigt hatte, wie es Kühen in Milchbetrieben geht.

Aber was ist nun mit dem Argument der Natürlichkeit? Kann eine rein pflanzliche Ernährung wirklich die Lösung sein – gegeben, dass wir Menschen doch von Natur aus Allesfresser sind? Meine Antwort: Es stimmt zwar, dass unser Organismus Fleisch, Milch und Eier verdauen und daraus wichtige Nährstoffe ziehen kann. Aber daraus folgt nicht, dass wir es auch tun müssten oder sollten.

Ich muss zugeben, dass ich generell mit dem Begriff der Natürlichkeit in unserer heutigen Gesellschaft wenig anfangen kann. Ich tippe diese Zeilen in einem geheizten Zimmer an einem Laptop, damit daraus ein Buch entsteht – ist das natürlich?

Die Tiere, die wir essen, sind auf bestimmte Eigenschaften gezüchtet worden. Sie werden durch künstliche Befruchtung gezeugt, in temperaturregulierten Ställen aus Beton und Stahl aufgezogen, in einer Schlachtfabrik am Fließband getötet. Ist das natürlich?

Wenn der Begriff der Natürlichkeit also überhaupt eine sinnvolle Bedeutung hat, dann ist er wahrscheinlich auf unseren heutigen Tierkonsum gar nicht anwendbar. Zugleich gibt es Dinge, die sicher nicht natürlich sind, die wir aber als positive Errungenschaften ansehen –

Heizungen gehören ebenso dazu wie Intensivstationen oder Menschenrechte.

Klar ist: Nur weil wir lange Zeit Fleisch gegessen haben, müssen wir nicht damit weitermachen. Wir haben eine Wahl, sowohl als Einzelpersonen als auch als Gesellschaft. Um eine vernünftige Entscheidung zu treffen, müssen wir die Gründe betrachten, die für und gegen das Fleischessen sprechen. »Natürlichkeit« scheint mir dabei kein nützliches Kriterium zu sein.

Die Auswirkungen auf Gesundheit, Umwelt und Klima, die die heutige Nutztierhaltung mit sich bringt, liefern dagegen gute Gründe, die Erzeugung von Tierprodukten mindestens drastisch zu reduzieren. Das Leid, das die Tiere in den Mastanlagen und Schlachthöfen erfahren, ist ebenfalls ein starker Grund, die Tierindustrie abzuschaffen und Tiere, wenn überhaupt, ganz anders zu halten als heute üblich.

Aber was ist mit einem Tierrecht auf Leben, gibt es das? Sollten wir also generell aufhören, Tiere zu töten, um sie zu essen? Aus meiner Sicht sind die ethischen Argumente gegen das Töten tatsächlich kaum zurückzuweisen.[43] Die Grundidee ist einfach: Wenn wir uns als Menschen gegenseitig ein Recht auf Leben zusprechen, dann gibt es keinen Grund, es den Tieren vorzuenthalten. Denn es bestehen zwar jede Menge Unterschiede zwischen uns einerseits und all den Schweinen, Rindern, Hühnern und Fischen, die für die Ernährung getötet werden, andererseits. Aber es gibt auch wichtige Gemeinsamkeiten: Diese Tiere sind genau wie wir empfindungsfähige Lebewesen. Sie sind Subjekte mit einer eigenen, einzigartigen Perspektive auf die Welt. Wenn wir sie töten, nehmen wir ihnen ihre ganze Zukunft weg und löschen ihre Perspektive aus.

Diese Gemeinsamkeiten sind im Hinblick auf die Tötungsfrage bedeutsamer als die Unterschiede. Anders gesagt: Die Tiere sind nicht so anders als wir, dass es gerechtfertigt wäre, ihnen das Leben zu nehmen, nur damit wir einen Teil ihres Körpers zwischen zwei Brotscheiben legen können. Bei den typischen Haustieren wie Hunden und Katzen ist uns das auch sofort klar: Wir wissen, dass sie an ihrem Leben hängen. Wir würden sie niemals töten, um sie zu essen.

Aber haben Menschen nicht wichtige Fähigkeiten, die Schweinen und Hühnern abgehen? Klar, die haben wir: Die meisten von uns können zum Beispiel lesen, schreiben und prozentrechnen. Wer über mehr Fähigkeiten verfügt als jemand anders, hat aber doch deshalb nicht das Recht, die anderen zu töten und zu verspeisen.

Und wie steht es mit der vielbeschworenen Vernunft, mit der Philosophen seit der Antike einen Sonderstatus für Menschen begründen wollen? Wenn wir darunter die Fähigkeit verstehen, die eigenen Überzeugungen und das eigene Handeln im Lichte von Gründen und Gegengründen zu reflektieren und so überlegte Entscheidungen zu treffen, dann scheint es durchaus plausibel, dass diese Fähigkeit nur Menschen zukommt. Unsere Vernunft ist zudem eine Bedingung dafür, dass wir überhaupt Ethik betreiben und anderen Wesen Rechte zusprechen können. Folgt daraus nicht zugleich, dass nur Menschen Rechte haben können? Dass dieser Begriff außerhalb der menschlichen Gemeinschaft gar keinen Sinn ergibt? Hier kommt auch das Argument vom Löwen und dem Zebra wieder ins Spiel: Weil die Tiere sich offenbar im Umgang miteinander nicht um irgendwelche Rechte scheren, sondern sich einfach gegenseitig auffressen, sei es auch für uns unsinnig, ihnen Rechte zuzusprechen.

Wer so argumentiert, macht allerdings einen Fehler. Zwar wurde der Begriff der Rechte genau wie die gesamte Ethik von Menschen erfunden und hat nur im Gespräch zwischen Menschen Bedeutung. Daraus folgt aber nicht, dass der Begriff nur auf Menschen anwendbar wäre. Wir nutzen diesen Begriff, um ethische Normen zum Ausdruck zu bringen, von denen wir überzeugt sind – und diese können sich auf Menschen genauso wie auf Tiere beziehen.

Schon wenn wir sagen, dass wir Tieren kein unnötiges Leid zufügen sollten – eine Norm, die ja die allermeisten Menschen anerkennen – wenden wir dabei ethische Begriffe auf die Tiere an, die diese selbst nicht verstehen. Ihnen zusätzlich ein Recht auf Leben zuzuschreiben, ist nicht grundsätzlich anders. Umgekehrt gilt: Wer glaubt, dass jede Ethik sich nur auf uns Menschen beziehen könnte, weil wir Menschen sie erfunden haben, der müsste zugleich jeden Tierschutz und sämtliche Regeln, die sich auf den Umgang mit Tieren beziehen, ablehnen – es wäre völlig beliebig, wie wir mit Tieren verfahren, man dürfte sie auch zum Spaß quälen, ohne dass man dafür kritisiert werden könnte.

Dass ein Recht auf Leben nicht von der Fähigkeit zur Vernunft abhängen kann, sehen wir außerdem daran, dass gar nicht alle Menschen diese Fähigkeit teilen: Säuglinge und Kleinkinder zum Beispiel sind nicht in der entscheidenden Weise vernünftig. Wir machen sie auch für ihre Entscheidungen nicht moralisch verantwortlich. Aber selbstverständlich ist das kein Grund, ihnen das Recht auf Leben abzusprechen.

Diese Argumentation lässt sich auch auf andere Vorschläge anwenden, mit denen das Schlachten gerechtfertigt werden soll. Ich habe zum Beispiel im Jahr 2015 ein Interview mit dem damaligen Geschäftsführer des Zentralverbands der Deutschen Geflügelwirtschaft geführt. Er sagte darin, Hühner hätten keine Vorstellung von der Zukunft und daher sei es kein Problem, sie zu töten. Ein ähnliches Argument wird auch von manchen Tierethiker*innen vorgebracht. Dabei ist es doch schon bei Menschen komisch zu sagen, dass unser Recht auf Leben davon abhängt, dass wir über die Zukunft nachdenken können. Viele Menschen, darunter kleine Kinder, tun das gar nicht.

Außerdem folgt aus der Tatsache, dass jemand keine bewusste Vorstellung von der eigenen Zukunft hat, ja nicht, dass wir ihm nichts wegnehmen, wenn wir ihn um diese Zukunft bringen. Tatsächlich glaubt auch niemand ernsthaft, denke ich, dass den Tieren der eigene Tod egal wäre. Wir wissen sehr genau, dass auch Tiere weiterleben wollen.

Was machen wir nun mit dem Löwen, der das Zebra reißt? Es ergibt keinen Sinn zu sagen, dass der Löwe falsch handelt, denn dafür fehlt ihm ja gerade die Vernunft und die moralische Verantwortlichkeit. Ganz abgesehen davon kann der Löwe sich kaum anders ernähren, wohingegen wir vielfältige Alternativen haben. Dass der Löwe das Zebra tötet und verzehrt, liefert also keine Rechtfertigung für uns, Wurst und Käse zu essen – genauso wenig übrigens wie die Tatsache, dass Löwen ab und zu die Nachkommen ihrer Rivalen töten, uns eine Rechtfertigung dafür liefert, das Gleiche zu tun.

Eine andere und schwierigere Frage ist, ob wir die Pflicht haben, das Zebra vor dem Löwen zu retten, um damit das Recht des Zebras auf sein Leben zu verteidigen. Ein Problem dabei liegt darin, dass wir damit zugleich in das Leben des Löwen eingreifen würden. Ein zweites Problem ist, dass wir die Natur massiv umgestalten müssten, wenn wir generell dazu verpflichtet wären, das Leben von Wildtieren zu schützen. Die Frage, ob wir Wildtieren helfen sollten, ist daher in der Tat kompliziert.

Aber die Ethik des Fleischkonsums ist verglichen damit einfach: Ein anderes fühlendes Wesen verdient es, dass wir auch sein Leben achten. Ein Schwein oder ein Huhn verliert durch den Tod eine ganze Zukunft, ganz ähnlich wie ein Hund oder ein Mensch. Die Unterschiede in den geistigen Fähigkeiten zwischen Hühnern, Schweinen, Hunden und uns selbst heben diesen Verlust nicht auf. Die Tatsache, dass wir Vernunft und moralische Verantwortung haben, gibt uns zwar in der Tat eine

Art Sonderstatus im Tierreich – aber damit gerade keinen Freibrief, im Gegenteil. Wir sollten daher, so denke ich, Tiere nicht töten, wenn wir es irgend vermeiden können.

Das ist eine ziemlich rationale Argumentation. Mich hat sie überzeugt und ich bin darüber zur Tierrechtlerin geworden. Aber rationale Argumente sind nur die eine Seite der Ethik. Gefühle und Wahrnehmungsweisen sind die andere.

Viel hängt davon ab, wie wir Tiere sehen, welche Haltung wir ihnen gegenüber einnehmen und welche Gefühle wir zulassen. Dabei spielen theoretische Überlegungen oder Konzepte von Grundrechten oft eine untergeordnete Rolle. Der entscheidende Perspektivwechsel – vom Tier als Produktlieferanten zum fühlenden Individuum, von der Ware zum Subjekt – kann sich auch aus Erfahrungen und Gefühlen ergeben. Es sind genau solche Erfahrungen, die die Betreiber*innen vom Land der Tiere ermöglichen möchten. Aber es gibt auch andere Wege, ähnliche Erfahrungen zu machen.

Das Ende der (Aus-)Nutzung

»Ich bin in die Hühnerhaltung reingeschubst worden«, erzählt mir Ellen Maria Ernst vom Verein »Rettet das Huhn e. V.« im Sommer 2021. Sie wohnt in einem kleinen Dorf in Rheinhessen. In ihrem Garten scharren und picken neun Hühner. Sie kann sie vom Wohnzimmerfenster aus beobachten, während wir telefonieren. »Ich habe damals in einen Weinbaubetrieb eingeheiratet, wo früher auch ›Nutztiere‹ gehalten wurden. Es gab noch ein paar Hühner, die schon nicht mehr geschlachtet wurden. Und irgendwie hab ich mich dann mit den Hühnern angefreundet.«

Sie war fasziniert davon, wie unterschiedlich die einzelnen Hühner waren. Während die einen abends als erste im Stall auf der Stange saßen, waren andere immer bis zum Sonnenuntergang unterwegs. Die eine Henne machte besonders gern Sandbäder, die andere saß stets an ihrer Lieblingsstelle in der Sonne. »Jedes Huhn hat seine Marotte, so wie wir Menschen«, meint Ellen.

Als einige der Hühner gestorben waren, sollten neue angeschafft werden. »Ich habe dann recherchiert, ob wir auch welche aus dem Tierschutz aufnehmen können. So habe ich ›Rettet das Huhn‹ gefunden.« Heute ist die 43jährige im Vorstand des deutschlandweit tätigen Vereins aktiv.

»Rettet das Huhn« übernimmt Legehennen, die sonst geschlachtet werden würden, aus Eierbetrieben und vermittelt sie an Privatleute. Über 100.000 Hühner hat der Verein seit 2007 schon vor der Schlachtung bewahrt.[44] Er arbeitet dabei mit den Betreiber*innen der Legehennenanlagen zusammen. Die Hühner werden am Tag der »Ausstallung«, also am Ende ihrer Nutzung als Legehennen, bei den Ställen abgeholt und dann an Menschen übergeben, die ihnen ein sicheres Zuhause bieten möchten.

Jedes Jahr nehmen mehrere Tausend Familien oder Einzelpersonen jeweils einige Hühner bei sich auf – mindestens zwei bis höchstens 15 pro »Lebensplatz«. Bedingung ist, dass die Tiere einen Stall und großen Auslauf bekommen, tierärztlich versorgt und nie geschlachtet werden. Meist sind die Hühner in einem schlechten Zustand, wenn sie aus den Anlagen kommen, ausgezehrt und manchmal fast federlos.

»Nachdem ich bei der ersten Rettungsaktion dabei war, habe ich meinen eigenen Konsum neu reflektiert«, sagt Ellen Maria Ernst. Das Leben in Eierbetrieben sei für die Hühner schlimm. Praktisch in allen Haltungsformen sei die Umgebung nicht ihren Bedürfnissen angemessen. Die Vorfahren der Hühner bildeten Gruppen von bis zu 20 Hennen und einem Hahn. Hühner können daher nur einige Dutzend Artgenossen individuell unterscheiden. Sobald es mehr werden, bedeutet das Stress für die Hühner und viele hacken sich gegenseitig. In der Bodenhaltung dürfen aber 6.000 Hühner in einer Gruppe gehalten werden. Und selbst Bioverbände wie Demeter oder Bioland erlauben 3.000 Hennen je Stallabteil. »Das ist natürlich weit entfernt von artgerechter Haltung«, sagt Ellen. »Und da kann sich auch jeder vorstellen, dass es in diesen Ställen keine tierärztliche Versorgung einzelner Tiere gibt. Man findet auch gar nicht jede Henne, die verletzt ist.«

Es gibt dazu andere Aspekte, in denen sich die verschiedenen Haltungsformen nicht unterscheiden. Alle Tiere landen im Schlachthof, üblicherweise im Alter von eineinhalb Jahren, nachdem sie ein Jahr Eierlegen hinter sich haben. »Es gibt ja keine Bioschlachtung. Die hängen alle am gleichen Schlachtband, und das ist richtig grauenvoll, das muss man einfach so sagen«, meint Ellen.

Außerdem sind die Hühner generell stark überzüchtet. Über 300 Eier müssen heutige Legehennen in ihrem Legejahr produzieren. Ihre Vorfahren, die Bankivahühner, legten nur zehn bis vierzig Eier. Das viele Eierlegen ist für die Körper anstrengend und es kommt oft zu Entzündungen der Legeorgane. Auch deshalb leben viele der geretteten Hühner nur noch zwei oder drei Jahre im neuen Zuhause.

Nicht nur die Körper der Hühner wurden durch gezielte Selektion verändert. Ihnen wurde auch der Bruttrieb weggezüchtet. Ursprünglich legten die Hühner ja wie alle Vögel Eier, um sie auszubrüten und dann die Küken aufzuziehen. In den modernen Anlagen ist das unerwünscht, das Ziel ist die Eierproduktion. Und die Eier, aus denen die Lege- und Masthühner selbst schlüpfen, werden maschinell in großen Brutschubladen ausgebrütet – auch das ist Standard über alle Haltungsformen hinweg.

»Was man aber nicht geschafft hat in dieser hochmodernen Qualzucht«, sagt Ellen, »ist den Hühnern die Seele wegzuzüchten. Den Charakter und das Schmerzempfinden, das kann man nicht wegzüchten.« Ellen Maria Ernst hat nach und nach aufgehört, Tierprodukte zu konsumieren, heute ist sie Veganerin.

Eine wichtige Rolle für Ellens Blick auf die Tiere hat ihr tägliches Zusammenleben mit den Hühnern gespielt. »Ich halte die hier wie Haustiere – und die benehmen sich teilweise auch so«, schmunzelt sie. »Wenn man sieht, wie toll Hühner sind, wie schlau und wie individuell, dann macht das etwas mit einem. Dann guckt man dieses Tier an und denkt: Ich kann dich nicht töten. Und ich will auch nicht, dass du Eier legst. Ich will einfach nur, dass du lebst. Das ist genug.«

Interessanterweise scheint sich die Perspektive der Tierschützer*innen auch auf die Bauern auszuwirken, von denen sie die Tiere übernehmen. Für einen Eierbetrieb macht es zwar finanziell kaum einen Unterschied, ob er die Hühner kostenlos vom Verein abholen lässt oder einen Schlachttransport bestellt – die ausgelaugten Hennen sind sowieso kaum etwas wert. Die Organisation der Rettungsaktion bedeutet aber in der Regel Mehraufwand. Warum entscheiden sich die Bauern dafür?

»Bei manchen Betrieben sind Familienmitglieder oder die Partnerin des Hühnerwirts auf uns zugekommen, die es nicht ertragen konnten, dass die Hühner geschlachtet werden. Aber oft sind auch die Besitzer selbst total erleichtert, wenn sie eine Alternative zum Schlachthof bekommen. Wir arbeiten zum Beispiel mit einem etwas größeren Betrieb in Süddeutschland zusammen. Der Betreiber hat es davor nicht ausgehalten, dass seine Tiere, die eigentlich noch leben könnten, zum Schlachter müssen. Er hat das Geld von der Schlachtung immer an eine gemeinnützige Organisation gespendet. Der war mit dem System auch nicht einverstanden.«

Ein anderer Tierhalter habe zuletzt weniger Hühner eingestallt, im Stall bessere Bedingungen geschaffen und selbst gesagt, sein Blick auf die Tiere habe sich verändert, seit er mit dem Tierschutzverein zusammenarbeitet. Damit habe sie nicht gerechnet, erzählt Ellen. Am Anfang habe sie da nur einen Gegensatz gesehen. »Man denkt leicht: Wir sind die guten Tierschützer*innen und das ist der böse Betrieb.« Aber das sei nicht so schwarz-weiß.

Die Aktiven von »Rettet das Huhn« schicken den Bauern nach der ersten Rettung immer eine Zusammenstellung von Bildern der Hühner im neuen Zuhause zu. »Da merkt man auch, das ist denen überhaupt nicht egal. Die freuen sich richtig, dass ihre Tiere weiterleben können«, sagt Ellen.

Das grausame System der Eierproduktion ändert sich dadurch nicht, das weiß auch Ellen. Der Verein »Rettet das Huhn« hat zwar im Jahr 2021 die beeindruckende Zahl von 19.081 Hühnern gerettet. In Anbetracht von 51 Millionen pro Jahr geschlachteten Legehennen allein in Deutschland ist das allerdings nur ein Tropfen auf den heißen Stein. Auch das Leben der Tiere in den Betrieben bleibt schlimm. Und bisher ist noch kein Betrieb, mit dem der Verein zusammengearbeitet hat, aus der Eierproduktion ausgestiegen.

»Rettet das Huhn« setzt daher stark auf Aufklärung von Konsument*innen. All die geretteten Hennen, die überall in Deutschlands Gärten herumlaufen, seien kleine Botschafterinnen aus der Massentierhaltung, meint Ellen. Immer wieder berichten auch Fernsehteams und andere Medien über die Arbeit des Vereins. Das trägt dazu bei, dass mehr Menschen ihren eigenen Konsum hinterfragen und, so die Hoffnung der Aktivist*innen, weniger oder keine Eier mehr kaufen.

Ellen will niemanden überfordern – jeder habe sein eigenes Tempo bei der Umstellung der Ernährung. Zugleich ist ihre Vision klar: »Wenn ich einen Wunsch frei hätte, würde ich sagen, wir steigen ganz aus der Tierhaltung aus. Keiner isst mehr irgendetwas Tierisches. Dann müssen wir auch unseren Verein nicht mehr betreiben, den würde ich dann sehr gerne schließen.«

»Tierwohl« oder Gerechtigkeit für Tiere

Aber muss man denn wirklich gleich so radikale Konsequenzen ziehen? Wäre es nicht sinnvoller, die Haltungsbedingungen der Tiere zu verbessern, anstatt die Tierhaltung ganz abzuschaffen? Tatsächlich müsste doch eine solche Verbesserung in der Bevölkerung viel Zustimmung erfahren. Denn den wenigsten Menschen ist ja das Wohlergehen von Tieren egal. Die Skandalvideos aus Mastanlagen und Schlachthöfen, die Tierrechtsorganisationen regelmäßig veröffentlichen, sorgen zuverlässig für Mitleid und Empörung – auch bei den Zuschauenden, die täglich Fleisch, Käse oder Eier essen. In einer repräsentativen Online-Umfrage der Universität Göttingen stimmten über 85 Prozent der Befragten der folgenden Aussage zu: »Wenn Tiere für unser Essen sterben müssen, sollen sie vorher gut gelebt haben.«[45]

Eigentlich sind das doch ideale Voraussetzungen dafür, die Haltungsvorgaben zu reformieren und dafür zu sorgen, dass Tiere in der Tierindustrie wenigstens nicht mehr leiden müssen. Und passiert das nicht sogar schon? Immerhin hat sich der Agrarminister Cem Özdemir selbst als »obersten Tierschützer der Bundesrepublik« bezeichnet und will sich für »mehr Tierwohl« im Stall einsetzen.

Das Problem ist allerdings: Das, was in den politischen Debatten als »Tierwohl« diskutiert wird, ist in Anbetracht der tatsächlichen Bedürfnisse der Tiere völlig unangemessen. Schon beim Begriff »Tierwohl« handelt es sich um eine echte Mogelpackung. Zum einen steckt darin schon eine Beschönigung: Plötzlich gibt es gar kein Tierleid mehr, sondern nur niedrigeres oder höheres Tierwohl. Auf diese Weise macht man allein dadurch, wie man über das Problem spricht, all das Grauen in den Tierfabriken effektiv unsichtbar.

Zum anderen sind die Verbesserungen für die Tiere, um die es typischerweise geht, extrem klein. Das zeigen zum Beispiel die Vorschläge für eine verpflichtende staatliche Haltungskennzeichnung, die Cem Özdemir im Juni 2022 öffentlich vorstellte. Fünf Stufen sollen es den Verbraucher*innen in Zukunft leichter machen, bei Schweinefleisch die Haltungsform zu erkennen. Damit würde das Kennzeichen »die Investitionen der Landwirte für mehr Tierwohl sichtbar machen,« sagte Özdemir.

Aber die Stufen unterscheiden sich eigentlich kaum voneinander. Während Stufe 1 den gesetzlichen Mindeststandard bezeichnet, haben die Schweine bei Stufe 2 ein Fünftel mehr Platz, also zum Beispiel 0,9 statt 0,75 Quadratmeter pro Schwein am Ende der Mastperiode. Stufe 3 bedeutet 1,1 Quadratmeter und »Außenklimakontakt«, also eine offene Seitenwand. Um Stufe 4 zu erfüllen, muss man jedem Schwein 1,4 Quadratmeter Platz bieten und dazu einen Auslauf, wobei es sich dabei typischerweise um eine betonierte kleine Außenbucht handelt. Stufe 5 entspricht dem Bio-Standard, wo auch nur 1 Quadratmeter Auslauf pro Schwein vorgeschrieben ist.[46]

In den anvisierten »höheren« Haltungsformen können die Schweine also weiterhin nicht mehr als ein paar Schritte gehen, nicht im Boden wühlen, nicht suhlen, keine interessante Umgebung erkunden. Außerdem würden viele Tiere immer noch aufgrund der Züchtung und der Haltungsbedingungen krank werden und sich Verletzungen zuziehen.[47]

Ein weiterer zentraler Kritikpunkt an Özdemirs Haltungskennzeichnung ist, dass wichtige Bereiche der Tierindustrie gar nicht abgedeckt sind: Die Züchtung ebenso wie Transport und Schlachtung kommen gar nicht vor. Auch dabei erfahren die Tiere aber extrem viel Leid.

Bei der Haltungskennzeichnung griff das Agrarministerium auch auf die Empfehlungen der Borchert-Kommission zurück, die ich im vorigen Kapitel schon angesprochen habe. Wenn man sich deren Vorschläge anschaut, wird klar, dass sich auch für andere Tierarten bei den »höheren« Haltungsstufen sehr wenig ändern soll. Es geht immer nur um etwas mehr Platz, Strukturierung und Beschäftigungsmaterialien, Kontakt zu Außenklima und ggf. Auslauf.

Natürlich kann das für die Tiere eine gewisse Verbesserung darstellen. Aber wesentliche Bedingungen der Nutzung bleiben unverändert: Hühner sollen weiterhin in Gruppen von mehreren Tausend Tieren leben ohne die Möglichkeit eine Hackordnung aufzubauen. »Milchkühe« müssen weiterhin jedes Jahr unter Schmerzen ein Kalb gebären, das ihnen gleich nach der Geburt weggenommen wird. Alle Tiere werden weiterhin auf bestimmte Leistungen gezüchtet – sie legen zu viele Eier, setzen zu viel Fleisch an, haben zu große Euter, als für ihre eigene Gesundheit gut wäre. In Enge und Stress verletzen sie sich gegenseitig. Und natürlich: Sie werden zum wirtschaftlich sinnvollsten Zeitpunkt geschlachtet, bei den Masttieren sogar lange bevor sie ausgewachsen sind.

All das ist kein Zufall und diejenigen, die solche Empfehlungen machen, haben die anderen Aspekte der Nutzung, unter denen Tiere leiden, nicht einfach vergessen. Es ist vielmehr so, dass eine wirtschaftlich sinnvolle Nutzung im großen Stil gar nicht mehr möglich wäre, wenn man grundsätzlich anders mit den Tieren umgehen würde.

Wenn man die Kälber bei den Mutterkühen lässt, trinken sie einen beträchtlichen Teil der Milch weg, die sonst zum Verkauf vorsehen ist. Wenn man die Hühner nicht auf schnelle Gewichtszunahme züchten würde, müssen sie länger im Stall wachsen und man schafft weniger Durchgänge pro Jahr. Wenn man Schweine durch den Wald rennen lassen will, kann man nur noch einen Bruchteil der Tiere halten, die man in einem konventionellen Maststall unterbringen kann.

Das oberste Gebot in der Tierindustrie und der Agrarpolitik lautet, dass die Betriebe profitabel und wettbewerbsfähig bleiben. Verbesserungen für Tiere kommen daher nur insofern in Frage, wie sie den wirtschaftlichen Erfolg der Branche nicht gefährden. Weil Tiere Waren sind, zählt ihr kommerzieller Nutzen also praktisch immer mehr als ihre eigenen Bedürfnisse. Und obwohl Bauern gerne das Gegenteil behaupten, stehen das Wohlergehen der Tiere und ihre »Leistung« nur zu oft im Widerspruch zueinander.

Dieses Grundprinzip, dass der kommerzielle Nutzen zwangsläufig wichtiger ist als die Bedürfnisse der Tiere selbst, lässt sich letztlich durch keine Tierschutzreform aus der Welt schaffen. Deshalb kann bei keiner Form von Nutztierhaltung das Wohlergehen der Tiere wirklich gewährleistet werden. Deshalb ist es auch kein Wunder, dass es vielen Tieren auch in Biobetrieben schlecht geht – auch dort geht es primär darum, unter Wettbewerbsbedingungen bestimmte Produkte herzustellen.

Aus diesen Gründen glaube ich: Wenn man ernsthaft will, dass Tiere nicht für Fleisch, Milch und Eier leiden müssen, darf man auf solche faulen Kompromisse nicht mehr hereinfallen. Stattdessen muss es darum gehen, die Tierindustrie abzubauen und möglicht bald ganz abzuschaffen.

Und dann gibt es noch den Blick auf die Tiere selbst, der sich verändern kann. So wie bei Jürgen Foß, der erkannt hat, dass es keinen Sinn ergibt, Hunde zu pflegen und zugleich Schweine zu essen. Oder so wie bei mir, als ich darüber nachgedacht habe, warum wir eigentlich Tiere schlachten, um sie zu essen, obwohl sie uns in vielerlei Hinsicht so ähnlich sind. Ich bin zu dem Schluss gelangt: Das ist ungerecht.

Und daraus ergibt sich ein noch grundsätzlicheres Argument: Die Nutztierhaltung ist nicht nur deshalb problematisch, weil sie praktisch zwangsläufig zu Leiden und Schäden bei den Tieren führt. Sondern auch, weil die ganze Idee vom »Nutztier« schon faul ist, eben weil wir damit bestimmte Tiere als Mittel zu unseren Zwecken definieren – anstatt anzuerkennen, dass sie als fühlende Individuen mit eigenen Bedürfnissen nicht für uns da sind, sondern ihre eigenen Zwecke verfolgen. Daher lautet ein beliebter Slogan der Tierrechts- und Tierbefreiungsbewegung: Tiere sind keine Ware.

Ich bin davon überzeugt, dass diese prinzipielle Kritik an der (Aus-) Nutzung von Tieren richtig ist. Und ich glaube, dass erst außerhalb von solchen Nutzungsverhältnissen ganz andere, bessere Beziehungen zu Tieren möglich sind – solche, die auf Lebenshöfen wie dem Land der Tiere schon praktiziert werden. Deshalb engagiere ich mich für den Ausstieg aus der Nutztierhaltung.

Dabei ist mir natürlich klar, dass das nicht von heute auf morgen passieren wird und dass es Zwischenschritte braucht. Aber dabei darf das große Ganze nicht aus dem Blick geraten: Kleine Verbesserungen dürfen uns nicht darüber hinwegtäuschen, dass die Tiere weiter leiden und dass es ungerecht ist, fühlende Wesen zu töten, wenn es doch anders geht.

Wie wir gesehen haben, ist die Abschaffung der Tierindustrie auch im Hinblick auf Gesundheit und Klima dringend geboten. Wenn wir allerdings nur mit diesen externen Folgen argumentieren, dann vergessen wir die direkten Opfer dieser Industrie – die Milliarden von Fischen und die über 750 Millionen Vögel, Schweine, Rinder und Schafe, die jedes Jahr allein in Deutschland im Schlachthof enden und deren Leben in den allermeisten Fällen elend, leidvoll und kurz waren.

Die Tierrechtsperspektive erinnert uns immer wieder daran, dass wir es nicht nur mit einem gesellschaftlichen Konflikt, nicht nur mit einem ökologischen Problem zu tun haben. Es geht um fühlende Individuen, unfassbar viele von ihnen, und wir schulden ihnen, sie als solche wahrzunehmen und ihre Ausbeutung zu beenden.

Aber wäre es überhaupt möglich, die Nutztierhaltung und die Fischerei abzuschaffen? Wie könnte eine Nahrungsmittelproduktion ohne Tierausbeutung aussehen? Und wie ließe sich eine entsprechende Ernährungswende und ein Umbau der Landwirtschaft politisch gestalten? Nachdem ich in den bisherigen Kapiteln vor allem die schlimmen Folgen der Tierindustrie erläutert und für eine grundsätzliche Transformation argumentiert habe, geht es ab jetzt um die Lösungen. Im nächsten Kapitel stelle ich mutige Pionierinnen und Pioniere vor, die heute schon eine

Landwirtschaft ohne »Nutztiere« vorantreiben. Außerdem diskutiere ich einige beliebte Vorbehalte, um zu zeigen: Ja, es ist möglich! Wir können unser Ernährungssystem umbauen – mit gigantischen Vorteilen für Menschen und Tiere.

4.

Geht das überhaupt? Die neue Landwirtschaft

Es ist ein warmer Tag Anfang August 2021. Ich fahre mit dem Fahrrad zwischen Mais- und Getreidefeldern entlang. Die Landschaft ist sanft gewellt, es geht rauf und runter. Ab und zu saust ein Auto an mir vorbei. Ein leichter Wind streicht durch die eintönigen Felder. Sonst bewegt sich nichts. »Landkreis Mittelsachsen« zeigt ein Schild neben der Landstraße. Ein Stück weiter den Hügel herunter biege ich ab Richtung Breitenborn und komme in ein hübsches Dorf mit alter Kirche und blühenden Sträuchern am Feldrand. Noch einmal links und ich bin da: »Biohof Hausmann« steht in grüner Schrift neben der Einfahrt.

Was nicht draufsteht, ist das Wort »vegan« – aber das ist das Besondere an dem Betrieb und der Grund, warum ich den Landwirt Daniel Hausmann besuche. Er lehnt die Nutztierhaltung aus ethischen Gründen ab. Auf seinem Hof hält er nicht nur keine Rinder, Schweine oder Hühner, sondern er verwendet auch keinen Dung oder andere Stoffe aus der Tierhaltung, was sonst besonders im ökologischen Anbau weit verbreitet ist. Dieser vegane Ökolandbau besetzt in Deutschland derzeit noch eine Nische – nur ein paar wenige Betriebe bekennen sich explizit dazu.

Wir treffen uns in einer Art Innenhof am Eingang zum Hofladen. Fast direkt hinter den Häusern beginnen die Felder. Daniel ist dreißig, blond, braungebrannt und hat einen Drei-Tage-Bart. Nach der Begrüßung gehen wir zu den Gemüsebeeten. Ich erkenne Rhabarber, Zucchini und Kohl. Zwischen den Reihen gibt es Blühstreifen, viele Insekten schwirren umher, ich höre Grillen zirpen. Daniel hat den Hof 2012 von seinen Eltern übernommen. Damals war es ein konventioneller Ackerbaubetrieb, auf dem auch Rinder gehalten wurden zur Fleischproduktion; außerdem ein paar Hühner und Schweine für den Eigenbedarf. »Ich habe das nicht groß hinterfragt, als ich hier aufgewachsen bin«, erzählt Daniel. »Es wird einem immer gesagt, das muss so sein, weil wir ja auch etwas essen wollen. Ich fand Vegetarier bescheuert, weil ich dachte: Wenn man Milch trinkt und Käse isst, müssen die Tiere ja trotzdem sterben, was soll das bringen?«

Obwohl der elterliche Betrieb konventionell bewirtschaftet wurde, entschied Daniel sich dazu, Ökolandbau zu studieren. Er wollte vielfältiger arbeiten und mehr Beziehung zu den Kunden und den Produkten haben, Gemüse anbauen und direkt vermarkten. Zum Studium zog er nach Eberswalde in Brandenburg. »Dort habe ich viele alternative Leute kennengelernt und das Thema Tierhaltung neu reflektiert. Und auf einmal ist mir aufgefallen: Mensch, man kann ja die Milch und den Käse auch weglassen! Dann muss die Kuh gar nicht sterben. Vorher hatte ich einfach gar nicht so weit gedacht.«

Während des Studiums entschied Daniel sich für eine pflanzliche Ernährung. Dann stellte er 2014 seinen Hof auf veganen Ökolandbau oder »bio-veganen« Anbau um. Ein mutiger Schritt: In seiner Region ist er der Einzige. Die allermeisten Landwirte um ihn herum arbeiten noch nicht einmal nach Biorichtlinien; sie betreiben ganz konventionelle Landwirtschaft. Und direkt in seinem Dorf, fast nebenan, gibt es einen »Geflügelhof« mit 5.000 Legehühnern.

Aber auch deutschlandweit ist Daniel ein Pionier dieser Form der Landwirtschaft. Wenn er die Zeit dazu findet, hält er Vorträge zum Thema, nimmt an Diskussionen teil und gibt Interviews für Zeitungen und Fernsehen. Denn Daniel wünscht sich, dass noch viel mehr Landwirt*innen sich entscheiden, aus der Tierhaltung auszusteigen und bio-vegan zu wirtschaften. »Schon aus Klimaschutzgründen, aber natürlich auch wegen der Tierethik. Und für die Umwelt und die Biodiversität hat diese Anbauweise ebenfalls viele Vorteile.«

Gern erklärt Daniel Interessierten seinen Betrieb. Das wichtigste Standbein ist der Anbau von Gemüse, das er in Abokisten nach Leipzig verkauft, 200 Kisten pro Woche. Zusätzlich bewirtschaftet er im Sommer 2021, als ich ihn besuche, fast 60 Hektar Ackerland – eine Betriebsgröße, die ziemlich genau dem deutschen Durchschnitt entspricht. Auf seinen Äckern wachsen zum Beispiel Dinkel, Weizen, Hafer und Kartoffeln.

Ganz praktisch führt Daniel auf seinem Betrieb in Mittelsachsen vor, dass und wie eine Landwirtschaft ohne »Nutztiere« funktionieren kann. Das ist auch deshalb so wichtig, weil diese Idee in der Agrarszene oft noch auf große Skepsis und Ablehnung stößt.

Die Düngerfrage

»Vegane Landwirtschaft gibt es nicht«, behauptet der Schweinemäster Georg Straller aus Ipflheim in Bayern in einer öffentlichen Stellungnahme.[1] Er ist in der Bundesvertretung der »Freien Bauern« aktiv, einem kleinen Interessenverband für bäuerliche Familienbetriebe. »Die Zutaten für vegane Produkte wurden mit meiner Schweinegülle gedüngt oder sie stammen aus Übersee, wo niemand die Produktion kontrolliert«, lässt er sich in der Stellungnahme zitieren.

Dass es sich dabei um eine polemische Überspitzung handelt, wird der Autor sicher zugeben. Wahr ist aber: Viele Nutzpflanzen werden mit tierischen Exkrementen gedüngt. Gülle und Mist enthalten Stickstoff und andere Pflanzennährstoffe wie Phosphor und Kali, ohne die Getreide und Gemüse nicht gedeihen. Auch Ackerbauern, die selbst keine Tiere halten, nutzen oft den sogenannten Wirtschaftsdünger aus den Mastanlagen. Tierhaltung und Pflanzenbau sind so in der Praxis häufig eng miteinander verbunden. Das gilt besonders im Ökolandbau, weil dabei kein künstlich hergestellter Stickstoffdünger verwendet wird. Es stimmt also, dass viele vegane Nahrungsmittel in diesem Sinne gar nicht vegan sind: Für ihre Herstellung wurden die Exkremente sogenannter »Nutztiere« verwendet – oder sogar Dünger, die aus Schlachtabfällen wie Haaren, Hörnern oder Federn hergestellt wurden. Allerdings folgt daraus nicht, dass dies immer oder notwendigerweise der Fall wäre.

Der vegane Ökolandbau will die übliche Verquickung von Tierhaltung und Pflanzenanbau gerade auflösen. Woher kommen dann aber die Nährstoffe für Daniel Hausmanns Gemüse? Wir stehen neben dem Zucchini-Beet vor einem großen Komposthaufen. »Ich baue regelmäßig Kleegras an und kompostiere das«, sagt Daniel. »Klee ist eine Leguminose und hat zusammen mit Bakterien die Fähigkeit, Stickstoff aus der Luft zu binden. Wenn man den Aufwuchs kompostiert und wieder aufs Feld bringt, können die anderen Pflanzen den Stickstoff benutzen. Man kann das Kleegras auch zerkleinern und woanders als Mulch auf die Beete legen, so ernährt man das Gemüse und schützt zugleich den Boden. Und in der Erde, in der man die Leguminosen angebaut hat, gibt es danach ebenfalls mehr Stickstoff, der für andere Pflanzen verfügbar ist.«

Tatsächlich sind alle Biobetriebe auf diese besondere Fähigkeit der Leguminosen, also der Hülsenfrüchte angewiesen und bauen daher regelmäßig Pflanzen aus dieser Familie an – dazu gehören neben Klee auch Luzerne sowie eine Vielzahl essbarer Pflanzen wie Bohnen, Erbsen und Lupinen. Sie sind Teil der Fruchtfolge: Dieser Begriff bezeichnet die zeitliche Abfolge verschiedener Nutzpflanzenarten auf einer Fläche. Eine vielfältige Fruchtfolge, die Leguminosen einschließt, kann auf diese Weise die Bodenfruchtbarkeit bewahren oder verbessern. Bei Daniel Hausmann machen die Leguminosen etwa 30 Prozent seines Anbaus aus, davon 20 Prozent Kleegras und 10 Prozent die essbaren Hülsenfrüchte.

Viele herkömmliche Biobetriebe nutzen ebenfalls Kompost und Mulch, um dem Boden Nährstoffe zuzuführen. Kleegras wird allerdings meist nicht kompostiert, sondern an Tiere verfüttert – so kann man später die Ausscheidungen der Tiere als Dünger nehmen. Wenn man das tut, bedeutet das aber eigentlich nur, dass man auf dem Weg der Nährstoffe eine Art Zwischenstation einschaltet.

»Das ist letztlich ein Umweg über den Tiermagen«, erklärt Anja Bonzheim mir im Frühjahr 2021 in einem Gespräch. Sie arbeitet für den Förderkreis Biozyklisch-Veganer Anbau, ein gemeinnütziger Verein, der den nutztierfreien Ökolandbau im deutschsprachigen Raum voranbringen will. »Der Kreislauf, der vom Futter über das Tier und dann über die Exkremente wieder in den Boden führt, ist viel länger, als wenn man den Aufwuchs, den die Tiere fressen, dem Boden direkt wieder zurückgibt.« Da müsse man grundlegend umdenken, sagt Anja.

»Man muss sich klarmachen, dass es ja die Pflanzen sind, die die wichtigen Nährstoffe in sich tragen. Die Tiere nehmen sie nur auf und scheiden sie dann wieder aus. Beim biozyklisch-veganen Anbau versuchen wir also einfach den Kreislauf kürzer zu halten. Wir nutzen genauso die Leguminosen, führen sie aber direkt über Kompostierung, Mulch oder auch eine pflanzenbasierte Biogasanlage dem Boden zurück.« Der Ausdruck »biozyklisch« im Namen des Förderkreises soll diesen Kreislaufgedanken zum Ausdruck bringen.

Allerdings ist der Kreislauf nicht vollständig geschlossen: Sobald man etwas vom Feld erntet, das dann verkauft und gegessen wird, sind die Nährstoffe darin für den Boden verloren. Zudem finden sowohl in der Tierhaltung, als auch bei der Kompostierung oder beim Mulchen gasförmige Verluste statt. Und die Leguminosen binden zwar Stickstoff aus der Luft, aber andere Nährstoffe wie Phosphat und Kali können sie nicht beschaffen. Daniel Hausmann kauft daher spezielle Düngemittel zu. »Da sind wir auf Lagerstätten angewiesen,« erklärt er, als wir vom Gemüsebeet zum Haus zurückgehen.

Das liegt allerdings nicht an seiner veganen Anbauweise. Andere Biohöfe müssen diese Nährstoffe oft genauso zukaufen. »Und auch die konventionellen Betriebe holen diese Stoffe ja nicht aus der Luft«, sagt Daniel. Wenn ein Betrieb Tiere hält und deren Produkte verkauft, gehen damit genauso Nährstoffe verloren, die die Tiere zuvor aus Pflanzen aufgenommen haben. »Das ist ein Grundproblem der heutigen Wirtschaftsweise«, meint Daniel. »Die wertvollen Nährstoffe werden in den Toiletten weggespült und kommen nicht zurück auf die Äcker.«

Der Klärschlamm, der in Klärwerken anfällt, dient in Deutschland nur zu einem kleinen Teil und nur unter strengen Auflagen als Dünger, denn er enthält auch Schwermetalle, Arzneimittelrückstände und andere gesundheitsgefährdende Stoffe. Der Rest landet auf Deponien. Also müssen wichtige Nährstoffe für die Landwirtschaft woanders herkommen: Mineralischer Kaliumdünger wird beim Kalibergbau u.a. in Deutschland gewonnen. Phosphat für die Landwirtschaft baut man aus natürlichen Gesteinsvorkommen ab – die Hauptvorräte liegen im nördlichen Afrika. Wissenschaftler*innen warnen in der Tat, dass die weltweiten Phosphor-Vorkommen zur Neige gehen könnten. Umgekehrt sorgt hierzulande Phosphor, der in Gewässern landet, für Überdüngung.[2]

Deshalb wird unter Hochdruck an Verfahren geforscht, den Phosphor aus dem Abwasser zu isolieren und weiterzuverwenden– das ist bereits möglich, die Technik soll aber noch verbessert werden. Seit 2017 schreibt in Deutschland sogar die Klärschlammverordnung vor, dass Klärwerke nach einer Übergangszeit einen bestimmten Teil des Phosphors zurückzugewinnen müssen.[3]

Ein anderer Weg könnte die direkte Kompostierung von menschlichen Ausscheidungen sein. Auch da bewegt sich einiges: Ein Startup aus Eberswalde bei Berlin produziert einen Kompostdünger aus Trockentoiletten und hat in den Jahren 2020 und 2021 den ersten Feldversuch auf einem brandenburgischen Acker durchgeführt.[4]

»Über kurz oder lang müssen wir das schaffen, die Nährstoffe aus der Nahrung wieder in den Boden zu bekommen«, sagt auch Daniel Hausmann. »In jedem Fall ist es total wichtig, mit dem Ertrag, den man hat, sparsam umzugehen, und ihn eben nicht an Schweine zu verfüttern, sondern direkt für die Menschen als Nahrung zur Verfügung zu stellen.« Zwar kann man, wenn man Tiere hält, einen Teil der verfütterten Nährstoffe über die Gülle wieder zurückführen. Es liegt aber in der Natur solcher Prozesse, dass bei jedem Zwischenschritt etwas verlorengeht – Tiere nutzen einen Teil der Nährstoffe für ihren eigenen Stoffwechsel und andere Stoffe landen dort, wo sie nicht hingehören, zum Beispiel in Flüssen oder im Grundwasser. Der vegane Anbau, bei dem der Nährstoffkreislauf möglichst kurz gehalten wird, spart also auch deshalb letztlich Ressourcen ein.

Die Idee einer Landwirtschaft, die ohne Rinder, Schweine oder Hühner auskommt, ist dabei gar nicht neu: Schon ab den 1920er Jahren praktizierten Anhänger*innen der »Lebensreform«-Bewegung in Deutschland ein Anbauverfahren, das sie »Natürlichen Landbau« nannten. Aufgrund der vegetarischen Grundsätze der Bewegung wurden keine oder nur sehr wenige sogenannte »Nutztiere« gehalten. Als Dünger dienten pflanzliche Überschüsse, Erntereste und Kompost. Außerdem wurden gezielt Pflanzen wie Leguminosen zur Bodenverbesserung angebaut.[5]

In Großbritannien gründete sich 1996 das »Vegan Organic Network«, das sich für die Verbreitung dieser Anbaumethoden einsetzt. Seitdem entstanden in vielen Ländern ähnliche Organisationen. Und seit 2017 gibt es einen durch die Weltbioorganisation IFOAM anerkannten, veganen Bio-Standard, an dem auch der deutsche Förderkreis Biozyklisch-Veganer Anbau e.V. mitgearbeitet hat. Betriebe, die nach diesen Richtlinien arbeiten, können sich offiziell als biozyklisch-vegan zertifizieren lassen und ihre Produkte entsprechend kennzeichnen. Im deutschsprachigen Raum haben das bislang zwar nur eine Handvoll Betriebe getan. In anderen europäischen Ländern wie Griechenland und Zypern sind es aber schon deutlich mehr.[6]

Daneben gibt es auch in Deutschland viele Betriebe, die zwar nicht vegan zertifiziert sind, aber keine Tiere halten und auch keine Gülle aus der Tierhaltung verwenden – in Brandenburg zum Beispiel ein Öko-Ackerbaubetrieb, der ganze 1.100 Hektar auf diese Weise bewirtschaftet.[7] Und der Anteil sogenannter »viehloser Öko-Betriebe«, die keine eigene Tierhaltung haben, macht fast ein Drittel aller deutschen Biobetriebe aus – da liegt also ein großes Potential.[8]

Zwar fehlt es noch an umfangreicher Forschung, aber prinzipiell spricht nichts dagegen, dass der vegane Ökolandbau flächendeckend die heute üblichen Formen der Landwirtschaft ersetzen könnte. Eine Untersuchung im Auftrag des Umweltbundesamts bescheinigt der bio-veganen Landwirtschaft ein sehr hohes Nachhaltigkeitspotential, weil sie Ressourcen spart und wenig Treibhausgase und Schadstoffe freisetzt.[9]

Bodenschonende und tierfreundliche Landwirtschaft

»Der biozyklisch-vegane Anbau hat zahlreiche Vorteile für Umwelt und Klima«, sagt Anja Bonzheim vom Förderkreis. Wie im Ökolandbau insgesamt werden keine chemischen Pestizide verwendet; das trägt zum Artenschutz in der Agrarlandschaft bei. Ebenso wird kein Kunstdünger eingesetzt, der sehr viel Energie für die Herstellung verschlingt. Im Mittelpunkt steht außerdem immer die Pflege des Bodens, der die

Grundlage jeder Landwirtschaft ist und ein entscheidender Faktor für die Klimaauswirkungen.

»Mit verschiedenen Methoden sorgen wir dafür, die Humusschicht, also die organische Substanz im Boden aufzubauen – durch Mulchen, durch die Arbeit mit Kompost und dadurch, dass wir den Boden ständig bedeckt halten und speziell Pflanzen zur Bodenverbesserung aussäen«, erklärt Anja mir. »Auf diese Weise wird vermehrt Kohlenstoff aus der Luft im Boden gebunden – genau das brauchen wir zum Klimaschutz.«

Der Boden ist ein gigantisches Ökosystem und neben den Meeren der bedeutendste Kohlenstoffspeicher der Welt. Die ersten 20 bis 30 Zentimeter Boden enthalten mehr Kohlenstoff als alle Pflanzen auf der Welt zusammen.[10] Diesen Kohlenstoffgehalt zu bewahren und noch zu erhöhen ist ein zentrales Instrument im Kampf gegen die Erderwärmung. Und es hat weitere positive Effekte.

»In einer Handvoll Erde sind mehr Organismen, als Menschen auf der Welt leben«, schwärmt Bonzheim. »Das ist eine unglaubliche Vielfalt. Und ein guter Boden mit einer guten Struktur ist weniger gefährdet, bei Starkregen abgetragen zu werden oder bei Dürre auszutrocknen.«

Den Boden zu pflegen und zu verbessern, ist daher von jeher ein zentrales Prinzip im Ökolandbau. Der Boden speichert Wasser und Nährstoffe – je mehr organische Substanz vorhanden ist, desto besser und gesünder wachsen die Pflanzen. Und die Methoden zur Bodenpflege funktionieren auch ohne sogenannte »Nutztiere«. Es kommt darauf an, dass man die Bodenlebewesen mit Nährstoffen füttert und den Boden vor Sonne, Sturm und Regen beschützt, indem man ihn mit Pflanzenbewuchs oder Mulch bedeckt hält.

Wichtig ist außerdem, den Boden möglichst wenig zu stören, wie es zum Beispiel beim Pflügen geschieht, einer gängigen Form der Bearbeitung. Sie dient u. a. der Beseitigung von Unkräutern und wer keine Herbizide benutzt, ist häufig auf diese mechanische Methode angewiesen. Es gilt sie aber möglichst selten einzusetzen, denn dabei werden u. a. die Bodenlebewesen durcheinandergebracht – so finden sich diejenigen, die oben leben und Sauerstoff brauchen, plötzlich in tieferen Bodenschichten wieder und sterben dort. Wenn der Boden dabei noch mit schweren Maschinen befahren wird, kommt es zusätzlich zu Verdichtung, was ebenfalls schlecht ist für das Bodenleben.[11]

Und was bedeutet veganer Ökolandbau für den Umgang mit Schädlingen? Daniel Hausmann aus Sachsen sagt: »Wir setzen auf natürliche

Regulationsmechanismen.« Ein konkretes Beispiel zeigt er mir in seinem Gemüsebeet bei den Kohlpflanzen. Dort stehen pralle Wirsing- und Rotkohlköpfe. Direkt nebendran ist eine Reihe mit einem wilden Durcheinander aus verschiedenen Pflanzen und Blüten. »Gerade machen wir viel mit Blühstreifen. Was du hier siehst, ist eine spezielle Mischung, die soll die Gegenspieler der Kohlschädlinge fördern. Und das wirkt schon – wir hatten sonst immer Probleme mit der weißen Fliege, aber dieses Jahr sieht es besser aus.«

Das Ziel ist dabei immer, wildlebende Tiere so wenig wie möglich zu schädigen. Schnecken sammelt Daniel ab und bringt sie abends mit dem Fahrrad weg, anstatt sie zu töten. Das heißt nicht, dass niemals ein Tier getötet wird – bei den Kartoffelkäfern zum Beispiel hilft das Wegbringen nichts, weil sie fliegen können. Sie müssen sterben, um die Ernte zu sichern, räumt Daniel ein. Durch die vorbeugenden Maßnahmen versucht er aber, solche Eingriffe gering zu halten.

Die offiziellen Richtlinien für den biozyklisch-veganen Anbau schreiben ebenfalls vor, dass Betriebe aktiv die Biodiversität erhöhen und die Aktivität von sogenannten »Nutzinsekten« fördern sollen. Die Richtlinien empfehlen außerdem die Anwendung von Mischkulturen. Das bedeutet, dass verschiedene Pflanzen zusammen oder nebeneinander angebaut werden, die sich gegenseitig unterstützen. Dabei gibt es ganz verschiedene Arten der Unterstützung. Klassische Kombinationen sind zum Beispiel Zwiebeln und Möhren oder Mais und Bohnen. Während Zwiebeln und Möhren füreinander Schädlinge vertreiben, liefern Bohnen als Leguminosen Nährstoffe für die Maispflanzen, die ihrerseits für die Bohnen eine Rankhilfe bilden. Mit Mischkulturen lassen sich häufig höhere Erträge pro Fläche erreichen.[12] Für die maschinelle Ernte braucht es dann spezialisierte Maschinen, die bislang noch teuer sind – was sich ändern sollte, wenn die Nachfrage danach steigt.[13]

Es gibt weitere Methoden, mit denen man insbesondere beim Gemüseanbau die Erntemengen erhöhen kann: In der sogenannten biointensiven Landwirtschaft setzt man die Gemüsepflanzen besonders eng nebeneinander, dadurch entsteht ein optimales Mikroklima und der Boden wird vor Austrocknung geschützt. Möglich ist das nur, wenn man ohne breite Maschinen arbeitet – man muss also deutlich mehr per Hand machen. Dafür kann man innerhalb eines Jahres auf derselben Fläche bis zu viermal mehr Gemüse erzeugen, als in traditionellen Systemen üblich ist.[14] Die Methode ist nah dran an der Permakultur – ein Konzept für

Landwirtschaft und Gartenbau, das darauf basiert, natürliche Kreisläufe und Ökosysteme nachzuahmen.[15]

An biointensiven Prinzipien orientiert sich zum Beispiel die biovegane Gemüsegenossenschaft PlantAge in der Nähe von Frankfurt an der Oder: Viele Beete werden dort nur manuell bearbeitet, um die Bodenstruktur und die Bodenlebewesen nicht zu stören. Ich war selbst einmal dort im Herbst bei einem Mitmachtag. Gemeinsam mit einem Dutzend anderen Helfer*innen habe ich mit Hacke und Händen Unkraut aus der Erde gezogen. Die Genossenschaft beliefert jede Woche etwa 800 Haushalte mit einer Gemüsekiste.

Um den Ertrag zu steigern und den Boden zu verbessern, empfiehlt der Förderkreis biozyklisch-veganer Anbau außerdem eine spezielle Form von Kompost: Die biozyklische Humuserde. Was das ist, habe ich mir von Anja Bonzheim erklären lassen. »Darauf ist der Autor der Biozyklisch-Veganen Richtlinien und Mitgründer unseres Förderkreises, Johannes Eisenbach, eher zufällig gestoßen«, sagt sie. Eisenbach ist promovierter Agrarökonom. Er hat in der Vergangenheit ein Netzwerk von Biobetrieben in Griechenland aufgebaut, die vor allem Zitrusfrüchte und Oliven produzierten.

»Johannes hat mit Rückständen von der Ölproduktion, dem Oliventrester, und den Blättern der Olivenbäume große Kompostmieten angelegt, die er regelmäßig gewendet und befeuchtet hat, so dass die Prozesse gut ablaufen konnten«, erzählt Anja. »Und dann hatte er keine Zeit, diesen Kompost zu verkaufen, der lag und lag. Irgendwann hat Johannes beschlossen, diese Hügel zu bepflanzen. Nach mehreren Jahren, als der Kompost ungefähr acht Jahre alt war, stellte er fest, dass die Masse nicht mehr kleiner wurde, aber die Erträge immer höher. Das fand er so interessant, dass er das Ganze durchchecken ließ. Die erstaunliche Entdeckung: Dort waren ganz stabile Kohlenstoffmoleküle entstanden – das Material hatte eine sehr hohe Nährstoffdichte, aber die Nährstoffe waren nicht mehr wasserlöslich, konnten also nicht mehr ausgewaschen werden.«

Am Ende des langen Kompostierungsprozesses erhält man auf diese Weise ein Material, das mit Kompost nur noch wenig zu tun hat – dieser wird normalerweise schon nach wenigen Monaten weiterverwendet. »Das neue Material hat eher die Eigenschaften von Dauerhumus, wie man ihn zum Beispiel auf einem Waldboden vorfindet«, sagt Anja. Daher stammt auch der neue Name, »biozyklische Humuserde«. Erste wissenschaftliche Studien darüber sind in Fachzeitschriften erschienen und belegen, dass man mit der Humuserde besonders hohe Erträge erzielen kann.[16] Weitere Forschung ist aber nötig.

»Das hat ganz viel Potential«, meint Anja. »Es müsste das oberste Ziel sein herauszufinden, wie man den Prozess beschleunigen kann. Wir haben es aufgenommen in unsere Richtlinien als ein Ziel, dass die Betriebe Humuserde herstellen und verwenden sollen. In der Realität sieht das natürlich noch anders aus, weil nicht jeder Betrieb die Möglichkeit hat, Kompost fünf Jahre oder länger reifen zu lassen.« Dafür braucht es auch entsprechende Bedingungen und Geräte, die teuer sind und sich für einen Betrieb allein nicht unbedingt lohnen. Wenn mehr Betriebe biozyklisch-vegan wirtschaften, könnten sich aber mehrere zusammentun und gemeinsam Kompost und Humuserde produzieren. Neben dem Pflanzenmaterial ihrer eigenen Höfe könnten sie dafür auch kommunalen Grünschnitt verwenden und andere organische Stoffe wie den kompostierten Biomüll von Privathaushalten.[17]

Wenn sich durch Mischkulturen, biointensiven Anbau oder Humuserde der Ertrag pro Fläche erhöhen lässt, ist das nicht nur vorteilhaft für die Wirtschaftlichkeit der Betriebe. Vom Ertrag hängt auch ab, ob die ökologischen Anbauweisen tatsächlich unterm Strich die umweltfreundlichsten Methoden sind, um pflanzliche Nahrungsmittel zu erzeugen – das ist eine Diskussion, die ganz unabhängig von den veganen Prinzipien geführt wird.

Denn klar ist zwar, dass bei der ökologischen Landwirtschaft die Auswirkungen pro Fläche vorteilhaft sind: Es gelangen weniger Gifte und Schadstoffe in Böden und Gewässer und die Artenvielfalt auf den Flächen und ringsherum ist höher.[18] Aber im Ökolandbau sind die Erträge pro Hektar im Schnitt heute oft noch geringer als in der konventionellen Landwirtschaft[19] – auch auf Daniel Hausmanns Getreideäckern ist das so. Er erntet zwar etwa so viel wie tierhaltende Ökobetriebe, aber weniger als konventionelle Betriebe.

Je geringer nun die Erträge sind, desto mehr Land muss man insgesamt bewirtschaften, um dieselbe Menge Nahrungsmittel zu erzeugen – und entsprechend weniger Fläche kann man für Renaturierung und Klimaschutz nutzen. Das gilt auch dann, wenn man sich den wichtigsten Flächenfresser, die Tierhaltung, ganz wegdenkt und nur verschiedene Pflanzenbausysteme vergleicht. Und es ist der Grund, warum einige Agrarwissenschaftler*innen es nicht für sinnvoll halten, die ganze

Landwirtschaft auf Ökolandbau umzustellen. Stattdessen plädieren sie für eine Ökologisierung der konventionellen Landwirtschaft.[20] Das bedeutet, dass konventionelle Landwirt*innen zum Beispiel mehr für die Artenvielfalt tun, weniger Ackergifte einsetzen, zielgenauer düngen und das Bodenleben besser schützen und fördern.[21]

Und was würde es für den konventionellen Ackerbau bedeuten, wenn es keine Tierfabriken mehr gäbe? »Dann hätten wir keine Gülle und keinen Mist mehr zum Düngen und bräuchten noch mehr Kunstdünger«, habe ich in Diskussionen oft gehört. Der Einwand übersieht aber wieder einmal, dass Rinder, Schweine und Hühner keine Nährstoffe herstellen können – sie müssen sie vorher selbst aus Pflanzen aufnehmen. Um Tiere zu füttern, werden also Pflanzen angebaut. Und die benötigen ihrerseits Dünger. Im besten Fall wäre das ein Nullsummenspiel. Tatsächlich geht auf jeder Stufe noch etwas verloren, also ist es ein Minusgeschäft.

Einige Verteidiger*innen der Tierhaltung lassen dieses Argument allerdings nicht gelten. Sie sagen: Die Futtermittel für die Tiere werden gar nicht extra angebaut. Sie sind sowieso da. Damit meinen sie nicht nur das Gras auf den Weide- und Grünlandflächen, von dem später noch die Rede sein wird, sondern auch sogenannte Reststoffe aus dem Ackerbau und der Ernährungswirtschaft.

Vegane Verschwendung?

Georg Straller, der Schweinemäster aus Bayern, ist sich sicher: »Auf dem Acker sind Futterpflanzen Bestandteile einer vielfältigen Fruchtfolge, außerdem fällt immer Getreide an, das nicht verbacken, aber verfüttert werden kann. Und schließlich lassen sich Nebenprodukte aus der Ernährungswirtschaft hervorragend über die Allesfresser Schwein und Geflügel verwerten.« Würde Landwirtschaft auf diese Möglichkeiten verzichten und sich nur »die Radieschen rauspicken«, wäre dies laut Straller eine gigantische Verschwendung natürlicher Ressourcen.[22]

Was ist von diesem Argument zu halten? Wenn es die aktuelle Tierhaltung rechtfertigen soll, taugt es schonmal nichts. Denn die Schweine, Rinder und Hühner, die heute in den Mastanlagen dahinvegetieren, fressen keineswegs nur Material, das quasi »sowieso« anfällt. Vielmehr wird jede Menge Getreide und Mais speziell für Tiere angebaut – global landet ein ganzes Drittel der Getreideernte in den Futtertrögen, in Deutschland sind es sogar mehr als die Hälfte.[23] All das könnte man problemlos essen oder man könnte auf denselben Flächen essbare Produkte anbauen. Die Verschwendung liegt darin, das nicht zu tun.

Wenn Straller sagt, dass ein Teil des Getreides nicht verbacken werden kann, dann spielt er damit auf die Qualitätskriterien für Brotweizen an, die sich in den letzten Jahren etabliert haben – wenn ein bestimmter Eiweißgehalt nicht erreicht wird, gilt der Weizen nur noch als Futtergetreide. Allerdings unterschlägt Straller dabei erstens, dass der Großteil der deutschen Weizenernte tatsächlich nach diesen Kriterien backfähig ist – und mehr als die Hälfte davon trotzdem verfüttert wird.[24] Zweitens ist auch der Weizen, der den vorgegebenen Eiweißgehalt nicht erreicht, natürlich essbar – man kann ihn in der richtigen Mischung, mit anderen Backverfahren oder für andere Lebensmittel problemlos verwenden.[25] Hinzu kommt drittens, dass andere Getreidesorten wie Dinkel und Roggen weniger anspruchsvoll im Anbau sind als Weizen – d.h. sie könnten auf Böden, auf denen hohe Weizenqualitäten schwer zu erreichen sind, gut wachsen. Dafür müssten wir als Konsument*innen natürlich mehr Dinkelnudeln und Roggenbrot essen – möglich ist das und dazu gesund.

Wilhelm Windisch, Professor für Tierernährung an der TU München, hält die Verfütterung von Getreide an Tiere ebenfalls für Verschwendung. Insbesondere Masthühner würden praktisch ausschließlich von Ackerflächen ernährt, die man stattdessen für die menschliche Ernährung nutzen müsste, sagt er in einem Interview.[26] Allerdings würden dann immer noch eine Menge Materialien anfallen, die nicht als Lebensmittel für uns nutzbar seien, heißt es im selben Interview. Diese sollte man, glaubt Windisch, weiterhin als Futter verwenden. Er schätzt, dass man dann noch etwa ein Drittel der Tierprodukte erzeugen könnte, die heute verzehrt werden – also hätten wir viel weniger Nutztierhaltung als jetzt, aber eine weitere Reduzierung wäre aus seiner Sicht ressourcentechnisch nicht sinnvoll.

»Ein Kilo ›veganes‹ Lebensmittel erzeugt vier Kilo nicht essbare Biomasse«, sagt Windisch. »Das Verhältnis Getreide zu Stroh ist mindestens eins zu eins, dann müssen wir vom Korn noch die Kleie abziehen. Alles was in Mühlen, Brauereien oder in der Ölherstellung an Reststoffen anfällt, ist nicht essbar, und schließlich wird alle drei, vier Jahre überhaupt nichts Essbares auf dem Feld angebaut.«

All diese Pflanzenmaterialien sollte man an Rinder, Schweine oder Hühner verfüttern, meint Windisch, um zusätzliche Lebensmittel zu gewinnen. Ist das überzeugend? Zunächst wäre es wohl ein sinnvoller Weg zum Abbau der Tierindustrie, wenn man tatsächlich nur noch solche Reststoffe verfüttern würde – es würde die Tierbestände massiv reduzieren. Aber ist es auch als mittel- und langfristige Perspektive sinnvoll? Sollten wir Tiere als Resteverwerter halten und würden sie dann ansonsten unnütze Stoffe quasi umsonst für uns in Milch, Fleisch und Eier verwandeln?

Wir würden die Tiere dafür weiterhin auf unsere Zwecke hin züchten, gefangenhalten, von ihren Eltern bzw. ihren Kindern trennen und in jungem Alter töten. Mit einem respektvollen Blick auf Tiere als unsere Mitlebewesen, die eigene Wünsche und Rechte haben, ist das nicht vereinbar. Glücklicherweise ist es für eine effiziente Erzeugung von Nahrungsmitteln auch nicht nötig.

Zum einen gibt es auch in einer veganen Landwirtschaft für alle nicht-essbaren pflanzlichen Materialien andere Verwendungsweisen: Daniel Hausmanns Kleegras wird kompostiert und so zu einem wertvollen Dünger, der für das Bodenleben vorteilhafter ist als Gülle.[27] Das kann man natürlich mit Ernterückständen auf dem Feld ebenso machen. Stroh lässt sich zudem gut als Mulch nutzen, den man auf den Acker oder die Gemüsebeete legt, um den Boden zu schützen. Das Kartoffelkombinat, eine solidarische Landwirtschaft bei München, verteilt Strohmulch auf ihren Kürbisbeeten – und zwar interessanterweise mit einer Silagemaschine, die sonst in Kuhställen zum Einsatz kommt.

Sämtliche organische Materialien, die auf dem Acker oder auch in der Ernährungsindustrie anfallen, lassen sich außerdem in Biogasanlagen vergären, um Energie zu erzeugen.[28] So stellen heute schon einige Brauereien aus den dort anfallenden Reststoffen, die Windisch auch anspricht, Biogas her und verringern damit ihren Energiebedarf. Und später kann man die nährstoffreichen Gärreste weiter als Dünger verwenden.[29] Das lohnt sich sogar finanziell – und macht viel mehr Sinn als die Vergärung von extra dafür angebautem Mais, was heute üblich und unterm Strich sogar schädlich ist, weil der Anbau seinerseits Emissionen verursacht und Energie verbraucht.[30]

Bei vielen sogenannten »Reststoffen« müssen wir uns allerdings auch fragen: Wer sagt eigentlich, dass die nicht essbar sind? Aus vielen Pflanzenteilen, die heute oft verfüttert werden, lassen sich nämlich tolle Lebensmittel herstellen – und auch da liegt die Verschwendung in Wahrheit darin, das nicht zu tun.

Nährstoffe zurück auf den Teller

Knusprig, würzig, etwas salzig und überraschend lecker: so schmecken geröstete Ackerbohnen. Sie sind etwa doppelt so groß wie Erbsen, mittelbraun und meist vom Rösten an einer Seite aufgeplatzt. Die Haut glänzt von etwas Rapsöl. Ich habe mir den »heimischen Ackerbohnensnack« in einer kleinen Tüte online bestellt, zum Probieren. Mit im Paket liegt eine Postkarte, darauf ein Bild einer Ackerbohnenpflanze. Mit den Busch- und Stangenbohnen, die ich aus meinem Garten kenne, hat sie optisch wenig gemeinsam. Von einem starken Mitteltrieb wachsen dicke grüne Hülsen schräg nach oben, die Blätter sind lang und schmal.

Unterschrieben ist die Postkarte von Cecilia Antoni, Gründerin und Inhaberin der Firma Bohnikat, die die Bohnensnacks verkauft. Ein paar Tage später treffe ich mich mit ihr in einem Café in Berlin. »Ich wollte ein Produkt entwickeln, um die Ackerbohne wieder bekannter zu machen«, sagt Cecilia. »Man kennt sie heute praktisch nur noch als Tierfutter.«

Die Ackerbohne ist eine Leguminose und wird daher oft angebaut, um den Boden zu verbessern und mit Stickstoff anzureichern – nebenbei liefert sie nährstoffreiche Bohnen. Sie ist damit ein Beispiel für die Pflanzen, von denen Professor Windisch spricht – sie stehen alle paar Jahre auf dem Acker und gelten nicht als essbar. »Dabei war die Ackerbohne jahrhundertelang ein Grundnahrungsmittel«, sagt Cecilia Antoni. »Die Bohnen enthalten viele Nährstoffe und haben eine zartschmelzende Konsistenz, die sie auch so lecker macht.«

Die gerösteten Bohnen kommen in schick designten Papiertütchen daher. Cecilia lässt sie außerdem in mehreren Unverpackt-Läden verkaufen. »Die Ackerbohne ist eine Pflanze, die allen guttut«, schwärmt Cecilia. »Sie düngt den Boden und spielt daher eine wichtige Rolle in der Fruchtfolge. Und die Blüten sind bei Insekten beliebt.«

Die Ernährungswirtschaft fängt schon an, Ackerbohnen in Fleischalternativen zu verwenden – die Rügenwalder Mühle macht aus ihnen vegane »Fischstäbchen«, das Bremer Startup CheWow benutzt »zerfaserte Ackerbohnen« für Nuggets. Und im Rheinland gibt es mehrere Bäckereien, die ein Brot mit 40 Prozent Ackerbohnenmehl anbieten – es soll länger frisch bleiben als reines Getreidebrot und hat mehr Eiweiß. In der eigenen Küche kann man aus den Ackerbohnen ein Püree kochen, das in

Italien als Vorspeise beliebt ist. Auch Falafel lassen sich aus Ackerbohnen zubereiten.

Die Pflanze eignet sich zwar nicht für alle Böden – besonders gut wächst sie bei viel Feuchtigkeit in Norddeutschland. Von dort bezieht Cecilia Antoni die Bohnen für ihre Snacktüten. Für andere Regionen sind andere Hülsenfrüchte passender. In Brandenburg und Mecklenburg-Vorpommern werden Süßlupinen schon länger erfolgreich angebaut, jetzt kommen auch Kichererbsen hinzu. In Süddeutschland, aber auch in Niedersachsen, wächst jedes Jahr mehr Soja – und zwar als Nahrungsmittel für Menschen.

»Früher haben die Menschen viel mehr Hülsenfrüchte gegessen«, sagt Cecilia. »Erbsen, Bohnen, Linsen, sogar Kichererbsen-Rezepte findet man in alten deutschen Kochbüchern. Nach dem Krieg galten die Hülsenfrüchte dann als Arme-Leute-Essen und mit diesem Image haben sie immer noch zu kämpfen.«

Alle Hülsenfrüchte sind ein wichtiger Schlüssel für den erfolgreichen Ausstieg aus der Tierindustrie: Sie ergänzen die Fruchtfolge, verbessern den Boden und sparen dabei Stickstoffdünger ein, der sonst aus der Gülle kommt oder energieaufwändig hergestellt werden muss. Zugleich liefern sie gesundes pflanzliches Eiweiß, mit dem wir in unserer Ernährung die Tierprodukte ersetzen können – und sie brauchen dabei viel weniger Land für denselben Eiweißertrag.[31]

Auch andere Pflanzen können zugleich den Boden pflegen und Nahrungsmittel bereitstellen – zum Beispiel Hanf: Hanfsamen gelten als echtes Superfood, sie enthalten Eiweiß, Vitamine und essentielle Fettsäuren. Die Pflanze ist besonders anspruchslos im Anbau, braucht wenig Wasser und Pestizide, bringt mit ihren tiefen Wurzeln Kohlenstoff in den Unterboden und beugt Erosion vor.[32] Schwierig sind dabei derzeit vor allem noch die bürokratischen Hürden.

Oder nehmen wir Lein: Die Pflanze, aus deren Samen das gesunde Leinöl hergestellt wird, fungiert als Gründünger und bietet darüber hinaus ein Blütenmeer für Insekten. Gerade für eine vegane Ernährung ist Leinöl besonders vorteilhaft, weil es wichtige Omega-Fettsäuren liefert, die sonst häufig über den Verzehr von Fischen aufgenommen werden. Wenn der Ausstieg aus der Tierindustrie und der Fischerei gelingt, brauchen wir mehr Leinöl in der Ernährung und mehr Lein auf den Feldern – zum Vorteil von Böden und Insekten.

Aber was ist dann mit den Reststoffen aus den Ölpressen, von denen

Professor Windisch spricht? Um Speiseöl zu gewinnen, werden Rapssamen, Sonnenblumenkerne oder eben Leinsamen ausgepresst. Übrig bleibt der sogenannte Presskuchen. Aber der ist keineswegs Abfall, sondern ebenfalls ein sehr nahrhaftes Produkt – er enthält jede Menge Eiweiß und dazu noch gesunde Fette.

Leinmehl und Hanfmehl aus den ausgepressten Samen gibt es schon zu kaufen. Aus den Rückständen der Sonnenblumenölherstellung produziert eine Münchner Firma Proteinbausteine, die in verschiedenen Lebensmitteln verwendet werden.[33] Und ausgepresste Kürbiskerne werden heute schon zu pflanzlichem Gyros verarbeitet – das überhaupt nicht nach Kürbis und erstaunlich lecker schmeckt.[34]

Die größten Mengen Presskuchen fallen allerdings bei der Produktion des beliebtesten deutschen Speiseöls, Rapsöl, an. Dabei gibt es ein Problem: Rapskuchen schmeckt unangenehm bitter. Es wird allerdings schon daran geforscht, das zu ändern. Ziel ist, den bitteren Geschmack aus der Rapspflanze herauszuzüchten.[35]

Die Zusammensetzung der Aminosäuren im Raps ist sogar sehr günstig für die menschliche Ernährung. Um die Wirkung auf den Stoffwechsel zu untersuchen, ließ ein Forschungsteam an der Uni Halle-Wittenberg 20 Proband*innen Nudeln mit einer Tomatensoße essen, in die Rapseiweiß eingerührt war. Das Rapseiweiß schnitt in allen Parametern genauso gut oder besser ab als Sojaeiweiß, das sonst als besonders vorteilhaft gilt. Die Probanden waren außerdem nach dem Essen länger satt.[36]

Und die Nebenprodukte aus den Getreidemühlen, die Windisch anführt? Als »Kleie« bezeichnet man die äußeren Schichten der Getreidekörner, die bei der Herstellung von Weißmehl zurückbleiben. Sie sind zwar tatsächlich weitgehend unverdaulich, wie Windisch sagt, aber damit sind sie keineswegs nicht essbar oder ungesund: Sie bestehen zum großen Teil aus Ballaststoffen, die der Körper nicht verwerten kann, die aber gerade deshalb gut für den Darm sind. Einige Nährstoffe sind zusätzlich drin. Vollkornprodukte, für die die ganzen Getreidekörner verwendet werden, sind auch deshalb deutlich gesünder. Die reine Kleie gibt es zu kaufen – ich mache sie mir gern ins Müsli. Sie wird zudem als Zutat in Riegeln verwendet.

Die Deutsche Gesellschaft für Ernährung empfiehlt ebenso wie das Forschungsteam hinter der Planetary Health Diet, dass wir Getreide immer nur in der Vollkornversion essen.[37] Solange wir das nicht schaffen, wird aber wohl noch eine ganze Menge Kleie übrigbleiben. Wahrscheinlich gilt das auch für einige andere der sogenannten Reststoffe – zwar lassen sich mit etwas Forschung und einer Umstellung der Gewohnheiten mehr davon in die menschliche Ernährung integrieren, als häufig angenommen wird. Aber vollständig werden wir die angebauten Pflanzen nie nutzen können. Die Überreste sind jedoch keineswegs nutzlos: Man kann sie in Biogasanlagen verwerten oder direkt dem Boden als Dünger zurückgeben.[38] Daneben stecken zahlreiche neue Verwendungsweisen schon in den Startlöchern.

Das Berliner Startup Mushlabs will zum Beispiel Getreideabfälle und andere Nebenprodukte aus der Lebensmittelindustrie an Pilze »verfüttern«. Aus den Pilzen, genauer gesagt dem normalerweise unterirdisch wachsenden Myzel, stellen sie dann ein fleischähnliches Produkt her. Und an der Technischen Universität Berlin wachsen aus Pilzen, die pflanzliche Reststoffe verwerten, extrem leichte und zugleich stabile Baumaterialien.[39]

Es gibt so viele Möglichkeiten, sobald wir uns auf den Weg machen, sie zu entdecken! Vielleicht fällt das Wilhelm Windisch auch deshalb so schwer, weil er einen Lehrstuhl für Tierernährung innehat? Ein Doktorand der Agrarwissenschaft sagte einmal zu mir: »In der Wissenschaft ändert sich auch deshalb so wenig, weil die Leute ja ihren eigenen Beruf nicht untergraben wollen.«

Und was wird aus dem Grünland?

Ein weiter Blick auf saftige Wiesen, unterbrochen von ein paar Baumgruppen, dazu blühende Hecken und am besten noch ein Fluss, der sich durch das Grün schlängelt – so sieht für viele von uns eine schöne Landschaft aus. Untersuchungen zufolge finden Menschen offenes, parkartiges Gelände besonders anziehend. Manche Forscher*innen vermuten, das sei ein evolutionäres Erbe des Lebens in der Savanne: Für die Frühmenschen waren Landschaften von Vorteil, die Aussicht auf Nahrung und Wasser, zugleich aber auch einen gewissen Schutz boten. Beweisen lässt sich diese Theorie nicht.

Aber was auch immer der Grund für unsere Vorliebe ist – sie führt dazu, dass wir hierzulande eine kleinbäuerlich geprägte Kulturlandschaft, in der sich Freiflächen und Wäldchen ergänzen, besonders schön finden. Und wenn die grünen Wiesen nicht leer sind, sondern entspannte Kühe auf ihnen grasen, scheint die Idylle perfekt – ist es nicht genau dieses Bild, das wir mit Urlaub in den Bergen oder auf dem Bauernhof verbinden? Kein Wunder also, dass viele Menschen die Idee einer veganen Landwirtschaft als Angriff auf diese Idylle empfinden. Ohne Kühe keine Wiesen, ohne Wiesen keine schöne Kulturlandschaft, oder?

Es gibt neben der Ästhetik noch handfestere Gründe, die traditionelle Nutzung von Wiesen und Weiden zu verteidigen: Insgesamt wird knapp ein Drittel der deutschen Agrarfläche als Grünland, also zum Anbau von Gräsern für die Tierfütterung genutzt. Einige Gebiete in Deutschland gelten sogar als Grünlandregionen, wo das aufgrund der Bodenbeschaffenheit oder anderer Standortbedingungen eine besonders einträgliche Bewirtschaftungsform ist. Die dortigen Landwirt*innen sind also ökonomisch auf die Rinderhaltung angewiesen.

Bisweilen wird zudem behauptet, dass wir als Gesellschaft auf die Tierhaltung nicht verzichten könnten, da sie die einzige Möglichkeit sei, solche Standorte überhaupt zu nutzen. Das ist letztlich noch eine Version des »Reststoffe«-Arguments, denn das Gras scheint sonst keine Verwendung zu haben. Und welche Veganerin hat noch nicht den Spruch gehört, wenn wir keine Tiere essen mögen, sollten wir doch bitteschön selbst das Gras abweiden?

Aber auch aus Klima- und Naturschutzsicht gilt Grünland als besonders wertvoll und das durchaus zu Recht: Wenn es zu Ackerland umgebrochen wird – was in den letzten Jahrzehnten im großen Stil geschehen ist – gehen große Mengen Treibhausgase in die Luft und die Artenvielfalt leidet. Außerdem zählen viele Wiesen und Weiden zu den artenreichsten Lebensräumen Mitteleuropas. Sie beheimaten mehr als die Hälfte aller in Deutschland vorkommenden Tier- und Pflanzenarten, die sich in den Jahrtausenden der landwirtschaftlichen Nutzung genau dort eingerichtet haben.[40]

Selbst die tierethischen Gründe gegen die Nutztierhaltung scheinen in Bezug auf die Weidehaltung besonders schwach zu sein, da wir es doch vermeintlich mit »glücklichen« Tieren zu tun haben, die wir fast wie nebenbei noch nutzen und aufessen können. Spricht all das nicht dafür, dass wir mindestens die extensive Rinderhaltung zur Fleisch- und Milchproduktion unbedingt beibehalten sollten?

Ich denke nicht. Zuallererst müssen wir feststellen, dass die Idylle vom Grünland als tierfreundliche Naturoase meistens trügt. Auf dem übergroßen Teil der Flächen ist es mit der Biodiversität nicht weit her:

Nur bei 4 bis 14 Prozent der deutschen landwirtschaftlich genutzten Wiesen und Weiden handelt es sich um artenreiches Dauergrünland.[41] Die anderen Flächen werden intensiv genutzt, d.h. stark gedüngt und mehrmals im Jahr gemäht – nur dann lohnt es sich wirtschaftlich, dort Tierfutter zu erzeugen. Am Ende wächst dort nur noch eine Sorte Gras, das ist sogar weniger als in einem Fußballrasen.[42]

Die Kühe selbst stehen immer häufiger im Stall und bekommen das Futter dort – das ist praktischer für das Melken. Laut der letzten Zählung von 2020 verbringen 68 Prozent aller Rinder in Deutschland ihr ganzes Leben im Stall ohne Zugang zu Weideland.[43] Und das Futter besteht keineswegs nur aus Gras, denn praktisch alle Kühe, die zur Milchproduktion gehalten werden, bekommen große Mengen Ackerfrüchte wie Maissilage, Raps- und Sojaschrot dazu, um auch ordentlich Milch zu liefern.

Bei einem Fahrradurlaub in der Eifel war ich erstaunt, weil ich an so vielen Wiesen vorbeigefahren bin, aber kaum je ein Weidetier gesehen habe. Wenn man überhaupt noch Rinder auf den Weiden entdeckt, sind es oft Jungkühe, die noch nicht gemolken werden, oder sogenannte Trockensteher, die ein paar Wochen vor der nächsten Geburt eine Melkpause bekommen.

Wie sehr ein idyllisches Image trügen kann, zeigt sich besonders eindrücklich im Fall der Almen in Österreich. Buntgescheckte Kühe auf grünen Weiden vor Alpenpanorama – ist das nicht ein Paradebeispiel für eine Tierhaltung, die völlig im Einklang mit der Natur ist und gegen die niemand etwas einwenden kann? Ohne die außerdem die besonderen Ökosysteme der Alpen und zahlreiche seltene Pflanzen und Tiere verschwinden würden? Genau das behaupten die Fans der Almwirtschaft und fordern, dass diese Form der Landwirtschaft stärker geschützt wird – und zwar insbesondere vor dem Wolf, der nach und nach in die österreichischen Alpen zurückkehrt und immer wieder Weidetiere reißt.[44] Ist es nicht schon irgendwie verdächtig, mit Biodiversität zu argumentieren, wenn man erreichen will, dass mehr Wölfe abgeschossen werden? Der Tierrechtler Martin Balluch hat sich in diese Debatte eingemischt und dabei eine gänzlich andere Einschätzung der Almwirtschaft geliefert.[45]

So verweist er darauf, dass Almen durch Zäune die Lebensräume von Wildtieren zerschneiden, die sich oft an diesen verletzen. Er kritisiert die breiten Forststraßen, die als Almzubringer gebaut werden und Narben in die Natur schlagen. Und er zitiert Studien, die mit dem Mythos vom Artenschutz aufräumen: Bis auf eine Ausnahme sind alle naturschutzrelevanten Lebensraumtypen und Pflanzenarten auf Almwiesen nicht direkt von der Beweidung abhängig.[46] Zwar kann die Beweidung unter bestimmten Umständen die Biodiversität von Tieren und Pflanzen erhöhen, in der Realität passiert aber oft genau das Gegenteil: Weil es sich wirtschaftlich rechnet, werden Almweiden im Schnitt deutlich intensiver bewirtschaftet, als es für den Naturschutz sinnvoll wäre. Daher kommen Fachleute zu dem Schluss: Sofern eine deutliche Extensivierung der Beweidung nicht möglich ist, wäre es für die Artenvielfalt besser, wenn die Almen verwalden würden.[47]

Martin Balluch hat einige ehemalige Almen fotografiert, die schon vor über hundert Jahren aus der Nutzung genommen wurden. Die Bilder zeigen lauschige Orte mit Laub- und Nadelbäumen, dazwischen teils hohe Wiesen und Gestrüpp – es sieht wunderschön aus. Eine Bewaldung hat weitere Vorteile: Sie schützt vor Lawinen, die auf den kahlen Almhängen keine Hindernisse vorfinden.

Oberhalb der Baumgrenze wachsen natürlicherweise oft alpine Kalkrasen, die keine Beweidung brauchen und auch durch Überweidung gefährdet sind. Wird die Almwirtschaft eingestellt, entwickeln sich dort teilweise wieder buschartige »Latschenfelder« aus krüppeligen Nadelbäumchen – ebenfalls ein wertvoller Lebensraum und sinnvoll für den Klimaschutz.

Auch die Vorstellung, dass es den Kühen in der Almwirtschaft gut ginge, ist trügerisch. Während sie auf der Alm sind, können sie zwar viele Bedürfnisse ausleben. Was man aber nicht sieht, wenn man im Sommer an grasenden Kühen vorbeiwandert, ist das Leben derselben Kühe im Winter oder den folgenden Sommern. Wenn die Almen höher und weitab vom Betrieb liegen, werden nur die Jungtiere den Sommer über dorthingebracht. Sobald die weiblichen Tiere Milch geben, bleiben sie im Tal im Stall, von wo die Milch einfacher abtransportiert werden kann. Ebenfalls unsichtbar bleibt die Trennung von Kuh und Kalb direkt nach der Geburt, die in Milchbetrieben natürlich auch in den Alpen üblich ist. Und wie überall werden die Tiere in der Regel nach einem kurzen Leben zum Schlachthof transportiert und oft unter Angst und Schmerzen getötet – die vermeintliche Idylle der Almwiesen gibt es nicht ohne das Grauen im Schlachthof.

Almweiden sind also derzeit vor allem eins: Nutzfläche für Menschen. Unter bestimmten Umständen kann die Artenvielfalt davon profitieren, aber meistens ist das Gegenteil der Fall. Wäre es da nicht sinnvoller, diesen Nutzungsanspruch einmal in Frage zu stellen? Tatsächlich sind die Almen, gerade wenn sie naturschutzfreundlich extensiv bewirtschaftet werden, ohnehin nicht besonders produktiv. Für die Versorgung der Bevölkerung sind sie nicht notwendig.[48]

Dasselbe gilt für die Wiesen und Weiden in Deutschland. Wenn sie wirtschaftlich effizient genutzt werden, gibt es kaum Artenvielfalt. Wenn man umgekehrt den Naturschutz in den Vordergrund stellt, bedeutet das eine niedrige Besatzdichte und damit einen geringen Ertrag.[49] Und sobald wir die Tierhaltung und damit den Futtermittelanbau massiv abbauen, steht mehr als genug Ackerland zu Verfügung, um Lebensmittel anzubauen. Das bedeutet: Wir *müssen* das Grünland nicht landwirtschaftlich produktiv nutzen. Und darin liegt kein Verlust, sondern eine große Chance.

Im zweiten Kapitel habe ich bereits dargestellt, welches Klimaschutzpotential global darin liegt, Agrarflächen zu renaturieren und dabei Kohlenstoff in Böden und Pflanzen einzulagern. Mit einem Teil des deutschen Grünlands könnten wir genau das tun und dabei zugleich artenreiche Ökosysteme schaffen.[50] Dass die Landwirt*innen, die aktuell von diesen Flächen leben, dabei mitreden bzw. gute Alternativen bekommen müssen, ist klar – jetzt geht es erst mal darum, was überhaupt möglich wäre.

Die ehemaligen Moore zum Beispiel, auf denen heute meist Rinder weiden, müssen allein schon zum Klimaschutz sofort wiedervernässt werden. Wo das bereits geschieht, siedeln sich die typischen pflanzlichen und tierischen Moorbewohner wieder an.

In weiten Teilen Deutschlands ist die natürliche Vegetation allerdings der Wald. Was spricht dagegen, statt der artenarmen Wiesen neue Mischwälder entstehen zu lassen und so eine andere Artenvielfalt wiederherzustellen? Der wissenschaftliche Beirat für globale Umweltveränderungen hat in einem umfangreichen Gutachten dargestellt, wie wichtig es ist, Ökosysteme wie Wälder zu renaturieren – sowohl zum Klimaschutz, als auch um Bodenerosion einzudämmen, Artenvielfalt zu erhöhen und Wasserspeicherfähigkeiten und Mikroklima zu verbessern.[51]

Ja, ein Stück weit müssten wir dafür die besondere Ästhetik der Kulturlandschaft opfern. Aber es steht so viel auf dem Spiel! Und ist es in Anbetracht der Lage nicht dringend nötig, dass wir unsere menschlichen Vorlieben zurückstellen und der Natur wieder Raum lassen? Davon abgesehen haben naturnahe Wälder offensichtlich eine ganz eigene Schönheit und sind für die Erholung sicher besser geeignet als intensiv bewirtschaftete Agrarflächen. Je umfangreicher die Renaturierungsprojekte sind, desto mehr und größere Wildtiere können sich wieder ansiedeln. Es ist gut möglich, dass die Pflanzenfresser wie Rehe oder Wildpferde dann einige Landflächen wieder freihalten.

Mein Vorschlag ist aber nicht, dass wir sämtliche heutigen Grünlandflächen wieder der Natur überlassen. In einer kleinstrukturierten, umwelt- und klimafreundlichen Landwirtschaft können Wiesen eine wichtige Rolle spielen. Und sie lassen sich gut in einen veganen Landbau integrieren: Wenn man sie nur ein bis zweimal pro Jahr mäht, ist das für die Pflanzenvielfalt und die Insekten günstig. Das Schnittgut kann man wie alle organischen Materialien als Mulch verwenden, kompostieren oder für Biogas vergären.

Spannenderweise kann man aus abgemähtem Gras auch Papier herstellen: Die Firma Creapaper produziert daraus schon Verpackungen, Toilettenpapier und Tragetaschen mit Grasanteil. Ein Startup aus Dresden macht aus Gras Bücher.[52] Die Umwelt- und Klimabilanz ist offenbar besser als bei Papier aus Holz.

Außerdem stelle ich mir vor, dass auf einigen Wiesen weiterhin domestizierte Tiere wie Rinder, Ziege, Schafen oder auch Schweine weiden – mindestens für eine Übergangszeit, vielleicht auch länger. Denn zu der Transformation, die wir brauchen, gehört auch, dass sich die Einstellungen gegenüber Tieren verändern. Lebenshöfe wie das Land der Tiere machen schon heute ein anderes Mensch-Tier-Verhältnis erlebbar. Von solchen Höfen müssen und werden noch viel mehr entstehen – als Bildungszentren, Zukunftsorte und Rettungsstationen. Gerade wenn im Zuge der Transformation immer mehr Tierhaltungsbetriebe dichtmachen, braucht es Auffangmöglichkeiten, um zumindest einige Individuen vor der Schlachtung zu retten.

Aber wäre das nicht im Widerspruch zu den Klimaschutzzielen? Ich denke nicht. Da die Tierzahlen klein sein werden, fallen sie wenig ins Gewicht. Und weil sie keine wirtschaftliche »Leistung« mehr bringen müssen, benötigen die Tiere wenig oder kein Kraftfutter vom Acker; mindestens die Wiederkäuer können allein von Gras und Heu ernährt werden. Entscheidender ist aber, dass wir den Tieren schulden, sie als Individuen ernst zu nehmen – genauso wie es falsch ist, sie nur als Waren und Ressourcen zu betrachten, genauso wäre es falsch, in ihnen nur Quellen von Treibhausgasen zu sehen. Sie haben ein Recht zu leben, so wie wir auch. Und wenn sie dabei noch die speziellen Ökosysteme von Wiesen und Weiden erhalten helfen, umso besser.

Genau das macht heute schon die Ziegenherde von Svenjo Heyne in der Eifel. Auf diesen Hirten bin ich auf Twitter aufmerksam geworden und er war so nett, mir von seiner Arbeit zu erzählen. In den Sommermonaten zieht er mit 120 braunen, weißen und gefleckten Ziegen durch die hügelige Landschaft. An jedem Ort bleiben sie einige Tage bis Wochen, bis die Fläche abgefressen ist. Die Ziegen verhindern dabei, dass einzelne Pflanzen eine Monopolstellung einnehmen – sonst würde das Gelände zum Beispiel nur von Brennnesseln und Brombeeren überwachsen werden. So sorgen die Ziegen für mehr Artenvielfalt. Nötig ist das allerdings nur, weil es sich um kleine »Inselflächen« handelt. »Ringsherum sind überall große Mehrfachschnittwiesen, auf denen kaum noch Leben ist«, sagt Svenjo. »Deshalb sind diese Inseln so wichtig. Dadurch, dass die Ziegen die Flächen offenhalten, ergibt sich dort ein Ablauf, von dem die Insekten und auch die Vogelwelt enorm profitieren.«

Svenjo selbst schläft in einem Zirkuswagen mit braunem Holz und blauen Fensterläden. Das Besondere: Svenjo lebt vegan und seine Ziegen werden nie gemolken oder geschlachtet. »Die Ziegen sind meine Mitarbeiter«, sagt Svenjo. »Ich will sie nicht als Produkte betrachten oder in irgendein Leistungsverhältnis setzen. Die arbeiten mit mir zusammen, ich sehe mich eher als Moderator. Ich möchte eine lebenswerte Welt schaffen und die Ziegen helfen mir dabei. Es wäre doch absurd, wenn ich meine Mitarbeiter töten würde.«

Svenjo betreibt mit seinen Ziegen reinen Naturschutz – für den er auch vom Staat bezahlt werden würde, wenn er den Tieren Ohrmarken einziehen würde. Das will er aber nicht, weil es Tierquälerei ist. »Die Ziegen reißen sich die Ohrmarken im Gebüsch aus«, sagt Svenjo.

Die Ziegen zu melken oder zu schlachten, wäre für Svenjo interessanterweise auch praktisch gar nicht so sinnvoll. »Für das Fleisch von Ziegen gibt es kaum einen Markt«, sagt er. »Die Milch geht schon eher, Ziegenmilch ist in den letzten Jahren beliebter geworden. Aber dafür ist Vertragsnaturschutz gar nicht geeignet. Ich müsste vor Ort melken, was nicht so einfach ist, da würde sich der Aufwand nicht rechnen. Aber noch entscheidender ist: Diese Kalkmagerflächen, auf denen meine Ziegen grasen, liefern gar nicht genug Nährstoffe und Energie, um so viel Milch zu erzeugen, dass es sich lohnen würde, die zu verkaufen.«

Betriebe mit Ziegen, die Ziegenmilch erzeugen, seien vergleichbar mit normalen Kuhbetrieben – die Ziegen bekämen Kraftfutter, die Haltung sei oft nicht artgerecht und die Ziegen würden getötet, sobald die »Milchleistung« nachlässt, berichtet Svenjo. Das sagt ihm überhaupt nicht zu.

Stattdessen lässt Svenjo seine Ziegen alt werden und greift auch in die Fortpflanzung nur so ein, dass die Herde etwa dieselbe Größe behält. Dadurch kann er die ganze Vielfalt von Sozialverhalten bei den Ziegen beobachten. »Eine Ziegenherde ist eine Gesellschaft«, erzählt er. »Da gibt es Gruppenbeziehungen und Beziehungen von Einzeltieren, es gibt Onkel, Tanten, Brüder, Schwestern. Den einen mag man mehr, den anderen mag man weniger – manche schlafen Körper an Körper, andere können sich nicht riechen und schlafen entfernt voneinander. Das ist komplett unterschiedlich und letztlich gar nichts anderes als bei uns Menschen. Großfamilien versammeln sich um ihre alte Mutter, die mittlerweile schon vielfache Oma ist. Der Witz an der Sache ist, sie eben einfach zu lassen.«

Vielleicht ist auch das eine Form von Zusammenleben von Menschen und Tieren, die weiterbestehen kann, wenn wir die Ausbeutung der Tiere für die Erzeugung von Fleisch, Milch und Eiern beenden. Für mich ist das eine schöne Vorstellung.

Es gibt für das Grünland also viele gute Optionen, auch wenn wir die Weidetierhaltung zur Fleisch- und Milchproduktion komplett abschaffen sollten: Wir können Moore wiedervernässen, große Gebiete renaturieren, einige Flächen weiterhin mähen und das Schnittgut nutzen sowie hier und da Tiere im Rahmen von Lebenshöfen oder für den Naturschutz auf den Wiesen weiden lassen. Und es gibt noch weitere tolle Möglichkeiten, bei denen es sich praktisch um eine Kombination aus Nutzung und Naturschutz handelt: Nussanbau und Streuobstwiesen.

Bäume für alle

»Von Anfang an hatten wir eine klare Vision von der Landwirtschaft, die wir betreiben möchten«, sagt David Geier. Seine Frau Silvia Geier und er haben sich im Jahr 2013 dazu entschieden, in Brandenburg Nüsse anzubauen. »Wir wollten eine Landwirtschaft, die Lebensräume schafft und wo gesunde Lebensmittel hergestellt werden. Wir waren auch von Anfang an überzeugt, dass wir bio-vegan wirtschaften wollen.«

Ich bin im Juni 2021 bei einer Führung auf dem Hof Windkind dabei. So heißt der Betrieb, den die Geiers gegründet haben. Er liegt nördlich von Berlin nicht weit von Oranienburg. Das Wetter ist trüb, aber trocken. Knapp zwanzig Menschen sind ebenfalls zur Führung gekommen und sehen sich auf dem Gelände um. David Geier ist Mitte dreißig, hat schulterlange Haare und man merkt, dass es ihm Spaß macht, den Besucher*innen von seiner Arbeit zu erzählen. Dabei spricht er mit einem Akzent, der für mich österreichisch klingt – er stammt ursprünglich aus Südtirol.

Das Gelände ist sanft gewellt. Auf der einen Seite stehen Dutzende junge Walnussbäume, vier bis fünf Meter hoch und mit Holzgestellen umrandet. Nebenan wachsen Haselnussbäume mit Drahtverkleidung. »Müssen die alle geschützt werden?«, fragt eine Besucherin. »Ja, hier sind viele Rehe unterwegs, die die Jungbäume zerstören können. Wir wollten auf keinen Fall das ganze Gelände einzäunen«, erklärt Geier. »Damit würden wir ja einen Teil der Natur aussperren, das ist nicht in unserem Sinne.« Deshalb sind die Bäume einzeln eingezäunt.

Die Nusswiesen grenzen an einen Wald an, der zum Naturraum Rüthnicker Heide gehört. David schwärmt: »Wir schätzen uns sehr glücklich, dass wir hier Fuß fassen konnten, denn das ist eine wunderschöne Umgebung. Die Rüthnicker Heide ist eines der größten zusammenhängenden Waldgebiete Europas, und sie beginnt genau hier. Das sind 6.000 Hektar, und im Inneren dieser ziemlich runden Fläche lässt der Deutsche Naturschutzring einen Urwald entstehen. Es gibt Wanderwege durch den Wald, die kann ich Ihnen nur empfehlen, es ist wirklich sehr schön und sehr wild.«

Die Nähe des Waldes führe auch dazu, dass viele Waldtiere auf die Nusswiesen kommen. »Wir haben hier Rehe, Hirsche und Wildschweine. Direkt auf unserem Gelände wohnt eine Fuchsfamilie, die wir öfter beobachten können. Und es gibt auch Wölfe in der Gegend, die haben wir allerdings noch nicht gesehen.«

Die Geiers haben feuchte Biotope zwischen den Nussbäumen eingerichtet, die der Artenvielfalt dienen und damit auch die Bäume vor Schädlingen schützen. Dort wuchern verschiedene Pflanzen durcheinander. »Wir wirtschaften nach den Biorichtlinien vom Naturland-Verband und setzen keinerlei Pestizide ein«, sagt David. Etwa zehn Prozent ihrer Flächen dienen außerdem nur dem Naturschutz. »Das kann man natürlich nicht machen, wenn man auf dem Weltmarkt konkurrieren muss.« Stattdessen setzt Hof Windkind auf den direkten Kontakt mit den Konsument*innen: Man kann dort dauerhafte Patenschaften für Nussbäume abschließen und bekommt im Herbst eine feste Erntemenge zugeschickt. Außerdem kann man Nüsse und Walnussöl über die Website bestellen.

Nüsse enthalten Eiweiß, gesunde Fette, Vitamine und Mineralstoffe. Die »Planetary Health Diet« empfiehlt täglich mindestens eine Handvoll zu essen. Allerdings kommen fast alle Nüsse, die man hierzulande kaufen kann, von sehr weit her. Das war auch ein Motiv für die Geiers, ihren Betrieb aufzubauen: »Das ist eigentlich ein Unding: Wir haben hier Standorte, wo man qualitativ hochwertige Nüsse anbauen kann, nur keiner macht's. Und das wollten wir ändern.«

Diese Region in Brandenburg ist sehr trocken, es regnet im Schnitt weniger als in einigen Gebieten Spaniens. Die sandigen Böden speichern zudem das Wasser schlecht. Weil Walnuss- und Haselbäume aber lange Pfahlwurzeln ausbilden, können sie sich in tieferen Bodenschichten mit Wasser versorgen. In den ersten Jahren stellte das extreme Wetter die Geiers dennoch vor Herausforderungen: In einem Jahr fiel so viel Regen, dass ein Teil der Bäume wochenlang im Wasser stand – in einer Senke konnte es nicht ablaufen. 2018 und 2019 wiederum herrschte monatelange Dürre. Die Geiers haben daher an mehreren Stellen sogenannte Retentionsbecken angelegt, die bei Regen volllaufen und später das Wasser langsam an den Boden abgeben. So verbessert sich der Wasserhaushalt. Die Methode wurde sogar vom Umweltbundesamt für einen Preis nominiert, berichtet David Geier stolz.[53]

Grundwasser abzupumpen und damit die Bäume zu bewässern, kommt für ihn dagegen nicht in Frage. »Hier ist es ja überall sehr trocken. Die ganze Region würde darunter leiden.« Er denkt dabei immer auch langfristig: »Wenn wir die Bäume bewässert hätten, wären die sicher besser und schöner gewachsen, aber sie hätten sich daran gewöhnt, und dann muss man das immer machen.« Stattdessen wurden sie in der Dürre gezwungen, längere Wurzeln auszubilden, und sind jetzt für kommende Trockenzeiten besser gerüstet.

Ein weiteres langfristiges Ziel ist die Verbesserung der Böden, die die Geiers in schlechtem Zustand übernommen haben. Bei einer anfänglichen Spatenprobe hätten sie keinerlei Regenwürmer angetroffen. Auf einer etwas erhöht gelegenen Fläche wurde wohl zuvor Spargelanbau betrieben. David Geier vermutet, dass der fruchtbare Boden phasenweise nackt gelassen wurde, so dass Regenfälle ihn einfach herunterspülen konnten.

Jetzt wächst zwischen den Bäumen überall Wiese. Beim Gang darüber springen zahlreiche Grashüpfer zur Seite weg. Die Wiese wird mindestens zweimal im Jahr gemäht und das Schnittgut bleibt als Mulch auf den Flächen. Die Geiers düngen generell gemäß bio-veganen Prinzipien rein pflanzlich: »Wir wollen keine Gülle, kein Blut- oder Hornmehl verwenden.« Die Bäume selbst bekommen Mulchscheiben um den Stamm herum: 20 Zentimeter hoch wird organisches Material aufgeschichtet. So kommt kaum Unkraut durch und der Boden bleibt auch in wochenlangen Trockenzeiten feucht.

»Was haltet ihr von der Idee, zwischen den Bäumen Tiere weiden zu lassen?«, frage ich. Denn ich bin sicher, dass viele Biobauern genau das sehr sinnvoll finden würden. Ja, das bekämen sie oft zu hören, bestätigt David. »Aber das wäre für die Bäume gar nicht unbedingt gut. Ich weiß von einem Kollegen, dass es mit Hühnern ganz gut funktioniert, mit größeren Tieren aber schwierig ist. Denn die Bäume haben neben der einen langen Pfahlwurzel sehr flache Wurzeln, die die Tiere leicht beschädigen können.« Der vegane Anbau macht hier also auch praktisch Sinn.

Fast am Ende der Führung, bevor es zur Verkostung der Nüsse geht, fällt David noch etwas Wichtiges ein: »Unser Ziel ist es, ein klimapositives Unternehmen zu werden. Indem wir den Humusgehalt im Boden erhöhen und Bäume pflanzen, sorgen wir dafür, dass Kohlenstoff aus der Luft gebunden wird. Diese Menge soll in Zukunft die Treibhausgase, die vom Anbau bis zum Versand entstehen, übersteigen. Dafür werden wir auch unseren Dieseltraktor durch ein Elektromodell ersetzen.«

Die Geiers gehören für mich zu den Pionier*innen der neuen Landwirtschaft. Sie gestalten eine vielfältige und artenreiche Agrarlandschaft, mit viel Einsatz für Natur und Klima, und erzeugen dabei noch sehr nahrhafte und gesunde Lebensmittel. Und der Ertrag ist beeindruckend – auch und gerade im Vergleich mit der Tierhaltung: »Die Anzahl an Kalorien, die auf einem Hektar Walnusshain erzeugt werden, ist bis zu 23-mal höher, als wenn man auf der gleichen Fläche Rinder halten würde«, sagt David.[54] Ist auch hier nicht schon allein aus Effizienzsicht klar, wohin die Reise gehen muss?

Nahrungsmittel von Bäumen mit ökologischem Mehrwert – dasselbe Konzept finden wir auch bei Streuobstwiesen. Ebenfalls in Brandenburg aktiv ist der Verein »Äpfel und Konsorten«. Er spricht von »kleinen Regenwäldern«, weil die Artenvielfalt in Streuobstwiesen mit über 5.000 Pflanzen- und Tierarten so hoch ist wie sonst nur in Regenwäldern. Typisch für diese Form des Obstanbaus ist, dass verschiedene Bäume »verstreut« auf einer Wiese stehen, d.h. mit größerem Abstand als beim Anbau in Plantagen sonst üblich, und dass sie ohne Ackergifte oder künstliche Düngemittel bewirtschaftet werden.

Der Verein legt Streuobstwiesen in Brandenburg an und pflegt sie auch mit Hilfe von Freiwilligen. Ich habe schon einmal im Herbst auf einer Fläche in der Nähe von meinem Wohnort beim Rasenmähen, Äste-Einsammeln und Ernten geholfen – und dabei ordentlich Äpfel und Birnen gefuttert. Aus den Früchten wird meistens Saft hergestellt.

Auf den Wiesen unter den Bäumen können zahlreiche Blütenpflanzen wachsen, die Nahrung für Bienen, Schmetterlinge und weitere Insekten liefern. In älteren Bäumen finden Vögel, aber auch Fledermäuse und Insekten Unterschlupf. Die Artenvielfalt ist also bei Streuobstwiesen so hoch, weil sie mit ihren Bäumen die Eigenschaften lichter Wälder und mit ihrem Unterwuchs die Eigenschaften blühender Wiesen vereinen.

Ist das nicht ebenfalls eine tolle Weise, gesunde Nahrungsmittel herzustellen – und dabei artenreiches Grünland zu erhalten? Früher lagen Streuobstwiesen oft als Grüngürtel um Dörfer und Städte herum, berichtet der Bund für Umwelt und Naturschutz (BUND). Seit 1965 wurden aber deutschlandweit ganze 80 Prozent der Streuobstwiesen zerstört – bebaut oder in Obstplantagen, Wiesen und Äcker ohne Bäume umgewandelt.[55] Das könnte mit ein Grund dafür sein, dass wir in Deutschland heute vier Fünftel des konsumierten Obstes importieren.[56]

Im Zuge der Agrarwende könnte jedes Dorf seine eigenen nahegelegenen Streuobstflächen erhalten, die gemeinsam gepflegt und beerntet werden. Die Früchte könnten unter den Bewohner*innen verteilt bzw. zum Teil gemeinsam verarbeitet werden. Größere Städte könnten von Unternehmen oder Kollektiven beliefert werden, die Streuobstwiesen in der Umgebung bewirtschaften. So bekommen alle leckeres regionales Obst, zahlreiche Wildtiere können dort leben und die Menschen können wunderbar spazieren gehen, denn schön sind die baumbestandenen Wiesen natürlich auch noch.

Bäume sind solche Multitalente, dass es sehr sinnvoll ist, sie darüber hinaus verstärkt auch in den Acker- und Gemüseanbau zu integrieren. Man nennt das »Agroforstwirtschaft«. Baumreihen oder -streifen können zum Beispiel quer über den Acker gepflanzt werden. Sie schützen Boden und Pflanzen vor Wind und Erosion, spenden Schatten und verbessern das Mikroklima. Dabei bieten sie Lebensraum für zahlreiche Tiere und lagern Treibhausgase ein. Zusätzlich können sie Obst, Nüsse oder auch Holz liefern. Insgesamt erhöht sich so oft sogar der Ertrag pro Fläche.[57]

Ein drastischer Abbau der Tierhaltung erfordert in jedem Fall eine umfassende Transformation der Landwirtschaft. Diese Gelegenheit sollten wir unbedingt nutzen, um ökologisch sinnvolle Systeme wie die Nuss- und Streuobstwiesen oder die Agroforstwirtschaft weiträumig zu fördern und umzusetzen. Mit welchen politischen Maßnahmen das zu schaffen ist, darum geht es in Kapitel 7 (Gerechte Transformation). Zunächst möchte ich noch einen Blick auf weitere Praktiken und Ideen werfen, die die neue Landwirtschaft bereichern können.

Stadtgärten, Gewächshäuser und Algentanks

»Wir schreiben das Jahr 2030. Berlin erzeugt sein eigenes Essen, versorgt sich selbst mit Energie, kann nahezu alles vor Ort reparieren. Alles begann auf dem Tempelhofer Flughafen …« So lauten die ersten Zeilen eines Textes mit dem Titel »Blick aus der Zukunft«, den die Berliner Initiative »Transformation Haus und Feld« auf ihrer Website veröffentlicht hat.[58] Die Initiative hat sich im Sommer 2020 mitten in der ersten Corona-Welle gegründet, um für eine ehrgeizige Vision zu kämpfen: Der ehemalige Flughafen Tempelhof soll zu einem Zentrum der klimagerechten Transformation werden. Ich habe mich in der Anfangsphase selbst in der Initiative engagiert, habe an Texten für die Website mitgeschrieben und Förderanträge überarbeitet. Denn die Vision der beiden Gründerinnen Cléo Mieulet und Judith Pape hat mich fasziniert – und tut es immer noch.

Das Tempelhofer Feld, das einstige Flughafengelände, ist eine riesige Grünfläche mitten in Berlin. Es umfasst 300 Hektar. Dazu gehört eines der größten Gebäude der Welt mit einer Länge von mehr als einem Kilometer. Was wäre, wenn man diese Flächen und Räume nutzen würde, um all die Praktiken auszuprobieren und zu vermitteln, die wir für eine soziale und ökologische Transformation dringend brauchen? Mit leuchtenden Augen hat mir Cléo Mieulet, die ich von gemeinsamen Aktionen mit Extinction Rebellion kannte, im Sommer 2020 von ihren Ideen erzählt.

Auf dem Feld könnte man Gemüse anbauen, Permakultur betreiben, ökologische Gärtner*innen ausbilden. Im Gebäude wäre Platz für Indoor-Farming, Pilzzucht, Kochkurse. Landwirtschaft und Ernährung sind dabei nur ein Bereich von vielen. Zusätzlich könnte es Werkstätten für erneuerbare Energieerzeugung und Upcycling, Reparaturläden und Workshops zu Gemeinwohlökonomie geben. Alles wäre vereint unter dem organisatorischen Dach eines »Transformationszentrums für alle«, das mit städtischen Institutionen wie dem Jobcenter, Schulen und Universitäten kooperieren würde. Mittlerweile haben sich schon über 30 Organisationen und Initiativen der Kampagne für ein derartiges Transformationszentrum angeschlossen.

Zur Vision von »Transformation Haus & Feld« gehört zum Beispiel eine Waldgartenlandschaft direkt am Tempelhofer Feld, die von der Gruppe »Feld Food Forest« geplant und vorangetrieben wird. Waldgärten kombinieren Pflanzen verschiedener Höhe wie Bäume, Sträucher, Kräuter und Gemüse. Sie nutzen so die Fläche und das Sonnenlicht optimal aus, schaffen eine große Artenvielfalt und liefern essbare Früchte und Wurzeln.

Mich hat die Idee des Transformationszentrums begeistert, weil sie einen Weg aufzeigt, wie die vielen schon existierenden, zukunftsweisenden Lösungen endlich hochskaliert werden könnten, anders gesagt: wie sie von der Nische in den Mainstream kommen könnten. Und die Nahrungsproduktion in der Stadt gehört definitiv zu diesen Lösungen. Urban Gardening ist ein anhaltender Trend, der laut Meinung von Fachleuten noch stark zunehmen wird.[59] Mit biointensivem Anbau lassen sich auf kleinem Raum große Mengen Gemüse erzeugen.

In Berlin, aber auch in allen anderen Städten, gibt es jede Menge Brachflächen und karge Parks, wo blühende, ertragreiche Gärten und Waldgärten angelegt werden könnten – es muss nur kompetent koordiniert und von Politik und Bürger*innen unterstützt werden. Hinzu kommen große Flächen, die zur Verfügung stünden, wenn wir endlich die ebenso dringend nötige Verkehrswende umsetzen. Zahlreiche Straßen und Parkplätze können mindestens teilweise entsiegelt und bepflanzt werden – das verbessert die Luft und sorgt für kühlere Temperaturen an den heißen Tagen, die unweigerlich zunehmen werden.

An manchen Orten könnten wir auch den Asphalt drauflassen, aber etwas anderes darüber bauen – zum Beispiel vertikale Farmen, in denen Salate und Gemüsepflanzen auf mehreren Stockwerken übereinander wachsen. Eine Denkfabrik namens Paper Planes hat im Sommer 2021 vorgeschlagen, genau das mit dem Rohbau der innerstädtischen Autobahn A 100 in Berlin zu machen. Das Mega-Bauprojekt ist seit Jahren umstritten. Eine neue Autobahn mitten in der Klimakrise? Absurd. Verkehrswende-Aktivist*innen haben schon mehrfach die Baustelle blockiert.

Aber selbst wenn der Weiterbau abgebrochen wird – mehrere Abschnitte sind schon betoniert, darunter ein drei Kilometer langer »Autobahntrog«. Ein Rückbau wäre ebenfalls sehr teuer. Und der Trog bietet ideale Bedingungen für eine »ganzjährige und hocheffiziente High-Tech-Farm«, meinen die Mitglieder des Vereins Paper Planes. Die »Morgenfarm« könnte auf 100.000 Quadratmetern Grundfläche Hydrokulturen anlegen, bei denen Pflanzen ohne Erde in nährstoffangereichertem Wasser wachsen. Die Energie käme aus großen Sonnenanlagen auf dem Dach, die Farm wäre eingebettet in Grünflächen und Wege für Besucher*innen. Die Zeichnungen zum Konzept zeigen, wie statt einer stinkenden, lauten, grauen Autobahn eine lichtdurchflutete, grüne Oase entstehen könnte.[60]

Vertikale Farmen sparen Platz und Wasser ein und sind von Regen und Sonne weitgehend unabhängig – in Zeiten häufigerer Wetterextreme ein klarer Vorteil. Außerdem verringert sich natürlich der Transportaufwand, wenn das Gemüse direkt in der Stadt wächst. Und man könnte innerstädtische Abwässer benutzen, um die Pflanzen zu ernähren – dazu arbeiten schon große Forschungsprojekte.[61]

Allerdings brauchen derartige Anlagen viel Energie. Außerdem muss die ganze Technik von der Steuerung über die Bewässerung bis zur Beleuchtung erst mal hergestellt und später wieder entsorgt werden – all das kostet Ressourcen. Trotzdem erwarten viele Expert*innen von den High-Tech-Gewächshäusern einen Beitrag zur zukünftigen Welternährung – auch weil sich die Technologien, die in solchen Anlagen genutzt werden, wie die erneuerbare Energierzeugung, LED-Technik und Robotik, stetig verbessern.[62]

Was man in innerstädtischen Farmen auch züchten könnte, sind Fische und Insekten. Die Köpfe hinter der Morgenfarm-Idee können sich das gut vorstellen. Das ist aber der falsche Weg, denke ich: Bei Fischen kann heute niemand mehr bestreiten, dass es sich um fühlende und sogar oft um erstaunlich intelligente und soziale Tiere handelt.[63] Ich verstehe nicht, wieso immer noch so viele Leute es eine tolle Idee finden, diese Wesen ein Leben lang in kargen Becken und Tanks einzupferchen, nur um sie dann zu töten und aufzuessen. Wir müssen das nicht machen. Wir können besser sein als das.

Bei Insekten ist die Sache mit der Empfindungsfähigkeit wissenschaftlich nicht so klar. Dass sie gar nichts fühlen, kann ich mir allerdings kaum vorstellen. Ihnen Leid zuzufügen oder sie ohne Not zu erschlagen kommt mir schon bei Stubenfliegen sehr falsch vor. Ich denke, dass der Respekt vor ihnen als unabhängigen Lebewesen es verbietet, sie massenweise in Tanks zu vermehren und dann nach Bedarf zu töten.[64] Davon abgesehen macht es ökologisch auch wenig Sinn: In Insektenfarmen werden die Tiere nach rechtlichen Vorgaben mit Ackerfrüchten wie Getreide und Soja ernährt, die wir besser direkt essen sollten. Manche Wissenschaftler*innen warnen außerdem, dass die Umweltauswirkungen von Insektenzucht im großen Stil noch gar nicht abzusehen sind.[65]

Und zuletzt: Derzeit finden viele Menschen hierzulande die Vorstellung eklig, Insekten zu essen. Der Aufwand, der investiert werden muss, um Insekten für Verbraucher*innen attraktiv zu machen, wäre doch viel sinnvoller in die Verbreitung pflanzlicher Ernährungsstile investiert.

Diese können aber natürlich durchaus Lebensmittel einschließen, die bisher als ungewöhnlich gelten oder die es heute noch gar nicht gibt. Die Entwicklung von immer neuen Produkten, die Fleisch, Milch und Eier in der Ernährung ersetzen, läuft auf Hochtouren – im nächsten Kapitel (Zukunft durch Technik?) werde ich einige spannende Projekte beleuchten.

Geforscht wird allerdings noch an ganz anderen Ecken, zum Beispiel: Algen. Sie spielen heute schon in der Ernährung vieler Länder eine wichtige Rolle und kommen auch in Deutschland zunehmend auf den Markt. Man unterscheidet Makroalgen und Mikroalgen. Die Blätter der Makroalgen wickelt man um Sushi, gibt sie in Suppen oder isst sie als Salat. Mikroalgen wie Spirulina oder Chlorella sind winzige Organismen, die viele Vitamine und Mineralien enthalten. Sie werden heute vor allem als Nahrungsergänzungsmittel angeboten, man kann aus ihnen aber auch sehr effizient Speiseöl gewinnen. Algen verwerten nämlich die Sonnenenergie besser als andere Nutzpflanzen. Bei der Züchtung steht die Forschung erst am Anfang. Das Potential ist riesig, denn es gibt mehrere Hunderttausend Algenarten.[66]

Algen könnten so nicht nur unseren Speiseplan, sondern auch die neue Landwirtschaft bereichern. Ein junger Landwirt aus Niedersachsen etwa hat sich mit der Produktion von Mikroalgen in temperierten

Becken ein zweites Standbein aufgebaut – neben dem konventionellen Agrarbetrieb mit Schweinemast und Hühnerhaltung.[67] Je mehr von solchen unterschiedlichen Produktionsfeldern als reale Alternativen zur Verfügung stehen, desto leichter und attraktiver wird es auch für Landwirt*innen, aus der Tierhaltung ganz auszusteigen.

Im Zuge dieser Transformation der Landwirtschaft wird sich außerdem nicht nur unsere Ernährung verändern. Viele andere Dinge, die heute unseren Alltag prägen, stammen mindestens teilweise aus der Tierindustrie. Aber auch das muss nicht so bleiben.

Sessel und Pullover ohne Tiere

»Wir wollten ein Material herstellen, das wirklich nachhaltig ist. Nicht nur tierleidfrei, sondern auch ohne Plastik, ohne Erdöl. Wir haben alle einen aktivistischen Hintergrund – es geht uns darum etwas zu verändern.« Michelle Grüne sitzt am Tisch neben mir, gegenüber ihre beiden Kollegen Arved Bünning und Steffen Beier. Wir haben uns in dem kleinen Café in Braunschweig verabredet, damit die drei mir etwas über ihr Startup erzählen können. Es heißt Amberskin und das Ziel ist: Leder ersetzen.

»Es wird immer behauptet, Leder sei ein bloßes Abfallprodukt der Fleischindustrie«, sagt Michelle Grüne. »Das stimmt aber nicht.« Steffen Beier ergänzt: »Außerdem heißt es, Leder sei ein natürliches Produkt«. Alle drei lachen. »Die großen Mythen!«

Tatsächlich ist die Verwertung von Tierhäuten weltweit ein milliardenschweres Geschäft, das die Tierhaltung und die Schlachtindustrie insgesamt profitabler macht. Auch in Deutschland wirkt sich der Preis für die Häute auf den Schlachtpreis von Rindern aus. Verwendet werden die Häute der hierzulande geschlachteten Tiere zum Beispiel für Autositze oder zur Herstellung von Schuhen und Möbeln; ein Teil geht auch in den Export nach China.[68]

Global werden 80 Prozent aller Lederprodukte in Gerbereien in Asien verarbeitet.[69] Um die Häute haltbar zu machen, behandelt man sie mit aggressiven Chemikalien. Oft gelten für die Gerbereien weder Umwelt- noch Sozialstandards – die Menschen, die dort arbeiten, stehen zum Beispiel barfuß in den Chemikalien und atmen Tag für Tag giftige Dämpfe ein. Die Abwässer werden ungefiltert in Flüssen entsorgt.[70]

Hinzu kommen die Treibhausgasemissionen, die bei der Rinderhaltung entstehen, ganz zu schweigen von dem Leid, das die Tiere während ihres Lebens und bei Transport und Schlachtung erfahren. Genug Gründe also, Lederprodukte zu boykottieren und nach Alternativen zu suchen.

»Arved und ich haben zusammen Industriedesign in Kiel studiert«, erzählt Michelle Grüne. Sie hat lange, ungewöhnlich gefärbte Haare: Auf der linken Kopfseite sind sie schwarz, auf der rechten weiß. Dazu trägt sie eine große Sonnenbrille und einen schwarzen Hut. »Wir lebten beide schon vegan und haben uns daher dafür interessiert, mit was für Materialien man Leder ersetzen könnte. In unseren WG-Zimmern haben wir zunächst mit Kombucha-Pilzkulturen experimentiert.« Das war 2015. Arved Bünning – blond, mit Dreitagebart, sommerlich gemustertem Hemd und silbern lackierten Fingernägeln – erinnert sich: »Da gab es im Supermarkt schon Milchersatz, Sojajoghurt, pflanzliche Schnitzel und das alles, aber Lederalternativen waren immer einfach Plastik und das ist eben auch nicht nachhaltig.«

Das Thema ließ die beiden nicht los. Nachdem sie ihr erstes Studium abgeschlossen hatten, kamen sie nach Braunschweig, um noch einen Master draufzusetzen. Nebenbei bewarben sie sich auf Startup-Förderprogramme für ihre Idee: Sie wollten pflanzliches Leder mithilfe von Mikroorganismen erzeugen.

Mittlerweile hat Grüne noch einen Abschluss in Biochemie und Pharmaingenieurwesen, Bünning in Transformation Design – ein Studiengang, der die Kompetenz vermitteln soll, Veränderungsprozesse zu reflektieren, zu initiieren und mitzugestalten. Zusammen betreiben sie heute eine Firma, die eigentlich genau an der Schnittstelle ihrer Studienfächer liegt: Sie entwickeln ein Produkt, das auf Biochemie basiert und zur gesellschaftlichen Transformation beitragen könnte.

Zu unserem Treffen haben sie mir eine Materialprobe mitgebracht. Das rechteckige Stück ist braun, fast golden, und leicht durchsichtig – ein wenig wie Bernstein. So erklärt sich auch der Name des Startups: »Amberskin« heißt übersetzt Bernsteinhaut. Die Firma hat heute insgesamt fünf Mitarbeiter*innen, die alle auch Anteile besitzen. Steffen Beier, der mit uns am Tisch sitzt, mit Bart und weinrotem Hemd, hat einen kaufmännischen Hintergrund und ist 2019 dazugestoßen.

»Das ist noch ein älterer Prototyp«, sagt Beier. »Diese Probe haben wir jetzt noch gar nicht nachbearbeitet. Bei Leder braucht man dafür ja krasse Chemikalien. Wir sind sehr zuversichtlich, dass wir das ohne solche Chemikalien hinbekommen, und dadurch wird sich die Oberfläche noch mal verändern.« Auch der Geruch würde sich durch die Nachbehandlung verringern. Das ist eigentlich schade, denn die Probe riecht angenehm nach Bienenwachs – obwohl keine Bienen in die Herstellung involviert sind.

»Man kann sich den Prozess so ähnlich vorstellen wie bei einem Hefeteig«, sagt Bünning. »Hefebakterien sind Mikroorganismen. Wenn man die in einer Schüssel mit Nährstoffen zusammenfügt, dann verstoffwechselt die Hefe die Nährstoffe und macht damit die Dinge, die ich möchte.« Für das Pflanzenleder braucht es entsprechend grundlegend zwei Zutaten: Spezielle Mikroorganismen und die passende Nahrung für sie. Unter den richtigen Bedingungen bilden sie dann den gewünschten Stoff.

»Bei den Rohstoffen achten wir darauf, dass sie möglichst regional verfügbar sind, auf jeden Fall kommen sie nicht aus Übersee«, sagt Grüne. »Außerdem ist unser Ziel, einen möglichst hohen Anteil aus Abfallströmen der Agrar- und Ernährungswirtschaft zu gewinnen.« Hier liegt also möglicherweise eine weitere Nutzungsmöglichkeit für die vermeintlichen Reststoffe aus der Landwirtschaft, die bisher nur als Tierfutter dienen.

Was genau für Materialien sie benutzen und wie der Herstellungsprozess im Detail aussieht, da halten sich die drei allerdings sehr bedeckt. »Sonst bekommen wir Ärger mit unserem Patentanwalt«, meint Bünning. Die Firma hat zwei Patente angemeldet, eins auf das Material und eins auf das Verfahren inklusive der Maschinen. Im Sommer 2021, als wir uns unterhalten, befindet sich beides noch in der Entwicklung. »Wir hoffen, dass wir 2022 erste Produktproben an interessierte Abnehmer verschicken können. Mit deren Feedback können wir dann das Material noch weiter verbessern«, sagt Beier. Es soll sich so anfühlen wie Leder und im Hinblick auf Robustheit, Temperaturbeständigkeit und andere Eigenschaften genauso gut oder sogar besser sein als Leder. Außerdem enthält es keine Giftstoffe und lässt sich komplett kompostieren.

»Und dann werden wir Investitionen brauchen, um eigene Produktionsanlagen zu bauen«, ergänzt Grüne. »Wir wollen das Rohmaterial selbst hier in Deutschland herstellen und dann an die Verarbeitungsunternehmen verkaufen.« Zugleich können die drei sich vorstellen, Lizenzen für das Verfahren zu vergeben, so dass auch andere Firmen dieselbe Technik nutzen können. »Letztlich wollen wir ja Leder komplett ersetzen. Das geht nicht allein von Braunschweig aus«, schmunzelt Beier.

Das Interesse aus der Wirtschaft ist schon jetzt groß: Obwohl Amberskin keinerlei Werbung für sich macht, haben bereits über 100 Unternehmen unterschiedlicher Größe bei dem Startup angefragt und stehen auf der Warteliste für Neuigkeiten und Produktproben. Das Material könnte in Zukunft in Sitzpolstern für Autos, Züge oder Flugzeuge zum Einsatz kommen, aber auch für Möbel und Schuhe verwendet werden. Jeweils sind die Anforderungen etwas unterschiedlich. Und für den Erfolg braucht es dabei wohl auch einen gewissen Pragmatismus – denn mögliche Abnehmer wie die Auto-, Flugzeug- oder Modeindustrie sind insgesamt natürlich alles andere als nachhaltig. »Das ist uns klar, und am Anfang waren wir da auch noch etwas strenger«, meint Grüne. »Aber mittlerweile denken wir: Es gibt Dinge, die wir beeinflussen können, und andere, die wir nicht beeinflussen können. Wenn wir diese Industrien nur ein bisschen nachhaltiger machen können, dann lohnt sich das trotzdem.«

Dass sich Alternativen zu Leder etablieren, ist aus Grünes Sicht auch wichtig, um den Diskurs zu verändern und die Mythen zu widerlegen, mit denen die aktuelle Lederindustrie ihre Produkte bewirbt. »Die Häute von Tieren zu benutzen, hat eine jahrhundertelange Tradition. Solange man damit kein Problem sieht, macht man das eben weiter und tut dabei so, als wäre alles ganz natürlich und umweltfreundlich. Dabei geht es natürlich auch anders – man muss einfach forschen und herausfinden, wie.«

Viele weitere Materialien, die in Zukunft Leder ersetzen könnten, befinden sich weltweit in der Entwicklung – zum Beispiel auf Basis von Ananasblättern, Kork oder Pilzen. »Es gibt da einen Trend, eine Motivation und einen wachsenden Markt. Irgendeine dieser vielen Alternativen wird sich durchsetzen«, meint Arved Bünning. »Als Gründer hoffe ich natürlich, dass wir das sind, aber als Aktivist bin ich einfach überzeugt, dass es eine oder mehrere davon sein werden.«

Wenn die Tierindustrie abgebaut oder gar abgeschafft wird, müssen einige traditionsreiche Produkte ersetzt werden, und eben nicht nur in der Ernährung. Das Startup Amberskin zeigt für mich, welche Chancen in dieser Transformation stecken und welche Rolle moderne Biotechnologie dabei spielen kann.

Ein anderer Ansatz könnte umgekehrt darin liegen, alte Traditionen wiederzuentdecken und weiterzuentwickeln – zum Beispiel Kleidung aus Hanf statt Wolle. Denn auch Wolle würde es in einer veganen Welt nicht mehr geben. Zum Glück, denn was viele nicht wissen: Die Produktion von Wolle ist ähnlich wie die von Leder oft grausam und umweltschädlich.

Wenn wir Kleidung aus Wolle kaufen, stammt diese zum Großteil nicht aus Deutschland oder Europa, sondern häufig aus Australien oder Neuseeland. Heimische Wolle kann mit der Qualität von Importware kaum mithalten – hiesige Schäfer*innen müssen den Stoff teilweise sogar kostenpflichtig entsorgen.[71] In Australien ist es noch immer weit verbreitet, Schafen ohne Betäubung Hautstücke um den After herum herauszuschneiden. Der Hintergrund ist, dass die Schafe damit weniger anfällig für Parasiten sind, die sich in Hautfalten einnisten. Die Hautfalten haben die Schafe allerdings nur, weil sie auf besonders viel Wolle gezüchtet wurden.

Lange war dieses »Mulesing« hier unbekannt, mittlerweile gibt es weltweit Kampagnen dagegen, aber beenden konnten die es nicht. Für mich zeigt der Fall einmal mehr: Sobald Tiere kommerziell genutzt werden, um ein bestimmtes Produkt zu erzeugen, muss man immer damit rechnen, dass die Tiere dabei krasse Gewalt und routinemäßige Grausamkeit erfahren – auch wenn man die Details nicht kennt.

Um Wolle zu bekommen, müssen Schafe in jedem Fall geschoren werden. Diese Prozedur ist für sie oft extrem stressig und häufig schmerzhaft, gerade wenn es effizient, d. h. schnell vonstattengeht. Zum Tierleid kommt hinzu, dass die Schafhaltung viel Land braucht und hohe Treibhausgasemissionen verursacht – Schafe stoßen als Wiederkäuer Methan aus.

Allerdings hat Wolle als Bekleidungsmaterial große Vorteile: Sie hält warm, ist atmungsaktiv, nimmt kaum schlechte Gerüchte auf und reinigt sich ein Stück weit selbst. Und was die Umweltbilanz angeht, sind einige andere Materialien, zum Beispiel konventionell angebaute Baumwolle ebenso wie verschiedene Kunstfasern, auch nicht besonders sinnvoll.

Eine Lösung könnte die vielseitige Hanfpflanze sein: Ihre Fasern haben teilweise ähnlich gute Eigenschaften wie Wolle, denn sie sind temperaturregulierend, geruchsabweisend und langlebig. Bis ins 19. Jahrhundert hinein gehörten sie in Europa zu den wichtigsten Rohstoffen für die Kleidungsherstellung – zusammen mit Flachs und Nessel, also den Fasern von Lein und Fasernessel, einer Brennnesselart. Und auch für diese beiden gilt: Es wird höchste Zeit, dass wir sie als Pflanzen für die Textilherstellung wiederentdecken und weiterentwickeln, denn sie lassen sich hier hervorragend anbauen, erweitern die Fruchtfolge und liefern im Fall von Hanf und Lein zusätzlich noch Lebensmittel.

Technologie und Rückbesinnung, Kreativität und Anpassung an das, was ökologisch und ethisch sinnvoll ist: Wenn wir nur wollen, können wir problemlos alle Dinge, die uns die Tierindustrie heute unter so absurd hohen Kosten für Tiere und uns selbst bereitstellt, anders und besser organisieren.

Im Nahrungsmittelbereich ist dieser Wandel bereits in vollem Gange – es gibt immer mehr Produkte, mit denen man Fleischwaren, Eier und Milchprodukte in der Ernährung ersetzen kann. Aber hier stellen sich auch Fragen, über die in der Agrarwende- und Tierrechtsszene kontrovers gestritten wird: Braucht es überhaupt Produkte, die so aussehen und so schmecken wie Steaks, Nuggets oder Käse? Und wer verdient eigentlich an der neuen Vielfalt? Darum geht es im nächsten Kapitel.

5.

Zukunft durch Technik? Alternative Proteine auf dem Vormarsch

Das Restaurant von Semi Hassine in Hattingen bei Bochum ist bekannt für seine deftige, fleischlastige Küche. Die Gäste kommen hierher, um Würstchen, Schnitzel und Co. auf dem Teller zu haben. An einem Tisch sitzt heute ein bärtiger, stämmiger Mann, der gerade als kleine Vorspeise »Steak-Scheiben« verzehrt hat. Er trinkt ein großes Bier dazu und sieht zufrieden aus. Semi Hassine, der die Vorspeise zubereitet hat, kommt aus der Küche und begrüßt den Gast. »Sie werden wahrscheinlich vermuten, dass das Fleisch war, was Sie gerade gegessen haben?« fragt Hassine. »Ja«, sagt der Mann und schaut etwas verdutzt. Hassine klärt ihn auf: »Das war kein Fleisch, sondern ein veganes Steak, also Fleischersatz sozusagen.«

In dem Restaurant findet nämlich gerade eines der beliebten Geschmacksexperimente statt – merken Fleischesser es, wenn sie nicht das Original, sondern eine Nachahmung vorgesetzt bekommen? Die Szene ist Teil einer Folge der TV-Sendung Quarks im WDR, in der es um Fleischalternativen geht.[1] Der bärtige Gast, der in die Falle getappt ist, zeigt sich sehr überrascht: »Damit habe ich weder von der Konsistenz, noch vom Geschmack her gerechnet, auch von der Optik nicht.«

In der nächsten Szene sieht man vier Senior*innen, die Gerichte mit Schnitzel und Hackbällchen genießen. Auch ihnen fällt nichts auf, sie loben das Essen. Als sie erfahren, dass alles fleischlos war, sagen auch sie: »Wir haben keinen Unterschied geschmeckt.«

Semi Hassine, der Koch, hatte dieses Ergebnis nicht erwartet. »Kaum zu glauben«, meint er. »Da hat die Industrie schon echt gute Arbeit gemacht, das muss man schon sagen.« Tatsächlich stecken komplexe Techniken und viel Forschung dahinter, pflanzliche Rohstoffe so zu bearbeiten, dass sie tierischen Produkten in dieser Weise ähneln.

Perfekte Kopien

»Man schmeckt nicht nur mit der Zunge oder der Nase. Wir nennen das Multisensorik«, sagt Christian Zacherl. Er ist Lebensmitteltechnologe am Fraunhofer Institut für Verfahrenstechnik und Verpackung in Freising in Bayern, wo er seit mehr als fünfzehn Jahren an pflanzlichen Alternativen zu Tierprodukten forscht. Ich habe mich mit ihm zu einem Online-Gespräch verabredet. »Wenn wir zum Beispiel ein Schnitzel essen, dann verknüpft das Gehirn alle sensorischen Erlebnisse zu einem Gesamtsinneseindruck. Und so ist das ganz oft bei unseren Entwicklungen, dass wir das Gesamtprodukt anschauen müssen.«

Der Geschmack auf der Zunge ist dabei nur ein Aspekt. Entscheidend ist daneben die Konsistenz. »Erst vor einigen Jahren sind am Markt pflanzliche Produkte aufgetaucht mit einer Textur, die Muskelfasern ähnelt. Das Mundgefühl ist viel näher am echten Fleisch als zum Beispiel bei Tofu, der klassischen Fleischalternative. Menschen mögen das offenbar gerne, dieses Faserige: Man beißt etwas durch und es fühlt sich zugleich saftig im Mund an.«

Um diese Textur zu erzeugen, braucht man große Maschinen, die Extruder genannt werden und die man mit Pflanzenprotein befüllt. Man muss vorher also die Proteine von den anderen Bestandteilen der Pflanzen trennen. Bei Erbsen, die ein beliebter Rohstoff für Fleischalternativen sind, findet diese Trennung oft sowieso schon statt: »Erbsen werden primär zur Stärkegewinnung angebaut«, erklärt mir Zacherl. »Das Eiweiß ist dann eigentlich ein Seitenstrom, daher ist es auch besonders nachhaltig, das zu verarbeiten.«

Im Extruder wird aus Eiweißmehl und Wasser ein Teig, indem zwei rotierende Schnecken in einem Gehäuse das Material kneten. Zacherl sagt: »Man kann es sich vorstellen wie eine kontinuierliche Nudelmaschine. Manchmal fügen wir Salz oder andere Zutaten hinzu, aber im Wesentlichen besteht das Grundprodukt aus einem Erbsenproteinteig. Dieser wird weiter geknetet, erhitzt und unter Druck gesetzt. Dabei falten sich die Proteine auf.«

Am anderen Ende der Maschine befindet sich eine Düse, durch diese schäumt der heiße Teig durch den Druck heraus und es bildet sich eine fluffige, knubblige Struktur. Dasselbe Prinzip wird übrigens bei der Herstellung von Erdnussflips verwendet. Das so texturierte Pflanzeneiweiß kommt zum Beispiel in Burgerpattys oder Hackfleischalternativen zum Einsatz. Es ist faserig, aber die Fasern sind relativ kurz.

Um der Struktur von Muskelfasern noch näher zu kommen, nutzt man daher in anderen Extrudern eine lange Kühldüse. »Darin kühlt sich der Proteinteig langsam ab und erstarrt schichtweise«, erklärt Christian Zacherl. Aus der Öffnung kommt am Ende ein festes, braunes Teigband. »Durch den Prozess entstehen längere, gerichtete Fasern. Und das ist ein Pendant zu einem Filet oder einem gewachsenen Stück Fleisch. Man verwendet es für Schnitzel, Geschnetzeltes und dergleichen.«

Dieses Material wird dann weiterverarbeitet – gewürzt, mariniert, paniert, gekocht, gebraten oder frittiert. Ganz schön aufwändig. Und all das nur, damit etwas herauskommt, das trügerisch ähnlich schmeckt wie traditionelle Fleischprodukte. Warum überhaupt? Viele überzeugte Fleischesser*innen scheitern immer wieder daran, den Sinn hinter pflanzlichen Würstchen und Buletten zu verstehen – wenn man kein Fleisch essen will, warum sollte man dann welches nachbauen? Dabei ist die Erklärung ja denkbar einfach. Viele von uns sind seit der Kindheit an bestimmte Gerichte gewöhnt, wir wissen, wie man sie zubereitet – und Spaghetti Bolognese, Salami-Pizza, Currywurst oder Schnitzel schmecken uns einfach gut. Wenn es möglich ist, praktisch dasselbe Geschmackserlebnis auf Basis von Pflanzen zu bekommen, macht das natürlich für viele Menschen die Abkehr vom Fleisch entscheidend leichter.

Anders gesagt: Ethische Argumente reichen offensichtlich für viele Menschen nicht aus – sie sind nicht bereit, wegen der Tiere oder der Umwelt auf ihre gewohnten Gerichte zu verzichten. Wenn es aber Alternativen gibt, die genauso gut schmecken, genauso günstig und praktikabel sind wie die Originale, gibt es keine Gründe mehr, das schädlichere Produkt zu wählen. Für viele Tierrechts- und Klimaaktivist*innen liegt in den Fleischalternativen daher ein zentraler Hebel für die gesellschaftliche Agrar- und Ernährungswende.

Die wichtigste Zielgruppe der neuen Produkte sind entsprechend auch gar nicht langjährige Veganer*innen, die häufig gut ohne den Geschmack von totem Tier leben können. Es sind Menschen, die ihren Fleischkonsum bewusst reduzieren, sogenannte Flexitarier*innen. Laut einer Studie machen die in Deutschland immerhin schon mehr als die Hälfte der Bevölkerung aus.[2] Entsprechend erfolgreich sind die Fleischalternativen im Supermarkt und die Hersteller erzeugen immer mehr: Im Jahr 2021 wuchs der Umsatz damit hierzulande um 32 Prozent.

International herrscht Goldgräberstimmung – Beratungsagenturen sagen gigantische Wachstumsraten für das Geschäft mit pflanzenbasierten Alternativen voraus, vegane Startups sammeln Milliardeninvestitionen ein. Zu den Flaggschiffen des neuen Marktes gehören zwei US-amerikanische Unternehmen, die von überzeugten Veganern gegründet wurden: Beyond Meat und Impossible Foods stellen mithilfe von selbst entwickelten Technologien Ersatz für verschiedene Fleischprodukte her.

Den Beyond Burger gibt es in Deutschland seit 2018 zu kaufen. Er besteht aus Erbsenproteinisolat, Rapsöl, Kokosöl, Aromen, Stabilisatoren und weiteren Zutaten. »Als Proteinisolat bezeichnen wir ein Mehl mit über 90 Prozent Proteingehalt«, erklärt Christian Zacherl. »Das ist ein etwas aufwändigerer Prozess, als wenn man Mehle mit geringeren Proteingehalten herstellt – man muss das Eiweiß wässrig extrahieren und die Fasern abtrennen. Man bekommt dadurch auch einen neutraleren Geschmack, also man schmeckt dann den pflanzlichen Ursprung nicht mehr.«

Die Stiftung Warentest bescheinigte dem Beyond Burger ein rindfleischähnliches Aroma.[3] Ich muss zugeben, dass dieser Burger für mich schon fast zu intensiv nach dem Original schmeckt, das ich seit mehr als fünfzehn Jahren nicht mehr gegessen habe. Beim Aufschneiden tritt sogar eine rote Flüssigkeit aus, die an Blut erinnert. Es ist aber nur Rote-Bete-Saft.

Der Impossible Burger dagegen, der ebenfalls in Kalifornien entwickelt wurde, enthält einen patentierten Stoff, der Blut noch näher kommt und zum Erfolgsrezept des Burgers gehört: Häm. Diese Molekül-Art ist ein Bestandteil von Hämoglobin, dem roten Blutfarbstoff, mit dem Sauerstoff durch die Adern aller Wirbeltiere transportiert wird. Die Häm-Moleküle sollen für den Geschmack von Fleisch, speziell von Rindfleisch, eine zentrale Rolle spielen. Man findet Häm allerdings auch in Pflanzen, zum Beispiel in Soja, wenn auch nur in sehr kleinen Mengen.

Die Forscher*innen bei Impossible Foods haben ein Verfahren entwickelt, dieselben Moleküle anderweitig herzustellen, und zwar mithilfe von Gentechnik: Sie haben die Sequenzen aus der DNA von Sojapflanzen, die für die Bildung von Häm relevant sind, in Hefe-Organismen eingefügt. Wenn man diesen Hefen die passenden Bedingungen und Nährstoffe bietet, produzieren sie das Häm. In den Burgern sorgt der Stoff nicht nur für einen fleischigen Geschmack, sondern auch für ein charakteristisches Aussehen: Die rohen Pattys sind rosa, sie »bluten« beim Aufschneiden, nehmen aber beim Braten die grau-bräunliche Farbe von durchgebratenem Rindfleisch an. Die Grundstoffe für den Burger sind ebenfalls texturierte Pflanzenproteine, dazu kommen Kokosfett, Bindemittel und einige Zusatzstoffe.

Der Impossible Burger wurde in den USA zuerst 2016 in mehreren Restaurants serviert, nachdem die Behörde für Lebensmittelsicherheit das Häm genehmigt hatte. Seit 2019 ist er dort auch in Supermärkten erhältlich. In Europa läuft die Zulassung noch.

»Über die amerikanischen Burger wurde auch in Deutschland viel in den Medien berichtet«, sagt Christian Zacherl vom Fraunhofer Institut.

»Die Technik war beim Beyond Burger eigentlich nicht neu, der beruht auch auf Extrusion auf Basis von Proteinmehlen, aber plötzlich gab es diesen Hype. Und tatsächlich waren die Burger sehr gut im Geschmack und das hat dazu geführt, dass auch die Fleischesser aufmerksam geworden sind und gerne zu diesen veganen Alternativen gegriffen haben.«

Ist es überhaupt gesund, solche kompliziert nachgebauten Produkte zu essen? Schon die großen Extrusionsmaschinen sehen nach Hightech aus, das viele ungern mit Nahrungsmitteln in Verbindung bringen. Christian Zacherl sieht darin aber kein Problem. »Ich vergleiche es gern mit dem Brot. Ein Brot kommt so natürlich rüber, es erscheint handwerklich gemacht, aber das ist ähnlich hoch prozessiert wie so ein Texturat. Man nimmt ähnliche Rohware, nämlich verschiedene Mehle, manchmal kommt für das Proteinmehl noch ein Waschschritt hinzu. Dann knetet man einen Teig mit Wasser, danach gibt man Temperatur drauf, erhitzt bzw. backt den Teig. Also sehr viel dabei läuft parallel, nur dass man das eine zu Hause nachstellen kann und das andere nicht. Der Prozess ist aber vergleichbar.«

Wie gesund das Endprodukt ist, hängt dann stark an den weiteren Zutaten und dem Salz- und Fettgehalt. Die pflanzlichen Burger seien nicht ungesünder als die tierischen, sagt Zacherl – allerdings im Schnitt auch nicht viel gesünder. »Natürlich kann man auch Brokkoli mit Vollkornnudeln essen«, meint er. »Davon wird man auch satt. Aber viele mögen eben das, was sie gewöhnt sind, zum Beispiel ein saftiges Burgerpatty, deshalb gibt es ja überhaupt diese Ersatzprodukte.«

Das Interesse und der Markt für Alternativen zu Tierprodukten wachsen in Deutschland seit einigen Jahren stetig. Da ist es kein Wunder, dass viele etablierte Fleisch- und Milchunternehmen auf den Zug aufgesprungen sind und ihre eigenen pflanzlichen Varianten entwickelt haben.

Veggie-Schnitzel aus der Fleischfabrik

»Die Wurst ist die Zigarette der Zukunft« – mit diesem Statement sorgte der damalige Geschäftsführer der Rügenwalder Mühle, Christian Rauffus, schon im Jahr 2014 für Schlagzeilen.[4] Bald könnte es ebenso verpönt sein, Wurst zu essen, wie heute schon das Rauchen, sollte das heißen. Eine unerwartete Aussage vom Chef eines Unternehmens, das bis dahin ausschließlich Fleisch- und Wurstprodukte hergestellt hatte. Im selben Interview kündigte Rauffus allerdings an, dass die Rügenwalder Mühle mehrere fleischlose Produkte wie Mortadella und Frikadellen auf den Markt bringen würde. Die neue Sparte sollte eine tragende Säule des Unternehmens werden. »Das ist nichts für die Imagepflege, wir meinen das ernst«, versicherte Rauffus. Für ihn ginge es zwar »nicht um das arme Tier«, wird er in einem anderen Artikel zitiert. »Aber die Fleischproduktion verbraucht zu viele Ressourcen, das ist unstreitig.«[5]

Im folgenden Jahr investierte das Unternehmen den gesamten Marketingetat, 20 Millionen Euro, in eine Werbekampagne für das vegetarische Sortiment.[6] Mit Erfolg: Schon drei Monate nach Einführung waren vier der zehn meistverkauften Rügenwalder-Produkte fleischfrei. Seitdem ist die Sparte rasant weitergewachsen. Es kamen neue Aufschnitt- und Streichwurstvarianten sowie Bratwurst, Schnitzel und Nuggets hinzu. Zunächst waren die meisten Produkte nur vegetarisch mit Hühnerei als zentralem Bestandteil. Einige davon wurden mittlerweile auf vegan umgestellt.

Im Jahr 2019 gab es wieder Schlagzeilen: Das Unternehmen nahm die Currywurst aus Fleisch aus dem Sortiment. Man brauche mehr Platz für die vegetarischen Produkte, sagte der damalige Marketing-Chef Godo Röben. »Es ist an der Zeit, mal 50 Prozent weniger Tiere zu essen.« Röben konnte sich sogar vorstellen, dass die Rügenwalder Mühle irgendwann ganz fleischfrei würde, aber das müssten die Verbraucher entscheiden.[7]

Im Jahr 2021 verkaufte das Unternehmen erstmalig auf das Gesamtjahr gesehen mehr vegane und vegetarische Produkte als klassische Fleisch- und Wurstprodukte.[8] Vegane Teewurst und Schnitzel von Rügenwalder liegen jetzt in jedem Supermarkt und werden offenbar viel gekauft. Das Unternehmen ist mit 41 Prozent Marktanteil der Marktführer bei den Fleischalternativen.[9] Eine beeindruckende Entwicklung, oder nicht?

Für viele Akteure der veganen Szene ist die Rügenwalder Mühle ein perfektes Beispiel für ein Unternehmen, das die Zeichen der Zeit erkannt hat und mit eigener Überzeugung, Einsatz und Kapital die Transformation zu einer pflanzenbasierten Ernährung vorantreibt. Die Organisation ProVeg (ehemals Vegetarierbund) hat die Rügenwalder Mühle bei dieser Entwicklung kontinuierlich beraten und unterstützt.[10] Die Tierrechtsorganisation PETA feiert das Unternehmen auf ihrer Website und meint, durch Kauf dieser Produkte könnte jeder dazu beitragen, dass »immer weniger Tiere in Schlachthöfen getötet werden«. Genauso könnte man auf diese Weise »sogar ein Unternehmen, das ursprünglich sein Geld mit Tierleid verdient hat, dazu bringen, die Tiere zukünftig komplett in Ruhe zu lassen«.[11]

Aus meiner Sicht ist die Sache allerdings etwas weniger eindeutig. Denn eine wichtige Tatsache fällt hier oft unter den Tisch: Seit dem Veggiestart 2014 ist der Fleischabsatz des Unternehmens schätzungsweise nur um ca. 20 Prozent zurückgegangen.[12] Die Firma rüstet sich nicht grundlegend um, sondern hat primär ein zusätzliches Standbein aufgebaut. Auch der Schritt, die Currywurst aus dem Programm zu nehmen, scheint kein Zeichen einer grundlegenden Umstellung zu sein, denn das Unternehmen räumte selbst ein, dass sie sich schlicht nicht so gut verkauft hatte.[13] Alle anderen Fleischprodukte blieben im Programm.

Manche kritische Veganer*innen werten daher die ganze Veggie-Sparte des Unternehmens als bloßen Geschäfts- und Greenwashingtrick – mit den fleischfreien Produkten könnte die Rügenwalder Mühle neue Kunden gewinnen, zusätzliches Geld verdienen und zugleich ihr Image aufpolieren in einer Zeit, in der die Fleischproduktion immer mehr in die Kritik gerät. Dabei würden kleine, ethisch motivierte vegane Unternehmen zugunsten der Rügenwalder-Produkte aus den Supermarktregalen gedrängt.[14]

Ich kann diese Kritik gut nachvollziehen. Tatsächlich gibt es keine Anhaltspunkte dafür, dass die Rügenwalder Mühle die eigene Fleischverarbeitung abbauen möchte – im Gegenteil ist sie zum Beispiel stolz darauf, dass sich das Wurstsortiment im Jahr 2021 besser entwickelt hat als der Gesamtmarkt.[15] Bezeichnend fand ich auch die Antwort, die ich bekam, als ich das Unternehmen im Frühjahr 2021 um ein Interview für dieses Buch bat: Mir wurde abgesagt mit der Begründung, dass ein Buch über den Ausstieg aus der Tierindustrie in eine andere Stoßrichtung gehe, als das Sortiment der Rügenwalder Mühle derzeit aufgebaut sei. Und auf meine Nachfrage, ob das Unternehmen also nicht vorhabe, das Fleischsortiment zu reduzieren, erhielt ich die Antwort, man verstehe sich als Lebensmittelunternehmen mit zwei starken Standbeinen – klassischen Produkten aus Fleisch und Alternativen aus pflanzlichen Proteinen.[16]

Die Rügenwalder Mühle sieht sich also selbst nicht als Vorkämpferin einer Transformation weg von der Tierhaltung – trotz aller schönen Worte über die negativen Folgen der Fleischproduktion. Sie setzt sich sogar weiterhin aktiv für die Aufrechterhaltung der Tierhaltung ein, zum Beispiel als Mitglied in dem Verein LandSchafftWerte, der Öffentlichkeitsarbeit für die deutsche Fleischindustrie macht.[17]

Das heißt umgekehrt aber auch nicht, dass die Entscheidungen des Unternehmens keine positiven Effekte hätten. Wie so vieles ist die Sache nicht schwarz-weiß. Zwar scheint es mindestens zu Beginn tatsächlich eine Verdrängung von Produkten veganer Firmen gegeben zu haben;[18] zugleich scheint mir klar, dass die Rügenwalder Produkte Menschen als neue Kunden gewonnen haben, die vorher keine Fleischalternativen gekauft haben.

Die großen Werbekampagnen für das Veggie-Sortiment haben außerdem die öffentliche Debatte beeinflusst – dabei sicher dem Unternehmen zu einem grüneren Image verholfen, aber auch die Alternativen zu Fleisch weiter in den Mainstream gebracht. Mit landwirtschaftlichen Partnern arbeitet die Rügenwalder Mühle daran, immer mehr pflanzliche Rohstoffe aus heimischem Anbau zu beziehen; das kann auch für Landwirt*innen neue Perspektiven bieten, indem sie Erbsen und Soja für die Verarbeitung zu Aufschnitt und Schnitzel liefern. Und im Jahr 2022 hat die Rügenwalder Mühle sogar im Hotspot der Tierindustrie, dem Oldenburger Münsterland, den Produktionsstandort eines Fleischunternehmens aufgekauft, um ihn auf vegane und vegetarische Produktion umzurüsten.[19]

Ist eine Fleischfirma, die Veggie-Lebensmittel herstellt, nun Gegnerin oder Verbündete auf dem Weg zu einem pflanzenbasierten Ernährungssystem? Das wird in der veganen Szene zwar heiß diskutiert, ich glaube aber nicht, dass es darauf eine einfache Antwort gibt. Ich würde sagen: Sowohl als auch. Klar ist aber: Die zusätzlichen Produkte alleine werden nicht für die drastische Transformation von Landwirtschaft und Ernährung sorgen, die wir in Anbetracht der aktuellen Krisen dringend brauchen. Dafür sind politische Maßnahmen und ein gesellschaftlicher Wandel erforderlich – und daran haben Unternehmen wie die Rügenwalder Mühle nicht unbedingt ein großes Interesse. Denn sie wollen mindestens mittelfristig auch mit Fleischprodukten weiter Geld verdienen.

Kritiker*innen von veganen Produkten von Fleischkonzernen argumentieren oft, dass die Unternehmen das nur für Geld machen und nicht aus ethischen Gründen. Das finde ich für sich genommen allerdings kein gutes Argument: Für die Wirkung, die die neuen Produkte haben, sind die Motive der produzierenden Unternehmen ziemlich unerheblich. Die

Motive sind aber trotzdem wichtig um einschätzen zu können, wie diese Unternehmen in Zukunft agieren werden. Ich denke, wir müssen uns davor hüten zu glauben, die Fleischunternehmen würden einen Ausstieg aus der Tierindustrie oder eine umfassende Ernährungswende anstreben – auch wenn sie in Alternativen investieren. Das bedeutet erst mal nur, dass sie sich breiter aufstellen. Für andere Unternehmen trifft das noch klarer zu als für die Rügenwalder Mühle.

Die PHW-Gruppe zum Beispiel ist Deutschlands größter Geflügelkonzern und mit der bekannten Marke Wiesenhof Marktführer bei Geflügelfleisch. Seit 2015 investiert die PHW-Gruppe auch zunehmend in pflanzliche Alternativprodukte. Unter der Marke Green Legend verkauft sie zum Beispiel Schnitzel, Nuggets, Fischstäbchen und Aufschnitt auf der Basis von Rapsöl und verschiedenen Pflanzenproteinen. Daneben fungierte die PHW-Gruppe eine Zeitlang als deutscher Vertriebspartner für den Beyond Burger; außerdem wird sie die Produkte der veganen Firma JUST vertreiben.[20] Für die veganen Produkte hat das Vorteile: Die PHW-Gruppe hat gute Beziehungen zum Einzelhandel und verfügt über Erfahrungen und eingeübte Strukturen in Werbung und Logistik.

Für PHW heißt das Engagement für pflanzliche Alternativen allerdings nicht, dass sie das Geschäft mit ausgebeuteten Hühnern zurückfahren würden – im Gegenteil, das wird seit Jahren immer weiter ausgebaut.[21] Während der Fleischkonsum in Deutschland insgesamt leicht sinkt, ist der Konsum von Vogelfleisch in den letzten 20 Jahren angestiegen.[22] Der Chef der PHW-Gruppe, Peter Wesjohann, sagt im Interview selbst, dass die Alternativprodukte des Konzerns mittelfristig nur ein Zehntel zum Umsatz beisteuern sollen.[23] Die Geflügelfleischproduktion werde das Kerngeschäft bleiben. Wesjohann sieht das Wachstum des pflanzenbasierten Lebensmittelsektors nicht als Bedrohung für dieses Kerngeschäft, sondern als Chance.[24]

Auch dieses Beispiel zeigt aus meiner Sicht, dass wir die Investitionen von Fleischkonzernen nicht als Zeichen eines grundlegenden Wandels missverstehen dürfen – diesen Wandel müssen wir als Gesellschaft selbst in die Hand nehmen. Nur so werden wir außerdem eine ökologisch und gesundheitlich wirklich sinnvolle Ernährungswende hinbekommen.

Käse ohne Kühe

Dass viele der aktuellen Entwicklungen zwei Seiten haben, zeigt sich auch bei den veganen Käse-Alternativen. Ein gutes Beispiel ist die Marke Simply V aus dem Allgäu, die seit mehreren Jahren Marktführerin in diesem Bereich ist. Man kann die Entwicklung des Unternehmens so erzählen wie Caroline Zimmer, die Geschäftsführerin, mit der ich im Sommer 2021 gesprochen habe: als Geschichte einer engagierten jungen Firma im Einsatz für mehr Nachhaltigkeit.

»Wir haben mit vier Leuten angefangen und mit verschiedenen Zutaten experimentiert«, erinnert sie sich. »Wir wollten Käse-Alternativen machen, die sich in nichts von konventionellem Käse unterscheiden, weder in der Konsistenz noch in der Verwendung.«

Zimmer verschweigt nicht, dass es sich um eine Ausgründung der Firma Hochland handelte – das ist einer der größten Hersteller von Kuhmilchkäse in Europa. Zimmer selbst hatte vorher lange als Molkerei-Ingenieurin bei Hochland gearbeitet, seit ihrer Kindheit liebt sie Käse. Für sie ist das kein Widerspruch, im Gegenteil: »Für Hochland war Nachhaltigkeit immer wichtig, es war eines der ersten Unternehmen mit einem Nachhaltigkeitsbericht und es gibt ein eigenes Qualitätsprogramm, um Milch nachhaltiger zu erzeugen. Pflanzliche Ernährung hat natürlich auch mit dem Thema Klima zu tun. Wir haben gedacht: Wenn immer mehr Leute daran Interesse haben, wollen wir diesen Trend mit richtig gut schmeckenden pflanzlichen Produkten weiter fördern.«

In der Experimentierphase kamen Rezepturen mit Mandeln dem Geschmack von Frischkäse am nächsten, berichtet Zimmer. Der Geschmack sei für die Akzeptanz der Produkte der entscheidende Faktor. Unter der Marke Simply V brachte sie mit ihrem Team im Jahr 2015 die ersten Produkte auf den Markt. Heute bietet die Firma Scheibenkäse in verschiedenen Geschmacksrichtungen sowie Alternativen zu Quark und zu Schafskäse an. Schon bald nach der Einführung lagen die Produkte in Supermärkten aus – die vorher noch gar keine Käse-Alternativen im Programm hatten und zuerst gar nicht wussten, wo sie die hinlegen sollten.

Ihre eigene Motivation beschreibt Caroline Zimmer so: »Ich bin nicht nur Molkerei-Ingenieurin, sondern auch Qigong-Lehrerin und große Anhängerin des Daoismus. Mich hat immer schon die Idee fasziniert, dass sich Dinge neu denken lassen –dass es Systeme geben kann mit einer ganz anderen Logik, die aber auch funktionieren. Die Frage war: Kann ich Käse neu denken?«

Zu Anfang habe sie gar nicht eingesehen, warum man ein so tolles Produkt wie Käse aus Pflanzen nachbauen solle, erzählt sie. »Bis ich dann gemerkt habe, die Mandel ist eine tolle Zutat, Kokosöl ist ein ganz wertiges Lebensmittel. Du nimmst ja nicht irgendwelchen Abfall, sondern du nimmst einfach andere Lebensmittel und versuchst die in eine Richtung zu bringen, dass sie Käse ähnlich werden.«

Gerade in der Anfangsphase hätten sie außerdem viel mit Verbraucher*innen zusammengearbeitet und Befragungen durchgeführt. »Da kamen viele Themen auf: Tierwohl, Klima, CO_2-Footprint. Ich habe plötzlich über Dinge nachgedacht, über die ich früher nie nachgedacht hatte.«

Den Treibhausgas-Fußabdruck der Produkte hat Simply V von einem schweizerischen Institut, das sich auf Lebenszyklusanalysen spezialisiert hat, berechnen lassen. Wie generell bei pflanzlichen Alternativen ist er deutlich kleiner als der von Kuhkäse – wenn Menschen statt Kuhkäse diesen Käse essen, schützen sie also effektiv das Klima.

Man kann die Geschichte von Simply V auch anders, kritischer erzählen. Dann beginnt sie so: Ein erfolgreicher Molkereikonzern will neue Märkte erschließen. Beim klassischen Käse ist allerdings kaum noch Raum für Innovation. Zugleich ist die pflanzliche Ernährung auf dem Vormarsch. Daher investiert der Konzern in eine Tochterfirma, die pflanzliche Käsesorten entwickelt. Die Tochterfirma ist zwar ein Stück weit unabhängig, aber es gibt einen Gewinnabführungsvertrag mit dem Mutterkonzern – das bedeutet, dass die Gewinne, die nach Abzahlung der Investitionen mit dem veganen Käse gemacht werden, an Hochland zurückfließen.[25]

Und Hochland mag zwar von Nachhaltigkeit reden, produziert mit dem Kuhkäse aber eins der klimaschädlichsten Lebensmittel überhaupt – und seit Jahren immer mehr davon: Der Umsatz der Firma wächst stetig.[26] Hochland hat kein Interesse, die tierischen Produkte durch pflanzliche zu ersetzen. Der Vorstandvorsitzende Peter Stahl ist sogar zugleich der Vorsitzende des deutschen Milchindustrie-Verbands – und dieser Verband hat 2021 ausgerechnet eine Werbekampagne gestartet, die das Image der Kuhmilch in Anbetracht der pflanzlichen Konkurrenz verbessern soll.[27]

Auch den veganen Käse von Simply V kann man kritisch betrachten. Die zentralen Rohstoffe sind Mandeln und Kokosöl. Die Mandeln kommen aus Kalifornien – einer Region, in der es einen dramatischen Wassermangel gibt, der sich durch die Klimakrise immer weiter verschärft. Und der Mandelanbau verschlingt große Mengen Wasser. Es wird häufig direkt aus dem Grundwasser abgepumpt, um die durstigen Bäume zu bewässern. Simply V bezieht nur Mandels aus dem Norden Kaliforniens, wo es mehr regnet.[28] Ich vermute aber, dass damit das Problem nicht gelöst ist, denn letztlich wird die Region doch von der Gesamtnachfrage beeinflusst – sicher sind andere Firmen weniger zimperlich und nehmen gern die Mandeln aus dem Süden. Der Wasserverbrauch der Mandeln ist ein echtes Problem. Deshalb hat die schweizerische Firma, die verschiedene Nachhaltigkeitsaspekte bewertet hat, einigen Simply-V-Produkten in der Kategorie Wasser nur einen von drei Sternen gegeben. Das bedeutet, dass sie mehr knappes Wasser verbrauchen als gut wäre.

Kokosöl wird oft in veganen Käsen verwendet, weil es wie Palmöl bei Zimmertemperatur fest ist – das können nicht viele pflanzliche Öle. Das Kokosöl in den Simply-V-Produkten stammt aus Südostasien. Der Lieferant unterstützt laut Firmenauskunft »die Kokosbauern dabei, nachhaltige Anbaumethoden umzusetzen«. Das bedeutet konkret aber offenbar nur, dass die Plantagen verjüngt, also Bäume nachgepflanzt werden.[29] Viel mehr kann man über die genauen Anbaubedingungen allerdings nicht erfahren. In Pressemitteilungen liest man nur Sätze wie »das Kokosöl für Simply V stammt von ausgesuchten Plantagen«, was ja eigentlich gar nichts heißt.

Während viele Konsument*innen heute wissen, dass die Erzeugung von Palmöl oft verheerende ökologische und soziale Auswirkungen hat, ist über den Ursprung von Kokosöl wenig bekannt. Besonders wenn neue Kokosplantagen angelegt werden, stellen sich dabei aber ähnliche Probleme. Eine Studie hat ergeben, dass durch den Anbau von Kokospalmen sogar deutlich mehr seltene Tierarten bedroht sind als durch den Anbau von Ölpalmen.[30] Die Situation der Landwirt*innen ist häufig prekär: Auf den Philippinen zum Beispiel leben 60 Prozent der Menschen, die den Kokosanbau betreiben, unter der Armutsgrenze. Ökologische und soziale Probleme würden sich verschlimmern, wenn die Anbaufläche für Kokospalmen stark zunehmen würde, warnt der WWF in einem Bericht.[31]

Nun entsteht allerdings ein schiefes Bild, wenn speziell vegane Produkte dafür kritisiert werden, dass sie auf problematische Rohstoffe zurückgreifen. Immerhin stammen 80 Prozent der weltweit gehandelten Mandeln aus Kalifornien. Nur ein winziger Teil davon fließt in vegane

Käse- oder Milchalternativen, der Löwenanteil steckt in Backwaren, Marzipan und Desserts, bei denen sich kaum jemand Gedanken über die Wasserproblematik macht. Auch Kokosöl wird nicht primär für veganen Käse verwendet, sondern ist eine beliebte Zutat in vielen Süßwaren und in Eiscreme – der WWF-Bericht zum Beispiel bezieht sich speziell auf die Verwendung in Eiscreme. Und trotz aller Bedenken bleibt der Pflanzenkäse viel besser für das Klima als das Original aus Kuhmilch.[32]

Trotzdem denke ich: Die Lösung kann nicht darin liegen, dass alle Konsument*innen in Zukunft den Kuhkäse durch Alternativen aus Mandeln und Kokos ersetzen, die bereits von immer mehr Unternehmen angeboten werden. Aber attraktive Alternativen braucht es dringend, denn der Konsum von (Kuh-)Käse nimmt in Deutschland noch immer zu.[33]

Christian Zacherl vom Fraunhofer Institut sieht glücklicherweise eine positive Entwicklung in der Forschung zu Käsealternativen hin zu heimischeren und auch gesünderen Zutaten. »Heute sind viele vegane Käsesorten im Prinzip aus Fett und Pflanzenstärke zusammengesetzt, sie enthalten vor allem gesättigte Fettsäuren, meist tropische Fette, und wenig Eiweiß. Wir arbeiten an neuen Varianten, die wirklich auf Protein basieren.« Dabei setzen die Forscher*innen auf heimische Rohstoffe aus Erbsen, Ackerbohnen oder Linsen. Weil der Prozess sehr komplex sei, würde es aber noch ein paar Jahre dauern, bis solche Käse-Alternativen auf den Markt kommen, sagt Zacherl.

Es gibt in einigen Läden bereits vegane Frisch- und Scheibenkäsesorten mit anderen Zutaten wie Olivenöl, Hafer, Tapioka- und Kartoffelstärke oder Blumenkohl zu kaufen. Aus Nüssen werden fermentierte Produkte hergestellt, die tendenziell dem Kuhkäse noch näher kommen. Heute sind sie meist aus aus tropischen Cashew-Nüssen – auch deren Verbrauch ist nicht sinnvoll hochskalierbar. Ich selbst hoffe derweil auf einen Käse aus regional angebauten Walnüssen.

Zu vielen anderen beliebten Tierprodukten gibt es aber schon jetzt tolle Alternativen, die gänzlich aus ökologisch und mindestens in Europa erzeugten Zutaten bestehen – das gilt für Pflanzendrinks wie Hafer- oder Dinkelmilch, für pflanzliche Joghurt- und Quarkalternativen und für sehr viele Fleischalternativen im Biobereich, die primär auf Soja-, Weizen- oder Lupineneiweiß und Gewürzen beruhen.

Christian Zacherl glaubt, dass der Trend bei den Fleisch- und Wurstalternativen auch generell zu kürzeren Zutatenlisten, weniger Zusatzstoffen und nachhaltiger produzierten Grundstoffen geht. »Zu Anfang hatten die neuen Produkte eine Art Welpenschutz. Es kam nur darauf an, dass sie vegan waren und gut schmeckten. Aber jetzt wenden sich immer mehr Firmen an uns, die wegwollen von Palmfett und Kokosöl, hin zu regionalen Quellen.«

Das klingt gut – ich frage mich allerdings, ob das heißt, dass die ökologischeren Zutaten sich in der Masse durchsetzen werden. Denn es kann ja genauso gut sein, dass sich das Angebot nur weiter differenziert, ohne dass sich an dem Gesamtverbrauch von problematischen Rohstoffen wirklich etwas ändert.

Die Rolle der Konzerne

Ich fand es interessant zu hören, aus welchem Grund die Firma hinter der Marke Simply V die Mandeln für ihren Käse aus Kalifornien bezieht. »Mandeln wachsen zwar auch in Europa«, sagt die Geschäftsführerin Caroline Zimmer. »Aber wir müssen sicherstellen, dass wir ausschließlich süße Mandeln bekommen. Bei den europäischen Mandeln sind derzeit immer auch ein paar bittere dabei, was sich sofort auf den Geschmack auswirkt. Das können wir uns nicht leisten. Schließlich wird nur das gegessen, was auch schmeckt.« Die erste Priorität ist also, ein ganz bestimmtes, gleichbleibendes Endprodukt herzustellen. Die Zutaten müssen exakt die nötigen Bedingungen erfüllen.

»Maschinengängige Rohstoffe« sagt die Autorin Kathrin Hartmann dazu. Sie hat mehrere Bücher über die Machenschaften von multinationalen Unternehmen geschrieben. Oft geht es dabei um die Agrar- und Ernährungsindustrie. Immer wieder hat Hartmann zum Beispiel dokumentiert, wie für die Produktion von Palmöl Menschen ausgebeutet und Ökosysteme zerstört werden.

»Bei den großen Konzernen gehört es zum Geschäftsprinzip, sich günstige, gleichförmige Rohstoffe überall auf der Welt zusammenzukaufen und daraus hochverarbeitete Lebensmittel herzustellen«, sagt sie mir in einem Gespräch im Herbst 2021. »Dabei braucht ja eigentlich niemand solche Lebensmittel, im Gegenteil, die sind sogar ungesund. Dafür nehmen die Konzerne aber Menschen im globalen Süden die Lebensgrundlage weg und vergiften die Umwelt.«

Unternehmen wie Simply V, die Rügenwalder Mühle und selbst die PHW-Gruppe sind kleine Fische im Vergleich zu Giganten der Ernährungsindustrie wie Nestlé, Unilever oder Cargill, mit denen sich Kathrin Hartmann in ihren Recherchen vor allem beschäftigt hat. Genau diese großen Konzerne steigen jetzt allerdings ebenfalls in den Markt der Alternativen zu Tierprodukten mit ein, wo hohe Wachstumsraten locken. Dabei stellt sich dieselbe Frage wie zuvor bei den Unternehmen der deutschen Fleisch- und Milchwirtschaft: Wenn solche Unternehmen zunehmend vegane Produkte verkaufen, ist das schon der Wandel, den wir brauchen?

Nestlé zum Beispiel ist der umsatzstärkste Nahrungsmittelkonzern weltweit und wird von Umwelt- und Menschenrechtsorganisationen regelmäßig scharf kritisiert. Dem Konzern aus der Schweiz wird u. a. vorgeworfen, dass er sich in verschiedenen Weltregionen Wasserquellen sichert und damit den dort lebenden Menschen das ohnehin knappe Wasser streitig macht.[34] Für zahlreiche Produkte nutzt Nestlé außerdem große Mengen Palmöl und wird deshalb für Regenwaldzerstörung verantwortlich gemacht. Und jetzt investiert Nestlé in pflanzliche Alternativen zu Tierprodukten: Unter der Marke Garden Gourmet verkauft die Firma verschiedene Fleischalternativen und hat im Jahr 2021 auch einen veganen Thunfisch herausgebracht.

Unilever gehört ebenfalls zu den größten Verbrauchern von Palmöl aus Südostasien. »Verfolgt man zurück, woher das Palmöl stammt, zeigt sich: Einer der Hauptlieferanten ist Wilmar International – eine Firma, der Brandrodungen, illegale Abholzung und Menschrechtsverletzungen nachgewiesen wurden«, sagt Kathrin Hartmann. Unilever habe zwar den »Runden Tisch für nachhaltiges Palmöl« mitgegründet, betreibe damit aber vor allem Greenwashing, denn es gebe kein nachhaltiges Palmöl. Seit Unilever die niederländische Firma »The Vegetarian Butcher« aufgekauft hat, ist das Unternehmen nun auch ein erfolgreicher Anbieter von Fleischalternativen.

Der multinationale Konzern Cargill wiederum, der auf der ganzen Welt mit Agrarrohstoffen, Futter, Fleisch und Lebensmitteln handelt und damit mehr Umsatz macht als Nestlé, wurde von der Umweltorganisation Mighty Earth zum »schlimmsten Unternehmen der Welt« erklärt. Er sei für Regenwald-Abholzung, Kinderarbeit, Landraub und weitere Verbrechen verantwortlich.[35] Auch Cargill forscht intensiv zu Alternativen für Wurst, Schnitzel und Eiern mit dem Ziel, die ganze Produktionskette vom Acker bis zum Supermarkt zu kontrollieren. Schon jetzt liefert Cargill die Erbsenproteine für den Beyond Burger.[36]

»Natürlich ist jedes Pflanzenschnitzel, das gegessen wird, eine Verbesserung gegenüber einem Tierschnitzel«, sagt Kathrin Hartmann. »Aber es sind dieselben Konzerne, die überall auf der Welt Verheerungen anrichten. Mit den neuen Produkten sichern sie ihre Macht und lenken von ihren anderen Praktiken ab. Es sind genau die Konzerne, die wir loswerden müssen, um ein gerechtes und ökologisch verträgliches Ernährungssystem zu schaffen.«

Hartmann glaubt nicht daran, dass Nestlé, Unilever und Co. nach und nach immer weiter auf ökologischere Produkte umstellen würden. »Es geht denen nicht darum, grundlegend etwas zu ändern, nur weil sie jetzt vegane Schnitzel herstellen. Das Ziel ist einfach, neue Segmente zu schaffen, neue Zielgruppen anzusprechen. Das ist wie beim Bio-Angebot bei Lidl: Da wird eine zusätzliche Nische bedient. Und wenn die nicht läuft, kann man sie auch wieder rausschmeißen.«

Eine andere Perspektive hat die Ernährungsorganisation ProVeg, die sich in verschiedenen Ländern für eine Abkehr vom Tierkonsum einsetzt. »Was wir im Ernährungssystem aktuell sehen, ist kein Trend, sondern eine Transformation«, sagt mir Jens Tuider, Direktor von ProVeg International, in einem Gespräch im Herbst 2021. »55% der Deutschen und 42% der Menschen weltweit verstehen sich inzwischen als Flexitarier, die aktiv ihren Tierkonsum reduzieren wollen.« Damit die Transformation gelingt, braucht es aus Tuiders Sicht eine große Bandbreite und Diversität an Lösungen. »Wir sehen unfassbar viele kleine Startups mit tollen Ideen und Produkten, aber auch die großen Unternehmen erkennen die Zeichen der Zeit. Dabei spielt nicht unbedingt die Weltrettung per se eine Rolle, sondern die Einsicht, dass es eine jüngere, kritischere Kundschaft gibt, die andere Erwartungen an Konsum hat. In einer Welt, in der Privatwirtschaft eine solch dominante Rolle spielt, ist ein globaler Transformationsprozess nur mit der Wirtschaft möglich. Die Zeit drängt zu sehr, als dass wir jetzt nur handeln könnten, wenn die Lösung hundert Prozent perfekt ist.«

Ganz ähnlich sieht es Christian Zacherl vom Fraunhofer Institut. Der Markt für vegane Alternativen wachse so stark, dass große und kleine Unternehmen nebeneinander erfolgreich sein könnten. Für den Wandel müsse man alle Gruppen mitnehmen, auch die großen Firmen aus der Fleisch- und Milchindustrie. »Die können das auch schnell umsetzen, weil sie die Logistik und die Produktionskapazität haben, um Aldi, Lidl usw. zu beliefern.« Dass viele große Unternehmen mittlerweile eine vegane Sparte haben, habe auch zur Folge, dass sie die Alternativen nicht mehr so bekämpfen wie zuvor, meint Zacherl.

»Wir haben das zum Beispiel daran gemerkt, wie viel Gegenwind wir früher dagegen bekommen haben, dass ein Burgerpatty auch ›Burgerpatty‹ heißen darf. Das hat die Milch- und Fleischlobby fast schon aggressiv bekämpft. Mittlerweile haben sie gemerkt, dass sie auch etwas davon haben, und jetzt ist das möglich. Daran sieht man auch, wie die Machtverhältnisse aussehen bei diesen politischen Entscheidungen.«

Das EU-Parlament hat im Herbst 2020 darüber abgestimmt, ob Fleischalternativen weiterhin »Burger«, »Schnitzel« oder »Steak« heißen dürfen. Vor allem Landwirtschaftsverbände wie der Deutsche Bauernverband (DBV) hatten sich für ein Verbot von Fleischbezeichnungen für Veggie-Produkte stark gemacht. Organisationen wie ProVeg lobbyierten dagegen, zusammen mit einigen Firmen, deren Produkte von dem Verbot betroffen gewesen wären. Teil dieser »European Alliance for Plant-based Foods« waren auch Nestlé und Unilever. Am Ende lehnte das EU-Parlament den Antrag ab: Vegane Schnitzel dürfen weiter »Schnitzel« heißen.

Solange die Ernährungsindustrie viel Einfluss darauf hat, wie politische Entscheidungen getroffen werden, ist es offensichtlich sehr wichtig, dass die relevanten Akteure eine Verringerung des Tierkonsums nicht bekämpfen oder sogar unterstützen. Aber zugleich sind diese Machtverhältnisse selbst ein Problem. Und sie zeigen sich nicht nur bei politischen Entscheidungen. »Die multinationalen Konzerne und Handelsketten diktieren die Preise«, sagt Kathrin Hartmann. »Sie bestimmen, wer zu welchen Bedingungen liefert, was angebaut wird, wie angebaut wird. Der Druck wird dabei immer weiter nach unten abgegeben, die Leidtragenden sind die Bäuerinnen und Bauern, die Tiere und die Natur.« Je mehr Macht diese Konzerne hätten, desto weiter entfernt seien wir von einer Situation, in der wir selbst bestimmen, was wir essen und wie es hergestellt wird, sagt Hartmann.

Die großen Unternehmen wie Nestlé und Unilever vertreiben vor allem stark verarbeitete Nahrungsmittel mit Rohstoffen aus industrieller Landwirtschaft. Ihre Produkte sind im Supermarkt sehr präsent und werden über Werbung zusätzlich angepriesen. Wenn diese Firmen vegane Alternative anbieten, sind deren negative Folgen zwar sehr viel kleiner als die von Tierprodukten.[37] Aber für unsere Gesundheit, für Umwelt und Klima wäre es natürlich noch besser, wenn wir statt des Schweineschnitzels nicht das Erbsenschnitzel, sondern zum Beispiel einfach die Erbsen direkt essen würden. Denn frische, unverarbeitete Nahrungsmittel enthalten in der Regel mehr wertvolle Nährstoffe, weniger Salz und ungesunde Fette und verursachen auch weniger Emissionen.[38]

Jens Tuider von ProVeg hält es für gefährlich, dabei zu viel auf einmal zu fordern. »Der Schritt vom Rindfleischburger zum Veggieburger ist für viele schon erheblich. Der Schritt vom Steak zur veganen Vollwert-Ernährung ist sicher ein sehr viel größerer. Da muss man realistisch bleiben.« Das mag zwar stimmen, allerdings sollten wir dabei zugleich bedenken, dass es für Burger, Steak und Schnitzel in verschiedensten Varianten seit Jahrzehnten millionenschwere Werbekampagnen gibt. Was würde wohl passieren, wenn auf Plakaten und Fernsehspots nur noch Werbung für bunte Gerichte mit Möhren und Roter Bete, für selbst gemachten Ackerbohnen-Hummus oder Kartoffelauflauf zu sehen wäre?

Anders gesagt: Es ist nicht nur so, dass hochverarbeitete Lebensmittel vielen Menschen gut schmecken und im hektischen Alltag angenehm schnell zuzubereiten sind. Die Unternehmen der Ernährungsindustrie haben auch ein großes Interesse daran, möglichst viel davon zu verkaufen. Weltweit nimmt der Konsum von stark verarbeiteten Lebensmitteln gerade in Schwellenländern stark zu – dabei handelt es sich natürlich nicht primär um die neuen veganen Alternativen, sondern vielfach um Tierprodukte, salzige Snacks, Süßigkeiten und Softdrinks. Fachleute sehen darin eine große Gefahr für die globale Gesundheit.[39]

In einer Studie hat ein Forschungsteam aufgezeigt, mit welchen Methoden »Big Food«, also die Konzerne der Ernährungsindustrie, global ihre Interessen durchsetzen.[40] Neben Werbung betreiben sie politische Lobbyarbeit, zum Beispiel um Maßnahmen zu verhindern, die durch Kennzeichnung oder Preispolitik den Konsum ihrer Produkte verringern könnten. Außerdem versuchen sie wissenschaftliche Forschungsergebnisse, die die Gesundheitseffekte von verarbeiteten Produkten darstellen, zu verwässern und zu behindern.

Eine weitere Strategie besteht darin, sich in sozialen Projekten zu engagieren und mit NGOs zusammenzuarbeiten – mit dem Ziel, das Image der Unternehmen zu verbessern und Teile der Zivilgesellschaft auf die eigene Seite zu bringen. Es passt genau in diese Strategie, wenn Nestlé und Unilever sich mit Organisationen wie ProVeg verbünden, zusammen lobbyieren und sogar gemeinsame Öffentlichkeitsarbeit machen – zum Beispiel, indem Nestlé auf der Firmenwebsite »Ernährungstipps für klimafreundliches Essen« veröffentlicht, die von Jens Tuider von ProVeg geschrieben wurden.[41]

ProVeg wiederum würde ein solches Bündnis nicht eingehen, wenn die Verantwortlichen nicht daran glauben würden, dass die Zusammenarbeit auch ihr Ziel – die Verringerung des Tierkonsum – voranbringt. Jens Tuider sagt: »Wir leben in einer hochkomplexen und widersprüchlichen Welt. Die Vorstellung, man müsse gleich alles auf einmal lösen (und am besten das globale Wirtschaftssystem abschaffen), ist eine Fantasie, die in der Theorie großartig klingt, in der Praxis aber bis heute nie funktioniert hat.«

Ich muss zugeben, dass ich in Anbetracht der Klimakrise die Vorstellung, das globale Wirtschaftssystem abzuschaffen, keineswegs so absurd finde – die Frage ist ja, wie viel Welt noch übrigbleibt, wenn wir das nicht tun. Ich kann allerdings den Pragmatismus von Jens Tuider und seiner Organisation durchaus nachvollziehen: Er bietet die Chance, auch unter den bestehenden Machtverhältnissen Veränderungen zu erreichen. Und das sind Veränderungen, die real die Zahl der leidenden und getöteten Tiere verringern und Treibhausgase reduzieren können – natürlich ist das ungemein wertvoll. Auch Kathrin Hartmann hebt zum Beispiel positiv hervor, dass die neuen Alternativprodukte dazu beitragen, die vegane Ernährung zu normalisieren und zu verbreiten.

Aber das hebt ihre Kritik an den herstellenden Konzernen der Ernährungsindustrie nicht auf, die ich für sehr berechtigt halte: Es ist gefährlich, wenn wir den Wandel den Akteuren anvertrauen, die für so viel Zerstörung und Leid verantwortlich sind. Ich stimme Kathrin Hartmann zu, dass es für ein wirklich gerechtes und ökologisch verträgliches Ernährungssystem einen grundlegenden Systemwandel braucht. Und der kann nur *gegen* die Konzerne, nicht mit ihnen durchgesetzt werden.

Ich denke, die Herausforderung besteht darin, diese verschiedenen Perspektiven zusammenzudenken. Für die gesellschaftliche Transformation von Landwirtschaft und Ernährung brauchen wir nicht nur Maßnahmen, die »innerhalb des Systems« Verbesserungen erreichen, sondern auch Interventionen, die die gegebenen Machtverhältnisse verschieben und grundlegende Veränderungen erreichbarer machen.[42] Davon gibt es momentan aus meiner Sicht zu wenig.

Stattdessen werden immer neue, immer innovativere Alternativprodukte entwickelt – nicht selten von engagierten Firmengründer*innen, die hoffen, auf diese Weise der Tierindustrie den Garaus zu machen.

Kuhkäse ohne Kühe

»Meine Vision ist, dass wir keine Massentierhaltung mehr brauchen, um schmackhafte Produkte zu produzieren. Dass wir Landflächen, die heute für die Futtermittelherstellung gebraucht werden, wieder als Biotope zur Verfügung stellen können. Heute werden riesige Wälder abgeholzt, um Soja anzupflanzen für die Tierhaltung – das könnte man alles wieder zurückführen in Naturlandschaften. Das wäre mein Wunsch.«

So antwortet Dr. Britta Winterberg auf die Frage nach ihrer persönlichen Zukunftsvision.[43] Sie ist Molekularbiologin, 42, und hat nach vielen Jahren in der universitären Forschung ein Startup gegründet, zusammen mit Raffael Wohlgensinger, einem Betriebswirt aus der Schweiz. Das Konzept der beiden: Sie wollen veganen Käse aus echten Milchproteinen herstellen – also Proteinen, die molekular identisch sind mit denen aus der Kuhmilch. Das geht mithilfe von Biotechnologie. In ein paar Jahren wollen sie den Käse weltweit verkaufen.

»Ich bin ein echter Nerd«, sagt Britta Winterberg. »Schon mit neun Jahren wollte ich Biologin werden. Ich hätte aber nie gedacht, dass ich mal so ein Startup gründe.«[44] Auf die Frage, was sie dabei antreibt, sagt sie: »Zum einen immer noch die wissenschaftliche Begeisterung. Ich finde es faszinierend, Mechaniken der Biotechnologie auf eine ganz traditionelle Branche anzuwenden. Zum anderen sorge ich mich tatsächlich darum, wohin wir als Menschheit mit unserem Planeten steuern. Es kann nicht gut gehen, wenn wir an der traditionellen Tierhaltung festhalten und damit eine wachsende Erdbevölkerung ernähren wollen. Wir müssen endlich umdenken.«[45]

Raffael Wohlgensinger, ihr Geschäftspartner, ist 28 Jahre alt und schon seit einigen Jahren ethisch motivierter Veganer. Als er noch studierte, hat er an seiner Universität in St. Gallen einen veganen Club gegründet, um die Studierenden zu einem »Lifestyle in Harmonie mit der Umwelt« zu inspirieren. Auch schon zu Studienzeiten faszinierte ihn die Idee, Tierprodukte mit modernen Technologien nachzubauen – damals ging gerade die Nachricht um die Welt, dass es gelungen war, Fleisch im Labor zu züchten. Nach dem Studium zog Wohlgensinger nach Berlin, um die dortige Startup-Szene kennenzulernen. Er nahm Kontakt zu Firmen und Wissenschaftler*innen auf. So traf er Britta Winterberg. 2019 gründeten sie ihr Startup, das heute den Namen »Formo«

trägt und zu den erfolgreichsten Startups im Ernährungsbereich gehört. »Wir glauben ganz stark, dass rein pflanzliche Produkte nicht gut genug sind, um den Konsumenten zufrieden zu stellen«, sagt Wohlgensinger. »Das weiß jeder, der das schon einmal probiert hat. Der Käse auf Cashew-Basis ist nicht der, den die Leute lieben und essen wollen. Deshalb versuchen wir das Beste aus der traditionellen Milchwirtschaft mit dem Besten aus der Technologie zu verbinden.«[46]

Wie funktioniert das? Das Verfahren heißt Präzisionsfermentation. »Die Grundidee ist einfach« erklärt die Molekularbiologin Winterberg. »Wir benutzen Mikroorganismen, um Dinge herzustellen, die sie sonst nicht herstellen.« Zu den Mikroorganismen, mit denen Winterbergs Team dabei experimentiert, gehören Bakterien, Hefen und andere Pilze. Damit sie Milchproteine produzieren, müssen sie gentechnisch verändert werden.

»Man kann in Mikroorganismen sehr leicht genetisches Material einbringen«, sagt Winterberg. »Das Genom der Kuh ist schon vor vielen Jahren sequenziert worden. Man kann also schauen, wo die Gensequenzen sind, die für die Bildung von Milchproteinen zuständig sind. Diese Gensequenzen kann man synthetisch herstellen und in Hefezellen oder Bakterienzellen einbringen.«[47] Unter den richtigen Wachstumsbedingungen benutzen die Zellen dann diese Gensequenzen aus der Kuh, um Milchproteine herzustellen.

Die zwei wichtigsten Arten von Milchproteinen sind Casein und Molkenprotein. Für beide funktioniert die Technik schon. Formo hat damit bereits Mozzarella und Ricotta hergestellt. Sie kommen nicht nur in Geschmack und Konsistenz, sondern auch in ihrer »Funktionalität« den Originalen gleich, sie schmelzen zum Beispiel beim Erhitzen und ziehen dann Fäden.

Bisher sind die Mengen, die Formo davon hergestellt hat, noch recht klein, weil das Ganze im Labormaßstab stattfindet. Um mehr zu produzieren, braucht es größere Produktionsanlagen. Das wird dann so aussehen wie in einer Brauerei, sagt Britta Winterberg. »Alles, was wir nachher brauchen, sind große Stahltanks, in denen unsere Mikroorganismen wachsen.« Der Prozess sei ebenfalls vergleichbar mit dem Bierbrauen. »Der Unterschied ist nur, dass die Mikroorganismen bei uns keinen Alkohol produzieren, sondern Milchproteine.«

Die Präzisionsfermentation ist als Technologie gar nicht neu. Die Pharmaindustrie stellt auf diese Weise schon seit Jahrzehnten Insulin her. Was viele nicht wissen: Auch in der konventionellen Käseproduktion werden häufig Enzyme verwendet, die mithilfe genveränderter Mikroorganismen gebildet wurden. Die Enzyme braucht man, um die Milch zum Gerinnen und Eindicken zu bringen, ohne dass sie sauer wird. Traditionell wurde dafür sogenanntes Kälberlab benutzt, das aus dem Labmagen getöteter Kälber gewonnen wird. Heute stammt ein Großteil der global verwendeten Labenzyme aus Präzisionsfermentation.[48] In der EU muss das auf der Verpackung noch nicht einmal deklariert werden. Der so hergestellte Käse gilt als gentechnikfrei, denn die genveränderten Mikroorganismen, die die Enzyme hergestellt haben, sind nicht mehr darin enthalten.

Formo betont, dass das bei ihrem veganen Käse auch so sein wird: »Unser tierfreies Protein ist biologisch identisch mit dem Protein von Tieren. Sobald genug Protein produziert wurde, um geerntet werden zu können, filtert man die Mikroorganismen heraus. Die Gentechnik ist also Teil des Prozesses, aber nicht des Endprodukts.«

Davon unabhängig muss ein so hergestellter Käse in der EU erst ein aufwändiges Zulassungsverfahren durchlaufen, bevor die Firma ihn auf den Markt bringen kann, denn es handelt sich um ein neuartiges Nahrungsmittel. In anderen Ländern ist die Zulassung schneller und einfacher. Schon im Jahr 2023 soll daher die Markteinführung in Singapur stattfinden, kündigt Raffael Wohlgensinger an.[49]

International gibt es mehrere Unternehmen, die mit der Präzisionsfermentation im großen Stil Alternativen für Milchprodukte produzieren wollen – oder das schon tun: Die Firma Perfect Day verkauft in den USA schon seit 2019 Eiscreme, die solche Molkenproteine enthält. Auch das Unternehmen Remilk bekam im Frühsommer 2022 die Erlaubnis, ihre tierfreien Milchprodukte in den USA zu vertreiben. Remilk hat außerdem angekündigt, in Dänemark eine Fermentationsanlage bauen zu wollen, die so viel Milcheiweiß liefern soll wie 50.000 Kühe.

Wenn Raffael Wohlgensinger Öffentlichkeitsarbeit für seine Firma macht, betont er gern, dass er Schweizer ist – und Käseliebhaber. Als er vegan wurde, habe er das als große Konfrontation wahrgenommen zwischen seiner neuen, ethisch motivierten Lebensweise und der Kultur, in der er aufgewachsen sei. »Tierbasierte Produkte sind wirklich ein wesentlicher Bestandteil unserer Identität«, glaubt er. Seine Firma würde es ermöglichen, beides wieder zusammenzubringen: »Wir müssen auf nichts mehr verzichten.«

Wohlgensinger ist zudem fasziniert von der Tradition und dem Handwerk der Käseherstellung. »Wenn ich an einer Käsetheke stehe und die Vielfalt an Produkten sehe mit all den Farben, Formen und Texturen, und mir denke, in zehn Jahren werden wir diese Produkte herstellen, dann ist das ein absoluter Traum«, erzählt er in einem Video mit leuchtenden Augen.[50] Neben Ricotta und Mozzarella will die Firma bald auch erste Varianten von Cheddar, Gruyère und anderen gereiften Käsesorten entwickeln. Das Ziel seien aber keine hochpreisigen Luxusprodukte, betont Wohlgensinger. »Wir wollen den Impact im Massenmarkt.« Der vegane Käse aus der Fermentationsanlage müsse daher auch im Preis mit den herkömmlichen Milchprodukten konkurrieren können. Die grundsätzliche Akzeptanz ist aber schon da: Eine Studie hat gezeigt, dass 71 Prozent der Menschen solchen Käse kaufen würden.[51] Wohlgensinger sagt: »Bis zum Jahr 2030 wollen wir in Europa 10 Prozent des konsumierten Käses ersetzen.«

Das sind große Ambitionen. Zunächst soll eine Pilot-Produktionsanlage in Deutschland gebaut werden. Dafür und um das Team zu vergrößern – von 28 auf 100 Angestellte – hat das Startup im Jahr 2021 ganze 50 Millionen US-Dollar an Investitionen eingesammelt. Später soll die Produktion dezentral und weltweit stattfinden.

Wie umwelt- und klimaverträglich wird der neue Käse wirklich sein? Das hängt von mehreren Faktoren ab, die teilweise noch gar nicht feststehen. Frühe Lebenszyklus-Analysen haben ergeben, dass die Herstellung 95 Prozent effizienter sei als bei Käse von der Kuh, sagt Wohlgensinger in einer Online-Veranstaltung.[52] Der Knackpunkt sei die Nährstoffumwandlung. »Die Kuh bildet ja auch Milch, indem sie Nährstoffe aus dem Futter in die verschiedenen Milchbestandteile übersetzt«, erklärt er. »Die Kuh ist ein Makroorganismus. Das heißt, ein großes Tier, viele Organe. Nur 4 bis 10 Prozent von den Futtermitteln, die die Kuh konsumiert, werden in Nährstoffe übersetzt.« Mikroorganismen dagegen seien von Natur aus viel effizienter. Dabei würden 80 Prozent des »Futters« in die Ziel-Nährstoffe umgewandelt.

Was füttert man aber den Mikroorganismen? »Sie benötigen eine biologische Kohlenstoff- und eine Stickstoffquelle sowie mineralische Stoffe als Co-Enzyme, um Kohlenhydrate, Fette und Eiweiße aufzubauen«, schreibt mir die Firma. Dabei müsse man nicht unbedingt eigens dafür angebaute Pflanzen nehmen, sondern könnte auch Restströme und Nebenprodukte nutzen. »Biologischer Abfall enthält sowieso alle

Makronährstoffe.« Wenn das tatsächlich funktioniert und auch zugelassen wird, wäre es offensichtlich sehr ressourcensparend.

Käse besteht allerdings nicht nur aus Eiweiß. Bei den anderen Bestandteilen wird es schwieriger – besonders beim Fett. Und viele Käsesorten enthalten 30 bis über 60 Prozent Fett, das ist bei den meisten deutlich mehr als der Proteingehalt. Ich habe Formo gefragt, woher das Fett in ihrem Käse stammt. Die Antwort: In der Experimentierphase nutzen sie u. a. Kokos- und Sheafett. Für die Zukunft haben sie aber andere Ziele: »Langfristig und in groß angelegter Produktion wollen wir auf möglichst nachhaltige und regionale Fette zurückgreifen. So arbeiten wir auch mit regionalen Pflanzenölen, wie Sonnenblumen-, Oliven- und Rapsöl. Durch neue Extraktionsverfahren können die Öle so gewonnen werden, dass sie besser für feste Lebensmittel wie Käse geeignet sind.« Außerdem könnten die Milchfette ähnlich wie die Eiweiße per Präzisionsfermentation hergestellt werden, schreibt mir die Firma. »Wir streben an, dieses Potenzial in der Zukunft weiter zu erforschen, um unsere Produkte stetig zu optimieren.« Es bleibt also abzuwarten, was wirklich im Käse drin sein wird.

Sind Innovationen wie diese nun ein Schlüssel zur Ernährungswende? Ich denke: Ja, aber sie sind nicht alles, was es braucht. Die Präzisionsfermentation hat ohne Zweifel faszinierende Potentiale, und ich bin sicher, dass sie einen wichtigen Beitrag zu einer klima- und tierfreundlicheren Erzeugung von Nahrungsmitteln leisten kann. Aber der Wandel muss noch schneller und umfassender sein – zehn Prozent des heute verbrauchten Käses zu ersetzen reicht nicht aus. Wir müssen jetzt weg von der Rinderhaltung und vom Käsekonsum. Wir müssen hin zu einem höheren Konsum von Gemüse und Hülsenfrüchten. Das geht nur mit politischer Steuerung.

Zwar betont auch das Team von Formo, dass eine umfassende Transformation nötig ist, die nicht nur auf technologischen Fortschritten beruht: Politik und Gesellschaft seien ebenfalls gefragt.[53] Zugleich arbeitet die Firma aber mit Botschaften, die gerade die Angst vor politischen Veränderungen stärken können, indem sie eine Einschränkung des Käsekonsums als großes Opfer darstellen: Das Ziel ist eine Welt, in der niemand auf gewohnte Genüsse verzichten muss.[54] Es seien »Innovationen und nicht Verbote, die uns helfen werden, die Klimakrise zu bewältigen«, sagt Wohlgensinger in einem Interview. Und in der Selbstbeschreibung der Firma heißt es: Der Wandel zu einem nachhaltigen Ernährungssystem würde nicht dadurch vorangetrieben, dass Konsument*innen sich einschränken, sondern durch »hedonistische Produkte«.[55]

Solche Botschaften passen zu einem gesellschaftlichen Klima, in dem die Konsumfreiheit zu den höchsten Werten zählt. Wir können uns heute kaum vorstellen, dass sich die Ernährung der Menschen überhaupt auf andere Weise verändern ließe als durch neue, attraktivere Angebote – oder dass wir es gemeinsam schaffen könnten, verbreitete Gewohnheiten umzustellen, ohne dies als »Verzicht« zu empfinden.

Eine ganz ähnliche Dynamik zeigt sich noch eindrücklicher in der Diskussion um eine andere Technologie, deren Praktikabilität allerdings viel weniger vorherzusehen ist: In-vitro-Fleisch.

Sauberes Fleisch?

»Ich möchte in Zukunft weiter Fleisch essen und keinen Erbsenersatz«, sagt Laura Gertenbach. Die 36-Jährige hat ein Startup gegründet, das »Innocent Meat« heißt, also »Unschuldiges Fleisch«. Das kleine Team arbeitet auf dem Campus der Universität Rostock. »Wir lieben saftiges Fleisch und werden es immer lieben«, steht auf der Firmenwebsite. Und weiter: »Fleisch zu lieben ist nicht das Problem, sondern die Art, wie es hergestellt wird.«[56]

Laura Gertenbachs Ziel ist, ihren Kunden in einigen Jahren ein Cultured-Meat-Produktionssystem anzubieten, sagt sie mir in einem Gespräch im Sommer 2021. Was bedeutet das? »Cultured Meat« oder »kultiviertes Fleisch« ist einer der vielen Namen für Fleisch, das nicht von getöteten Tieren stammt, sondern in Bioreaktoren gewachsen ist – manchmal wird es auch »Laborfleisch«, »In-vitro-Fleisch« oder »Clean Meat« genannt. Das Prinzip ist einfach: Man nimmt Stammzellen von einem Tier per Biopsie und gibt sie in eine Nährlösung, wo sie sich vermehren und zu einem Gewebe wachsen. So entsteht echtes Fleisch, ohne dass ein Tier dafür sterben muss.

Was einfach klingt, ist in der Umsetzung höchst kompliziert. Und die Technologie steckt noch mitten in der Entwicklung. Bis das neuartige Fleisch in großem Stil produziert und verkauft werden kann, müssen noch viele technische Hürden überwunden werden. Laura Gertenbach ist trotzdem zuversichtlich, dass ihr Startup schon 2025 mit der Produktion anfangen kann. Es soll dann allerdings nicht selbst Fleisch herstellen, sondern Gertenbach will anderen Unternehmen die Technologie zur Verfügung stellen – insbesondere den großen Fleischerzeugern, die dann einen Teil ihrer Produktion durch kultiviertes Fleisch ersetzen könnten. »Wir richten alles ein und überwachen die Prozesse. Der Kunde muss nur noch das Fleisch aus den Bioreaktoren ernten. Vielleicht könnte das auch ein Roboter machen.«

Laura Gertenbach stammt selbst aus der Landwirtschaft. Sie ist keine Veganerin und betreibt sogar parallel zu Innocent Meat eine Online-Vermarktungsplattform für Biofleisch. Ihre Hoffnung ist, dass kultiviertes Fleisch die Massentierhaltung ersetzen kann, besonders um die Klimabilanz des Fleischkonsums zu verbessern. »Extensive Nutztierhaltung im kleinen Maßstab ist nicht das Problem. Gutes Biofleisch kann weiter als Luxusprodukt verkauft werden.«

Gertenbachs Startup ist eins der ersten seiner Art in Deutschland. Weltweit arbeiten immer mehr Unternehmen daran, Fleisch aus Bioreaktoren auf den Markt zu bringen – im Sommer 2022 sind es schon über 200.[57] Das erste Burgerpatty aus dem Labor konnte die Weltöffentlichkeit schon im Jahr 2013 bestaunen: Der Wissenschaftler Mark Post von der Maastricht-Universität hatte es aus Zellen hergestellt, die in einer Nährlösung gewachsen waren. Der damalige Preis dafür: 250.000 Dollar.[58]

Seitdem hat sich viel getan. Es gibt Firmen, die statt Rinderhackfleisch für Burger ganze Steaks züchten. Andere arbeiten an Schweine- oder Hühnerfleisch, wieder andere experimentieren mit Zellen von Fischen. In den letzten Jahren sind gigantische Summen an privaten Investitionen in den Bereich geflossen – seit 2010 schon über 7 Milliarden Dollar.[59] An den Investitionen beteiligten sich neben prominenten Reichen wie Bill Gates und Leonardo DiCaprio auch multinationale Konzerne wie der Fleischkonzern Tyson. Die deutsche PHW-Gruppe ist ebenfalls als Investorin dabei.

Der Preis für die Herstellung pro Kilo Kulturfleisch ist in der Zeit massiv gesunken. Ein erster Meilenstein für die Branche wurde schon Ende 2020 erreicht: Kultiviertes Hühnchen der US-amerikanischen Firma JUST bekam in Singapur die Zulassung. Man kann es dort im Restaurant essen.

Wird kultiviertes Fleisch irgendwann die konventionelle Tierindustrie und die Fischerei verdrängen? Das ist die Hoffnung vieler Menschen, die sich deshalb für die neue Technologie engagieren – indem sie eigene Startups gründen, Forschungsprojekte durchführen oder für Organisationen arbeiten, die diese Entwicklung unterstützen und vorantreiben wollen. Einige von ihnen sind seit langem in der Tierrechtsbewegung aktiv und sehen kultiviertes Fleisch als riesige Chance, endlich etwas gegen die grausame Tierindustrie zu erreichen. So geht es auch Christian Rombeck, den ich von Tierrechtsveranstaltungen und Demos kenne. Er untersucht im Rahmen einer Doktorarbeit die Frage, unter welchen Umständen Konsument*innen das Fleisch aus dem Bioreaktor kaufen würden und wie es politisch gefördert werden könnte. Ich habe im Dezember 2021 mit ihm über das Thema gesprochen.

»Ich wünsche mir eigentlich eine Ernährungswende hin zu einer rein pflanzlichen Ernährung, das wäre das allerbeste«, sagt Christian. »Aber gleichzeitig sehe ich, dass global der Fleischkonsum weiter ansteigt und sich laut Prognosen der Welternährungsorganisation bis 2050 sogar noch mal verdoppeln soll. Das bedeutet unfassbar viel Leid und Ungerechtigkeit gegenüber Tieren, zusätzlich zu den katastrophalen Folgen für Umwelt und Klima. Ich kenne neben In-vitro-Fleisch leider keine andere ernsthaft realistische Idee, diese Ungerechtigkeit wirksam zu verringern.«

Christian ist überzeugt davon, dass ein großer Teil der heutigen Fleischesser*innen auf Cultured Meat umsteigen würden, sobald es genauso schmackhaft und billig verfügbar wäre. Seine eigene Akzeptanzstudie ist zwar noch in Arbeit, aber es gibt schon andere Umfragen, auf die er sich stützt: »Die Akzeptanz von In-vitro-Fleisch ist jetzt schon höher als die Akzeptanz von Massentierhaltungsfleisch, und zwar überall auf der Welt. Und je mehr die Leute über die Produktionsweise und die Vorteile des In-vitro-Fleisches wissen, desto mehr steigt die Akzeptanz.«

Das ergibt Sinn, denn die Vorteile könnten tatsächlich gewaltig sein. Für Wurst und Schnitzel, die aus dem Bioreaktor anstatt vom Schlachthof kommen, müssen keine Tiere leiden und sterben – wenn die Zellen rein pflanzlich ernährt werden. Heute besteht die Nährlösung zum Teil noch aus »fetalem Kälberserum«. Das ist das Blut ungeborener Kälber und die Methode, mit der es gewonnen wird, ist wirklich grauenhaft.[60] Auch für das kultivierte Huhn, das man in Singapur schon essen kann, werden noch kleine Mengen davon benutzt.[61] Einige Unternehmen arbeiten allerdings schon mit pflanzlichen Nährlösungen. Christian Rombeck hält das für eine entscheidende Bedingung dafür, dass das neue Fleisch von Konsument*innen akzeptiert wird – und er glaubt daran, dass sie zukünftig erfüllt sein wird.

Die Produktion von Cultured Meat würde Studien zufolge außerdem über 80 Prozent weniger Landfläche benötigen als konventionelle Fleischproduktion und auch viel Wasser einsparen, zwei klare Vorteile.[62] Weniger eindeutig ist es beim Energieverbrauch und der Klimabilanz: Um die Bioreaktoren zu betreiben, braucht man viel Strom. Wenn die Reaktoren mit einem heute üblichen Strommix, auf Basis fossiler Brennstoffe, betrieben werden, ist die Klimabilanz laut der meisten Studien trotzdem deutlich besser als die von Rindfleisch – aber nicht unbedingt besser als die Klimabilanz von Hühner- oder Schweinefleisch. Einigen Studien zufolge würde In-vitro-Fleisch sogar mehr Treibhausgase verursachen.[63] Verbessern lässt sich die Bilanz, wenn man die Reaktoren mit erneuerbaren Energien betreibt. Genaue Daten gibt es aber noch nicht, weil die Technologie noch mitten in der Entwicklung steckt.

»Das Nachhaltigkeitspotential ist immens«, ist Christian Rombeck überzeugt. »Deshalb sollten endlich auch die Regierungen anfangen, die Forschung zu In-vitro-Fleisch intensiv zu fördern und auch die Startups zu unterstützen, die in diesem Feld tätig sind. Die Technologie ist ein entscheidender Baustein für ein umweltverträglicheres und gerechteres Ernährungssystem.«

Das sehen nicht alle so: Es gibt auch Skepsis gegenüber dieser technologischen Lösungsstrategie. Zu den Kritiker*innen gehört Dr. Arianna Ferrari. Ich kenne sie ebenfalls seit vielen Jahren aus der Tierrechtsbewegung und daneben aus dem akademischen Kontext, denn sie hat lange als Philosophin am Karlsruher Institut für Technologie gearbeitet, u. a. zu In-vitro-Fleisch. Seit 2021 ist sie Referentin für neue Technologien beim Naturschutzbund (NABU).

»Es ist noch ganz unklar, ob die Produktion von In-vitro-Fleisch überhaupt ausreichend skalierbar ist«, sagt Arianna, als wir uns im Dezember 2021 unterhalten. »Also man kann noch nicht abschätzen, ob sich damit jemals so große Mengen Fleisch zu so niedrigen Preisen herstellen lassen, dass es die konventionelle Produktion verdrängen kann.«

Sie verweist u. a. auf einen Artikel vom Herbst desselben Jahres im US-amerikanischen Online-Magazin The Counter, in dem mehrere technologische Hürden ausführlich geschildert werden.[64] Der Artikel wiederum bezieht sich stark auf eine techno-ökonomische Analyse von dem Chemieingenieur und wissenschaftlichen Experten Dr. David Humbird, der sich zwei Jahre intensiv mit dem Skalierungspotential von In-vitro-Fleisch beschäftigt hat.[65] Sein Fazit: Es wird nicht funktionieren.

Was ist das Problem? »Eine Schwierigkeit ist die Sterilität«, erklärt Arianna Ferrari. »Wenn du Zellen in einer Petrischale oder einem Bioreaktor vermehrst, haben sie kein Immunsystem, du musst sie vor Infektionen schützen. Das bedeutet einen riesigen Aufwand, also hohe Kosten.«

Wenn in der Pharmaindustrie Gewebe gezüchtet wird, passiert das unter extrem geschützten Bedingungen – die Reaktoren stehen in abgedichteten Räumen, in die nur gereinigter Sauerstoff eingeleitet wird und die maskierte Angestellte nur durch eine Luftschleuse betreten. Das ist nicht nur unheimlich teuer – nach den Kalkulationen vom Experten Humbird könnte eine einzige Fabrik über eine Milliarde Dollar kosten –, sondern begrenzt auch die Größe, die die Fleischfabriken haben können. Humbird formuliert das so: »Man kann eine große Fabrik bauen oder man kann eine sterile Fabrik bauen. Um viele Millionen Menschen zu ernähren, muss sie groß sein. Aber wenn man es mit tierischen Zellen machen will, muss sie steril sein. Man braucht beides, aber beides geht nicht.«[66]

Ich habe Laura Gertenbach von Innocent Meat, dem deutschen In-vitro-Fleisch-Startup, gefragt, ob sie das beunruhigt. Ihre Antwort: »Nein. Der Autor kommt eben aus dem Pharmabereich und hat dadurch eine andere Perspektive. Die Zellen wachsen bei uns in Einwegbeuteln steril heran, da kommen keine Keime rein. In der Medizin sind diese Vakuumbeutel sehr teuer, es gibt sie aber schon im Lebensmittelstandard deutlich günstiger. Das ist einfach eine Entwicklung der Produkte aus der Medizinbranche hin zur Lebensmittelbranche, die andere Anforderungen hat.«

Inwieweit die In-vitro-Fabriken am Ende dieselben Standards erfüllen müssen, wie sie in der Pharmaindustrie üblich sind, ist in der Szene allerdings durchaus umstritten.[67] Die Diskussion ist oft spekulativ – noch niemand hat so große Bioreaktoren gebaut, geschweige denn benutzt, wie sie für die Massenproduktion nötig sein werden. Und darin liegen noch weitere technische Hürden, die die Unternehmen erst noch überwinden müssen. Denn je größer der Reaktor ist, desto schwieriger wird es, die Zellen gleichmäßig mit Sauerstoff und Nährstoffen zu versorgen.

Und apropos Nährstoffe – darin liegt ebenfalls eine Herausforderung. Wenn man auf fetales Kälberserum verzichtet, muss man eine spezielle Mischung aus Wachstumsfaktoren und anderen Aminosäuren auf Pflanzenbasis herstellen. Auch das ist aufwändig und teuer. Laura Gertenbach möchte die Wachstumsfaktoren auf dem Acker wachsen lassen, und zwar in Pflanzen, die dafür genetisch verändert werden müssen. Die Forschung dazu befindet sich aber ebenfalls noch in einem frühen Stadium.

Es gibt also noch viele Unsicherheiten. Wenn In-vitro-Fleisch am Massenmarkt bestehen soll, muss jedes einzelne dieser Probleme – und noch weitere dazu – gelöst werden.[68] Deshalb ist derzeit nicht abzusehen, ob die Skalierung funktionieren wird und wenn ja, wann – dem stimmen sogar viele Befürworter der Technologie zu. »Es kann noch Jahrzehnte dauern«, sagt zum Beispiel George Peppou, der selbst ein Startup für In-vitro-Fleisch leitet.[69] Die Tatsache, dass man in Singapur schon kultiviertes Huhn essen kann, belegt nicht das Gegenteil: Bei der Herstellung wird noch immer fetales Kälberserum verwendet und die produzierten Mengen sind äußerst gering – die Firma stellte im Jahr 2021 nur ein paar hundert Pfund von dem Fleisch her.[70]

Christian Rombeck ist trotzdem optimistisch. In der Technologie-Entwicklung habe der Fortschritt schon oft die Prognosen übertroffen, meint er. Und die großen Investoren und Konzerne würden nicht so viel Geld in die Technologie stecken, wenn sie die Chancen nicht sorgfältig geprüft hätten. Um die Entwicklung zu beschleunigen, sollte auch der Staat investieren. »Heute fließen ja Milliarden an Subventionen allein in Europa in die Landwirtschaft und stützen dort die Tierindustrie«, sagt Rombeck. »Der Staat steckt außerdem gigantische Summen in diverse Forschungsprojekte, die häufig überhaupt keinen Vorteil für Umwelt und Klima bringen. Nur ein kleiner Teil dieser Gelder könnte die Entwicklung von Clean Meat deutlich befördern.«

Auf diese Weise könnte der Staat zugleich mehr Transparenz schaffen und dafür sorgen, dass die Technologie am Ende patentfrei der Allgemeinheit zur Verfügung steht. Solange das nicht geschieht, arbeiten die verschiedenen Unternehmen alle im Geheimen und in Konkurrenz miteinander. Das behindert den Fortschritt, weil jedes Team dieselben Probleme allein lösen muss.

Aber ist es im Sinne der Allgemeinheit, die Forschung voranzubringen? »Ich glaube nicht daran, dass diese Technologie einen bedeutenden Beitrag zur Ernährungswende leisten kann«, meint Arianna Ferrari in unserem Gespräch. »Also selbst wenn sie funktionieren sollte. Zum einen wird sie ziemlich ineffizient bleiben – man braucht dafür teure neue Infrastruktur und kontinuierlich sehr viel Energie. Zum anderen ist das Problem, mit dem wir es zu tun haben, ja nicht nur technologisch, sondern auch soziopolitisch und ethisch. Wir müssen unser Verhältnis zu Tieren grundlegend verändern, sie nicht mehr als Ressourcen ansehen. Das kommt mir in der Debatte oft zu kurz. In-vitro-Fleisch ist für mich ein typischer ›Techno-Fix‹, also eine technologische Lösung ohne strukturelle Veränderungen.«

Wenn man sich anschaut, wie einige Verfechter*innen für die Technologie werben, drängt sich diese Einschätzung tatsächlich auf. Bruce Friedrich zum Beispiel ist der Leiter des Good Food Institute, einer NGO, die sich für pflanzen- und zellbasierte Alternativen zu Tierprodukten einsetzt. Friedrich benutzt in Vorträgen und Diskussionen gern folgenden historischen Vergleich:[71] Ende des 19. Jahrhunderts gab es noch 175.000 Kutschpferde in New York – das bedeutete nicht nur viel Tierleid, sondern riesige Mengen Pferdekot, 50.000 Tonnen jeden Monat, die die Straßen verschmutzten. Eine Lösung für das Entsorgungsproblem war nicht in Sicht. Bis Henry Ford 1908 ein neues Automodell einführte. Innerhalb von vier Jahren, so Friedrichs Geschichte, gab es auf New Yorks Straßen mehr Autos als Pferde, und bald wurden die Kutschen zu bloßen Touristenattraktionen. Eine neue Technologie hat demnach also das Kotproblem gelöst und zugleich die Tiere aus der Ausbeutung gerettet.

Ganz genauso, so argumentiert Friedrich, könnte bald kultiviertes Fleisch die konventionelle Fleischproduktion ersetzen und damit die Probleme mit unserer gewaltvollen, umweltschädlichen Ernährungsweise lösen. In Friedrichs Geschichte kommt nicht vor, dass der Autoverkehr uns Millionen von Verkehrstoten, Luftverschmutzung und immense Treibhausgasemissionen beschert hat. Für mich ist der Vergleich daher nicht besonders überzeugend – ich halte den Siegeszug der Autos nicht für eine Erfolgsgeschichte.

Dr. Elliot Swartz, ein Kollege von Friedrich beim Good Food Institute, benutzt eine aktualisierte Version des Autovergleichs: Tesla.[72] Erst seitdem diese Firma Elektroautos nach vorne gebracht habe, seien Regierungen zunehmend bereit, Politik gegen Verbrennerfahrzeuge zu machen. Genauso könnte kultiviertes Fleisch den Wandel vorantreiben, weil es eine echte Bedrohung für den vorherrschenden Markt werden und den Konsument*innen eine attraktive Alternative bieten könnte.

Was in Swartzs Vergleich völlig unter den Tisch fällt: Das Problem mit dem aktuellen Verkehrssystem kann doch nicht dadurch gelöst werden, dass wir alle Verbrenner durch E-Autos ersetzen! Der motorisierte Individualverkehr frisst in jeder Form viel zu viele Ressourcen. Eine sinnvolle Verkehrswende braucht zwar Elektromobilität, aber vor allem große gesellschaftliche und strukturelle Veränderungen.

Lässt sich diese Analogie möglicherweise wieder zurückbiegen zum In-vitro-Fleisch? Das würde bedeuten, einen naiven Techno-Optimismus zurückzuweisen – aber doch davon auszugehen, dass die Technologie einen wichtigen Beitrag leisten kann, und zwar im Rahmen einer politisch organisierten Ernährungswende. Darin muss es um mehr gehen als nur darum, eine Art Fleisch auf dem Teller durch eine andere Art zu ersetzen.[73]

So eine Position verteidigt der US-amerikanische Wirtschaftswissenschaftler Dr. Jan Dutkiewicz unter dem Begriff »Techno-Pragmatismus«. In einem Artikel von 2021 schreibt er: »Wir sollten uns nicht nur fragen, was eine Technologie kann, sondern wir sollten fragen, welche Arten von neuen Systemen und neuen Welten wir mithilfe der Technologie gestalten können. Wir müssen also auswählen: Welche Technologien eröffnen Möglichkeiten für ethischere und nachhaltigere Welten? Welche machen schädliche Industrien ein bisschen grüner? Und für welche Veränderungen brauchen wir gar keine Technologie?«[74]

Für Dutkiewicz gehört Cultured Meat dabei durchaus zu den Technologien, die das Ernährungssystem immens verbessern können, für Tiere, Umwelt und Klima. Gerade wenn sich Regierungen und Staaten stärker dafür engagieren würden, könnten viele Sorgen ausgeräumt werden, die von den kritischen Stimmen heute vorgebracht werden: Dass die neue Technik primär den Profitinteressen privater Konzerne dienen würde. Oder dass dabei weiterhin Tiere leiden würden für die Biopsie oder das Kälberserum. Oder dass die Industrie weiter die Arbeiter*innen und die Natur ausbeuten würde. All das sei nicht von vorneherein vorgegeben, argumentiert Dutkiewicz, sondern hinge von politischen Rahmenbedingungen ab, die noch zu schaffen wären. Wenn ein Teil der Fleischproduktion auf Cultured Meat umgestellt würde, würde außerdem so viel Land frei, dass man gerade dort sozial gerechte, ökologische Agrarprojekte und Klimaschutz realisieren könnte.[75]

Arianna Ferrari, die Skeptikerin, überzeugt das nicht. »Die Organisationen, die sich für Cultured Meat einsetzen, gehen dafür Allianzen mit der Fleischindustrie ein – daraus wird schnell Greenwashing. Und die Verteidiger*innen von Cultured Meat tun immer so, als sei Fleischessen ein unverzichtbarer Bestandteil unseres Lebens – sie bestätigen und bestärken so die herrschende Fleischkultur, also die Idee, dass die Körper von Tieren zum Essen da sind. Wir müssen unsere Einstellung viel grundlegender verändern.«

Tatsächlich werben viele Firmen, die In-vitro-Fleisch herstellen wollen, mit dem vermeintlich unvergleichlichen Genuss, der mit Tierfleisch verbunden sei – auch das deutsche Startup Innocent Meat.[76]

Christian Rombeck, der die Technologie aus Tierrechtsperspektive befürwortet, widerspricht aber Arianna: »Wenn die Menschen exakt dieselben Produkte essen können, ohne dass dafür Tiere sterben müssen, dann eröffnet das erst Räume im Kopf, die jetzt verschlossen sind – es gibt keine Notwendigkeit mehr, die Gewalt gegen Tiere zu verdrängen oder zu rechtfertigen. Ich hoffe daher praktisch umgekehrt, dass Tierrechte viel eher realisiert werden können, wenn diese Alternativprodukte verfügbar sind.«

An dieser Stelle kann man allerdings stutzig werden: Für viele Fleischprodukte sind ja schon sehr gute Alternativen verfügbar, nämlich die Burgerpattys, Würstchen und Schnitzel auf Pflanzenbasis. Und es sind genau diese verarbeiteten Produkte, die in Bioreaktoren noch am leichtesten und günstigsten hergestellt werden können – authentische Steaks oder Filets sind viel schwieriger. Das bedeutet: Es ist bei diesen noch unsicherer, ob und wann sie en masse verfügbar sein können.

Anders gefragt: Ergibt es wirklich Sinn, auf kultivierte Chicken Nuggets zu hoffen, wenn die pflanzenbasierten Nuggets sich schon in vielen Geschmackstests als ununterscheidbar vom Original erweisen – und viel weniger Ressourcen beanspruchen? Außerdem entwickelt sich die Technik im Bereich der pflanzlichen Alternativen ja auch stetig weiter. Warum sollten wir davon ausgehen, dass die Menschen, die sich von diesen Alternativen nicht überzeugen lassen, in ein paar Jahren auf In-vitro-Fleisch umsteigen würden? Aus den heutigen Umfragen lässt sich das kaum ableiten, es bleibt letztlich Spekulation.

»Ich sehe auch die Gefahr, dass das neue Fleisch einfach eine weitere Kategorie schafft«, sagt Arianna Ferrari. »Vielleicht kann es sogar nur ein höheres Preissegment bedienen. Das wäre dann eine ethischere Option für die Besserverdienenden, so ähnlich wie heute schon Biofleisch. Oder es werden ein paar In-vitro-Zellen den konventionellen Fleischprodukten beigemengt, um deren Klimabilanz zu verbessern. Mit solchen Schritten verändert sich aber das System nicht, man kratzt nur an der Oberfläche. Für mich ist das Kosmetik.«

Für Arianna folgt daraus, dass keine öffentlichen Gelder in die Forschung zu In-vitro-Fleisch fließen sollten. Sie hält es auch nicht für sinnvoll, dass Tierrechtsaktivist*innen sich aktiv dafür einsetzen. »Wir sollten Geld und Ressourcen anderweitig investieren – in Kampagnen und Maßnahmen für eine echte Ernährungswende. Da ist ganz viel möglich, sobald sich relevante Akteure wie Regierungen und NGOs entschlossen dafür einsetzen.«

Ich denke auch, dass mindestens im deutschen und europäischen Kontext darauf der Fokus liegen sollte. Wir müssen allein aus Klimagründen unseren extrem hohen Fleischkonsum in kurzer Zeit senken – kultiviertes Fleisch kommt dafür mit großer Wahrscheinlichkeit zu spät. Dazu ist unklar, ob die Klimabilanz überhaupt deutlich besser sein wird als die von Fleisch aus toten Tieren. In der öffentlichen Debatte ist außerdem schon weitgehend anerkannt, dass es mit der Tierindustrie so nicht weitergehen kann – der Fleischkonsum hat den Zenit schon überschritten. Daher gibt es hierzulande durchaus eine gute Grundlage für politische Maßnahmen.

Aber auch global gesehen erscheint es mir letztlich absurd, über die nächsten Jahrzehnte Abertausende riesige, energieintensive Bioreaktoren aufzubauen – nur damit Menschen weiter etwas essen können, was sie nicht brauchen bzw. was sich bezüglich Geschmackserlebnis und Nährwert schon heute hervorragend aus Pflanzen nachbauen lässt. Wenn wir die Klimakatastrophe ernstnehmen, reicht es auch nicht, auf erneuerbare Energiequellen umzustellen. Wir müssen zugleich unseren Energie- und Ressourcenverbrauch insgesamt massiv zurückfahren, wenn wir diesen Planeten nicht komplett ruinieren wollen.

Womöglich ist es dennoch sinnvoll, ein paar staatliche Investitionen in die Kulturfleisch-Technologie zu stecken. Aber nur als Plan B. Denn so unsinnig es ist, Fleisch in Bioreaktoren zu züchten – die Tierindustrie ist ja noch viel unsinniger, noch verschwenderischer und dazu noch extrem grausam. Niemand kann wissen, wie viel die Protestbewegungen dagegen ausrichten werden. Vielleicht ist In-vitro-Fleisch irgendwann doch das kleinere Übel.

Entscheidend ist aus meiner Sicht dabei, dass solche Investitionen nicht dazu benutzt werden, die aktuelle Fleischproduktion grünzuwaschen. Und dass sie nicht vorgeschoben werden, um eine umfassende Ernährungswende zu vernachlässigen oder zu vertagen. Diese muss im Zentrum der Anstrengungen stehen und wir können und müssen mit ihr sofort beginnen. Das nächste Kapitel handelt davon, wie sie aussehen kann.

6.

Pflanzlich glücklich: Die Ernährungswende

Unsere Aktionstage beginnen in der Regel mit einem Vortrag in der Aula der Schule«, sagt Kristin Höhlig. Seit 2016 leitet sie das Projekt »Aktion Pflanzen-Power«, das die Organisation ProVeg zusammen mit einer Krankenkasse initiiert hat. Die Hauptaktivität ist die Ernährungsbildung an Schulen durch solche Aktionstage. »In dem Vortrag erklären wir die fünf Gründe für eine pflanzliche Ernährung: Gesundheit, Tiere, Umwelt, Gerechtigkeit und Genuss«, erzählt Höhlig. »Mit einer pflanzlichen Ernährung können wir der eigenen Gesundheit etwas Gutes tun. Wir können zugleich die Anzahl der Tiere reduzieren, die in der industriellen Landwirtschaft leiden, und Umwelt und Klima schützen. Eine pflanzliche Ernährung hilft außerdem, eine Welt zu schaffen, in der mehr Menschen satt werden. Und sie kann dabei äußerst genussvoll sein.«

Der Vortrag in der Aula dient dazu, die Schüler*innen für den darauffolgenden praktischen Teil zu motivieren: Kochworkshops. »An einigen Schulen gibt es Lehrküchen, die wir für die Workshops benutzen. Unter Anleitung einer Aktionsköchin bereiten die Schülerinnen und Schüler in Kleingruppen leckere Gerichte zu, zum Beispiel Spaghetti mit Linsen-Bolognese oder BBQ-Burger und zum Nachtisch Apfelmuffins.«

Das Feedback sei durchweg positiv, berichtet Höhlig. »Unser Ziel ist, Vorurteile abzubauen. Wenn Kinder zum Beispiel sagen, sie essen aus Prinzip keinen Tofu, dann haben sie oft erst einmal welchen probiert, der einfach nicht gut zubereitet war. Wenn wir gemeinsam Tofu marinieren und anbraten, merken sie, dass er doch gut schmecken kann.« Eine wichtige Rolle spiele, dass die Schüler*innen selbst aktiv werden. »Es gibt zwar manchmal einzelne, die am Anfang noch recht verhalten sind. Aber spätestens, wenn es dann an's Probieren geht, ist die Begeisterung da. Die soziale Komponente macht auch etwas aus – es ist eine Gruppenaktivität und die Kinder fühlen sich verbunden, weil sie zusammen gekocht haben.«

Im Jahr 2019 wurden die Koch-Workshops im Rahmen einer Masterarbeit mithilfe von Fragebögen evaluiert. »Die überwiegende Mehrheit der Teilnehmer*innen haben nach dem Workshop gesagt, dass sie mehr pflanzliche Gerichte probieren und sich stärker pflanzlich ernähren wollen«, so Höhlig. Mit den Aktionstagen erhöht die Aktion Pflanzen-Power also das Interesse und die Nachfrage nach pflanzlichen Mahlzeiten. Parallel dazu arbeitet das Projektteam mit Catering-Unternehmen zusammen, die Schulkantinen beliefern, um auf diese Weise auch die Angebotsseite zu verändern.

»Viele Caterer sind sehr motiviert, in diesem Bereich etwas zu tun. Sie profitieren aber oft von praktischen Tipps und Unterstützung: Sie brauchen zum Beispiel gute Rezepte, die auch in großen Mengen einfach umzusetzen sind. Oder sie müssen wissen, welche veganen Produkte sie auch in Großgebinden bekommen können.«

Wenn man sich anschaut, wie das Essensangebot in den Schulkantinen aussieht, ist das Bild allerdings im Jahr 2022 noch sehr ernüchternd. »Es gibt kaum Schulen, an denen es jeden Tag ein veganes Gericht gibt«, sagt Kristin Höhlig. Vegan lebende Schüler*innen können dann in der Kantine nicht mitessen. An vielen Schulen ist es außerdem üblich, dass mehrere Tage die Woche, teils sogar täglich Fleischgerichte auf den Teller kommen – obwohl das den Empfehlungen der Deutschen Gesellschaft für Ernährung (DGE) widerspricht. Eine Untersuchung von 2015 ergab, dass damals 78 Prozent der Schulen mehr als zweimal die Woche Fleisch servierten, was die DGE als Maximalmenge empfahl.[1]

Im Jahr 2020 wurden die Empfehlungen aktualisiert. Jetzt sollen in Schulen maximal einmal die Woche Fleisch und einmal die Woche Fisch serviert werden.[2] Das bedeutet also mindestens drei vegetarische Tage die Woche. Die Empfehlungen müssen allerdings nur in fünf Bundesländern verbindlich umgesetzt werden.

»Wenn der DGE-Standard überall verpflichtend wäre, würde das schon den Tierproduktanteil deutlich reduzieren«, sagt Höhlig. »Und man kann im Rahmen des Standards jeden Tag ein veganes Gericht anbieten, wenn man insgesamt zwei Menülinien hat. Wir empfehlen immer, diese Möglichkeit auszuschöpfen. Allerdings ist ein komplett veganes Angebot mit den DGE-Empfehlungen nicht vereinbar, denn danach sind leider immer noch eine Mindestmenge an Milchprodukten und einmal die Woche ein Fischgericht verpflichtend.«

Weil die DGE zunehmend auch Nachhaltigkeitsziele einbezieht, könnte sich das in Zukunft ändern, meint Höhlig. »Die DGE hat ihre Empfehlungen in den letzten Jahren schon viel in Richtung einer pflanzenbasierten Ernährung angepasst. Die Hoffnung ist, dass sie sich weiter in diese Richtung bewegt.«

Wenn tatsächlich flächendeckend in Kitas und Schulen die DGE-Empfehlungen umgesetzt würden, hätte das schon jetzt große positive Effekte – nicht nur weil dann direkt weniger Tierprodukte verbraucht werden, sondern auch, weil gute pflanzliche Angebote die Geschmacksvorlieben und Gewohnheiten der Kinder langfristig verändern können.

Ausreichend wäre die Maßnahme allerdings nicht. Die dramatischen Folgen der Tierindustrie sprechen zum einen klar dafür, die Verpflegung an Kitas und Schulen komplett pflanzlich zu gestalten – und das wird die DGE aller Wahrscheinlichkeit nach zumindest noch nicht in der nächsten Aktualisierung empfehlen. Zum anderen müssen weitere Maßnahmen hinzukommen, um das Ernährungsverhalten auch bei den Erwachsenen in kurzer Zeit tiefgreifend zu verändern – und um zuvor überhaupt die nötige Bereitschaft für große Veränderungen zu schaffen.

»Wenn man in der Schule einfach nur das Angebot ändert, kann es passieren, dass die veganen Gerichte von den Schüler*innen nicht angenommen werden, weil sie ungewohnt sind«, sagt Kristin Höhlig. »Die Schulverpflegung hat außerdem sowieso das Problem, dass gerade in den älteren Klassenstufen die meisten Jugendlichen gar nicht mehr mitessen.« Die Aktion Pflanzen-Power setzt daher mit der Ernährungsbildung auch an der Nachfrageseite an, um Lust auf pflanzliche Gerichte zu machen. »Nach den Aktionstagen wird an den Schulen mehr über das Thema gesprochen, das berichten uns die Lehrkräfte immer wieder«, sagt Höhlig.

So wirksam das Projekt an den einzelnen Schulen ist, die Gesamtkapazitäten sind gering: Im letzten Jahr vor Corona, 2019, konnte Kristin Höhlig 34 Aktionstage organisieren – ein Tropfen auf den heißen Stein in Anbetracht von über 30.000 allgemeinbildenden Schulen in Deutschland.

Zwar gibt es einige ähnliche Projekte. Ich habe zum Beispiel selbst den Verein Mensch Tier Bildung mitgegründet, der Projekttage zum Thema »Tiere in der Landwirtschaft« anbietet. Wir zeigen Kindern ab zehn Jahren, wie Schweine in Mastanlagen leben – wie wenig Platz sie haben, wie wenig sie ihre zentralen Bedürfnisse ausleben können. Es ist immer wieder sehr berührend zu erleben, wie die Kinder ganz intuitiv erkennen, dass es falsch ist, wie wir mit den Tieren umgehen. Wir sprechen offen darüber, was die Ursachen für diese Situation sind und was die Kinder selbst tun könnten, um etwas zu verändern. Das Ziel ist, eine eigene Auseinandersetzung zum Thema anzustoßen, ohne Lösungen vorzugeben. Viele Kinder wollen nach dem Projekttag weniger oder kein Fleisch mehr essen und manche schmieden sogar Pläne, gemeinsam aktiv zu werden, andere zu informieren oder zu demonstrieren.

Aber auch unsere Reichweite ist begrenzt: Unsere Höchstzahl war bisher etwas über 100 Workshops pro Jahr. Und selbst für die Kinder, die wir erreichen, bleibt es schwer, im Rahmen der bestehenden Normalität ihre Einsichten auch umzusetzen, wenn es zum Beispiel in ihrer Schule kein gutes pflanzliches Angebot gibt oder ihre Eltern sie dabei nicht unterstützen. Das liegt wiederum oft daran, dass es noch eine weit verbreitete Skepsis gegenüber einer fleisch- oder tierproduktfreien Ernährung gerade für Kinder und Jugendliche gibt.

Und die Tierhaltungslobby schläft nicht, sondern wendet sich mit viel Einsatz ebenfalls gezielt an junge Menschen: So führt zum Beispiel die niedersächsische Milchwirtschaft Aktionstage mit dem Titel »Heute ist Milchtag!« an Schulen und Kitas durch. Deutschlandweit laden Tierhalter*innen Schulklassen auf ihre Höfe ein und benutzen dabei oft beschönigendes Lehrmaterial vom bauernverbandseigenen Verein i.m.a.

Dieser Verein wiederum beliefert auch Lehrkräfte direkt mit Broschüren, Infopostern und Unterrichtstipps, in denen oft die aktuelle Tierhaltung verharmlost wird.[3] Die Reichweite ist immens: Im Jahr 2018 zum Beispiel besuchten über eine Million Schüler*innen einen landwirtschaftlichen Betrieb.[4] Der Verein stellt jedes Jahr über zwei Millionen Exemplare an Materialien bereit.[5] Auf diese Weise bleibt es für die Kinder und Jugendlichen normal, Tierprodukte als Lebensmittel anzusehen, die selbstverständlich zum Alltag dazugehören. Wenn sich das ändern und eine pflanzliche Ernährung sich in der Breite durchsetzen soll, braucht es offensichtlich kritische Aufklärungsarbeit und sinnvolle Ernährungsbildung an allen Schulen – und weit darüber hinaus. Das wäre Aufgabe der Kommunen, der Länder und des Bundes, kurz: des Staates.

Staatliche Ernährungspolitik?

»Wir werden den Bürgern nicht vorschreiben, was sie zu essen und zu trinken haben.« Von wem stammt wohl diese Aussage? Das ist gar nicht leicht zu raten, weil es sich um ein so beliebtes Mantra in der Politik handelt – spätestens seit der Diskussion um den »Veggie-Day« im Bundestagswahlkampf 2013. Die Grünen hatten damals in ihr Wahlprogramm die vorsichtige Formulierung geschrieben: »Öffentliche Kantinen sollen Vorreiterfunktionen übernehmen. Angebote von vegetarischen und veganen Gerichten und ein ›Veggie Day‹ sollen zum Standard werden«. Drei Monate nach Veröffentlichung des Programms, mitten im Sommerloch, titelte Die Bild: »Die Grünen wollen uns das Fleisch verbieten!« In der anschließenden Debatte wurde mit Begriffen wie »grüne Umerziehung«, »Verbots-Republik« und »Öko-Diktatoren« hantiert.[6]

Obwohl es sich dabei um ein ziemlich typisches und durchschaubares Wahlkampfmanöver handelte, bestätigte es das Bild vieler Politiker*innen: Man darf bloß nicht den Eindruck erwecken, sich in die Ernährung der Menschen einmischen zu wollen. Am besten weist man solche Ideen bei jeder Gelegenheit weit von sich.

Schon ein Jahr vor dem Veggie-Day-Desaster, 2012, hatte Ilse Aigner, die damalige Agrarministerin von der CSU, in einem Interview betont: »Die Politik kann den Menschen nicht vorschreiben, was sie essen sollen.«[7] Ihr Nachfolger Christian Schmidt sagte fünf Jahre später fast wortgleich: »Ich möchte niemandem vorschreiben, was er zu essen hat.«[8] Die Aussage am Anfang dieses Abschnitts wiederum stammt von Julia Klöckner, die nach Christian Schmidt von 2018 bis 2021 Bundeslandwirtschaftsministerin war.[9]

Und ihr Nachfolger, der Grüne Cem Özdemir, stellte in seinen allerersten Interviews als neuer Minister ebenfalls klar: »Wer Fleisch essen will, kann das gerne tun«[10], und: »Wer wann was isst, geht den Minister für Ernährung und Landwirtschaft und die Bundesregierung nichts an.« Weil Özdemir aber zugleich höhere Preise für Lebensmittel, insbesondere Fleisch forderte, kritisierte Bayerns Ministerpräsident Söder medienwirksam, die Bundesregierung sei »nicht dazu da, Menschen vorzuschreiben, was oder wie viel sie essen.«[11]

Solche Äußerungen sind zwar zu einem guten Teil billige Rhetorik. Aber dahinter stehen doch Ideen, die in der öffentlichen Debatte großen Einfluss haben: Dass es nicht Aufgabe des Staates sei, in die freien Ernährungsentscheidungen der Bürger*innen einzugreifen. Oder dass die Menschen solche Eingriffe, selbst wenn sie gerechtfertigt wären, nicht dulden würden. Beide Annahmen sind am Ende nicht plausibel, wie ich gleich erklären werde. Aber zunächst: Wie können staatliche Eingriffe in die Ernährung eigentlich genau aussehen? Es geht ja nicht nur um Schulessen, Bildungsprogramme oder Lebensmittelpreise. In vielen Diskussionen werden die verschiedenen möglichen Maßnahmen gar nicht differenziert beleuchtet, weil den Beteiligten wichtiger ist, jegliche Einmischung pauschal abzuwehren.

Der wissenschaftliche Beirat für Agrarpolitik, Ernährung und gesundheitlichen Verbraucherschutz beim Bundeslandwirtschaftsministerium (WBAE) hat im Jahr 2020 ein umfassendes Gutachten mit dem Titel »Politik für eine nachhaltigere Ernährung« veröffentlicht.[12] Der Beirat fordert darin die Regierenden auf, das Politikfeld Ernährung zu stärken und den Konsum stärker als bisher aktiv zu steuern – also genau das Gegenteil von dem Mantra, das die Politiker*innen so gern wiederholen.

Im Gutachten werden mögliche ernährungspolitische Instrumente vorgestellt und danach sortiert, wie tief sie in die Entscheidungsautonomie eingreifen. Die geringste »Eingriffstiefe« haben Maßnahmen, die lediglich Entscheidungen unterstützen, indem Informationen bereitgestellt oder Produkte nach bestimmten Kriterien gelabelt werden, zum Beispiel nach ihrer Klimawirkung.

Eine mittlere Kategorie bilden Maßnahmen, die Entscheidungen lenken. Dazu gehören zum Beispiel Veränderungen von Preisen durch Steuern oder Bonus- und Belohnungsprogramme. Außerdem zählt zu den lenkenden Maßnahmen das sogenannte »Nudging«: Das bedeutet, Entscheidungssituationen so zu verändern, dass bestimmte Wahlmöglichkeiten naheliegender und attraktiver sind, ohne dass man andere Wahlmöglichkeiten ausschließt. Wenn zum Beispiel gesunde und umweltfreundliche Gerichte in Kantinen attraktiver präsentiert werden, greifen die Gäste eher dazu.

In einer Studie wurde die erstaunliche Wirksamkeit einer bestimmten Form von Nudging belegt: Das Forschungsteam wollte herausfinden, unter welchen Bedingungen Studierende sich für ein vegetarisches Gericht statt eines Fleischgerichts entscheiden. Dafür erhielten die Studierenden eine Speisekarte mit verschiedenen Angeboten, zwischen denen sie wählen konnten. Wenn darin die vegetarischen Gerichte als besonders nachhaltig und umweltverträglich gekennzeichnet wurden, hatte das keinen substanziellen Effekt: Die Mehrheit wählte trotzdem ein Fleischgericht. In der Nudge-Bedingung dann erhielten die Teilnehmenden eine Speisekarte, die nur vegetarische Gerichte enthielt, mit dem zusätzlichen Hinweis, dass rund 3,5 Meter entfernt eine zweite Speisekarte an der Wand hänge, die noch andere Speisen inklusive Fleischgerichte enthalte. Die Teilnehmenden konnten also weiterhin ein Fleischgericht auswählen, nur mussten sie dafür aktiv werden. Unter dieser Bedingung wählte die überwiegende Mehrheit (73 %) ein vegetarisches Gericht – offenbar einfach deshalb, weil es weniger Aufwand bedeutete.[13] Mehrere weitere Studien belegen die Wirksamkeit von Nudging-Maßnahmen, um Veggie-Gerichte zu fördern.[14]

Die dritte Kategorie sind die Instrumente mit der höchsten »Eingriffstiefe«, bei denen man nicht nur Entscheidungen unterstützt oder lenkt, sondern die Entscheidungsfreiheit konkret beschränkt. Darunter fallen laut der Sortierung vom wissenschaftlichen Beirat zum Beispiel verpflichtende Qualitätsstandards in der Gemeinschaftssverpflegung – die es ja teilweise heute schon gibt. Ebenso würde es wohl als eine Beschränkung der Entscheidungsfreiheit gelten, wenn man vorschreiben würde, dass es in öffentlichen Kantinen nur noch pflanzliche Gerichte geben darf, oder wenn man bestimmte Produkte ganz verböte.[15]

Warum sollte man nun denken, dass alle diese Eingriffe – oder auch nur manche davon – prinzipiell nicht legitim seien? Dahinter steht typischerweise ein bestimmtes Verständnis von politischem Liberalismus: Es ist demnach nicht Aufgabe des Staates, sich in die private Lebensführung der Menschen einzumischen. Vielmehr muss er sich verschiedenen Weltanschauungen und Lebensweisen gegenüber neutral verhalten.[16]

So plausibel das vielleicht klingt – klar ist doch, dass dieses Neutralitätsgebot nicht absolut gilt. In jedem vernünftigen Liberalismus wird anerkannt, dass der Staat durchaus in die Freiheit von Individuen eingreifen kann, wenn das nötig ist, um Dritte vor Schaden zu bewahren. Deshalb kritisiert kaum jemand Regeln oder Verbote der Art, dass man andere Menschen nicht verletzen, alte Kühlschränke nicht einfach in die Landschaft stellen oder Quecksilber nicht in Badeseen kippen darf – persönliche Freiheit hin oder her.

Die Ernährung ist ebenso keine bloße Privatsache, denn die verbreiteten Ernährungsmuster gehen mit massiven Schäden für andere Menschen einher. Allein mit Blick auf die Klimafolgen lassen sich auch tiefgreifende Eingriffe rechtfertigen, da die Klimakrise akut die Lebensgrundlagen von Milliarden von Menschen bedroht.

Wenn wir auch Tiere als Wesen ernstnehmen würden, die vor Schaden geschützt werden müssen, würde sich daraus sogar eine komplette Abschaffung der Nutztierhaltung ergeben – dann gebe es gar kein Fleisch oder andere Tierprodukte mehr zu kaufen. Auch das wäre innerhalb des politischen Liberalismus gerechtfertigt, sofern Tiere entsprechend berücksichtigt werden.

Abgesehen davon hat die Forderung, der Staat möge sich gefälligst nicht in die Ernährung einmischen, noch ein grundsätzliches Problem:

Eine neutrale Position ist gar nicht möglich. Denn der Staat beeinflusst immer die Rahmenbedingungen, in denen wir unsere Entscheidungen treffen, und damit auch unser Verhalten. Der wissenschaftliche Beirat (WBAE) spricht in seinem Gutachten von »Ernährungsumgebungen«, die »durch eine Vielzahl von das Konsum- und Ernährungsverhalten prägenden Eingriffen gekennzeichnet sind.«[17] Das fängt schon damit an, dass wir bestimmte Lebensmittel in der Werbung sehen oder in sozialen Medien stetig Bildern und Informationen ausgesetzt sind – diese »Exposition« beeinflusst zum Beispiel, was wir als attraktiv oder angemessen empfinden.[18] Aktuell gehören Schweineschnitzel, Kalbsdöner und Käsebrot auch deshalb zu den normalsten Dingen der Welt.

Unser eigener Zugang zu Lebensmitteln, ein weiterer Aspekt der Ernährungsumgebung, wird dann u.a. vom verfügbaren Angebot und den Preisen bestimmt. Der Staat prägt dabei aber das Angebot und die Preise mit, indem er Vorgaben für die Produktionsbedingungen macht sowie jedes Jahr viele Milliarden an Subventionen und Fördergeldern verteilt – und indem er für externe Schäden die verursachenden Unternehmen nicht zur Kasse bittet.

Auch auf der Konsumseite nimmt der Staat Einfluss zum Beispiel durch die gesetzliche Mehrwertsteuer, bei der immer noch Tierprodukte vom niedrigeren Steuersatz für Grundnahrungsmittel profitieren, während für einzelne pflanzliche Alternativen wie Hafer- oder Sojamilch der volle Steuersatz gilt.

Und der Staat übt selbst da, wo er sich scheinbar nicht einmischt, genau dadurch einen Einfluss aus – zum Beispiel indem er beschönigende Verpackungen oder Werbung für schädliche Produkte nicht unterbindet. Damit sorgt er nicht für eine unabhängige Entscheidung. Vielmehr lässt er zu, dass wir ungebremst von ganz bestimmten Interessengruppen beeinflusst werden – nämlich von den Unternehmen, die uns etwas verkaufen wollen. Und das passiert nicht nur durch Werbung oder Verpackungen. Supermärkte setzen zum Beispiel auch Nudging-Methoden ein, indem sie Produkte, an denen sie besonders viel verdienen, auf Augenhöhe platzieren. Und selbst wenn zum Beispiel in einer Kantine kein bewusstes Nudging zum Einsatz kommt, dann heißt das einfach nur, dass man den Zufall walten lässt oder bestehende Muster bestätigt, indem man das Fleischgericht als Normalmenü, das vegetarische als Zusatzoption präsentiert. Eine »neutrale« Umgebung gibt es einfach nicht.

Komplett freie Ernährungsentscheidungen sind also eine Illusion. Das stellt auch der wissenschaftliche Beirat fest und schließt daraus: »Wenn (Ernährungs)politik gar nicht anders kann, als Ernährungsumgebungen zu gestalten, dann sollte sie dies bewusst tun.«[19]

Wer dem zustimmt und es daher grundsätzlich legitim findet, dass der Staat sich in die Ernährung einmischt, könnte noch immer befürchten, dass tiefe Eingriffe von der Bevölkerung nicht akzeptiert werden würden. Und die Akzeptanz ist klarerweise sehr wichtig – nicht nur, weil sonst die Parteien, die entsprechende Maßnahmen vorschlagen oder umsetzen, bei der nächsten Wahl abgestraft werden können. Sondern von der Akzeptanz kann auch abhängen, ob die Maßnahmen überhaupt wirksam sind: Wenn zum Beispiel die Stammgäste der Kantine die Vegan-Umstellung ablehnen, werden sie womöglich woanders essen oder abends zu Hause besonders viel Fleisch auftischen.

Wie sieht es nun aus mit der Akzeptanz? Tatsächlich scheint gerade in Deutschland die Skepsis gegenüber ernährungspolitischen Eingriffen traditionell besonders groß zu sein.[20] Es spricht aber viel dafür, dass sich diese Skepsis in den letzten Jahren bereits verringert hat. Umfragen zeigen, dass ein großer Teil der Bevölkerung viele Arten von staatlichen Eingriffen durchaus positiv bewertet. In einer repräsentativen Studie von 2017 stimmte zum Beispiel eine klare Mehrheit der Befragten den Aussagen zu, dass gesunde Ernährung in der Schule unterrichtet werden sollte und dass der Staat die Bürger dabei unterstützen sollte, sich gesünder zu ernähren. Nur ein Fünftel der Befragten gab an, dass »der Staat sich aus der Ernährung der Bürger heraushalten« solle.[21]

In einer Umfrage von 2021 sagten 71 Prozent der Befragten, dass die Preise von Lebensmitteln die wahren Kosten abbilden sollten, inklusive der Klima- und Umweltschäden, und ganze 81 Prozent stimmten der Aussage zu, dass die Politik steuerliche Anreize setzen solle, um den Konsum nachhaltiger und klimaverträglicher Lebensmittel zu fördern.[22]

In verschiedenen Ländern untersuchen Forscher*innen, welche Faktoren die Akzeptanz von ernährungspolitischen Eingriffen beeinflussen. Eine wichtige Rolle spielt zum Beispiel, ob eine Maßnahme überhaupt als effektiv wahrgenommen wird – sinnlose Einmischung will niemand. Tendenziell sinkt die Zustimmung mit der Tiefe des Eingriffs in die Entscheidungsautonomie – unterstützende und lenkende Maßnahmen sind also attraktiver als Einschränkungen oder Verbote. Nudgingmaßnahmen bekommen in mehreren Studien überwiegende Zustimmung.[23]

Einen großen Einfluss scheint allerdings auch zu haben, wie fair eine Maßnahme erscheint. Steuererhöhungen, die ärmere Menschen härter treffen als wohlhabende, stoßen daher teilweise auf weniger Zustimmung als Verbote, die alle gleichermaßen einschränken.

Die Forschung zur Akzeptanz ist begrenzt. Aus den vorhandenen Studien lassen sich kaum Prognosen ableiten, ob konkrete Maßnahmenvorschläge akzeptiert werden würden oder nicht, gerade weil das von so vielen Faktoren abhängt.[24] Außerdem können Studien immer nur die aktuell vorliegenden Einstellungen von Menschen untersuchen – schwer abzuschätzen ist, wie sich die Einstellungen selbst ändern würden, wenn die Gesellschaft sich weiterentwickelt, zum Beispiel indem das Verständnis für die Bedrohung durch die Klimakatastrophe zunimmt.

Der wissenschaftliche Beirat (WBAE) kam aber schon anhand der im Jahr 2020 vorliegenden Forschung zu dem Schluss: Die Bevölkerung lehnt Eingriffe in die Entscheidungen des Individuums im Bereich der Ernährung nicht grundsätzlich ab.[25] Es macht also auch mit Blick auf die Akzeptanz keinen Sinn, staatliche Ernährungspolitik generell zu verurteilen. Der WBAE fordert stattdessen, für jede Maßnahme den Nutzen gegen den Schaden – also die möglichen Freiheitseinschränkungen – abzuwägen. Um mehr Nachhaltigkeit zu erreichen, müsse der Staat die Ernährungsumgebungen an mehreren Stellen verändern.

Instrumente für eine »nachhaltigere« Ernährung

Es sind neun zentrale Empfehlungen, die der WBAE in seinem über 800 Seiten starken Gutachten formuliert. Die Empfehlungen überlappen sich gegenseitig und sollen in Kombination wirken. Nummer 2 lautet: »Den Konsum tierischer Produkte global verträglich gestalten« – sprich, den Konsum tierischer Produkte reduzieren. Der Beirat gibt dabei keine Zielgröße vor, verweist aber immerhin darauf, dass der aktuelle Konsum viermal so hoch ist wie das, was die Eat-Lancet-Kommission in der Planetary Health Diet für verträglich hält. Das Motto der Empfehlung lautet »weniger und besser«, denn der Beirat möchte, dass zugleich in der Nutztierhaltung höhere »Tierwohlstandards« umgesetzt werden. Aus Sicht des WBAE sollte die Bundesregierung ein umfassendes Programm erarbeiten, das diese beiden Ziele kombiniert, wobei die Verringerung des Konsums besonders wichtig ist.

Das Gutachten beschreibt daraufhin mehrere Bausteine, die so ein Programm enthalten sollte. Einer davon ist: Die Standards der Deutschen Gesellschaft für Ernährung in der Gemeinschaftsverpflegung umsetzen. Das ist eine Aufgabe für Bund, Länder und Kommunen und betrifft u. a. das Essen in Schulen und Kitas, von dem schon die Rede war. Die DGE-Standards sehen vor, dass dort höchstens einmal pro Woche Fleisch und stattdessen viel mehr Gemüse serviert wird. Das wäre eine große Veränderung zum Status quo.[26]

Hier gibt es eine Überlappung mit Empfehlung Nummer 1, die einen Systemwechsel in der Kita- und Schulverpflegung fordert. Das Essen soll dort nicht nur gesünder und pflanzlicher werden, sondern auch beitragsfrei – damit alle Kinder und Jugendlichen unbeschränkten Zugang dazu haben und mehr von ihnen am Essen teilnehmen. Zugleich soll die Umgebung, in der gegessen wird, attraktiver werden: Heute sind Schulmensen häufig hässliche, große, laute Räume, wo die Schüler*innen primär hingehen, um satt zu werden, nicht weil sie sich dort gern aufhalten. Das muss sich ändern, sagt der WBAE.

All das wird natürlich teuer – das beitragsfreie Essen allein würde den Staat über 5 Milliarden Euro pro Jahr kosten. Das ist es aber wert, meint der WBAE – eine gute Schulverpflegung sei eine zentrale gesellschaftliche Aufgabe. Was und wie wir als Kinder essen, hat großen Einfluss auf unsere späteren Gewohnheiten. Ungesunde Ernährungsmuster belasten daher langfristig das Gesundheitssystem – von Klima, Umwelt und Tieren noch ganz zu schweigen. Es kann sich also für den Staat am Ende lohnen, gerade bei der Ernährung der Kinder zu investieren.

Zurück zur Empfehlung Nummer 2, zur Reduzierung vom Tierkonsum. Der WBAE schlägt vor, die DGE-Standards in der gesamten öffentlich finanzierten Gemeinschaftsverpflegung umzusetzen. Das betrifft also nicht nur Schulen und Kitas, sondern auch öffentliche Krankenhäuser, Seniorenheime, Behördenkantinen und Universitätsmensen, denn überall dort kann der Staat Einfluss nehmen. Millionen Menschen essen täglich in staatlich (mit-)finanzierten Kantinen und Mensen, die Reichweite ist also groß. Und dort wird häufig weit mehr Fleisch angeboten, als die DGE empfiehlt. Für Betriebskantinen lautet die Vorgabe von 2020 zum Beispiel, maximal zweimal pro Woche Fleischgerichte zu servieren. Eine Befragung in Nordrhein-Westfalen im Jahr 2020 ergab dagegen, dass dort 89 Prozent der Kantinen in Landesbehörden vier- bis fünfmal pro Woche fleischhaltige Gerichte anbieten.[27]

In einigen Bundesländern scheint sich aber schon etwas zu bewegen. »Wir wollen in Bremen die DGE-Standards in allen öffentlich finanzierten Kantinen umsetzen und zwar so pflanzlich wie möglich«, sagt Philipp Bruck. Er ist grüner Abgeordneter in der Bremischen Bürgerschaft, also dem Landesparlament von Bremen. Seine Schwerpunkte sind Klimaschutz und Tierpolitik. »In Bremen hat der Senat schon 2018 einen Aktionsplan beschlossen, wonach bis 2022 die Gemeinschaftsverpflegung zu 100 Prozent Bio sein muss«, berichtet Bruck. »Das bedeutet zugleich, dass allein aus Kostengründen der Anteil an Tierprodukten deutlich sinkt. Aber im Rahmen der Klimastrategie schaffen wir hoffentlich noch mehr.«

Philipp Bruck hat 2020 und 2021 in einer Enquete-Kommission mitgearbeitet, deren Aufgabe darin bestand, eine solche Klimastrategie für das Land Bremen zu entwickeln. Neun Abgeordnete aus fünf Parteien und neun externe Sachverständige haben sich regelmäßig getroffen, Ziele und Maßnahmen zu verschiedenen Themen erarbeitet und am Ende einen Abschlussbericht mit Empfehlungen beschlossen. Eines der Themen war Konsum und Ernährung. »Ich habe mich dafür eingesetzt, dass wir für die Gemeinschaftsverpflegung Höchstmengen für Tierprodukte vorschreiben, die sich an der Planetary Health Diet orientieren«, sagt Bruck, der selbst seit Jahren aus Tierrechts- und Klimagründen vegan lebt. »Das wäre nicht nur eine drastische Reduktion von Fleisch, sondern auch von Milchprodukten. Leider gab es dafür keine Mehrheit in der Enquete-Kommission. Gerade in Bezug auf Kitas und Schulen hatten einige Mitglieder Bedenken, das könnte zu Mangelerscheinungen führen – obwohl sich das wissenschaftlich nicht belegen lässt.«

Die Kommission konnte sich nur auf die Maßnahme einigen, die DGE-Standards umzusetzen – allerdings mit dem Zusatz, »dass bei tierischen Lebensmitteln jeweils die unteren Bandbreitenwerte angewandt werden«, so steht es im Abschlussbericht. »Das heißt bei Fleisch dann null«, sagt Philipp Bruck. »Denn die DGE gibt dafür nur Maximalmengen an, keine Mindestmenge. Wenn die Beschlüsse der Kommission umgesetzt werden, bekommen wir also vegetarische Mensen.« Bruck ist zuversichtlich, dass das auch passieren wird – zwar seien die Ergebnisse der Enquete-Kommission formell nur Empfehlungen. Medien und Stadtgesellschaft würden aber darauf drängen, dass sich der Senat auch danach richtet. »Das wird kein Bericht für die Schublade sein«, sagt Bruck.

Andernorts gehen immer mehr Universitätsmensen schon selbständig voran. Das Berliner Studierendenwerk sorgte im Herbst 2021 für Schlagzeilen: »Unis streichen Fleisch fast komplett aus dem Speiseplan«, schrieb Der Spiegel.[28] Fleisch und Fisch würden jetzt nur noch vier Prozent des Speiseplans ausmachen, das restliche Angebot sei vegetarisch oder vegan. Laut Website des Studierendenwerks machen die veganen Angebote sogar 68 Prozent aus.[29]

Ein bisschen irreführend sind diese Prozentangaben, weil sie nicht die Mengen betreffen, sondern die Rezepturen bzw. die Auswahloptionen, so dass auch alle Vorspeisen, Beilagen und Desserts einzeln gezählt werden, die seit der Umstellung immer vegetarisch oder vegan sind. Nur einen Tag in der Woche, am Montag, ist das Angebot komplett vegetarisch, an den anderen vier Tagen gibt es jeweils ein Fleisch- oder Fischgericht im Standardangebot, hinzu kommen manchmal noch teurere Aktionsessen. Wer unbedingt tote Tiere essen will, muss sich also gar nicht so sehr umstellen.

Aber auch Dienstag bis Freitag stehen in jeder der vielen Berliner Mensen mehrere abwechslungsreiche vegane Hauptgerichte zur Auswahl, zum Beispiel Champignon-Kartoffel-Curry mit Gemüse, Blumenkohl-Knusper-Medaillon an Zitronen-Kurkuma-Sauce, Chili von Soja oder Süßkartoffeleintopf. Man kann daher durchaus davon ausgehen, dass auch viele Fleischesser*innen unter diesen Umständen immer öfter ein veganes Gericht auswählen.

Wie kam es zu der Veränderung? »Das neue Ernährungskonzept wurde insbesondere entwickelt, weil Studierende immer wieder an uns herangetreten sind mit dem Wunsch, das Angebot in den Mensen noch klimafreundlicher zu gestalten«, sagt Daniela Kummle vom Studierendenwerk.[30] Mir macht es Hoffnung, dass der Anstoß von engagierten Studierenden kam. Das Beispiel zeigt auch, wie viel sich ohne staatliche Vorgaben erreichen lässt.

Und nicht nur die Berliner Studis werden künftig pflanzlicher essen. In Göttingen zum Beispiel ist seit Herbst 2021 eine von drei Mensen vegetarisch und vegan. Eins der zuvor beliebtesten Gerichte, die Currywurst, gibt es dort jetzt nur noch in einer veganen Version – die allerdings von demselben regionalen Lieferanten stammt wie vorher die Wurst aus Schweinefleisch. Das Studentenwerk unterstützt damit den Klimaplan Göttingen 2030 und hat vor, den Anteil von Tierprodukten in allen Mensen weiter zu reduzieren.[31]

»Studierendenwerke sind die Vorhut der Veränderung«, sagt Alexander Schrode. Der Umweltökonom hat 2016 den gemeinnützigen Verein NAHhaft mit aufgebaut, der sich durch Forschung, Beratung, Bildung und Vernetzung für zukunftsfähige Ernährungsstrategien einsetzt. »Im Jahr 2022 starten wir ein Projekt mit 20 Studierendenwerken. Wir werden sie dabei unterstützen, mehr klimafreundliche Mahlzeiten anzubieten und entsprechend zu labeln. Davon erhoffen wir uns eine große Wirkung.« Den Anteil der Tierprodukte zu reduzieren, ist dabei natürlich ein zentrales Ziel. Finanziert wird das Projekt von der Nationalen Klimaschutzinitiative des Bundesumweltministeriums.

»Ursprünglich hatten wir nur mit sechs Studierendenwerken geplant, aber das Interesse war so groß, dass wir auf 20 erhöhen konnten«, sagt Schrode. Auch immer mehr Großunternehmen würden ihre Kantinen nachhaltiger aufstellen wollen. »Wir erleben gerade überall, dass das Klimathema richtig anzieht. Mit dem Thema kann man zunehmend mehr Menschen und Akteure abholen.«

Wichtig sei bei der Umstellung von Kantinen auch die Gästekommunikation, betont Schrode. »Das bedeutet, dass man durch Flyer, Tischaufsteller, Befragungen oder auch Gespräche die Gäste davon überzeugt, solche klimafreundlichen und ethischeren Gerichte auszuwählen.« Und natürlich müssten die Gerichte auch gut schmecken, sonst würden sie nicht angenommen.

Das findet auch Philipp Bruck, der Grünen-Abgeordnete aus Bremen. Ich habe ihn gefragt, ob er Protest erwartet, wenn tatsächlich alle öffentlichen Kantinen auf vegetarisch und vegan umgestellt werden, wie es die Enquete-Kommission beschlossen hat. »Die Sorge habe ich natürlich schon«, sagt er. »Wir müssen versuchen, dem vorzubeugen. Ein entscheidender Faktor ist sicher, dass das Essen wirklich gut ist. Deshalb braucht es viel Qualifizierung für das Küchenpersonal. Wir haben in Bremen zum Beispiel schon eine ›Training Kitchen‹ geplant.« Dort sollen Weiterbildungen stattfinden für die Angestellten der Schul- und Kitaküchen, Krankenhäuser und Behörden-Kantinen.

Die Bremer Enquete-Kommission fordert außerdem, dass Kinder und Jugendliche direkt an den Schulen für eine klimafreundliche Ernährung sensibilisiert werden. Dafür sollen Projektwochen stattfinden und Lehrkräfte mit Unterrichtsmaterial versorgt werden. Auch der wissenschaftliche Beirat WBAE betont die Ernährungsbildung als wichtiges Politikinstrument. Allerdings reicht bloße Information oft nicht aus, das zeigen Studien: Wenn Kinder zum Beispiel etwas über die Vorteile von Obst und Gemüse lernen, führt das nicht unbedingt dazu, dass sie auch mehr davon essen.[32] Am vielversprechendsten sind Ansätze, die die Ernährungsbildung direkt mit der Schulverpflegung verknüpfen und den Kindern und Jugendlichen erlauben, selbst aktiv zu werden – in Übungsküchen wie bei der Aktion Pflanzen-Power oder in Schulgärten.[33]

Damit sich in Bremen auch die erwachsenen Kantinengäste von der Umstellung überzeugen lassen, soll sie in eine öffentliche Informationskampagne eingebettet werden, berichtet Philipp Bruck. »Wir müssen die Vorteile einer pflanzlichen Ernährung gut erklären«, sagt er. Er hofft, dass dadurch auch der Tierkonsum außerhalb der Kantinen sinkt.

Dasselbe fordert der WBAE vom Bundesministerium für Ernährung und Landwirtschaft: Viele Menschen würden die Treibhausgasrelevanz von Fleisch und Milchprodukten deutlich unterschätzen. Daher müsse es eine Informationskampagne geben, um über die Klimawirkungen von verschiedenen Lebensmitteln aufzuklären. Das ist aus Sicht des WBAE ein weiterer Baustein, um die Empfehlung zur Reduktion von Tierprodukten umzusetzen. »In einem zweiten Schritt sollte die Kampagne zielgruppenspezifisch Verhaltensänderungen anstoßen«, heißt es im Gutachten.[34] Das ist anspruchsvoller, als es klingt: Damit Menschen tatsächlich verändern, was sie essen, reicht es nicht, einfach Informationen bereitzustellen. Wenn es etwas bringen soll, braucht es gut durchdachte, großzügig finanzierte und dauerhafte Programme, die zudem Teil einer Gesamtstrategie aus vielen Maßnahmen sein sollten, die die gewünschten Verhaltensänderungen unterstützen.[35]

Eine originelle Maßnahme auf lokaler Ebene hat sich Philipp Bruck für Bremen ausgedacht und sie steht jetzt als Empfehlung im Bericht der Enquete-Kommission. »Dabei geht es um die Essensstände bei öffentlichen Veranstaltungen«, erzählt er. »Davon sollen in Zukunft ein Viertel rein vegan sein, ein weiteres Viertel vegetarisch und alle anderen Stände müssen entsprechende Alternativen anbieten.« Das beträfe nicht nur kleine Events von Behörden, wo vielleicht zwanzig Leute kommen. »Gemeint sind auch Volksfeste wie der riesige Bremer Freimarkt, das zweitgrößte Volksfest Deutschlands gleich nach dem Oktoberfest«, sagt Bruck zufrieden. »Genauso die Breminale, ein mehrtägiges Draußen-Festival, oder der Weihnachtsmarkt. Überall dort soll es in Zukunft keine Stände mehr ohne vegane Angebote geben.« Bislang bekommt man bei solchen Festen zwischen Bockwurst und Backfisch so gut wie gar nichts Veganes zu essen, so ist zumindest meine Erfahrung. Die Maßnahme würde also merkbar etwas verändern.

Auch dabei ist das Ziel natürlich nicht nur, den direkten Verbrauch zu verringern, sondern auch, neue Normalitäten zu schaffen – denn unsere Ernährungsentscheidungen hängen stark davon ab, was wir in unserem Umfeld sehen und welche Auswahlmöglichkeiten uns überhaupt präsent sind.

Der Plan der Enquete-Kommission sieht außerdem vor, Kochkurse und Workshops rund um das Thema pflanzliche Ernährung zu fördern und dafür zu sorgen, dass mehr davon angeboten werden, zum Beispiel im Rahmen einer »Pflanzenkochschule«. Damit auch Restaurants und private Kantinen mehr pflanzliche Gerichte anbieten, soll der Senat Weiterbildungen und Beratungen für die dortigen Köch*innen unterstützen und einen Preis für Vorbild-Kantinen in Firmen ausloben.

»Das sind gute Maßnahmen, die hier in Bremen einiges bewirken können«, findet Philipp Bruck. »Aber was wir auf Landesebene umsetzen können, reicht nicht aus. Wir können hier zwar Kampagnen machen, Kochkurse anbieten und in der Gemeinschaftsverpflegung etwas verändern. Aber damit sich auch etwas daran ändert, was die Leute kaufen und zu Hause essen, müssen Maßnahmen auf Bundes- und EU-Ebene hinzukommen.«

Im Enquete-Bericht stehen dafür auch einige Vorschläge, u. a. zur Preispolitik. So sollen externe Kosten der Tierhaltung in den Produkten eingepreist werden und insbesondere die Regelungen zur Mehrwertsteuer verändert werden. »Tierprodukte dürfen nicht mehr den niedrigen Mehrwertsteuersatz von 7 Prozent behalten, der den Zweck hat, Grundnahrungsmittel zu vergünstigen«, sagt Bruck. »Sie müssen mit 19 Prozent voll besteuert werden. Im Gegenzug sollte die Bundesregierung den Konsum von Obst, Gemüse und Hülsenfrüchten fördern und diese nur noch mit 5 Prozent besteuern.«

Das entspricht den Forderungen vom wissenschaftlichen Beirat für Agrarpolitik, Ernährung und gesundheitlichen Verbraucherschutz (WBAE).[36] Die Mehrwertsteuer für tierische Produkte zu erhöhen, ist laut Gutachten ein dritter Baustein zur Reduktion des Tierkonsums, neben den Änderungen in der Gemeinschaftsverpflegung und der Informationskampagne. Allerdings wäre das nur ein erster kurzfristiger Schritt. Die veränderte Mehrwertsteuer hat nämlich nur eine geringe

Auswirkung auf den Konsum – der würde sich dadurch Schätzungen zufolge nur um etwa sechs Prozent verringern.[37]

Ein weiteres Problem ist, dass sich die Mehrwertsteuer nach dem Preis, nicht der Menge des jeweiligen Nahrungsmittels richtet. Je teurer ein Produkt, desto mehr Steuern werden fällig. Daher besteht die Gefahr, dass Menschen auf billigere Tierprodukte umsteigen, anstatt weniger zu konsumieren.

Der WBAE fordert daher, perspektivisch eine ganz neue Steuer zu entwickeln, die sich nach dem »Grad der Nachhaltigkeit« eines Lebensmittels richtet. Dabei sollte man die Klimabilanz einbeziehen, aber auch andere Kriterien wie den Nährwert und bei tierischen Produkten die Haltungsbedingungen. Für alle drei Kriterien könnte man ein spezielles Label einführen, schlägt der WBAE vor, und damit die Verbraucher*innen gleich beim Einkauf über die Wirkungen ihrer Entscheidungen informieren. So etwas gibt es heute schon für den Nährwert in Form des »Nutri-Scores«, bislang auf freiwilliger Basis. Aus Sicht des WBAE sollte diese Kennzeichnung verpflichtend sein und durch ein »Klimalabel« sowie ein »Tierschutzlabel« ergänzt werden. Die Lenkungssteuer könnte sich dann nach dem Label richten.

Ein grundlegendes Problem, das allen Arten von Konsumsteuern anhaftet, besteht in ihrer sozialen Ungerechtigkeit. Arme Menschen zahlen relativ zu ihrem Einkommen mehr Steuern und spüren einen höheren Druck, den Konsum umzustellen. Menschen mit mehr Geld dagegen merken die Preisveränderungen im Zweifel kaum, sie können einfach weiter Steak und Käse essen wie zuvor.

»Gerechter wäre vermutlich, so etwas wie Quoten zu bestimmen, so dass allen Menschen die gleiche Menge zusteht«, sagt der Bremer Abgeordnete Philipp Bruck. »Aber dann müssten wir letztlich Lebensmittelgutscheine verteilen und sagen: Hiermit darfst du dir eine Wurst kaufen. Also Rationierung. Ich glaube, das würde auf noch mehr Gegenwind stoßen, als wenn die Wurst mehr kostet, weil externe Kosten eingepreist sind.«

Um höhere Steuern weniger ungerecht zu machen, schlägt der WBAE vor, sie sozial abzufedern. Wenn für tierische Produkte die Mehrwertsteuer erhöht wird, muss eine Verbraucherin mit durchschnittlichem Konsum etwa 50 Euro pro Jahr mehr ausgeben, wenn sie ihre Ernährung nicht verändert. Diese 50 Euro könnte man zum Beispiel den unteren Einkommensgruppen pauschal ausbezahlen. Die übrigen staatlichen

Mehreinnahmen könnte man in den Umbau der Landwirtschaft und die beitragsfreie Kita- und Schulverpflegung stecken. Außerdem empfiehlt der WBAE, die Mehrwertsteuer auf Obst, Gemüse und Hülsenfrüchte zu senken, was ebenfalls ärmere Menschen entlasten würde. Solche Maßnahmen, klar kommuniziert, würden auch die Akzeptanz der Steuererhöhung verbessern.[38]

Wenn man aber zusätzlich zur Mehrwertsteuer eine Lenkungssteuer einführt, die den Konsum von Tierprodukten wirklich deutlich reduzieren soll, ergibt die Idee einer vollständigen Kompensation etwas weniger Sinn. Denn das Ziel wäre ja, dass die Leute nicht entsprechend mehr Geld ausgeben, sondern ihren Konsum verändern. Damit eine Lenkungssteuer diese Wirkung hat, darf sie allerdings nicht zu niedrig angesetzt werden.

Alexander Schrode, der Umweltökonom vom Verein NAHhaft, hat sich damit beschäftigt. Denn er berät nicht nur Uni-Mensen auf dem Weg zu mehr Klimaschutz, sondern hat auch eine Doktorarbeit darüber verfasst, mit welchen politischen Maßnahmen sich der Tierkonsum am besten reduzieren ließe. »Lenkungssteuern sind zwar vielversprechend«, berichtet er. »Aber nehmen wir mal an, wir würden eine Steuer einführen, die sich nach den Treibhausgasemissionen richtet. Damit sich dadurch der Konsum deutlich verändert, braucht es gerade in reichen Ländern wie Deutschland ziemlich hohe Steuern. Und wenn man sich jetzt die Modellrechnungen dazu anschaut, zeigt sich, dass auch bei höheren Beträgen vor allem Rindfleisch, Butter und Käse im Konsum stark zurückgehen würden. Bei den anderen Tierprodukten sind die Effekte geringer.«

Um welche Beträge geht es da? Die Studien, die Schrode zusammengefasst hat, rechnen mit einer Steuer von 15 bis 205 Euro pro verursachter Tonne Kohlendioxid-Äquivalent. Je höher die Steuer, desto größer wären die Effekte. Das WBAE-Gutachten vergleicht ebenfalls zwei Varianten von Klima-Aufpreisen, nämlich 55 Euro und 180 Euro pro Tonne Kohlendioxid-Äquivalent. Bei 180 Euro kostet das Kilo Rindfleisch fast 5 Euro mehr – das ist ordentlich. Für ein Kilo Schweinefleisch wird aber nur 1 Euro Aufpreis fällig, für ein Kilo Käse 1,55 Euro, für einen Liter Milch nur 23 Cent.[39] Die Produkte würden also weit weniger als doppelt so teuer werden – da kann man doch erwarten, dass der Konsum auch nur um weit weniger als die Hälfte sinken wird. Genau das sagen auch die Studien. Sind diese Beträge aber überhaupt angemessen?

Die Zahl von 180 Euro stammt vom Umweltbundesamt. Sie soll laut einer Untersuchung von 2018 die Schadenskosten beziffern, die eine Tonne CO_2 verursacht.[40] Für das Jahr 2021 gilt laut Umweltbundesamt allerdings schon ein Betrag von 201 Euro. Und wenn man zukünftige Generationen genauso ernst nimmt wie heute lebenden, erhöht sich dieser Betrag sogar auf 698 Euro pro Tonne CO_2.[41] Schlüge man das als Lenkungssteuer auf die Produkte auf, würde ein Kilo Rindfleisch schon über 18 Euro mehr kosten, ein Kilo Schweinefleisch immerhin 4 Euro mehr, Geflügel 2 Euro und Käse 6 Euro. Zum Vergleich: Wenn man bei pflanzlichen Lebensmitteln dieselbe Steuer anwendete, würde ein Kilo Hülsenfrüchte trotzdem nur 35 Cent mehr kosten.

Anderen Untersuchungen zufolge könnten selbst die 698 Euro eine immense Unterschätzung sein. Die sozialen Folgekosten jeder ausgestoßenen Tonne Kohlendioxid liegen womöglich bei mehr als 3.000 US-Dollar.[42] Das würde für Rindfleisch einen Aufpreis von ganzen 70 Euro pro Kilo bedeuten, für Schweinefleisch würden 15 Euro Steuer fällig, für Geflügel 9 Euro und für Käse 22 Euro.

Dabei sollten wir außerdem bedenken, dass die Daten nur die Emissionen beinhalten – nicht das verschenkte Klimaschutzpotential, das dadurch entsteht, dass wir Land zum Futteranbau nutzen, anstatt es zu renaturieren. Würden wir das mit einbeziehen, liegt die Steuer für das Kilo Rindfleisch zwischen 40 und fast 500 Euro – je nachdem, welche Schadenskosten pro Tonne CO_2 wir ansetzen. Schweinefleisch bekäme einen Aufschlag von 4 bis über 50 Euro, der Liter Milch würde 1,60 Euro bis über 20 Euro mehr kosten.[43]

Spätestens hier stellen sich natürlich auch grundsätzliche Fragen: Wieso sollte man so tun, als ob sich die Schäden, die die Tierindustrie verantwortet, mit Geld aufrechnen lassen? Die Klimakrise verursacht nicht nur wirtschaftliche Einbrüche, sondern tötet und schädigt zahllose Menschen und Tiere ganz direkt. Und sollten wir nun auch auf Pandemie-Risiken oder Grausamkeit gegenüber Tieren Steuern einführen? Das ist absurd: Praktiken, die die Allgemeinheit gefährden oder ethisch klarerweise falsch sind, müssen doch von vorneherein ausgeschlossen werden. In der Realität ist das leider nicht unbedingt einfach – in jedem Fall betrifft es die Agrarpolitik, nicht die Ernährungspolitik. In diesem Buch behandle ich zwar beide Bereiche getrennt, sie gehören aber offenkundig zusammen.

An den Beträgen, die der wissenschaftliche Beirat u. a. für die Lenkungssteuer veranschlagt, erkennt man allerdings gut, wie moderat eigentlich seine Empfehlungen sind. Sollte eine Klimasteuer eingeführt werden, rät der WBAE zu einem gleitenden Einstieg bei 35 Euro pro Tonne Kohlendioxid, obwohl dieser Betrag auf den Konsum nur einen sehr geringen Einfluss hätte und nur einen Bruchteil der Klimaschäden abbildet.[44] Der WBAE favorisiert selbst eine Nachhaltigkeitssteuer, die mehrere Kriterien vereint, schlägt für diese aber gar keine bestimmte Höhe vor. Dazu passt, dass die Empfehlungen kein klares Ziel dafür angeben, wie weit der Tierkonsum eigentlich reduziert werden soll. Nicht ohne Grund heißt das Gutachten nur »Politik für eine nachhaltigere Ernährung«, nicht »Politik für eine nachhaltige Ernährung«. Selbst dieses Gremium aus kompetenten Wissenschaftler*innen traut sich offenbar nicht, klar zu benennen, wie drastisch die nötige Veränderung ist.

Ähnlich mutlos zeigte sich auch die Bremer Enquete-Kommission, als es um die Formulierung von Zielen für den Ernährungssektor ging. Philipp Bruck sagt: »Ich wollte die Forderung reinschreiben, dass alle Tierprodukte um 75 Prozent reduziert werden müssen, so wie es der Planetary Health Diet entspricht. Bis zur letzten Sitzung habe ich zusammen mit anderen Kommissionsmitgliedern darum gekämpft. Aber wir haben uns nicht durchsetzen können.«

Im Bericht steht nun für das Zieljahr der Klimaneutralität 2038: »Der Konsum von Fleisch ist deutlich, um mindestens 50% zurückgegangen«. Bruck ist frustriert, dass der Bericht damit in dem Bereich ein Ziel formuliert, das hinter den Anforderungen des Pariser Klimaabkommen deutlich zurückbleibt. »Selbst wenn wir alle anderen Sektorziele schaffen würden, reicht das nicht. Wir verursachen dann allein mit dem Tierkonsum anteilig so viel Erwärmung, dass wir nicht unter 2 Grad, geschweigedenn 1,5 Grad bleiben würden.« Trotzdem sei anderen Kommissionsmitgliedern seine Forderung zu radikal gewesen. »Da spielen sicher auch Sorgen eine Rolle, wie man das der Bevölkerung und letztlich den Wähler*innen hätte vermitteln sollen«, meint Bruck.

Aber wie berechtigt ist eigentlich die Sorge, dass derlei Forderungen der Bevölkerung nicht vermittelbar sind? Dafür ist interessant sich anzuschauen, was passiert, wenn die Bürger*innen selbst darüber beraten und entscheiden, wie wir als Gesellschaft uns in Zukunft ernähren sollten.

Der Bürgerrat Klima

»Wenn jemand anruft, den ich nicht kenne, lege ich normalerweise nach einem Satz auf«, erzählt Mareike Menneckemeyer. »Aber als dieser Anruf kam, war ich abgelenkt, weil mein kleiner Sohn gerade Quatsch gemacht hat. Deshalb habe ich mit halbem Ohr zugehört, die Frau am Telefon sagte etwas von Bürgerrat und ich könnte an der Demokratie mitarbeiten. Weil das interessant klang, habe ich mir per E-Mail Informationen zuschicken lassen und mich nach einigem Überlegen tatsächlich beworben.«

Für den Bürgerrat Klima wurden im Jahr 2021 etwa 14.000 Personen ab 16 Jahren deutschlandweit per Zufallsprinzip kontaktiert. 592 Menschen registrierten sich daraufhin online für die Teilnahme, davon wurden nach bestimmten Kriterien 160 Personen ausgewählt, um einen möglichst repräsentativen Querschnitt der Bevölkerung abzubilden – Alter, Geschlecht, Bildungsgrad und Migrationshintergrund spielten zum Beispiel eine Rolle. Mareike Menneckemeyer, 37, aus Nürnberg, Hotelfachfrau und Mutter zweier Kinder, wurde ausgewählt. Die Aufgabe für den Bürgerrat: Gemeinsam darüber beraten, wie Deutschland die Ziele des Pariser Klimaabkommens erreichen kann.

»Am Anfang war ich in den Diskussionen noch sehr verhalten«, sagt Menneckemeyer. »Aber dann ist mir klar geworden, es macht gar keinen Sinn, wenn ich hier bin und nichts sage. Es ging ja gerade darum, unterschiedliche Stimmen zu hören, alle Sichtweisen abzudecken. Nach der zweiten Sitzung ist mir der Bürgerrat so wichtig geworden, dass ich alle anderen Termine verschoben habe, um bei jeder Sitzung dabei zu sein.«

Die Mitglieder des Bürgerrats trafen sich zwölfmal zu Online-Videokonferenzen, insgesamt über 50 Stunden lang. Sie hörten Vorträge von Wissenschaftlerinnen und Interessenvertretern, diskutierten in kleinen und großen Gruppen und stimmten am Ende über Empfehlungen ab, die daraufhin dem Bundestag übergeben wurden.

Bürgerräte sind eine spezielle Form der Bürgerbeteiligung. Sie haben den Vorteil, dass die Mitglieder unabhängig sind von Lobbyeinflüssen oder politischem Karrierestreben – es sind »normale Leute«, die über zentrale gesellschaftliche Fragen beraten und versuchen, gemeinsam eine Lösung zu finden. Das Auswahlverfahren per Zufall und soziodemografischen Kriterien soll sicherstellen, dass viele unterschiedliche

Perspektiven Eingang in die Beratschlagung finden und dem Verfahren demokratische Legitimität verleihen.

Im Bürgerrat Klima wurden die 160 Mitglieder in der 4. Sitzung in vier Handlungsfelder aufgeteilt, eins davon zum Thema Ernährung. »Da habe ich gedacht, na großartig, jetzt muss ich mir anhören, was für ein schlechter Mensch ich bin, weil ich gern mal eine Paprikasuppe mit Hackfleisch esse«, erinnert sich Mareike Menneckemeyer. »Aber auch da fand ich es wichtig, diese Perspektive mit einzubringen.«

In Vorträgen von Fachleuten hörte die Gruppe viel über die Klimaauswirkungen der Tierhaltung, aber auch über verschiedene Landwirtschaftssysteme und Anbaumethoden. Die Diskussionen waren vielfältig, oft auch kontrovers, sagt Menneckemeyer. Leute, die nicht auf Fleisch verzichten wollten, gegen solche, die gesagt haben, man solle sich nicht so anstellen, denn Fleisch sei sowieso ungesund. »Aber je mehr Informationen wir bekamen, desto näher kamen wir einer Einigung: Der Fleischkonsum muss sinken. Mit der Zeit konnten sich die Leute auch immer besser vorstellen, das in ihren Alltag zu integrieren.«

In einer Sitzung kam die Frage auf, ob die Anwesenden ihr eigenes Verhalten geändert hätten, berichtet Menneckemeyer. »Ich sagte: Ja, ich war gestern einkaufen und habe zum ersten Mal Gemüsebällchen für meinen Sohn für die Brotdose geholt, statt einem Stück Wiener, das er sonst bekommen hätte. Da habe ich gemerkt, der Bürgerrat macht auch etwas mit mir.«

Im Laufe mehrerer Sitzungen arbeitete die Gruppe gemeinsam an einer Reihe von Empfehlungen für das politische Handlungsfeld Ernährung, bekam Zwischenfeedback von Sachverständigen und brachte am Ende 19 Empfehlungen zur Abstimmung in den Gesamtbürgerrat. Diese betrafen sowohl die landwirtschaftliche Produktion als auch den Konsum. Und sie waren erstaunlich radikal, auch in Bezug auf das Thema Tierindustrie: Wenn es nach dem Bürgerrat Klima geht, werden die Tierbestände um die Hälfte gesenkt, die freiwerdenden Flächen werden anders genutzt und die geringeren Produktionsmengen bei Milch und Fleisch werden nicht durch Importe ausgeglichen. Die Deutsche Gesellschaft für Ernährung überarbeitet bis 2023 ihre Leitlinien auf Grundlage der Planetary Health Diet und der Speiseplan in allen öffentlichen Einrichtungen richtet sich danach. Bis 2030 umfassen »wahre Preise« für Lebensmittel die Gesundheits- und Umweltkosten. Eine große Werbekampagne regt außerdem die Bevölkerung zu einer klimafreundlichen und gesunden Ernährung nach den Leitlinien der Planetary Health Diet an.

Zur Erinnerung: Die Planetary Health Diet besagt, dass die Menschen hierzulande im Schnitt 90 Prozent weniger rotes Fleisch und 75 Prozent weniger Tierprodukte insgesamt essen würden. Derartige Speisepläne für öffentliche Einrichtungen, Schulen und Kitas zu fordern, darauf konnte sich die Bremer Enquete-Kommission nicht einigen. Der wissenschaftliche Beirat des Agrarministeriums hat das nicht in sein Gutachten geschrieben. Solche Forderungen oder auch das Ziel, die Tierbestände zu halbieren, stehen weder im Wahlprogramm der Grünen noch einer anderen großen Partei. Aber sie stehen jetzt in den Empfehlungen des Bürgerrats, zusammen mit der Formulierung, es solle durch Aufklärung ein »weitestgehender Verzicht auf Fleisch- und Milchprodukte angeregt werden«.

Zu denen, die den Ergebnissen am Ende zugestimmt haben, gehört auch Ralf Holler. Der 62-Jährige aus Euskirchen am Rande der Eifel bezeichnet sich selbst als »fleischfressende Pflanze«. »Trotzdem habe ich in der Ernährungsgruppe mitgearbeitet. Dort haben wir die Aufklärung durch die Experten bekommen. Das ist der entscheidende Vorteil, den wir gegenüber Otto Normalverbraucher hatten. Durch die vielen Informationen ist mir klargeworden, es geht so nicht weiter.«

Dass mit dem Klima etwas nicht stimmt, war ihm vorher schon bewusst – nicht erst seitdem sein Wohnort im Sommer 2021 direkt vom Hochwasser betroffen war. Jetzt sieht er auch die aktuellen Ernährungsmuster kritisch. Es sei ein Problem, dass Fleisch und Tierprodukte heute in so großer Menge und so billig verfügbar sind. »Die Industrie hat uns dazu gebracht, dass wir jetzt zwischen 40 Wurstsorten auswählen können und dass wir denken, wir brauchen jeden Tag Fleisch.« Wenn es weniger davon gebe und es mehr kosten würde, dann könne er auch damit leben, nur noch einmal die Woche Fleisch zu essen.

Ich habe ihn gefragt, warum er dazu bereit wäre. »Eben weil ich sehe, dass wir etwas fürs Klima tun müssen. Ich bin 62, ich hampel hier vielleicht noch 20 Jahre auf der Erde rum, dann ist das Thema für mich gegessen. Aber meine Enkel, die drei und ein Jahr alt sind, die wollen eben auch auf dieser Erde noch leben und ein lebenswertes Klima vorfinden, ohne in irgendwelchen Anzügen zu stecken, um sich überhaupt bewegen zu können. Für die mache ich das eigentlich, nicht für mich.«

Im Bürgerrat hat Holler zugleich immer wieder die Sorge eingebracht, dass zu drastische Forderungen kontraproduktiv sein könnten. »Denn je radikaler die Forderungen sind, desto weniger werden sich daran halten, weil die uns dann als Spinner abstellen. Und wenn man bei politischen Maßnahmen die Leute nicht mitnimmt, dann passiert das, wovor ich am meisten Angst habe, dass man sie dem rechten Mob in die Arme treibt.«

Auch Mareike Menneckemeyer war es wichtig, möglichst viele Menschen »mitzunehmen«, auch aus Gründen der sozialen Gerechtigkeit. Insbesondere die Preispolitik sei da ein sensibles Thema. »Wir müssen bedenken, dass manche Familien am Ende des Monats nur noch Nudeln und Toastbrot essen, weil kein Geld mehr da ist.« Eigentlich müssten Bioprodukte Standard werden, auch bei Gemüse und Getreide. Aber man könne nicht einfach nur die Preise erhöhen.

Die am Ende beschlossene Empfehlung mit dem Titel »Wahre Preise« enthält jetzt auch die Klausel, dass klimafreundliche Produkte günstiger werden müssen und die Grundversorgung mit gesunden Lebensmitteln für alle bezahlbar sein muss; dafür soll die Berechnungsgrundlage der Sozialbezüge erhöht werden.

Menneckemeyer glaubt ebenfalls, dass die Maßnahmen nicht zu drastisch sein dürfen. »Per Dekret das Fleischessen zu verbieten, das funktioniert nicht.« Die Mitglieder des Bürgerrats waren selbst nicht zu einer kompletten Umstellung bereit. »Es hat auf jeden Fall geholfen, dass die Wissenschaftler nicht gesagt haben, alle müssen sofort vegan werden. Es ging vor allem darum, dass man häufiger – viel häufiger! – pflanzlich isst. Aber ab und zu ein hochwertiges Stück Fleisch wäre noch drin. Das hat bei vielen dazu geführt, dass sie gesagt haben, ja das würde ich wohl schaffen.«

Man könne es am Ende aber auch nicht allen rechtmachen. Denn es gebe einfach Leute, die würde man mit der besten Aufklärung nicht erreichen, die wollten einfach nicht. »Und dann ist der Preis, so traurig ich das finde, doch ein entscheidendes Werkzeug.« Fleisch, Milch und Eier würden automatisch teurer, wenn sich die Produktionsbedingungen änderten. Und dabei sind sowohl Mareike Menneckemeyer als auch Ralf Holler sehr entschieden: Die Massentierhaltung gehört abgeschafft.

»Die ist für mich ein Grauen«, sagt Holler. »Diese Riesenställe, in denen die Tiere direkt nebeneinanderstehen, sich kaum bewegen können, die würde ich sofort dichtmachen.« Die beschlossenen Empfehlungen klingen in diesem Punkt dagegen ziemlich moderat und schwammig: Bei der Verringerung der Tierbestände soll auch eine »Absenkung besonders hoher betrieblicher Besatzdichten (Massentierhaltung) erreicht werden.«

Das Leid der Tiere war allerdings nur am Rande Thema im Bürgerrat Klima. Eine dritte Teilnehmerin, mit der ich gesprochen habe, fand das bedauerlich. Frauke Schoon ist 29 und arbeitet in München bei einer ökologisch orientierten Kosmetikfirma. »Ich habe Tierleid und Tierethik immer wieder eingebracht und mir gewünscht, dass wir das auch in den Empfehlungen stärker aufnehmen. Man kann das Thema Klima nicht isoliert betrachten«, sagt Schoon. Sie ist keine Veganerin, aber ernährt sich weitgehend ohne Fleisch und Milch – eine Umsetzung der Planetary Health Diet würde für sie keine Umstellung bedeuten. Sie hat sich im Bürgerrat zusammen mit anderen für noch höhere Reduktionsziele bei Tierbeständen und Konsum eingesetzt. Und was wäre wohl herausgekommen, wenn die Mitglieder auch Vorträge gehört oder Videos gesehen hätten zu den realen Zuständen in Mastanlagen und Schlachthöfen?

Trotzdem ist Frauke Schoon mit dem Verlauf der Diskussionen und den Ergebnissen zufrieden. »Ich fand es toll, meine eigene kleine Blase zu verlassen. Beruflich habe ich viel mit Leuten zu tun, die einen ähnlichen Wertespiegel haben. Für mich war das Spannendste am Bürgerrat, mit Menschen zu sprechen, mit denen ich sonst nie im Leben gesprochen hätte, und mir auch deren Geschichten und Argumente anzuhören.« Eine gute Moderation habe es geschafft, dass die Diskussionen trotz sehr unterschiedlicher Meinungen offen und konstruktiv blieben – obwohl es auch um konkrete Veränderungen der Lebensweise ging.

Die Empfehlungen der Ernährungsgruppe wurden am Ende mit überwältigender Mehrheit vom gesamten Rat angenommen: Alle Empfehlungen erzielten zwischen 70 und 99 Prozent Zustimmung.[45] Dabei konnten alle Mitglieder anonym abstimmen, hätten sich also nicht rechtfertigen oder verteidigen müssen.

»Wir hatten schon Sorge, dass die anderen uns das um die Ohren hauen, denn nur wir hatten ja die vielen Informationen bekommen«, erinnert sich Frauke Schoon. »Aber sie haben uns wirklich vertraut und gesagt: Wenn die das ausgearbeitet haben, dann nehmen wir das jetzt an.« Vertrauen in die Entscheidungen anderer Bürger*innen – das könnte ein Schlüssel dafür sein, dass das Instrument der Bürgerräte einen wichtigen Beitrag für den gesellschaftlichen Wandel spielen kann. Die

Forderungen im Endbericht waren auch in anderen Hinsichten überraschend progressiv: Kohleausstieg bis 2030, Tempolimit, Ausbau des öffentlichen Nahverkehrs, Abbau des motorisierten Individualverkehrs, Verteuerung und Vermeidung von Flugreisen – diese und viele weitere Forderungen gehen deutlich über das hinaus, was die Regierungen derzeit vorhaben oder umsetzen.

Ich finde es erstaunlich – und ermutigend –, dass diese zufällig ausgelosten und nach repräsentativen Kriterien ausgewählten Leute, die auch ungefähr durchschnittliche Ernährungsmuster haben müssen, gemeinsam zu diesen Empfehlungen gekommen sind.[46]

Frauke Schoon hofft, dass das Instrument der Bürgerräte von nun an öfter zum Einsatz kommt – und freut sich darüber, dass es im Koalitionsvertrag der Ampelregierung vorgesehen ist. Tatsächlich scheint es sehr gut geeignet, gesellschaftlich kontroverse Fragen zu verhandeln. Seit 2022 läuft entsprechend schon ein bundesweiter »Bürgerinnen- und Bürgerratschlag Nachhaltige Ernährung«, zu dem das Bundesumweltministerium und das Umweltbundesamt eingeladen haben. Die zufällig und repräsentativ ausgewählten Menschen sollen mit fachlicher Unterstützung konkrete Ideen und Lösungsvorschläge dafür entwickeln, wie eine nachhaltigere und pflanzlichere Ernährung gefördert werden kann. Ich bin sehr gespannt auf die Ergebnisse, die Ende 2023 vorgestellt werden sollen.[47]

Der Berliner Ernährungsrat, eine zivilgesellschaftliche Initiative, fordert ebenfalls einen Bürgerrat, der sich speziell mit der Ernährung in Berlin beschäftigt. Außerdem müsse die Bevölkerung kontinuierlich an Entscheidungs- und Entwicklungsprozessen beteiligt werden, so der Ernährungsrat.[48] Anders gesagt: Es braucht eine Demokratisierung des Ernährungssystems. Das wiederum fordert auch der Bürgerrat Klima.

Wenn Menschen gemeinsame Empfehlungen ausarbeiten, nehmen sie eine neue Perspektive ein und zwar nicht nur durch die vielfach tiefergehenden Informationen: Es geht nicht mehr, wie sonst in so vielen Debatten, primär um individuelles Konsumverhalten. »Es ist ja etwas anderes, ob ich selber auf Fleisch verzichte fürs Klima, während alle anderen weitermachen wie bisher, oder ob wir versuchen, eine gemeinsame Lösung zu finden, zu der jeder dann aber auch seinen Teil tun muss«, sagt Frauke Schoon. »Und da haben die meisten von uns gesagt, sie sind dazu bereit – um die schlimmen Folgen der Klimakrise abzumildern.«

Wie viel die vorgeschlagenen Maßnahmen, wenn umgesetzt, allerdings real bewirken können, steht nicht fest – es hängt stark davon ab, wie weit das Angebot tatsächlich sinken, die Preise tatsächlich steigen würden und als wie wirksam sich Aufklärungs- und Werbekampagnen erweisen. Und solange es die veränderten Regeln noch nicht gibt, ist die eigene Umstellung der Ernährung auch für viele Mitglieder des Bürgerrats noch eine Herausforderung.

Bei Mareike Menneckemeyer aus Franken hat ein Prozess begonnen. »Ich glaube, der erste Schritt ist oft der schwerste. Aber wenn man erst mal ein vegetarisches Gericht gekocht hat und merkt, das ist ja lecker, dann verselbständigt sich das. Ich lerne immer mehr dazu, probiere mehr aus.« Fleischalternativen wie pflanzliches Hack seien dabei sehr hilfreich, weil man nicht das ganze Rezept ändern müssen, sondern einfach eine Komponente austauschen könne. »Auch mein Mann, ein begeisterter Grillmeister, zieht immer mehr mit – letztens hat er sogar ein veganes Nudelgericht gekocht, als wir Gäste hatten. Das Rezept haben wir weitergegeben. Ich glaube, wenn man selber Dinge anders macht, kann man Menschen mitnehmen.«

Das sei allerdings eine Veränderung, die Zeit brauche. Menneckemeyer ist zwar davon überzeugt, dass das Thema eine große Dringlichkeit hat. »Aber man muss dem Einzelnen kleine Schritte zugestehen, sonst funktioniert es nicht.«

Auch Ralf Holler aus Euskirchen ist der Meinung, dass »kleine Schritte besser sind als gar keine«. Seine Frau und er kaufen vor allem Biofleisch und versuchen, ihren Tierkonsum zu reduzieren, aber eher in kleinem Rahmen. Hafermilch sei leider im Geschmack durchgefallen, sagt er. »Alternativen, die diesen Namen verdienen, wären da mit Sicherheit hilfreich. Je älter man wird, desto schwieriger ist es von eingeschlagenen Pfaden abzuweichen.«

Ich ziehe aus meinen Gesprächen mit den drei Mitgliedern des Bürgerrats ein doppeltes Fazit. Zum einen bin ich überzeugt davon, dass solche Beteiligungsformate große Chancen bieten – und zeigen, dass unter den richtigen Umständen auch sehr weitgehende Maßnahmen von großen Teilen der Bevölkerung mitgetragen werden können. Zum anderen lässt sich nicht leugnen, dass es weiterhin bedeutende Hürden gibt auf dem Weg zu einer schnellen, umfassenden Ernährungswende.

Anders essen – was braucht es dafür?

»Veganville ist eine imaginäre Stadt auf dem Gipfel eines Berges«, schreibt der belgische Aktivist Tobias Leenaert. »Das Ziel der veganen Bewegung ist es, so viele Menschen wie möglich dazu zu bringen, in Veganville zu leben. Im Moment leben sie bequem irgendwo anders.« Leenaert benutzt diese Metapher von der veganen Stadt in seinem Buch »How to create a vegan world: A pragmatic approach«. Die deutsche Version heißt: »Der Weg zur veganen Welt: Ein pragmatischer Leitfaden«.[49] Darin entwickelt Leenaert eine Reihe von strategischen Empfehlungen für diejenigen, die sich für eine pflanzliche Ernährung und Tierrechte einsetzen. Die Aufgabe sei enorm: Heutige Gesellschaften seien extrem abhängig davon, Tiere zu benutzen, es gebe erst wenige Veganer*innen und starke gegnerische Kräfte. Deswegen brauche es einen pragmatischen, schrittweisen Ansatz anstatt purem Idealismus.

Leenaert analysiert in seinem Buch die Hindernisse, die Menschen heute davon abhalten, auf eine vegane Ernährung umzusteigen. Einige davon habe ich schon im dritten Kapitel beleuchtet: Es gehört zur weithin akzeptierten Normalität, Tiere und ihre Produkte zu benutzen, wir alle sehen es jeden Tag in Restaurants, Supermärkten, Medien und anderen Bereichen des Lebens. Eine milliardenschwere Industrie arbeitet täglich daran, dass es so bleibt. Und Menschen richten sich häufig ohne viel Nachdenken nach dem, was andere Leute tun.

»Die meisten Menschen essen Fleisch, weil die meisten Menschen Fleisch essen«, schreibt Leenaert.[50] »Selbst wenn man zu dem Schluss kommt, dass es falsch ist, Tiere zu essen, ist es nicht einfach, diese Erkenntnis in die Praxis umzusetzen. Die Menschen haben Angst, zu stark aufzufallen, Unannehmlichkeiten oder gesundheitliche Probleme zu bekommen, oder dass ihnen nichts Leckeres zu essen übrig bleibt«.[51]

Fleisch hat nicht zuletzt eine symbolische und kulturelle Bedeutung – es steht für Erfolg und Männlichkeit und spielt eine wichtige Rolle in sozialen Kontexten. Am ersten Weihnachtstag gibt es zum Beispiel in vielen Familien eine Gans zu essen. Muslime feiern feiern das Opferfest häufig mit Lamm- oder Schaffleischgerichten.

Auf vegane Ernährung umzustellen sei aus derartigen Gründen noch immer eine mühselige Aufgabe, meint Leenaert, deshalb liege in der Metapher die Stadt Veganville auf einem Berggipfel.

Wie können dennoch möglichst viele Menschen dazu gebracht werden, die Reise nach Veganville zu unternehmen und sich dort niederzulassen? Das ist die Frage, die Leenaert in seinem Buch beantworten will.

Leenaerts empfiehlt als erstes, nicht von allen Leuten sofortigen Veganismus zu verlangen, wie das überzeugte Tierrechtsaktivist*innen gern tun. Stattdessen sei es sinnvoll, Menschen zu kleineren Schritten zu motivieren, also dazu, ihren Tierkonsum zu reduzieren oder nur für eine begrenzte Zeit ein veganes Leben auszuprobieren – wie es zum Beispiel bei der Veganuary-Kampagne geschieht, die weltweit dazu aufruft, den Januar über pflanzlich zu essen.

In der Metapher gesprochen: Wir könnten Menschen sagen, dass sie nicht bis nach Veganville kommen müssen, sondern überall auf dem Berg hervorragend leben können. Zum einen stieße man mit solchen Aufforderungen bei vielen Adressat*innen auf mehr Offenheit und weniger Gegenwehr. Ich denke dabei an Mareike Mennekemeyer und Ralf Holler aus dem Bürgerrat: Ein veganes Leben ist für sie (noch?) undenkbar.

Zum anderen spielen Menschen, die ihren Fleischkonsum reduzieren, eine entscheidende Rolle für den Wandel des Ernährungssystems, erklärt Leenaert. Denn sie sind es, die die Nachfrage nach pflanzlichen Alternativen und veganen Gerichten nach oben treiben. Zusammengenommen verringern sie tatsächlich den Tierkonsum viel stärker als die wenigen konsequenten Veganer*innen. Leenaert sagt außerdem, dass diejenigen, die bereits bewusst ihre Ernährung verändert hätten, mit höherer Wahrscheinlichkeit später ganz vegan würden.

Und mit welchen Gründen kann man seine Mitmenschen am besten dazu motivieren, überhaupt die Wanderung bergauf Richtung Veganville zu unternehmen? In der veganen Bewegung setzen viele Aktive primär auf tierethische Argumente: Es ist ungerecht, wenn fühlende Lebewesen für unsere Geschmacksvorlieben oder Bequemlichkeit leiden müssen und getötet werden. Dieser Ansatz sei aber nicht immer sinnvoll, glaubt Tobias Leenaert.

»Aufklärung wird überbewertet«, schreibt er.[52] Vegane Aktivist*innen gingen oft davon aus, sie müssten ihrem Zielpublikum nur die richtigen Informationen geben oder sie von den richtigen ethischen Normen überzeugen, dann würden die Leute automatisch ihr Verhalten ändern. Das sei aber ein Irrtum, meint Leenaert. »Heute gibt es einen Konsens unter Sozialwissenschaftler:innen und Psycholog:innen, dass die Bereitstellung von Informationen allein das Verhalten der Menschen nicht ändert: das ist die Einstellungs-Verhaltens-Lücke«. Anders gesagt: Viele Menschen sind gefangen im Fleischparadox. Anstatt ihr Verhalten zu ändern, passen sie ihre Wahrnehmung an und glauben an Mythen, die vermeintlich ihr Verhalten rechtfertigen. In diesen Fällen prägen also nicht die Überzeugungen das Verhalten, sondern es geschieht das Umgekehrte: Die Überzeugungen werden dem Verhalten angepasst.

Das sei zwar zunächst eine schlechte Nachricht, meint Leenaert – ethische Argumente haben viel weniger Kraft, als wir gern annehmen. Aber es gebe auch eine gute Nachricht: Aus einer Verhaltensänderung kann eine Veränderung der Einstellung folgen. Leenaert gibt einige Beispiele dafür. Das erste ist die Einführung der Anschnallpflicht beim Autofahren. Umfragen zeigen, dass viele von den Menschen, die zunächst gegen Sicherheitsgurte waren, später die Anschnallpflicht für richtig hielten – sie hatten sich daran gewöhnt. Heute erscheint sie uns allen selbstverständlich.

Etwas Ähnliches ist passiert, nachdem das Rauchen in vielen öffentlichen Räumen verboten wurde. Erst gab es Widerstand und Empörung dagegen in vielen Ländern. Heute kann man sich kaum mehr vorstellen, dass es früher normal war, in Universitäten oder Krankenhäusern zu rauchen. Eine zunächst erzwungene Verhaltensänderung hat so bei vielen Menschen dazu geführt, dass sich ihre Einstellungen entsprechend geändert haben.

Es gibt Belege für eine ähnliche Dynamik auch bei der Ernährung. »Eine beträchtliche Anzahl von Menschen, die aus gesundheitlichen Gründen damit beginnen, Fleisch und andere tierische Produkte zu reduzieren oder zu meiden, geht mit der Zeit dazu über, ethische Gründe für ihr Verhalten anzuführen«, schreibt Leenaert.[53] Denn sobald die Menschen merken, dass eine pflanzliche Ernährung nicht so schwer ist und sogar Spaß machen kann, lässt die Abwehrhaltung nach, die Offenheit für moralische Argumente nimmt zu und das Mitgefühl kann wachsen.[54]

Leenaert schließt daraus: Es kommt nicht so sehr darauf an, welche Gründe Menschen zuerst dazu bringen, ihr Verhalten zu ändern. Man sollte daher nicht allein auf tierethische Argumente setzen. Die eigene Gesundheit, Umweltgründe oder noch andere Überlegungen könnten Menschen ebenfalls motivieren, sich in Richtung Veganville zu bewegen – und hätten den zusätzlichen Vorteil, dass sie weniger Verteidigungsmechanismen auslösen, weil die Menschen sich weniger moralisch angegriffen fühlen.

Außerdem sei es entscheidend, die Umgebungsbedingungen zu ändern und pflanzliches Essen leichter zugänglich und attraktiver zu machen – auch damit sinken die Abwehrmechanismen. Je weiter dieser Prozess vorankäme, desto größeren Raum könne auch die Tierethik annehmen.

Das klingt plausibel. Zugleich frage ich mich, ob es nicht auch Nachteile hat, wenn man Menschen nur zu kleinen Veränderungen aufruft und die starken ethischen Argumente gegen Tierprodukte außen vor lässt. Ein Kritiker von Leenaerts Empfehlungen ist der US-amerikanische Psychiatrie-Professor Dr. Casey Taft. Mit seinem Buch »Motivational Methods for Vegan Advocacy« gibt er Tierrechtsaktivist*innen Tipps und Methoden an die Hand, um andere Menschen für den Veganismus zu motivieren.[55] Dabei beruft er sich auf Erkenntnisse aus seinem Fachgebiet. Er selbst forscht und arbeitet seit vielen Jahren im Bereich der zwischenmenschlichen Gewaltprävention. Taft schreibt der inneren Einstellung und der ethischen Auseinandersetzung eine viel größere Rolle zu als Tobias Leenaert.[56]

Außerdem betont er die Dimension der sozialen Gerechtigkeit. »Was ist denn der wichtigste Grund, aus dem Menschen Tierprodukte konsumieren?«, fragt Taft in einer Online-Diskussion.[57] »Der Grund ist Speziesismus bzw. die Idee, dass Tiere weniger wert sind.« Der Veganismus sei umgekehrt nicht bloß eine Ernährungsweise, sondern die ethische Motivation sei entscheidend. Weil der Konsum von Tierprodukten direkt verknüpft sei mit der Unterdrückung von Tieren, müsse man die Gerechtigkeitsfrage immer mit einbeziehen, wenn man das Verhalten von Menschen verändern wolle.

Was soll aber nun konkret das Problem sein an den Empfehlungen von Tobias Leenaert? Taft kritisiert besonders den Ansatz, nur für eine Reduzierung vom Tierkonsum zu werben, anstatt den Veganismus als klares Ziel zu benennen. Damit würde man die Idee bestätigen, dass es legitim sei, Tieren zu schaden, wenn es nur in Maßen geschehe – also genau die gesellschaftlichen Normen bekräftigen, die der Ausbeutung von Tieren zugrundelägen. Natürlich würde es sich für viele Menschen besser anfühlen, wenn sie nur dazu aufgefordert werden, weniger Tierprodukte zu essen – sogar das Wort »vegan« könnte ihnen unangenehm sein. Aber: »Dass sich Menschen wohlfühlen, führt nicht zu dem radikalen Wandel, den wir für die Tiere brauchen. Wir müssen der breiten Gesellschaft helfen, aus ihrer Wohlfühlzone herauszutreten und letztlich die Ungerechtigkeit abzulehnen, die wir Tieren antun, indem wir sie nutzen und ausnutzen.«[58]

Die psychologische Forschung zeige außerdem, so Taft, dass es für die Motivation sehr wichtig sei, sich für Verhaltensänderungen langfristige Ziele zu setzen – auch wenn die in kurzer Zeit nicht leicht zu erreichen seien. Aber viele Aktivist*innen und Organisationen würden sich nicht trauen, für den Veganismus als Endziel zu werben, beklagt Taft: »Sie befürchten, dass sie die Menschen ganz verlieren, wenn sie zu ›fordernd‹ auftreten. Das ist wahrscheinlich ein Hauptgrund dafür, warum ein größerer kultureller Wandel hin zum Veganismus noch nicht stattgefunden hat.«[59]

Es sei in Wahrheit möglich und optimal, klar das Ziel zu formulieren, die Gewalt gegen Tiere zu beenden, und zugleich mit Nicht-Veganer*innen auf eine produktive, nicht-aggressive Weise zu arbeiten, um Verhaltensänderungen herbeizuführen. In seinem Buch gibt Taft eine Reihe von Tipps für eine Kommunikation, die in der Sache klar, aber zugleich nicht verurteilend, sondern empathisch und unterstützend ist.

Ich denke, zugespitzt kann man den Unterschied zwischen Tafts und Leenaerts Ansatz so formulieren: Leenaert hält es für sinnvoll, in der Kommunikation mit Nicht-Veganer*innen zunächst einige verbreitete Einstellungen nicht in Frage zu stellen und gleichsam in deren Rahmen etwas zu verändern. Also wenn man es mit Leuten zu tun hat, die das Fleischessen grundsätzlich in Ordnung finden, aber anerkennen, dass weniger besser wäre, dann bestätigt man sie in diesem Ziel und unterstützt sie bei der Reduzierung – durchaus in der Hoffnung, dass die neuen Erfahrungen auch ihre Einstellung beeinflussen werden.

Taft dagegen ist davon überzeugt, dass man an den problematischen Einstellungen selbst ansetzen muss, um wirklich einen Paradigmenwechsel herbeizuführen. Sein Ansatz soll Menschen dazu motivieren, sich mit den ethischen Fragen der Tiernutzung ernsthaft auseinanderzusetzen und dabei ihre eigenen Glaubenssätze und Werte kritisch zu reflektieren – um so einen tiefgreifenden Veränderungsprozess anzustoßen.

Aus meiner Sicht gibt es für beide Ansätze gute Gründe und ich kann mir vorstellen, dass es auf dieser Ebene der Kommunikation mit Einzelpersonen beide braucht – wobei ich Casey Taft zustimmen würde, dass Tierrechtler*innen eine besondere Verantwortung haben, die normalisierte Gewalt gegen Tiere klar zu kritisieren. Denn sonst tut das niemand.

Wir haben es hier offensichtlich mit einer ähnlichen Spannung zu tun, wie ich sie schon im letzten Kapitel u.a. beim Thema In-vitro-Fleisch beschrieben habe: Wie umfassend sollen die Forderungen, wie grundlegend kann und muss der Wandel sein? Inwieweit sollten wir die herrschenden Rahmenbedingungen akzeptieren, inwieweit können oder müssen wir den Rahmen selbst angreifen und verändern?

An dieser Stelle ist es sinnvoll, in der Betrachtung von der Ebene der Individuen auf die Ebene der sozialen Gruppen und der Gesellschaft zu wechseln. Denn wie Casey Taft hervorhebt, sind es ja nicht bloß individuelle Überzeugungen, die einer tiefgreifenden Veränderung im Wege stehen. Es handelt sich um soziale Normen und kulturelle Paradigmen. Die Idee, dass wir das Recht haben, Tiere für uns zu nutzen und zu töten, gehört ebenso dazu wie die Vorstellung, dass Fleisch, Milch und Käse für ein gutes Leben unverzichtbar sind oder dass die Konsumfreiheit wichtiger ist als der Schutz des Klimas.

Das Entscheidende ist nun: Auch kulturelle Paradigmen können sich wandeln. So wie unter bestimmten Umständen Einzelpersonen ihre übernommenen Glaubenssätze hinterfragen und zurückweisen können, so ist es auch möglich, dass wir als Gesellschaft die herrschenden sozialen Normen verändern – und sobald wir das tun, bauen wir damit zugleich die Hürden für die Einzelnen ab.

Soziale Normen

Was wir tun, wird stark davon beeinflusst, was die Menschen um uns herum tun. Dieses Prinzip haben Sozialwissenschaftler*innen in den letzten Jahrzehnten immer wieder und für verschiedene Verhaltensweisen nachgewiesen. Zum Beispiel: Rauchen. Wenn eine Person aufhört zu rauchen, sinkt die Wahrscheinlichkeit, dass ihre Freund*innen weiter rauchen. Zu diesem Ergebnis kamen zwei US-amerikanische Forscher, Nicholas Christakis und James Fowler, als sie eine riesige Menge an Daten analysierten, die im Rahmen einer umfassenden Langzeitstudie in Massachussets erhoben worden waren.[60] Über 12.000 Personen, die miteinander stark sozial vernetzt waren, hatten sich zwischen 1971 und 2003 regelmäßigen Untersuchungen und Befragungen unterzogen. Der Effekt beim Rauchen, den die Forscher feststellten, beträgt ganze 36 Prozent: Um so viel verringert sich die Wahrscheinlichkeit, dass jemand weiter raucht, sobald eine Freundin oder ein Freund damit aufhört.

Die Lektion aus der Studie: Nichtrauchen ist ansteckend – und Rauchen ebenfalls. Am stärksten ist der Effekt bei Eheleuten, gefolgt von Freundinnen, Arbeitskollegen und Geschwistern. Aber interessanterweise können die Entscheidungen von Einzelnen auch Menschen beeinflussen, die sie selbst gar nicht kennen – nämlich Menschen, die mit den eigenen Freunden befreundet sind. In der genannten Studie stellten Christakis und Fowler fest: Wenn eine Person rauchte, stieg bei den Menschen, die mit den Freunden dieser Person befreundet waren, die Wahrscheinlichkeit zu rauchen um fast 30 Prozent. Und der Einfluss reicht sogar noch eine Ecke weiter, nämlich bis zur dritten Kontaktperson in der Reihe, für die sich die Wahrscheinlichkeit immerhin noch um 11 Prozent erhöhte.

Natürlich spielen Umgebungsfaktoren für das Rauchen eine zentrale Rolle – zum Beispiel Werbung, Steuern oder die Reglementierung im öffentlichen Raum. Die soziale Ansteckung sei aber zusätzlich wirksam, sagen Christakis und Fowler. Sie machen das anhand ihrer Daten unter anderem daran fest, dass befreundete Personen sich gegenseitig auch über geographische Distanzen hinweg beeinflussten, während Nachbarn keinen Einfluss aufeinander ausübten. Auch war der Effekt bei den Arbeitskolleg*innen umso größer, je kleiner der Betrieb war – direkter persönlicher Kontakt schien also entscheidend zu sein.

Bevor Christakis und Fowler das Rauchverhalten analysierten, hatten sie dieselbe Datenmenge mit Blick auf die Verbreitung von Adipositas, also starkem Übergewicht ausgewertet – und da dieselben Muster festgestellt: Das Ernährungsverhalten ist nicht nur von der Umgebung beeinflusst, sondern zusätzlich sozial ansteckend. »Adipositas verbreitet sich offenbar durch soziale Beziehungen«[61], schreiben die beiden in ihrer Studie dazu. Auch hier stellten die Forscher »drei Grade der Beeinflussung« fest, denn der Effekt war bis zur dritten Person in einer Reihe von direkten Beziehungen nachweisbar.

Die Theorie, dass sich Verhaltensweisen auf diese Weise in sozialen Netzwerken verbreiten, wurde seitdem von verschiedenen Wissenschaftler*innen weiter erforscht und grundsätzlich bestätigt.[62] Aber wie lässt sich das Phänomen erklären?

Christakis und Fowler vermuten, dass die Verbreitung zum Teil über unabsichtliche soziale Signale funktioniert, die festlegen, was normal und akzeptabel ist. So können sich zum Beispiel ungesunde Essgewohnheiten normalisieren. Aber genauso können negative Verhaltensweisen wie das Rauchen zunehmend sozial geächtet werden und so abnehmen. Und was ist nun mit fleischloser oder pflanzlicher Ernährung – könnte sie auch sozial ansteckend sein? Auf jeden Fall!

Eine Befragung von Gästen in einer Berliner Mensa ergab zum Beispiel, dass Fleischesser*innen eher ein vegetarisches Gericht auswählten, wenn sie mit Vegetarier*innen zusammen aßen.[63] Wie könnten sich solche Einflüsse in der Bevölkerung insgesamt auswirken?

Die Wissenschaftlerin Dr. Sibel Eker arbeitet am Internationalen Institut für Angewandte Systemanalyse mit Sitz in der Nähe von Wien. Sie hat mit einem Kollegen ein Verhaltensmodell gebaut, um diese Effekte zu untersuchen. In einem Interview fasst sie ihre Ergebnisse zusammen: »Soziale Normen haben einen großen Einfluss darauf, ob wir uns nachhaltiger ernähren – einen größeren, als die Wahrnehmung von Gesundheitsrisiken oder der Gedanke, das Klima zu belasten. Vereinfacht gesagt: Gibt es in der Bevölkerung mehr Vegetarier oder Menschen, die wenig Fleisch essen, erzeugt das eine höhere Sichtbarkeit, was wiederum die Menschen um sie herum beeinflusst. Mehr Vegetarier führen dank dieser sozialen Normen also zu immer mehr Vegetariern.«[64]

Diese Dynamik macht Hoffnung, dass der nötige Ernährungswandel sich gleichsam von allein immer weiter beschleunigen wird, je weiter er voranschreitet. Aber kann man die Erkenntnisse vielleicht auch gezielt nutzen, um den Wandel zu befördern?

Tatsächlich gibt es schon Forschung dazu, wie sich mit Rückgriff auf soziale Normen wirksame »Nudges« für weniger Tierkonsum setzen lassen – also sanfte Anstöße durch Veränderungen in den Ernährungsumgebungen, die Menschen dazu anregen, pflanzliche Gerichte auszuwählen, ohne es vorzuschreiben.

Die Herausforderung liegt dabei darin, dass diese Verhaltensweisen aktuell eben gerade nicht die Norm sind – denn die allermeisten Leute essen Fleisch. Man kann also nicht unbedingt auf bestehende Normen verweisen, um fleischlose Gerichte attraktiver zu machen. Was aber funktioniert, ist mit »dynamischen Normen« zu arbeiten: In einer Studie in den USA teilte man den Teilnehmenden mit, dass in den letzten fünf Jahren 30 Prozent der Amerikaner*innen angefangen hätten, ihren Fleischkonsum einzuschränken. Das führte dazu, dass die Studien-Teilnehmenden mehr Interesse daran bekundeten, ebenfalls ihren Fleischkonsum zu verringern. Auch in einer realen Situation in einem Café bewirkte dieselbe Information einen höheren Anteil an vegetarischen Bestellungen. Menschen, die von der zunehmenden Beliebtheit fleischloser Gerichte erfahren, gehen also wahrscheinlich davon aus, dass diese sich in Zukunft noch weiter verbreiten wird und dass es anderen wichtig ist, ihren Fleischkonsum zu reduzieren. Wer den Vegetarismus bzw. sinnvollerweise den Veganismus verbreiten will, könnte also gut daran tun, ihn so als zukünftige Norm darzustellen.[65]

Auch andere wirksame »Nudges« arbeiten implizit mit sozialen Normen: Eine Studie fand heraus, dass Studierende in einer Mensa öfter vegetarische Mahlzeiten wählen, wenn die fleischhaltigen Optionen nicht als »Standard« oder »normal« bezeichnet wurden, sondern einfach als Fleischgericht.[66] Einer anderen Studie zufolge verringern Menschen ihren Fleischkonsum, wenn ihnen über eine gewisse Zeit kleinere Fleischportionen als zuvor üblich vorgesetzt werden. Dieser Portionsgrößen-Effekt hat auch damit zu tun, was als normale Größe wahrgenommen wird.[67]

So interessant diese Mechanismen sind – die Wirkung ist doch häufig ziemlich begrenzt, gerade wenn am Speisenangebot sonst wenig verändert wird. Ich muss bei den Portionsgrößen an ein Beispiel denken, das ich einmal in einem Podcast gehört habe. Die Wissenschaftlerin Prof. Dr. Melanie Speck vom Wuppertal-Institut berichtet darin von einem Experiment an einer Universitätsmensa. »Wir haben uns überlegt, bei den Nürnberger Würstchen servieren wir jetzt vier Würstchen statt fünf und dafür mehr Gemüse und Kartoffeln«, sagt Speck im Podcast. »Das Interessante ist: Am Ende haben die Studierenden das zwar gemerkt. Aber weil auch kommuniziert wurde, dass es darum geht die Mensa nachhaltiger zu gestalten, war es dann für alle in Ordnung. Denn man hatte ja trotzdem noch eine Fleischportion auf dem Teller.«[68]

Melanie Speck will in dem Zusammenhang betonen, wie wichtig es sei, bei Veränderungsprozessen in Kantinen kleine Schritte zu gehen und auf diese Weise »alle mitzunehmen«. Mit sanften »Nudges« und stufenweisen Veränderungen funktioniert das eben am besten.

Eine 20-prozentige Reduktion ist zwar gar nicht so schlecht, aber ich denke mir zugleich: Meine Güte, wir sind im Jahr 2022, mitten in der Klimakatastrophe, die ökologische Krise schreitet rasend schnell voran und jeden Tag leiden Tiere für die Fleischproduktion unfassbare Qualen. Was muss noch passieren, damit wir sagen »Jetzt ist mal Schluss mit Nürnberger Würstchen«?

Könnte man nicht die geschilderten Einsichten über soziale Normen gerade dazu nutzen, endlich große statt kleine Schritte anzustoßen? Gibt es vielleicht die Möglichkeit, ganz neue soziale Normen zu schaffen, um die Transformation zu gestalten?

Eine große neue Erzählung

Heute wird zwar in den Medien immer wieder darüber berichtet, wie schlecht es den Tieren in der Tierindustrie geht und wie gravierend die Folgen für Klima, Umwelt und Gesundheit sind. An anderen Stellen, bei den Rezeptetipps und in der Werbung, wird zugleich aber die Normalität des Fleisch- und Käse-Essens bestätigt. Dabei geht es in der Regel nur um persönlichen Geschmack und Genuss. Außerdem beherrscht die Devise »Das muss jeder selbst entscheiden« die öffentliche Debatte – verstärkt von Politiker*innen, die stetig versichern, in der Ernährung niemandem etwas vorschreiben zu wollen. Auch das sind wirkmächtige soziale Normen.

Aber ließe sich dieses Framing nicht verändern? Angenommen, es gebe in der Politik tatsächlich den Willen, eine umfassende Ernährungswende einzuleiten – wie könnte eine dazu passende Kommunikationsstrategie aussehen? Darüber habe ich mit dem Hamburger Soziologen Dr. Marcel Sebastian gesprochen, der viel zum Mensch-Tier-Verhältnis gearbeitet hat.

»Man kann sich anschauen, wie das in anderen Bereichen gemacht wird«, sagt Sebastian. »Es kommt ja immer wieder vor, dass die Politik versucht, neue Werte durchzusetzen. Nehmen wir zum Beispiel den Satz ›Wir schaffen das‹ von Angela Merkel in der sogenannten Flüchtlingskrise. Damit wurde eine Leitlinie herausgegeben, die den Diskurs bestimmen sollte. Das klappt natürlich nicht immer, was auch ganz gut ist, denn Demokratien leben davon, dass es Widerspruch und Gegenmeinungen gibt. Aber in diesem Fall hat die Strategie durchaus weitgehend funktioniert.«

Etwas ganz Ähnliches habe man beim anfänglichen Umgang mit der Covid-19-Pandemie beobachten können. »Da war es sehr wichtig, dass verschiedene soziale Akteure an einem Strang gezogen haben. Politik, Wissenschaft, Medien und das medizinische Personal haben jeweils aus eigener Motivation heraus gesagt: Wir müssen handeln.« In kürzester

Zeit seien neue soziale Normen etabliert worden: Kontaktbeschränkungen, Maske-Tragen, später das Sich-impfen-Lassen.

Sebastian hat recht: In beiden Beispielfällen ist es zwar nicht gelungen, die ganze Bevölkerung mitzunehmen – es gab und gibt relevante, sogar gefährliche Gegenbewegungen. Außerdem waren die konkreten Maßnahmen, die für die Versorgung und Integration der Geflüchteten bzw. für die Eindämmung der Pandemie sorgen sollten, in vielen Hinsichten mangelhaft. Trotzdem ist es spannend sich anzuschauen, auf welche Weise die neuen Normen propagiert wurden, denn diese haben tatsächlich die öffentliche Debatte und das Verhalten vieler Menschen stark geprägt.

»Zur Kommunikation gehörte in beiden Fällen ein Appell an Kernwerte der kollektiven Identität«, sagt Marcel Sebastian. »Bei Corona lautete die zentrale Botschaft nicht ›Entlastet das Krankenhauspersonal‹. Das war zwar oft die Begründung, warum man handeln muss. Aber im Fokus standen Werte wie Zusammenhalt, Solidarität und die Idee, dass wir als Gesellschaft an einem Strang ziehen müssen, um die Schwachen zu schützen. In der Flüchtlingskrise zuvor ging es um Menschlichkeit: Wer vor Krieg und Hunger flieht, ist hier willkommen.«

Wenn man das überträgt, stellt sich die Frage, welche Kernwerte mit einer drastischen Ernährungswende verknüpft werden könnten. Tatsächlich sind die Vorteile ja so vielfältig, dass man ein ganzes Bündel schnüren kann: Unnötiges Leid zu vermeiden, ist Teil eines geteilten Wertekanons. Die allermeisten Menschen sind schon längst gegen die sogenannte Massentierhaltung, auch wenn sich das in ihren Kaufentscheidungen noch kaum ausdrückt.[69] In Anbetracht der Klimakatastrophe und der ökologischen Krise geht es außerdem darum, Lebensgrundlagen zu bewahren und Verantwortung gegenüber den eigenen Kindern und zukünftigen Generationen zu zeigen. Dieses Motiv spricht auch Menschen an, die sich mit Tierschutz zunächst weniger identifizieren können.

»Wenn das Ziel ist, möglichst viele Menschen abzuholen, dann muss man ihnen Deutungsangebote machen, die in ihr Welt- und Selbstverständnis passen«, sagt Marcel Sebastian. »Ernährung hat sehr viel mit Identität und Kultur zu tun. Wenn es plötzlich nur noch veganes Essen gibt, dann besteht das Problem für viele Menschen gar nicht darin, dass das nicht schmeckt oder sie nicht satt werden. Sondern es geht um Deutungskonflikte.«

Über das Klimathema seien Vegetarismus und Veganismus schon anschlussfähiger geworden. »Früher war das eine Sache von Leuten, die sich um die Tiere Sorgen machten. Heute gibt es verschiedene Wege, eine Ernährungsumstellung für sich zu integrieren. Daran könnte man vielleicht anschließen mit einem neuen Narrativ, das all die Themen wie Tierleid, Klima, Artenschutz und Gesundheit zusammenbringt. Dann sind es in der Wahrnehmung nicht mehr bloße Partikularinteressen vom Tierschutz, der den Leuten gegen ihre eigenen Interessen gleichsam die Wurst vom Brot nehmen will. Sondern es geht um ein gemeinsames gesellschaftliches Ziel, das verschiedene Menschen auf Basis ihrer eigenen Werte gut finden können.«

Der US-amerikanische Philosoph und Umweltwissenschaftler Nicholas Delon hat in einem Aufsatz einige Ideen vorgestellt, die hierzu gut passen. Er verweist auf eine Theorie aus der Psychologie, wonach die menschliche Moral auf sechs verschiedenen Grundwerten aufbaut. Diese seien zwar universal, verschiedene Gruppen von Menschen würden aber unterschiedliche Prioritäten setzen. Während für Anhänger*innen des politischen Liberalismus Fairness und die Vermeidung von Leid besonders wichtig seien, spielten für Konservative Werte wie Loyalität, Reinheit und Autorität eine größere Rolle. Um breite Unterstützung für Reformen zugunsten von Tieren zu gewinnen, könnte es daher sinnvoll sein, auch die letzteren Werte zu adressieren, sagt Nicholas Delon. Um den Wert der »Reinheit« anzusprechen, könne man zum Beispiel argumentieren, dass die grausame Behandlung von Tieren die Lebensmittelsicherheit gefährde.[70] Eine andere Option wäre möglicherweise, auf die Loyalität gegenüber der eigenen Gemeinschaft setzen, aus der sich die Pflicht ergibt, persönliche Vorlieben zugunsten des Gemeinwohls zurückzustellen.

Wie könnten zentrale Botschaften lauten, die verschiedene Werte ansprechen? Vielleicht so: »Für unsere Kinder: Wir essen pflanzlich.« Damit könnte man an Verantwortung, Solidarität und den Wunsch nach einer guten Zukunft anknüpfen. Ein Slogan wie »Keine Pandemie aus dem Stall: Fleischwende jetzt« würde auf Reinheit und Sicherheit verweisen. Und im Hinblick auf Leidvermeidung, Gerechtigkeit und Zusammenhalt könnte man vielleicht propagieren: »Sie fühlen wie wir: Gemeinsam beenden wir das Leid der Tiere.«

Dabei geht es offensichtlich nicht nur um die Kommunikation. Zum einen müssen reale Veränderungen der Ernährungsumgebungen hinzukommen, um tiefsitzende Gewohnheiten zu brechen. Ich denke dabei an Ralf Holler aus dem Bürgerrat, der ideell schon längst überzeugt ist, dass es wichtig ist weniger Fleisch zu essen, dem genau das im Alltag aber noch schwer fällt. Preispolitik und die Verfügbarkeit guter Alternativen bleiben also wichtig.

Zum anderen braucht es für die gesamtgesellschaftliche Ernährungswende ein faires Gesamtpaket an Maßnahmen, die tatsächlich alle Interessengruppen berücksichtigen – auch die Ärmeren und auch die Beschäftigten in der Agrar- und Ernährungswirtschaft (siehe dazu Kapitel 7: Gerechte Transformation). Darauf weist auch Marcel Sebastian hin: »Menschen brauchen Sicherheit, um sich auf Veränderungen einzulassen.«

Damit ein neues Narrativ tatsächlich den Diskurs bestimmen und eine drastische Umstellung für viele attraktiv machen kann, muss es von wichtigen gesellschaftlichen Akteuren übernommen und verbreitet werden. Die Regierenden müssen die Probleme des aktuellen Systems und die Vorteile des Wandels erkennen und klar kommunizieren. Auf die Diskursebene könnten sie außerdem einwirken, indem sie Werbung für Tierprodukte verbieten und eigene Informationskampagnen über die Folgen der Tierindustrie umsetzen. Die Tierrechtsbewegung müsste zugleich die Chance nutzen, um die grundsätzliche Kritik an der Ausbeutung der Tiere stark zu machen und für den konsequenten Veganismus einzutreten.

Eine rasche und umfassende Ernährungswende wird wahrscheinlich nur dann erfolgen, wenn mindestens Teile der Medien zentrale Botschaften in dieser Richtung aufgreifen und weitere Institutionen einsteigen: Das Gesundheitssystem, die Wissenschaft, verschiedene zivilgesellschaftliche Gruppen, darunter zum Beispiel auch die verschiedenen Religionen, die u. a. zu den religiösen Festen eine Auseinandersetzung mit dem Tierkonsum anstoßen könnten. Für die Wende braucht es auch die Unternehmen, idealerweise auch die Supermärkte und die Landwirtschaft selbst. Dort wird allerdings gerade viel Geld mit Tierprodukten verdient.

»Ob so eine Strategie aufgehen würde, kann man natürlich nicht wissen, bevor man sie ausprobiert hat«, sagt Marcel Sebastian. »Es gibt starke gegenläufige Interessengruppen, die massiv gegen die Transformation arbeiten und ihre eigenen Botschaften verbreiten werden. Diese würden mit der neuen Erzählung um Deutungshoheit ringen.«

Die empirische Sozialwissenschaft könne die Frage nicht beantworten, welche Strategie die richtige sei, ergänzt er. »Letztlich sind das auch Wertentscheidungen: Setze ich auf kleine Schritte, die einigermaßen zuverlässig funktionieren, oder glaube ich, dass die nicht schnell genug sind in Anbetracht der Dramatik der Situation? Das hängt zum Teil von meinen eigenen Idealen ab.«

Eine große Transformation liegt dabei durchaus im Bereich des Machbaren, glaubt Sebastian. »Wir haben eine Gleichzeitigkeit multipler Krisen – Klima, Ökologie, aber auch die Nutztierhaltung selbst steckt in einer Akzeptanz-Krise. Und ein Wandel findet schon statt: Vegane Lebensmittel boomen, der Anteil der Flexitarier*innen nimmt zu, Tierrechte werden ernsthaft diskutiert. Da ist eine Dynamik drin. Ich würde sagen, es gibt im Mensch-Tier-Verhältnis und auch in der Ernährungspolitik ein sich öffnendes oder schon offenes Möglichkeitsfenster, auch drastisch etwas zu verändern.«

Die Vision

Es ist in den letzten Jahrzehnten auf der Welt immer wieder einmal passiert, dass ganze Bevölkerungsgruppen ihren Konsum von Tierprodukten stark reduziert haben. Meist geschah das nicht absichtlich, sondern war die Folge von Kriegen oder Wirtschaftskrisen und damit verbundenen Knappheiten und Preisanstiegen. Aber es gibt auch Beispiele für einen gezielt organisierten Wandel.

In der finnischen Region Nordkarelien leben etwa 160.000 Menschen. In den 70er Jahren bestand deren Ernährung primär aus Fleisch und Milchprodukten. Fast jedes Gericht wurde mit viel Butter zubereitet, Gemüse kam kaum auf den Tisch. Die Folge: Die Region hatte eine der höchsten Raten von Herzinfarkten in der Welt. Der damalige finnische Gesundheitsminister beauftragte daher den jungen Arzt und Sozialwissenschaftler Pekka Puska, um das Problem zu lösen.

Puska setzte in kurzer Zeit eine Reihe von einfachen und günstigen Maßnahmen um. Er arbeitete mit einer Frauenorganisation zusammen, um neue Rezepte mit mehr Gemüse zu verbreiten. Gemeinsam organisierten sie »Partys für ein langes Leben«, bei denen jemand aus Puskas Team einen kurzen Vortrag darüber hielt, wie man beim Kochen Butter durch Öl und Fleisch durch Gemüse ersetzen sowie den Salzanteil reduzieren kann. Puska überzeugte lokale Wursthersteller, einen Teil des Schweinefetts in der Wurst durch Pilze zu ersetzen. Milchbauern wurden von Puska dazu angeregt, auf ihren Wiesen mehr Beeren anzubauen, die dort gut wuchsen, bisher aber nur im Sommer gegessen wurden. Mit Unterstützung von Puskas Team gründeten sich Genossenschaften und Unternehmen, die Beeren im großen Stil einfroren und verarbeiteten und so zu anderen Jahreszeiten verfügbar machten. Puska rekrutierte außerdem um die 1.500 Freiwillige als ehrenamtliche Botschafter*innen, die die Ernährungstipps in ihrem Umfeld verbreiteten.

Das Projekt ist eine Erfolgsgeschichte: Im Jahr 2012 war die Sterblichkeit durch Herz-Kreislauf-Erkrankungen um 80 Prozent zurückgegangen. 60 Prozent aller Familien in Nordkarelien kochen heute mit Pflanzenöl statt mit Butter. Der Verzehr von Gemüse hat sich verdreifacht.[71]

Natürlich ist Puskas Strategie nur begrenzt übertragbar. Nicht nur brauchen wir hier und heute eine noch drastischere und schnellere Umstellung. Auch die kulturellen Bedingungen sind sicher verschieden. Der Autor Dan Buettner, der die Geschichte von Puskas Wirken in Nordkarelien aufgeschrieben hat, identifiziert als ein Erfolgsrezept, dass viele Reformen praktisch unsichtbar waren – manche Einwohner*innen erinnern sich im Rückblick gar nicht daran, dass sie ihre Ernährung überhaupt geändert haben. Weil das Thema hierzulande schon so stark öffentlich diskutiert wird, wäre ein so subtiler Wandel wohl gar nicht möglich. Außerdem ist es aus meiner Sicht auch sinnvoll, dass Fragen der Tierethik und des Klimaschutzes anhand der Ernährung breiter diskutiert werden.

Das Beispiel macht mir trotzdem Hoffnung, dass eine geplante Umstellung auch hier funktionieren könnte – wenn sich relevante Institutionen entschlossen dafür einsetzen, auf allen Ebenen. Die Maßnahmen, die ich bisher in diesem Kapitel geschildert habe, sind wichtige Bausteine, aber es muss nicht bei ihnen bleiben. Stellen wir uns die Transformation einmal konkret vor.

Im ersten Jahr setzt die Bundesregierung zentrale Empfehlungen vom Bürgerrat Klima für die Ernährungswende um: Sie lässt die Standards der Deutschen Gesellschaft für Ernährung (DGE) anhand der Planetary Health Diet überarbeiten und unterstützt die Umsetzung in allen öffentlichen Kantinen. Werbung für klimaschädliche Lebensmittel, insbesondere alle Tierprodukte, wird verboten. Zugleich startet eine große

Kampagne für eine vollwertige pflanzliche Ernährung. Auf YouTube und in sozialen Medien werden feste Werbespots geschaltet, kurze Aufklärungsvideos laufen zu den Hauptsendezeiten in öffentlich-rechtlichen Medien, Rezeptvorschläge erscheinen in zahlreichen auflagenstarken Magazinen und bunten Blättern. Die Kampagne arbeitet mit einem zentralen Narrativ, das auch die politische Kommunikation dazu leitet: Eine umfassende Ernährungswende ist unverzichtbar, um die multiplen Krisen gemeinsam zu überwinden, und bietet zahlreiche Vorteile für Einzelne und die Gemeinschaft.

Ein wissenschaftliches Gremium entwickelt derweil Prinzipien, um externe Kosten von Lebensmitteln einzupreisen. Auf Ebene der Bundesländer und Kommunen werden regionale Bürgerräte eingesetzt. Sie sollen Maßnahmen erarbeiten, um die Umstellung vor Ort zu gestalten. Alle Sitzungen werden online übertragen, die Medien berichten umfassend. Außerdem wird bereits ein Programm aufgesetzt, um Kochworkshops flächendeckend in den Schulalltag zu integrieren; ergänzend soll es Unterrichtseinheiten zum Zusammenhang von Ernährung, Tierleid und Klimakrise geben. Alle Schulen erhalten Unterstützung darin, eigene Gemüsegärten anzulegen.

Im Supermarkt gibt es bereits im ersten Jahr leichte Preisänderungen, denn für Tierprodukte gilt jetzt der normale Mehrwertsteuersatz, während Gemüse, Getreide, Hülsenfrüchte und Nüsse etwas günstiger werden. Zeitgleich startet ein umfassender Umbau der Landwirtschaft – mögliche Maßnahmen und Teilschritte dafür erkläre ich im nächsten Kapitel (7. Gerechte Transformation).

Im zweiten Jahr veröffentlichen die regionalen Bürgerräte ihre Empfehlungen. Viele greifen darin Ideen auf, die zuvor schon im Rahmen von Studien entwickelt worden waren. Im Gutachten »NRW isst besser« haben drei Wissenschaftler*innen von der FH Münster zum Beispiel vorgeschlagen, »kommunale Ernährungsscouts« einzusetzen.[72] Diese sollen Kitas und Schulen dabei unterstützen, Ernährungsbildung praktisch zu gestalten, aber auch daran arbeiten, regionale Produzent*innen und Konsument*innen besser zu vernetzen und sinnvolle Initiativen im Ernährungsbereich zu koordinieren. Hier könnten vielleicht auch Freiwilligeninitiativen wie in Nordkarelien angedockt werden, die die pflanzliche Küche im eigenen Umfeld verbreiten.

Weitere Ideen könnten die Bürgerräte aus dem Klimaplan der Berliner Klimaliste entnehmen. Darin ist u.a. vorgesehen, verpflichtende

Koch- und Ernährungskurse für alle Lehrkräfte und Bildungsmultiplikatoren der Stadt einzuführen, um die pflanzliche Küche zu fördern. Außerdem soll die Stadt Gemeinschaftsgärten unterstützen, indem sie Wissen vermittelt und Flächen zur Verfügung stellt.[73]

Interessant wäre darüber hinaus, eine Empfehlung aus dem Gutachten vom wissenschaftlichen Beirat weiterzuentwickeln, nämlich die Einrichtung dezentraler Mittagstische.[74] Im Gutachten sind diese für ältere Leute vorgesehen, aber wäre es nicht sinnvoll, so etwas allgemein anzubieten – also Kantinen für alle Menschen zu schaffen, wo man jeden Tag eine leckere Mahlzeit für die ganze Familie zum kleinen Preis bekommt? Vielen würde es den Umstieg zu einer gesunden, pflanzenbasierten Ernährung stark erleichtern, wenn sie dafür nicht selber kochen müssten, wofür ja oft auch die Zeit fehlt. Mehr Gemeinschaftsverpflegung macht zudem im Hinblick auf den Energieverbrauch Sinn.

Während die Länder und Kommunen prüfen, wie sie die Empfehlungen ihrer Bürgerräte umsetzen können, laufen die Informations- und Werbekampagnen weiter. Der Wandel soll so transparent und fair wie möglich ablaufen. Die Ernährungswende wird in vielen Medien heiß diskutiert, wobei es zunehmend mehr um das Wie statt um das Ob geht – denn dass die Tierindustrie umgebremst weiterlaufen sollte, das glaubt nur eine kleine Minderheit.

Im dritten Jahr werden die zuvor erarbeiteten Nachhaltigkeitssteuern eingeführt, die insbesondere Tierprodukte und Flugware schrittweise verteuern sollen. Beim Rindfleisch steigt der Preis direkt um mehrere Euro pro Kilo, aber auch andere Fleischsorten und Milchprodukte kosten merkbar mehr. Die pflanzlichen Alternativen zu Wurst, Fleisch und Käse sind in den letzten Jahren noch besser geworden, einige sind auch im Hinblick auf die Nährstoffzusammensetzung optimiert worden und jetzt liegen sie zudem preislich deutlich unter den Tierprodukten.[75] So werden Erbsenschnitzel, Sojasteak, Ackerbohnenfrikadellen und Walnusskäse zur Norm – neben vollwertigen Gemüsegerichten. Wichtige Nahrungsergänzungsmittel wie Vitamin B12 sind kostenlos verfügbar.

Mittlerweile finden an vielen Schulen Workshops zu Klimagerechtigkeit und zum Mensch-Tier-Verhältnis statt und immer mehr Schulen kooperieren mit neu gegründeten Lebenshöfen, wo die Kinder einen respektvollen Umgang mit ehemaligen »Nutztieren« üben. Die Tierrechtsorganisationen gewinnen immer mehr Mitglieder und setzen sich immer wirksamer für eine vegane Ernährung ein.

Auch auf europäischer Ebene tut sich einiges. Zum Beispiel wurde das Schulmilchprogramm überall eingestellt, während das Schulobstprogramm noch ausgebaut wurde. Alle Lebensmittel müssen nun außerdem europaweit mit Angaben zu den verursachten Treibhausgasemissionen gekennzeichnet werden.

Im vierten Jahr wird zunehmend öffentlich auch über die Haustierhaltung diskutiert – denn zum einen wird immer klarer, dass auch viele Haustiere unter ihren Lebensbedingungen leiden. Zum anderen bekommen gerade Hunde und Katzen häufig noch vor allem Fleisch gefüttert – während der Tierkonsum der Menschen sinkt, nimmt das einen immer größeren Anteil ein. In der Diskussion fordern die einen, alle Haustiere konsequent vegan zu ernähren, denn es sei doch absurd, Schweine oder Hühner brutal töten zu lassen, um die eigenen Lieblinge zu ernähren. Tatsächlich können viele Hunde und Katzen auch mit rein pflanzlicher Nahrung gesund leben.[76] Andere argumentieren, dass die Haustierhaltung selbst ethisch fragwürdig sei – mindestens Zucht und Handel mit Tieren müssten sofort aufhören.

Im fünften Jahr haben sich über die kommunalen Ernährungsnetzwerke viele direkte Partnerschaften zwischen Konsument*innen und landwirtschaftlichen Betrieben entwickelt. Der Anteil der vegan lebenenden Menschen liegt mittlerweile bei mehr als einem Drittel und steigt immer weiter. An vielen Orten werden Kantinen und Restaurants komplett veganisiert.

Die Nachhaltigkeitssteuer ist derweil weiter angestiegen und hat eine neue Debatte über Gerechtigkeit ausgelöst, denn viele Wohlhabende haben ihren Tierkonsum noch kaum eingeschränkt. Immer lauter wird daher die Forderung, eine faire Rationierung von Fleisch- und Milchprodukten einzuführen. Zugleich könnte man eine Grundversorgung aus heimischem Gemüse, Hülsenfrüchten und Nüssen noch günstiger oder sogar kostenfrei für alle zur Verfügung stellen, zum Beispiel indem man den erzeugenden Landwirt*innen ein direktes Grundeinkommen zahlte ...

Nungut, ich bin offensichtlich ins Träumen gekommen. Natürlich ist das alles nicht so einfach. Selbst wenn Regierungen und andere einflussreiche Institutionen eine solche Transformation vorantreiben würden – was derzeit selbst noch ein Traum ist – würde es erbitterten Protest und Widerstand dagegen geben, und zwar nicht nur von unverbesserlichen Fleischfans, sondern unterstützt von finanzstarken Konzernen sowie den üblichen anti-progressiven Medien und Parteien.

Ich glaube, es ist trotz aller Schwierigkeiten sinnvoll, ab und an zu träumen, denn man kann besser für einen Wandel kämpfen, den man sich auch konkret vorstellen kann. Ich bin zudem davon überzeugt, dass es durchaus möglich ist, eine breite Mehrheit der Gesellschaft von diesem Traum zu begeistern – und dass es ebenfalls möglich ist, die nötigen Maßnahmen auch gegen Widerstände durchzusetzen. Im übernächsten Kapitel (8. Rebellieren statt konsumieren) betrachte ich die Frage, wie die gesellschaftlichen Machtverhältnisse so verschoben werden könnten, dass eine umfassende Transformation realistischer wird.

Doch zunächst geht es darum, welche Maßnahmen auf der Ebene der Produktion hinzukommen müssen, um passend zur Ernährungswende einen gerechten Umbau der Landwirtschaft zu gestalten. Dabei komme ich zudem auf eine Frage zu sprechen, die ich bisher weitgehend ausgeblendet habe: die der Finanzierung. Denn viele der Maßnahmen, die ich zuletzt skizziert habe, kosten richtig Geld. Am Ende braucht es ein überzeugendes Gesamtpaket für die Transformation von Konsum *und* Produktion.

7.

Gerechte Transformation: Die Produktion umstellen

»Die Art, wie wir Bauern heute wirtschaften, wird vom Staat gefördert«, sagt Johannes Graef aus Bad Windsheim in Mittelfranken, als ich ihn und seine Frau Maike im Mai 2022 auf ihrem Hof besuche. Im Jahr 2011 hat Johannes den Hof als Schweinemastbetrieb mit 100 Hektar Ackerland von seinen Eltern übernommen. »Ich bin Landwirtschaftsmeister. Dafür habe ich eine staatliche Ausbildung gemacht, die wurde von Steuergeldern bezahlt. Die Schweineställe, die mein Vater gebaut hat, wurden damals mit 40 Prozent vom Staat gefördert – und die Förderregeln gibt es heute noch. Es ist also immer noch politisch gewünscht, dass wir Schweine auf diese Weise halten und günstig Fleisch produzieren. Deshalb fällt es uns so schwer zu sagen, wir machen jetzt einfach alles anders.«

Trotzdem hat Johannes genau das getan. Nachdem er sechs Jahre lang die Schweinemast mit 1.700 Tieren weiter betrieben hatte, fiel 2016 die Entscheidung, die Ställe stillzulegen. »Ich habe sehr hart gearbeitet, hatte keine Zeit für meine Familie, war nie im Urlaub. Finanziell war es schwierig, und von der Gesellschaft wird man nur kritisiert. Ich hätte investieren müssen, um weiterzumachen, und das wollte ich nicht. Außerdem hat mich das Produkt, das ich hergestellt habe, das billige Fleisch, gar nicht zufrieden gemacht.«

Finanziell sei es eine dumme Entscheidung gewesen, mit der Schweinemast aufzuhören. Denn die Ställe, die der Vater gebaut hatte, waren noch nicht abbezahlt. Noch immer müssen die Graefs jedes Jahr 30.000 Euro an die Bank bezahlen. Trotzdem bereuen sie die Entscheidung nicht. Sie war der erste Schritt in einem langen Wandlungsprozess.

Heute heißt der Hof von Maike und Johannes die »Krachmachermühle« und es leben wieder Schweine dort – allerdings nur ein paar wenige. Als ich zu Besuch bin, sind es fünf. Vier von ihnen wurden als Ferkel aus konventionellen Mast- und Zuchtanlagen gerettet. Hier spielen sie in einem Außengehege. Die Graefs kennen von jedem die individuellen Eigenschaften. »Fred zum Beispiel ist total sanftmütig und ruhig, er ist eher der Beobachter«, sagt Maike. »Fridolin ist unser Spaßvogel und Frida ist die Chefin der ganzen Gang.« Im benachbarten Gehege lebt der ehemalige Zuchteber Hans-Willi – ein Riese von 400 Kilogramm, der zugleich viel ruhiger und sanftmütiger erscheint als die vier jüngeren Schweine nebenan. Außerdem wohnen zwei ehemalige Masthühner und mehrere Enten auf der Krachmachermühle. Geschlachtet wird hier niemand mehr. Stattdessen wird die Versorgung der Tiere über Patenschaften finanziert.

»Unsere geretteten Tiere sind Botschafter«, sagt Maike Graef, die sich um die Tiere kümmert und die Öffentlichkeitsarbeit für die Krachmachermühle über die Social-Media-Plattform Instagram betreibt. »Ich habe mich zum Beispiel total gefreut, als der Kindergarten die Patenschaft für Hans-Willi übernommen hat. Die kommen jetzt alle zwei Wochen für einen Vormittag vorbei und lernen hier jedes Mal etwas anderes: Einmal haben sie erfahren, was Schweine für Bedürfnisse haben und wie sie normalerweise leben müssen, ein andermal konnten sie ein Hochbeet mit Gemüse bepflanzen und bei ihrem nächsten Besuch wollen wir Wildkräuter sammeln. Es ist uns ein sehr wichtiges Anliegen, Bewusstsein zu schaffen dafür, wo Lebensmittel herkommen.«

Landwirt Johannes Graef lehnt die Nutzung von Tieren für die Produktion von Fleisch, Milch oder Eiern nicht grundsätzlich ab – aber sein Blick hat sich verändert: »Als unsere jetzigen Schweine noch klein waren, haben sie bei uns im Haus gelebt. Ich bin öfter mit ihnen raus. Und alle haben sofort angefangen zu graben. Das ist ein absoluter Urinstinkt bei Schweinen. Da sind mir tatsächlich manchmal die Tränen gekommen, wenn ich daran gedacht habe, dass ich meinen Mastschweinen das jahrelang einfach genommen habe.«

Zugleich tut Johannes Graef sich noch etwas schwer mit der Idee, dass die geretteten Tiere über Patenschaften und Spenden finanziert werden. »Ich will eigentlich keine Spenden bekommen, das passt nicht zu meinem Leistungsdenken.«

Er verdient heute sein Geld vor allem als Angestellter einer landwirtschaftlichen Steuerberatung – die Ausbildung hat er gemacht, nachdem er die Schweinemast aufgegeben hatte. Außerdem bewirtschaftet er noch die 100 Hektar Ackerland. Auch dabei hat er neue Wege eingeschlagen: »Ich beschäftige mich mit regenerativer Landwirtschaft, mit dem Aufbau von Bodenleben«, sagt Johannes. »In der aktuellen Praxis der Landwirtschaft läuft viel schief. Ich versuche Dinge anders zu machen.«

Dazu gehört für ihn auch, auf seinen Flächen, die lange primär zum Anbau von Futtermitteln dienten, mehr Nahrungsmittel direkt für Menschen zu erzeugen. »Dieses Jahr baue ich zum Beispiel Linsen an, später möchte ich Popcornmais machen, Amaranth, Quinoa, Lein und Hafer – ich habe Lust Verschiedenes auszuprobieren. Aber ob ich dafür auch genug Abnehmer finde, wird sich erst noch zeigen.«

Wie kam es zu der Veränderung? Seitdem die Graefs die Schweinemast aufgegeben hatten, waren sie auf der Suche nach einem stimmigen Gesamtkonzept für den Hof. Maike ist gelernte Buchhändlerin, kümmerte sich aber zunächst vor allem um die beiden kleinen Töchter, während Johannes seinem Bürojob und dem Ackerbau nachging.

Dann lernten die beiden im Herbst 2020 eine Familie kennen, die etwa 40 Kilometer südlich von Bad Windsheim einen veganen Lebenshofs betreibt. Sie kamen ins Gespräch und tauschten schon bald Ideen aus. Darüber trafen Maike und Johannes außerdem den Agrarökonomen Timo Geuß, der sich im Verein »Begleitung zur veganen Landwirtschaft e. V.« engagiert. Dieser Verein berät Tierhalter*innen, die ihren Betrieb so umstellen wollen, dass keine Tiere mehr geschlachtet werden. »Timo Geuß hat vorgeschlagen, ich könnte doch Linsen anbauen«, sagt Johannes. »Damit hat er mir einen Floh ins Ohr gesetzt.«

Entscheidend sei bei den Kontakten die offene Kommunikation gewesen. Sonst gebe es oft viele Feindbilder und Vorurteile zwischen Tierhaltern und Veganern. »Aber sie kamen uns mit Verständnis entgegen und zogen mit uns an einem Strang«, sagt Maike Graef.

Die Krachmachermühle soll nun selbst ein Ort der Kommunikation und Kooperation sein. Seit 2020 besteht der »Kartoffelclub«, eine Gemeinschaft von Menschen aus der Umgebung, die auf einem Acker direkt am Hof zusammen Gemüse anbauen und oft abends zusammensitzen. In Zukunft könnte daraus eine solidarische Landwirtschaft werden, bei der die Mitglieder feste Beiträge bezahlen, um die Kosten für den Anbau von Lebensmitteln zu tragen, die dann unter den Mitgliedern verteilt werden.

Die Graefs laden außerdem alle Menschen mit interessanten Ideen dazu ein, Projekte bei ihnen umzusetzen. »Wir haben so viel Platz«, sagt Maike. »Wir möchten, dass hier Dinge entstehen und wachsen können – Werkstätten, Veranstaltungprojekte, Kooperationen. Wir möchten gemeinsam mit anderen Wege suchen, wie es anders gehen könnte in der Landwirtschaft. Dabei stehen wir noch ganz am Anfang.«

Wenn ein Hof aus der Tierhaltung aussteigt und sich zu einer nachhaltigen Landwirtschaft ohne sogenannte »Nutztiere« weiterentwickelt, gibt es dafür sogar schon einen Namen: TransFARMation. Erfunden hat den Namen die schweizerische Tierrechtlerin und Landwirtin Sarah Heiligtag.

»Immer mehr Tierhalter suchen nach Alternativen«, erzählt sie mir bei einem Online-Gespräch. »Sie wollen das nicht mehr machen – den Kühen die Kälber wegnehmen, die Tiere zum Schlachter schicken.

Sie sehen auch, dass diese Art mit Tieren umzugehen nicht zukunftsfähig ist.«

Sarah Heiligtag hat im Jahr 2013 in einem Dorf bei Zürich den »Hof Narr« gegründet – einen Lebenshof mit Schweinen und Hühnern, Rindern und Puten, die keine Milch oder Eier für den Verkauf produzieren müssen und nie geschlachtet werden. Manche Hühner setzen sich gern bei Besucher*innen auf den Schoß und Schwein Leonie lässt sich den Bauch kraulen. Auf Hof Narr werden allerdings auch Lebensmittel erzeugt: In großen Folientunneln wachsen Gurken und Tomaten, in langen Beeten stehen Kohlköpfe und Kürbispflanzen. Der Betrieb versorgt jede Woche über 100 Haushalte, zwei Läden und ein Restaurant mit ökologisch angebautem Gemüse.

»Seit wir das machen, wenden sich immer mehr Bauern an uns, die auch in dieser Richtung arbeiten möchten«, erzählt Sarah. Mittlerweile bietet sie eine richtige Beratung an für Betriebe, die mit der Tierhaltung für Fleisch, Milch und Eier aufhören wollen. Schon mehr als 100 Betriebe hat sie bei der Umstellung begleitet. »Die meisten sind emotional oder ethisch motiviert – sie haben einen inneren Konflikt, oft schon seit der Kindheit, weil sie fühlen, dass das falsch ist, was sie mit den Tieren tun.«

Die Alternative kann je nach Lage des Betriebs sowie Fähigkeiten und Interessen der Betreiber*innen ganz unterschiedlich aussehen. Manche Höfe wandeln sich zu Lebenshöfen, die Öffentlichkeitsarbeit für Tierrechte machen und über Patenschaften Spenden einnehmen. Wenn die Tiere keine Produkte mehr liefern müssen, brauchen sie kein Kraftfutter mehr, so wird Ackerland frei. Die Äcker, auf denen bisher Futter angebaut wurde, nutzen die Betriebe jetzt zur Erzeugung von Nahrungsmitteln für Menschen oder für den Naturschutz.

»Über den Anbau von pflanzlichen Kulturen wie Bohnen, Erbsen, Linsen oder Hafer öffnen sich neue Kanäle«, sagt Sarah. »Dabei arbeiten wir mit daran die Absatzmärkte zu verbessern – zum Beispiel dafür zu sorgen, dass die Verarbeitungsunternehmen direkt bei den Betrieben einkaufen.«

Andere Höfe bieten Ferienwohnungen, Kurse oder eigene Produkte im Hofladen an – ein ehemaliger Milchbetrieb hat zum Beispiel die Milchverarbeitung für die Herstellung von Hafermilch aus selbst angebautem Hafer umgebaut. Am Ende stehen vegane Betriebe, auf denen sich auch die Landwirt*innen rein pflanzlich ernähren. »Das ist die logische Konsequenz«, meint Sarah. »Du fängst an, deine Tiere nicht mehr auszubeuten, und fragst dich dann, wieso sollte ich andere Tiere ausbeuten lassen, damit ich sie essen kann.«

Mit etwas Kreativität sei eine solche Umstellung in der Schweiz eigentlich für alle tierhaltenden Betriebe finanziell machbar. »Aufgrund der staatlichen Direktzahlungen an Landwirte und weiterer Unterstützungsprogramme sind die Erlöse aus dem Verkauf der Tierprodukte nur ein Teil des Einkommens, ein Tortenstück. Mindestens ein Teil davon lässt sich immer ersetzen.« Die soziale Hürde sei oft größer als die finanzielle: So hätten viele Bauern Angst, bei Eltern, Verwandten oder im Umfeld auf Unverständnis und Ablehnung zu stoßen. Bei traditionellen Landwirtsfamilien in der Schweiz ist die Identifikation mit der Tierhaltung groß.

»Die Stimmung ist aber gerade am Kippen«, meint Sarah Heiligtag. »Selbst hier in der Schweiz, die immer als Heidiland romantisiert wird. Der Umgang mit Tieren ist auch auf den traditionellen Milchbetrieben auf Wirtschaftlichkeit ausgerichtet, für die Tiere ist das brutal.« Je mehr es sich herumspricht, dass es Alternativen gibt, desto mehr Menschen würden sich dafür entscheiden, da ist sie sich sicher. Dafür sei aber neben dem Engagement von Einzelnen dringend nötig, dass es bessere Anreize und Förderungsmöglichkeiten gebe für die umstiegswilligen Tierhalter*innen.

Das lässt sich auf Deutschland übertragen. »Zwar gibt es auch hier, zumindest für kleinere Betriebe, theoretisch immer die Option aus der Tierhaltung auszusteigen«, sagt Timo Geuß, der den Verein »Begleitung zur veganen Landwirtschaft« gegründet hat. Zuvor hatte er Ökolandbau studiert und ein halbes Jahr auf Hof Narr gearbeitet. »Viele Tierhalter denken aber nicht daran, dass es auch anders gehen könnte.« Oft braucht es persönliche Bekanntschaften und Gespräche, bevor Bäuerinnen und Bauern ernsthaft erwägen, einen anderen Weg einzuschlagen – so wie bei den Graefs aus Bad Windsheim. »Und dann kostet es viel Mut und Energie, einen landwirtschaftlichen Betrieb umzubauen«, erklärt Timo.

Auch Johannes Graef ist davon überzeugt, dass viele Tierhalter*innen aussteigen oder die Tierhaltung zumindest reduzieren würden, wenn sie echte Alternativen sähen. »Du bist aber gefangen in dem System. Du hast investiert und musst die Schulden abbezahlen. Tierställe werden auf 20 oder 25 Jahre geplant, so lange müssen sie weiterlaufen, wenn man nicht auf den Schulden sitzen bleiben will.«

Es gibt auch ganz praktische Schwierigkeiten dabei, neue Einnahmequellen zu finden: »Das Problem ist die Vermarktung«, sagt Johannes.

»Auf meinen Böden kann ich Linsen sehr gut anbauen, das haben hier in der Gegend früher alle gemacht, auch mein Urgroßvater. Heute bin ich der Einzige, der das probiert. Die Linsen, die hierzulande gegessen werden, sind fast alle importiert zum Beispiel aus Kanada oder der Türkei. Ich habe 40 Leute angerufen, um jemanden zu finden, der mir Linsen abkaufen will. Erst mit dem 41. konnte ich etwas verabreden.« Die Linsen sollen jetzt über einen Online-Shop und einen Unverpackt-Laden vertrieben werden. Ob genug Leute den höheren Preis für die heimische Produktion bezahlen, wird sich erst zeigen.

»Wenn ich Weizen als Schweinefutter anbaue, ist das etwas ganz anderes«, erzählt Johannes. »Dann rufe ich da drüben den Bauern an und frage, nimmst du 40 Tonnen von mir, und wenn der ja sagt, ist das erledigt. Und wenn er nein sagt, rufe ich die Bäuerin um die Ecke an. Das ist einfach und sicher.«

Für die Vermarktung von Lebensmitteln für Menschen fehlen dagegen vielfach regionale Verarbeitungsstrukturen. »Die Mühle hier in der Nähe wird jetzt geschlossen. Die müsste jemand kaufen und dann mit den Bauern in der Umgebung zusammenarbeiten, um deren Erzeugnisse zu vertreiben«, erzählt Johannes. Eine Direktvermarktung zum Beispiel über einen Hofladen sei dagegen sehr aufwändig, dafür hätte kaum jemand Zeit, auch er nicht: »Ich bin Bauer, kein Müller, kein Verarbeiter, kein Einzelhändler.«

Johannes arbeitet noch immer fast zwei Vollzeitjobs, tagsüber macht er die Steuerberatung und abends und am Wochenende den Ackerbau. Maike Graef absolviert neben dem Einsatz für die Krachmachermühle eine Ausbildung zur Heilpraktikerin für Psychotherapie, zugleich hat sie immer wieder mit gesundheitlichen Problemen zu kämpfen. Es bleibt für die Familie eine große Herausforderung, die Schulden und laufenden Kosten zu bezahlen und alle Projekte unter einen Hut zu kriegen. Ob und wie weit Maike und Johannes die Krachmachermühle in die Richtung eines veganen Betriebs bewegen werden, der auch die Tierrechtsidee klar nach außen vertritt, wird sich erst noch zeigen. In jedem Fall blicken die beiden mit großer Hoffnung und Enthusiasmus auf die Zukunft ihres Hofs.

Johannes betont immer wieder, dass auch viele andere Landwirte bereit wären, anders zu wirtschaften – wenn es entsprechende Anreize gäbe, also wenn die jeweiligen Leistungen nachgefragt und bezahlt würden. »Es hat ja niemand total Spaß daran, mehrere tausend Schweine zu halten oder mit der großen Güllespritze übers Feld zu fahren. Das wird gemacht, weil es sich so rechnet.«

Johannes hat recht. Und eine wirklich andere Landwirtschaft ist nur möglich, wenn sich dieses System ändert. Denn so inspirierend die Geschichten von Menschen wie Johannes und Maike sind, die aufgrund eigener Motivation ihren landwirtschaftlichen Betrieb umkrempeln – das geht nicht für alle. Viele Schweinemastbetriebe mit mehreren tausend Schweinen oder große Hühnerfabriken, zumal wenn sie über wenig eigenes Land verfügen, können sich kaum aus eigener Kraft zum Getreide- oder Gemüsehof wandeln. Und es gibt natürlich noch genug, die das bislang gar nicht wollen – die vielleicht mit ihrer konkreten Situation unzufrieden sind, aber gern weiter Tiere halten und schlachten lassen wollen.

Ein neuer Gesellschaftsvertrag für die Landwirtschaft?

Für Johannes Graefs Entscheidung, die Schweinemast aufzugeben, spielten finanzielle Gründe eine wichtige Rolle – es lohnte sich nicht mehr. Die wirtschaftliche Lage vieler Tierhaltungsbetriebe ist heute äußerst prekär: Nicht nur der Milchpreis ist seit langem im Keller. Schon seit Jahrzehnten gilt in der Landwirtschaft die Devise »Wachsen oder Weichen«: Kleinere Betriebe müssen sich vergrößern und immer effizienter wirtschaften, um weiter konkurrenzfähig zu sein – oder aufhören. Immer mehr entscheiden sich für das Aufhören. Seit der Jahrtausendwende hat sich die Zahl der Höfe in Deutschland etwa halbiert.[1] Die Zahl der tierhaltenden Betriebe ist allein zwischen 2010 und 2020 in Deutschland um 22 Prozent gesunken. Wie Johannes Graef haben in diesem Zeitraum um die 47.000 Tierhalter*innen das Geschäft mit Tieren beendet.[2] Die Zahl der Tiere, die für Fleisch, Milch und Eier gehalten werden, ist allerdings nicht entsprechend gesunken, im Falle der Hühner hat sie sogar zugenommen. Es gibt also deutlich weniger, dafür aber größere Betriebe.

Dieser Prozess lässt sich zum einen durch Globalisierung und Wettbewerb erklären: Futter- und Nahrungsmittel werden international gehandelt, die Betriebe konkurrieren miteinander und sind von Weltmarktpreisen abhängig. Dadurch stehen sie ständig unter dem Druck weiterer Produktivitätssteigerungen und sind zugleich anfällig für Krisen: Als zum

Beispiel China im Jahr 2020 wegen der Schweinepest einen Importstopp für deutsches Schweinefleisch verhängte, stürzten die Preise ab – Betriebe ohne finanzielle Polster konnten sich nicht halten.

Dieser wirtschaftliche Druck beförderte technologische und organisatorische Entwicklungen: Durch sie wurde die Landwirtschaft in den letzten Jahrzehnten immer »effizienter« in dem Sinne, dass immer mehr Lebensmittel mit immer weniger menschlicher Arbeitskraft erzeugt werden können. Im Ackerbau werden große Maschinen eingesetzt und Inputs wie Düngemittel und Pestizide sichern hohe Ernten. Moderne Tierställe sind stark technisierte Anlagen, in denen Tierzucht und Tiermedizin für hohe »Leistungen« sorgen – trotz der für die Tiere extrem leidvollen Bedingungen. Eine Arbeitskraft in der Landwirtschaft ernährt auf diese Weise heute rechnerisch 140 Menschen, während es im Jahr 1949 nur zehn Menschen waren.[3]

Dieser Wandel in der Landwirtschaft wurde aber auch politisch gefördert. Wie ich in Kapitel 2 bereits beschrieben habe, fließen jedes Jahr immense Subventionen in die Branche. Und gerade Investitionen in große Ställe ebenso wie in schwere Maschinen und Gülletechnik bekamen und bekommen massive staatliche Zuschüsse. Zugleich muss man sich solche Investitionen erst mal leisten können, was große Betriebe bereits bevorteilt. Außerdem entsteht so eine gewisse Festlegung und Pfadabhängigkeit: Betriebe spezialisieren sich auf bestimmte Sparten, in denen sich die Investitionen rechnen müssen, und können daher weniger flexibel auf veränderte Bedingungen reagieren.

Die Entwicklung hat insgesamt durchaus bedeutende Vorteile gehabt: Heute ist eine große Menge und Vielfalt an Nahrungsmitteln vergleichsweise günstig verfügbar. Insbesondere deutsche Verbraucher*innen profitieren von sehr niedrigen Lebensmittelpreisen – nur 11 bis 12 Prozent des Haushaltseinkommens wird für die tägliche Ernährung ausgegeben.[4]

Aber wie wir gesehen haben, werden die wahren Kosten anderswo als an der Supermarktkasse bezahlt: Tierleid, Artensterben, Klimakrise, Gesundheitsgefahren und neokoloniale Ausbeutung sind alle mit dem aktuellen System der Landwirtschaft direkt verbunden. Und auch für viele Landwirtinnen und Landwirte hat sich die Situation in den letzten Jahren eher verschlechtert – wenn sie ihre Betriebe nicht schon verkauft haben, stehen sie unter hohem wirtschaftlichen Druck bis hin zur Existenzangst.

Das gilt allerdings offensichtlich nicht für alle: Viele große Agrarbetriebe verdienen weiterhin gut. Außerdem gibt es zahlreiche Profiteure der Entwicklung im direkten Umfeld der Landwirtschaft: Die Fleischkonzerne zum Beispiel. Der Chef des Schlachtunternehmens Tönnies, Clemens Tönnies, verfügt Schätzungen zufolge über ein Vermögen von ca. 1,5 Milliarden Euro.[5] Oder nehmen wir die Brüder Paul-Heinz und Erich Wesjohann: Der eine hat den Konzern hinter der Marke Wiesenhof mit aufgebaut, der andere einen global agierenden Geflügelzuchtkonzern. Zusammen besitzen sie mit ihren Familien schätzungsweise 11,4 Milliarden Euro.[6]

Zu denjenigen, die vom aktuellen Agrarsystem profitieren, gehören außerdem die Unternehmen, die Agrarchemikalien und Maschinen produzieren, ebenso wie die großen Lebensmittelkonzerne und Supermarktketten. Durch die Konzentration im Lebensmitteleinzelhandel können letztere den Landwirt*innen geringe Preise zahlen, aber selbst gut verdienen. Der Gründer von Lidl zum Beispiel führt mit einem Vermögen von über 50 Milliarden Euro die Liste der reichsten Deutschen an, auf den oberen Plätzen finden sich außerdem die Chefs von Aldi.[7]

Menschen, die in der Landwirtschaft arbeiten oder gerne arbeiten würden, haben dagegen nicht nur mit niedrigen Preisen zu kämpfen. Ein weiteres Problem liegt im Zugang zu Land. Landwirtschaftliche Flächen werden immer knapper und teurer – zum einen, weil immer mehr Flächen versiegelt werden: Für Straßen- und Siedlungsbau verschwinden im Schnitt jeden Tag 60 Hektar Boden unter Stein und Beton, das ist so viel wie ein durchschnittlicher Agrarbetrieb. Außerdem fungiert Land zunehmend als interessantes Anlageobjekt, das Investoren erwerben und damit den Preis nach oben treiben. Junge Landwirt*innen, die einen eigenen Betrieb aufbauen wollen, können sich das benötigte Land nicht leisten – bzw. sie müssen sich hoch verschulden und dann möglichst effizient im rein wirtschaftlichen Sinne arbeiten, um die Schulden zurückzahlen zu können.

Nicht zuletzt macht vielen Bäuerinnnen und Bauern die zunehmende Kritik aus der Gesellschaft zu schaffen. Wer sich für die eigene Arbeit nicht wertgeschätzt führt, hat auch weniger Motivation weiterzumachen. Eine Umfrage ergab im Jahr 2019, dass ein Drittel der Schweinehalter*innen ihren Betrieb aufgeben wollen. Als Hauptgrund wurde dabei neben der fehlenden wirtschaftlichen Perspektive die »gesellschaftliche Stimmung« genannt.[8]

Die grundlegende Verunsicherung in der Landwirtschaft ist bei vielen Gelegenheiten deutlich zu spüren – ebenso wie die Unzufriedenheit. Wenn ich mit Landwirt*innen diskutiere, erlebe ich das immer wieder: Viele sind richtig sauer, weil sie viel arbeiten, dabei oft vergleichsweise wenig Geld verdienen und zugleich das Gefühl haben, von allen Seiten nur beschimpft und drangsaliert zu werden. Und als Drangsalierung empfinden sie dabei oft auch die Tierschutz- und Umweltauflagen, unter anderem wegen der damit verbundenen Bürokratie – der Aufwand, den Landwirt*innen mit Formularen, Anträgen und Dokumentationen betreiben müssen, ist tatsächlich immens.

Seit einigen Jahren gehen Bäuerinnen und Bauern sogar regelmäßig auf die Straße, um u. a. gegen neue Auflagen und für bessere Preise zu demonstrieren. Ein Weiter-So ist offenbar nicht nur aus Sicht von Umwelt- und Tierschutz, sondern auch für viele Landwirt*innen keine Option. Zwar sind die Gründe und Ziele häufig mindestens vordergründig ziemlich verschieden – aber immerhin gibt es eine geteilte Unzufriedenheit über den Status quo.

Vor diesem Hintergrund ist immer wieder davon die Rede, dass es einen »neuen Gesellschaftsvertrag mit der Landwirtschaft« brauche: Eine Strategie, um die Interessen der Landwirt*innen mit den Erwartungen der Gesellschaft in Einklang zu bringen – also dafür zu sorgen, dass Landwirt*innen von ihrer Arbeit gut leben können, dafür wertgeschätzt werden und dabei genau die Leistungen im Hinblick auf Klima-, Umwelt- und Tierschutz erbringen, die von der Gesellschaft zu Recht eingefordert werden.[9]

Aus meiner Sicht ist die Grundidee dabei genau richtig. Das Problem besteht nur darin, dass in den öffentlichen Debatten oft nicht anerkannt wird, wie fundamental die Änderungen sein müssen: Viele Menschen in Politik, Parteien, NGOs und auch in den Agrarverbänden tun so, als würde es ausreichen, die Tierhaltung zu etwas mehr »Tierwohl« umzubauen und den Fleischkonsum in moderatem Maße zu verringern. Ich habe stattdessen dafür argumentiert, dass wir den realen Herausforderungen nur gerecht werden, wenn wir einen umfassenden Ausstieg aus der Tierindustrie organisieren. Und das bedeutet, die aktuelle Landwirtschaft nicht nur ein bisschen anzupassen, sondern komplett umzukrempeln: Heute halten über 60 Prozent aller Agrarbetriebe in Deutschland Tiere und ebenfalls mehr als 60 Prozent der Erlöse aus der Landwirtschaft stammen aus der Nutztierhaltung und dem Anbau von

Futtermitteln.[10] Die allermeisten Betriebe sind in der einen oder anderen Weise wirtschaftlich von der Tierhaltung abhängig – auch die reinen Ackerbauern bauen regelmäßig Futtermittel an.

Es ist auch deshalb offensichtlich keine Option, die Transformation ohne oder gar gegen die Bäuerinnen und Bauern umzusetzen: Das wäre nicht nur unfair, sondern auch unklug, da wir ja auf ihre Betriebe, Flächen und auch ihr Wissen und ihre Fähigkeiten weiterhin angewiesen sind.

Was es in dieser Situation braucht, ist ein »gerechter Übergang«: Dieses Konzept, auf Englisch *A Just Transition*, stammt aus der Klimapolitik. Bislang wird es vor allem auf andere Wirtschaftsbereiche angewandt. Die Juristin Dr. Charlotte Blattner aus der Schweiz hat einen Aufsatz veröffentlicht, in dem sie fordert, das Konzept auf die Landwirtschaft zu übertragen.[11] Darüber habe ich mit ihr gesprochen.

»Wenn Kohlekraftwerke abgeschaltet werden, verlieren Kohlearbeiter*innen ihre Arbeit und ganze Regionen sind von sinkenden Steuereinnahmen, Verfall der Infrastruktur und der lokalen Dienstleistungen bedroht«, sagt Blattner. »*Just Transition* ist eine Antwort auf diese Herausforderungen. Man erkennt an, dass ein Wandel zu einer klimafreundlichen Wirtschaft unvermeidbar ist, aber man will dabei die Arbeiter*innen unterstützen, die von der ökonomischen Umstrukturierung betroffen sind.«

Das Konzept beruht im Kern auf der Idee, dass man die Lasten von ökonomischen Transformationen nicht denjenigen Individuen und Gemeinschaften aufbürden darf, die zuvor der restlichen Bevölkerung wertvolle Dienste geleistet, also zum Beispiel Kohle gefördert haben. Stattdessen liegt es in der Verantwortung der Bevölkerung als ganzer, einen gerechten Übergang zu gewährleisten. Und das gilt eben nicht nur für die Kohle- und Bergbau-Industrie. »Wenn wir eine klimaneutrale Welt erreichen wollen, müssen auch andere Bereiche transformiert werden – darunter die Landwirtschaft«, sagt Blattner. Dabei sei die Tierhaltung »die neue Kohle«, weil sie ähnlich klimaschädlich ist. »Es muss daher analog anerkannt werden, dass ein Ausstieg aus der Tierhaltung notwendig ist, und dann gilt es, diesen gerecht zu gestalten.«

Heute müssen Bäuerinnen und Bauern als Einzelpersonen die Lasten tragen, wenn sie wie die Graefs von der Krachmachermühle zu einer klimafreundlicheren Produktion – dem Anbau von pflanzlichen Nahrungsmitteln – übergehen. Sie müssen neue Geschäftsmodelle entwickeln, neue Fähigkeiten lernen, die finanziellen Risiken selbst tragen und häufig noch mit sozialem Stigma in ihrem Umfeld umgehen. Charlotte Blattner sagt, stattdessen sollten die Regierungen die Landwirt*innen im unumgänglichen Prozess hin zur Klimaneutralität unterstützen. »Sie müssen wissen: Wenn sie sich entscheiden den Übergang zu wagen, haben sie eine Zukunft einschließlich Lebensunterhalt, Stabilität und Identität. Indem wir ihnen dabei helfen, werden wir als Gesellschaft unserer Mitverantwortung für den Konsum und die Produktion von Nahrungsmitteln gerecht. Letztlich helfen wir uns dadurch auch selbst.«

Ich schlage vor, den neuen Gesellschaftsvertrag mit der Landwirtschaft, den wir brauchen, in diesem Sinne zu verstehen: Es muss darum gehen, eine ernsthaft klimafreundliche, ethisch vertretbare, gesundheitsförderliche Landwirtschaft zu erreichen, und das funktioniert nur ohne Tierindustrie. Wir als Gesellschaft haben die Verpflichtung, dafür faire Bedingungen zu schaffen. Die Landwirt*innen ihrerseits müssen sich auf die Veränderungen einlassen – und im Rahmen einer gerechten Transformation zum Wohle aller kann das von ihnen durchaus verlangt werden.

Ähnlich wie der Kohleausstieg könnte der Ausstieg aus der Tierindustrie einem klaren Schritt-für-Schritt-Plan folgen. Die Bundesregierung würde dafür zeitlich gestaffelte Reduktionsziele für die Tierzahlen festlegen, die mit sinnvollen Zielen zur Ernährungswende korrespondieren. So könnte sie beispielsweise vorsehen, die Tierbestände innerhalb von fünf Jahren um 30 Prozent, innerhalb von zehn Jahren um 70 Prozent und innerhalb von fünfzehn Jahren um 95 Prozent zu reduzieren. Um eine solche Transformation umzusetzen, braucht es eine geeignete Kombination aus verschiedenen Maßnahmen.

Entschädigungen, Entschuldung und Umstiegshilfen

Familie Reijrink aus Diessen in den Niederlanden lässt ihre Schweineställe abreißen. Eric Reijrink ist zwar Schweinebauer in vierter Generation und mästete zuletzt 3.000 Schweine, aber jetzt sattelt er um: Gemeinsam mit seiner Frau Chantalle, die als Krankenschwester Erfahrungen in der Altenpflege gesammelt hat, betreibt er bereits eine kleine Pflegeeinrichtung für Senior*innen und hilfsbedürftige Menschen. Die soll nun deutlich ausgebaut werden. Außerdem forstet die Familie eine

Fläche in der Größe von 30 Fußballfeldern auf. Die vier Söhne wollten die Schweinemast nicht übernehmen, in der Altenpflege sehen sie eher eine berufliche Zukunft.[12]

Das Geld für Abriss, Neubauten und Naturschutzmaßnahmen stammt vom niederländischen Staat. Seit 2019 läuft dort nämlich unter dem Namen »Warme Sanierung« ein Programm, das Schweinehalter*innen dafür bezahlt, dass sie mit der Schweinehaltung aufhören. Die Regierung will damit insbesondere in den Regionen mit viel intensiver Tierhaltung die Bestände reduzieren, um etwas gegen die Nitrat- und Phosphor-Verschmutzung von Böden und Gewässern zu tun und für die Bewohner*innen die Belastung durch den Gestank zu verringern.[13]

Die Niederlande haben die höchste »Viehdichte« in ganz Europa. In dem kleinen Land werden pro Fläche mehr als dreimal so viel Tiere gehalten wie im Durchschnitt in Deutschland.[14] Für das dortige Abbau-Programm können sich Schweinehalter*innen bewerben und bekommen bei Akzeptanz eine Entschädigung ausbezahlt, die sich unter anderem nach der Zahl ihrer Tiere richtet. Dafür müssen sie sich verpflichten, die Ställe abzureißen und in Zukunft keine Schweine mehr zu halten.

Besteht dabei nicht die Gefahr, dass andere Betriebe einfach ihre Bestände entsprechend aufstocken und die Gesamtzahl der Schweine so gar nicht sinkt? Tatsächlich wird das innerhalb der Niederlande durch das Instrument der Produktionsrechte verhindert: Schon seit 1998 braucht man dort solche Rechte, wenn man Schweine, Vögel oder Rinder halten will, und die Zahl der Produktionsrechte ist jeweils begrenzt.[15] Bei der »Warmen Sanierung« hat der Staat zugleich die Produktionsrechte der teilnehmenden Betriebe eingezogen.

Bis Mitte 2021 haben schon knapp 300 Schweinebetriebe an dem Programm teilgenommen und ihre Anlagen für immer geschlossen. 277 Millionen Euro hat die niederländische Regierung dafür ausgegeben. Der Gesamteffekt ist zwar relativ gering: Die Anzahl der Schweine in den Niederlanden hat sich laut der Regierung dadurch nur um 6,7 Prozent verringert.[16] Das Programm soll aber weiterlaufen: Für das Jahr 2022 sind erneut 228 Millionen Euro vorgesehen. Die Regierung hat außerdem verkündet, dass sie bis 2030 die Tierbestände im Land insgesamt um ein Drittel verringern will.[17]

Das ist zwar von der Größenordnung noch bei weitem nicht genug. Zugleich gibt es, u. a. wegen weiterer Umweltauflagen, seit dem Frühjahr 2022 in den Niederlanden massive Bauernproteste gegen die Agrarpolitik – keineswegs alle Tierhalter*innen sind mit den Entschädigungsangeboten zufrieden.[18]

Unser Nachbarland zeigt aber trotzdem mit diesen Angeboten Ansätze dafür auf, wie die Tierzahlen auch in Deutschland schnell und deutlich reduziert werden könnten, wenn der politische Wille dafür vorhanden wäre.

Tatsächlich ist das Interesse an Ausstiegs- und Entschädigungsprogrammen hierzulande groß. Die Universität Kiel hat untersucht, ob und unter welchen Bedingungen Schweinehalter*innen in Deutschland sich an einem solchen Programm beteiligen würden. Das erstaunliche Ergebnis: 60 Prozent wären zu einem bezahlten Ausstieg bereit.[19] Allerdings hängt die Bereitschaft auch von den genauen Bedingungen ab, die also attraktiv gestaltet werden müssten. Außerdem sind größere Betriebe mit viel Fläche und hohen Tierzahlen tendenziell weniger interessiert. Daher besteht die Gefahr, dass ein Entschädigungsprogramm für sich genommen den ohnehin laufenden Strukturwandel verschärfen könnte: Die kleinen Betriebe, die sowieso in wenigen Jahren aufgeben würden, lassen sich ihren Ausstieg bezahlen, während die großen Tierfabriken weitermachen oder sich sogar noch vergrößern könnten. Um das zu verhindern, könnte man wie die Niederlande begrenzte Produktionsrechte einführen, die mit jedem Ausstieg verringert werden.

Weil nicht wenige Tierbetriebe heute Ställe nutzen, deren frühere Investititionskosten noch gar nicht abbezahlt sind, müssten dafür Entschuldungsprogramme aufgesetzt werden. Heute zwingt der Staat umgekehrt Tierhalter praktisch dazu, weiterzumachen – eine Geschichte darüber hat mir Johannes Graef von der Krachmachermühle erzählt: Ein Landwirtskollege von ihm verstarb tragisch mit Mitte zwanzig bei einem Arbeitsunfall. Zwei Jahre zuvor hatte seine Familie einen neuen Schweinestall gebaut und dafür mehrere hunderttausend Euro staatliche Förderung erhalten. Nach dem Tod des jungen Mannes wollte der Vater die Schweinehaltung beenden – konnte das aber nicht tun, weil er dann dieses Geld an den Staat hätte zurückzahlen müssen. Denn die Förderungsregeln schreiben vor, dass die bezuschussten Ställe mindestens zehn Jahre betrieben werden müssen. So war der Vater gezwungen, weitere acht Jahre lang Schweine zu mästen.

Sinnvoll wäre auch, in Rahmen der neuen Programme nicht nur reine Stilllegungsprämien zu vergeben, sondern wenn möglich Bäuerinnen und Bauern dabei zu unterstützen, auf die Produktion von pflanzlichen

Nahrungsmitteln einerseits oder Naturschutz andererseits umzusteigen, sofern sie über entsprechende Flächen verfügen. Je nach Vorhaben können dabei auch die bestehenden Ställe weitergenutzt werden: Ein ehemaliger Schweinemäster in Ostfriesland hat zum Beispiel schon 2020 seinen Schweinestall umgebaut, um dort Edelpilze auf Substrat zu züchten. Er hatte dafür finanzielle Gründe: Eine Futtermittelvergiftung tötete seine Schweine und er konnte es sich nicht leisten, neue anzuschaffen. Mit den Pilzen lebt er nun aber besser als zuvor von den Schweinen – auch wenn er viel Neues dazulernen und Vermarktung und Verkauf selbst aufbauen musste.[20]

Wenn viel mehr Tierhalter*innen ihre Betriebe umgestalten sollen, braucht es spezifische, vielfältige Programme sowie gute und kostenlose Beratungs- und Schulungsangebote für die unterschiedlichen Möglichkeiten. Natürlich müssen auch die landwirtschaftliche Ausbildung und die Studiengänge so schnell wie möglich entsprechend ergänzt und bald komplett umgestellt werden.

Der Neubau von Tieranlagen müsste umgekehrt komplett unterbunden werden. Wie bereits erwähnt gibt es dafür heute ja sogar noch Zuschüsse und Förderkredite. Das muss nicht nur aufhören, sondern es darf auch der Umbau bestehender Anlagen nicht weiter finanziell unterstützt werden – auch nicht, wenn es dabei um vermeintliche »Tierwohl«-Ställe geht, wie es zum Beispiel die Borchert-Kommission empfiehlt (siehe S. 66).

Es macht auch dann keinen Sinn, Umbauten zu fördern, wenn diese eine leichte Verringerung der Tierzahlen mit sich bringen. Denn auch dabei geht es um Investitionen, die sich nur lohnen, wenn die neuen Ställe noch mehrere Jahrzehnte weiterlaufen. Ein Stall mit 1.500 Schweinen ist zwar besser als einer mit 2.000, aber auch der mit 1.500 ist ethisch und ökologisch unvertretbar. Eine Mastanlage für Hühner bedeutet auch bei etwas geringerer Belegung Tierquälerei und Gesundheitsrisiken. Für einen drastischen Abbau der Tierbestände in kurzer Zeit müssen schon in den nächsten Jahren sehr viele Ställe geschlossen, nicht nur verkleinert werden. Und ich halte es sogar für unfair, mit Förderprogrammen für »Tierwohl«-Ställe jetzt Anreize dafür zu schaffen, dass Landwirt*innen noch mal in die Tierhaltung investieren, obwohl dieser Bereich längst nicht mehr zukunftsfähig ist und jederzeit von gesellschaftlichen Entwicklungen überholt werden kann.

Entschuldungs- und Entschädigungsprogramme können einzelnen

Betrieben den Ausstieg erleichtern. Daneben müssen sich die Anreizstrukturen und Vorschriften umfassend verändern, um tierhaltungsfreie Formen der Landwirtschaft attraktiver zu machen und Tierfabriken rasch auslaufen zu lassen. Eine zentrale Rolle spielt dabei die Umschichtung von Subventionen.

Milliarden für die Tierindustrie – oder für die Alternativen

Jedes Jahr fließen in Deutschland über 13 Milliarden Euro an öffentlichen Geldern auf direktem oder indirektem Weg in die Tierwirtschaft: Das hat die Studie ergeben, an der ich 2021 mitgearbeitet habe.[21] Um den Ausstieg aus dieser Industrie zu organisieren, müssen alle diese Gelder effektiv umgelenkt werden. Auf der Konsumseite geht es zum Beispiel um die verminderte Mehrwertsteuer für Tierprodukte, die dringend abgeschafft werden muss – wie oben beschrieben, können die zusätzlichen Steuereinnahmen dazu genutzt werden, pflanzliche Lebensmittel günstiger zu machen.

Ein weiterer wichtiger Topf sind die EU-Agrarsubventionen, von denen deutsche Betriebe über sechs Milliarden Euro pro Jahr bekommen. Ein Großteil davon wird immer noch als Direktzahlung pro Fläche vergeben, so dass zum Beispiel der Futtermittelanbau oder die Nutzung von Grünland für die Rinderhaltung davon profitieren. Aber auch die Mittel der »zweiten Säule« der Subventionen, die offiziell der ländlichen Entwicklung oder dem Umwelt- und Klimaschutz dienen sollen, kommen oft der Tierwirtschaft zugute. In unserer Studie haben wir die Gelder aufgeschlüsselt und sind zu dem Schluss gekommen, dass in den letzten Jahren über 800 Millionen Euro jährlich aus diesem Topf – kofinanziert von Bund und Ländern – in die Tierwirtschaft geflossen sind.[22]

Um den Ausstieg aus der Tierindustrie umzusetzen, muss letztlich zweierlei passieren: Erstens müssen alle Subventionen tatsächlich konsequent nach dem Motto »Öffentliches Geld für öffentliche Leistungen« verteilt werden. Das bedeutet, dass keine Fördermittel mehr unter minimalen Anforderungen pauschal nach Fläche vergeben werden, sondern stattdessen nur ökologisch sinnvolle Maßnahmen Unterstützung erhalten.

Zweitens muss bei der Bestimmung dessen, was als »ökologisch sinnvoll« gilt, der Abbau der Tierzahlen hohe Priorität haben. Zwischen 2014 und 2020 konnte man zum Beispiel Gelder für die Weidehaltung von Rindern oder für »Tierschutz«-Maßnahmen bekommen und diese wurden unter Umwelt- und Klimaschutz verbucht.[23] Auch in der neuen Förderperiode können Landwirt*innen an »Öko-Regelungen« teilnehmen, wenn sie Dauergrünland beweiden lassen. Die Rinderhaltung wird aber nicht dadurch klimafreundlich, dass die Tiere einen Teil des Jahres auf die Weide dürfen. Außerdem können wir auch in heutigen Grünlandgebieten ohne kommerzielle Rinderhaltung viel effektiveren Klima- und Naturschutz betreiben.[24]

Diese Optionen müssten also auch gefördert werden, während die Förderungen für Weidehaltung mittelfristig auslaufen müssen – natürlich nur in einem Gesamtpaket von Maßnahmen, das dann nicht dazu führt, dass mehr Rinder ohne Weidegang gehalten werden, sondern dazu, dass insgesamt die Rinderzahlen drastisch sinken.

Viele Umwelt- und Agrarverbände gehen bei ihren Forderungen an die Subventionspolitik leider ebenfalls noch vom Paradigma der »besseren Tierhaltung« aus, also von der Idee, dass eine tier- und umweltfreundliche Tierhaltung mit nur leicht veränderten Rahmenbedingungen dauerhaft möglich ist. In einer gemeinsamen Stellungnahme forderten 20 Verbände im Jahr 2020, dass EU-Fördergelder u.a. in Weidehaltung, Stroheinstreu in Ställen und ein höheres Platzangebot in der Tierhaltung fließen sollen.[25] Anstatt Tierbestände rasch abzubauen, wird so aber die Tiernutzung weiterhin mit öffentlichen Geldern kofinanziert. Stattdessen müssten für den Ausstieg aus der Tierindustrie alle Gelder konsequent in die nutztierfreie Nahrungsproduktion sowie in echte Natur- und Klimaschutzmaßnahmen fließen. Wie könnte das aussehen?

Landwirt*innen würden Geld bekommen, wenn sie weniger Ackergifte und Düngemittel verwenden und sinnvolle Fruchtfolgen wählen. Unterstützen würde man auch die Pflege von Blühstreifen und den Anbau von Mischkulturen und Zwischenfrüchten. Ebenso würde man sinnvolle Investitionen unterstützen wie zum Beispiel in Kompostanlagen, die für den veganen Landbau nützlich sind. Es wäre förderfähig, Streuobstwiesen zu pflanzen und zu nutzen sowie Hecken und Brachflächen anzulegen, die als wichtige Lebensräume für zahlreiche Pflanzen und Tiere dienen. Teilweise gibt es zwar solche Fördermöglichkeiten schon heute, sie müssten aber erhöht und beworben werden, so dass sie für die Landwirt*innen eine echte Alternative zu anderen Bewirtschaftungsweisen darstellen.

Die Eiweißpflanzenstrategie der Bundesregierung zum Beispiel sorgt schon seit 2012 dafür, dass immer mehr Hülsenfrüchte wie Erbsen, Soja, Linsen oder Lupinen angebaut werden. Im Rahmen der Strategie fördert der Bund Forschung und Modellprojekte und schafft auch finanzielle Anreize für Landwirt*innen, ihre Fruchtfolgen durch Hülsenfrüchte zu erweitern. Weil die Pflanzen Stickstoff aus der Luft binden, kann man so auch Kunstdünger einsparen. Die Bundesregierung will mit den Maßnahmen die Anbaufläche für Hülsenfrüchte von derzeit unter 2 Prozent auf 10 Prozent steigern.[26]

Allerdings ist dabei noch vorgesehen, dass ein großer Teil der Ernte als Tierfutter dient. Stattdessen muss es darum gehen, möglichst viel pflanzliches Eiweiß für die menschliche Ernährung zu erzeugen – und das noch stärker als bisher zu fördern. Laut Planetary Health Diet sollen wir pro Person etwa 27 Kilogramm Hülsenfrüchte im Jahr essen, der aktuelle Verbrauch liegt nur bei ein bis zwei Kilogramm. Mit den geplanten zehn Prozent der jetzigen Ackerfläche könnten wir auch den höheren Bedarf locker decken.[27]

Die dänische Regierung hat die Förderung von pflanzlichen Nahrungsmitteln bereits als Öko-Regelung in ihrer nationalen Umsetzung der EU-Förderungen verankert: Dort sollen über mehrere Jahre 66 Millionen Euro an Landwirt*innen fließen, die pflanzliches Eiweiß für den menschlichen Verzehr anbauen.[28] Das ist eine sinnvolle Maßnahme, die Transformation voranzutreiben – genau das braucht es auch hierzulande. Der Landesbauernverband Brandenburg fordert schon ein Förderprogramm für den Anbau von Hülsenfrüchten, um das wirtschaftliche Risiko für neue Technik-Investitionen abzufedern.[29]

Auf Ebene der Bundesländer ist tatsächlich viel möglich: In Nordrhein-Westfalen hat der Schweinebauer Burkhard Voss begonnen, als zweites Standbein Lupinen anzubauen. Dafür ging er eine Kooperation mit dem Ernährungswissenschaftler Prof. Dr. Guido Ritter an der FH Münster ein, die mit Mitteln des Landeswirtschaftsministeriums über sogenannte »Innovationsgutscheine« gefördert wurde. Im Food Lab der Fachhochschule entwickelten Studierende unter Anleitung neue essbare Produkte aus Lupinen. Auf dem Markt sind bisher schon ein Lupinen-Burgerpatty sowie Nudeln und Falafeln mit Lupinen, die regional und über einen Online-Hofladen vertrieben werden.[30] »Solche Landesförderungen helfen kleinen und mittleren Unternehmen dabei sich weiterzuentwickeln«, sagt Guido Ritter mir in einem Online-Gespräch. »Sie sollten weiter ausgebaut werden, um den Anbau und die Verarbeitung pflanzlicher Lebensmittel zu unterstützen.«

Bessere Absatzmöglichkeiten und mehr Sicherheit für Bäuerinnen und Bauern kann man auch dadurch schaffen, dass öffentlich getragene Kantinen und Großküchen direkt mit Agrarbetrieben aus der Region kooperieren. Im Rahmen der Umstellung der Kantinen sollten genau solche Beschaffungsprinzipien festgelegt und finanziert werden.

Außerdem muss unbedingt der heimische Anbau von Nüssen gefördert werden, deren Anteil in der Ernährung steigen sollte. Walnuss- und Haselnussbäume können als Baumstreifen in den Ackerbau integriert werden, was ökologisch sehr sinnvoll ist, aber bislang noch nicht wirksam unterstützt wird.[31] Auf dem Acker können Hanf und Lein den Boden verbessern, Insekten ernähren und dazu gesunde Fette liefern, auch das sollte Förderung erhalten. Besondere Unterstützung müsste der vegane Ökolandbau erhalten.

Damit Subventionen fließen, müssten die Ackerflächen also bald konsequent der menschlichen Ernährung dienen – oder aber dem Natur- und Klimaschutz. Denn wie wir gesehen haben, steht durch den Abbau der Tierbestände deutlich mehr Land zur Verfügung, als für die Nahrungsmittelproduktion gebraucht wird – selbst wenn man mitdenkt, dass durch globale Krisen in anderen Ländern die Getreideerzeugung sinkt. Landwirt*innen sollten also Förderungen erhalten können, um Teile ihrer Flächen zu renaturieren. Besonders hohe Priorität müssen dabei die landwirtschaftlich genutzten Moorböden haben: Landwirt*innen sollten dabei unterstützt werden, diese Flächen wiederzuvernässen. Das bedeutet nicht automatisch, dass sie dann gar nichts mehr damit verdienen könnten: Mit nasser Bewirtschaftung, sogenannter Paludikultur, kann man Rohstoffe wie Schilf oder Torfmoose erzeugen. Es könnte auch sinnvoll sein, auf manchen Feuchtgebieten Solarstrom-Anlagen einzurichten und so zur Energiewende beizutragen.[32]

Aber in vielen Fällen hätte es auch positive Effekte, reine Natur- und Klimaschutzmaßnahmen zu fördern: Wenn Landwirt*innen naturnahe Mischwälder, Blühwiesen oder andere Biotope anlegen, müssen sie dafür bezahlt werden. Bislang passiert das zum Beispiel, wenn Firmen für Bauprojekte zu Kompensationsmaßnahmen verpflichtet sind: So ließ der Elektroautobauer Tesla wegen der Gigafabrik in Brandenburg Wald abholzen und musste daher woanders Flächen aufforsten lassen. Ein konventioneller Landwirtsbetrieb in derselben Region stieg aus Rinderhaltung und Ackerbau aus, um hunderte Hektar Mischwald zu pflanzen und extensives Grünland anzulegen. Dort entsteht jetzt ein »Naturraum für Generationen«, der verlorengegangene Funktionen des Naturhaushalts ersetzen und so zu einem stabilen Ökosystem beitragen soll.[33]

Genau solche Projekte müssten durch öffentliche Gelder gefördert werden, damit sie nicht nur als »Ausgleich« für neue Zerstörung unternommen werden, sondern weil Natur- und Klimaschutz ganz unabhängig von neuen Bauprojekten wichtig sind – und letztlich auch der Landwirtschaft selbst nützen. Natürlich macht es mit Blick auf die Ernährungssicherheit und in Anbetracht globaler Krisen und zunehmender Dürren Sinn, solche Projekte besonders dort zu finanzieren, wo sich die Böden nicht so gut für eine effiziente Nahrungsmittelerzeugung eignen.

Ebenso könnte es Programme geben, die eine Tierhaltung für den Naturschutz fördern oder Lebenshöfe unterstützen, wo Tiere wie im »Land der Tiere« keinen Nutzen mehr erbringen müssen. Mit verschiedenen Besuchs- und Workshopangeboten wecken solche Höfe Empathie für Rinder, Schweine und Hühner und arbeiten so an einem neuen Mensch-Tier-Verhältnis. Das bringt auch die Ernährungswende voran. Wenn man Sarah Heiligtag vom Hof Narr in der Schweiz fragt, kann es kaum genug Lebenshöfe geben: »Das ist auch ein symbolischer Wert, denn so ändert sich der Status der Tiere. Eigentlich könnte jede Gemeinde ihren eigenen Lebenshof haben.« Für die Naturschutzleistungen durch schonende Beweidung ebenso wie für die Bildungsangebote könnten Lebenshöfe im Rahmen einer umfassenden TransFARMation Unterstützung bekommen.

Alle diese Maßnahmen kosten eine Menge Geld. Würden dafür die Mittel reichen, die heute in die schädliche Tierindustrie fließen – wenn wir zu den EU-Agrarsubventionen auch die nationalen und regionalen Fördergelder dazurechnen, die ebenso umgeleitet werden müssen?

Das lässt sich ohne umfangreiche Studien nicht beantworten, zumal die Antwort von vielen Faktoren abhängt – unter anderem davon, welche Preise die Bäuerinnen und Bauern in einem neuen System für ihre Produkte bekommen würden. Denn solange die Rahmenbedingungen der Marktwirtschaft bestehen bleiben, werden die verschiedenen Weisen der Landnutzung – Lebensmittelanbau und Klima- und Naturschutz – weiterhin aus zwei Quellen finanziert: Erstens aus den Einnahmen über den Verkauf der Produkte und zweitens aus staatlichen Fördergeldern.

Wenn wir davon ausgehen, dass die Verbraucher*innen insgesamt nicht weniger für ihre Ernährung ausgeben, würde weiterhin genauso viel Geld auf diesem Wege in die Landwirtschaft fließen. Der Aufwand an Ressourcen wird zugleich aber sogar geringer, wenn wir die Tierproduktion durch Pflanzenproduktion ersetzen: Um Hafermilch herzustellen, müssen keine Futtermittel importiert und keine Kühe betreut werden. Und wenn wir Getreide und Hülsenfrüchte direkt zu Burgern verarbeiten, anstatt sie an Schweine zu verfüttern, um später diese zu essen, dann fällt eine ganze ressourcen- und arbeitsintensive Stufe weg.

Außerdem müssten wir bei einem regionalen Anbau weniger Lebensmittel importieren, so dass sogar ein größerer Teil der Verkaufserlöse von Lebensmitteln im Lande bleibt – gegeben, dass die Wertschöpfung tatsächlich bei den Landwirt*innen ankommt und nicht bei den Verarbeitungskonzernen, dem Zwischenhandel und den Supermärkten bzw. Discountern hängenbleibt. Auch zu diesem Zweck könnte man geeignete Maßnahmen erlassen, um deren Profite zu begrenzen, zum Beispiel durch Verschärfungen des Kartellrechts.[34]

Zugleich würde aber bei einer Ökologisierung der Anbauweisen der Aufwand für den Anbau von Lebensmitteln steigen: Die Bäuerinnen und Bauern müssen zwar weniger große Maschinen, Pestizide und Kunstdünger kaufen, allerdings verringert sich damit zugleich der Ertrag pro Arbeitskraft. Viele sinnvolle Anbaumethoden und insbesondere die Gemüseerzeugung sind arbeitsintensiv. Heute werden solche Arbeiten häufig von extrem schlecht bezahlten, migrantischen Erntehelfer*innen unter prekären Bedingungen geleistet.

Natürlich kann es nicht das Ziel sein, diese Praxis weiter auszubauen. Aber unter anderen Bedingungen könnten viele neue, attraktive Arbeitsplätze in der Landwirtschaft entstehen, die ganze Dörfer und Regionen wiederbeleben würden. So müsste man zum Beispiel den Rückbau der Tieranlagen und Schlachthöfen damit verknüpfen, dass nachhaltige Anbauprojekte und Verarbeitungsbetriebe gefördert werden – wo idealerweise auch die ehemaligen Schlachthof-Arbeiter*innen eine gute Beschäftigung finden. Es handelt sich zweifellos um eine große Herausforderung. Aber unmöglich ist es nicht.

Am Ende werden wir als Gesellschaft wahrscheinlich deutlich mehr Geld und Arbeitskraft für den Umgang mit dem Land und die Erzeugung von Nahrungsmitteln aufwenden, als heute in diesen Bereich fließt. Sinnvoll und dringend nötig ist das trotzdem allemal, denn wir verringern so die Treibhausgasemissionen und die anderen negativen Umweltfolgen massiv und entlasten zudem das Gesundheitssystem. In Anbetracht der externen Kosten der heutigen Landwirtschaft bin ich sicher, dass sich die Transformation auch finanziell lohnt.

Ein Teil der Maßnahmen kann womöglich schon dadurch finanziert werden, dass neue Abgaben eingeführt werden, die an den Ursachen der Probleme ansetzen: Mehrere Wissenschaftler*innen schlugen zum Beispiel vor – noch vor dem Ukrainekrieg und den dadurch verursachten Preiserhöhungen –, für den Klimaschutz eine Steuer auf mineralischen Stickstoffdünger zu erheben, damit weniger davon verbraucht wird.[35] Eine Studie im Auftrag der Deutschen Umwelthilfe schlägt eine Abgabe auf Treibhaus- und Luftschadstoffe wie Methan und Ammoniak aus der Tierhaltung vor und verweist dabei auf das Verursachungsprinzip.[36] Und eine Nachhaltigkeitssteuer auf Lebensmittel habe ich im vorigen Kapitel schon betrachtet – dabei wäre es allerdings wie beschrieben wichtig, für sozialen Ausgleich zu sorgen, so dass mindestens ein Teil der Einnahmen wieder an die Menschen zurückfließt.

Wo sollte darüber hinaus kurzfristig das Geld für die Transformation herkommen? Aus meiner Sicht spricht nichts dagegen, die noch übrigen Kosten über Steuergelder zu finanzieren. Dabei könnte es sich um allgemeine Haushaltsmittel handeln. Denkbar ist aber auch ein Agrarwende-Soli auf die Einkommenssteuer – somit würden die Besserverdienenden im Sinne der sozialen Gerechtigkeit stärker belastet werden. In der Diskussion um die Borchert-Empfehlungen wurde bereits diskutiert, die nötigen Gelder für den »Umbau« der Tierhaltung über solche Abgaben zu finanzieren.[37] Es ist also keineswegs abwegig – nur müssen die Mittel eben sinnvoll für eine umfassende Transformation weg von der Tierhaltung eingesetzt werden.

Interessant ist bei der Finanzierungsfrage wiederum der Vergleich mit dem Kohleausstieg: Dabei erhalten in Deutschland nicht nur die Energiekonzerne mehrere Milliarden Euro Entschädigungszahlungen. Sondern das Ausstiegspaket sieht auch massive Strukturhilfen von insgesamt 40 Milliarden Euro für die betroffenen Regionen vor – obwohl es in der Kohle nur noch um die 20.000 Arbeitsplätze gibt.[38] Nötige Transformationen ganzer Wirtschaftsbranchen lässt sich der Staat also auch in anderen Bereichen etwas kosten.

Spezielle Programme für einzelne Regionen können bei der Transformation der Landwirtschaft ebenfalls sinnvoll sein, denn einige Gebiete besonders in Niedersachsen sind stärker von der Tierindustrie geprägt als andere. Dort könnte man neue Betriebskonzepte und Wertschöpfungsketten besonders unterstützen.

Der Ausstieg aus der Tierindustrie betrifft nicht nur die Landwirtschaft – viele Bereiche des Lebens und der Wirtschaft spielen für den Erfolg des Projekts eine wichtige Rolle. Dazu gehört neben den bisher genannten Bereichen auch Wissenschaft und Forschung. Heute fließen jedes Jahr viele Millionen Euro in Forschung zugunsten der Tierwirtschaft, während man die laufenden Studien zum veganen Ökolandbau wahrscheinlich an einer Hand abzählen kann. Um ein pflanzenbasiertes Ernährungssystem so umweltverträglich und effizient wie möglich zu machen, braucht es viel mehr Forschung zu Anbaumethoden, Düngung, Verarbeitung und Ernährung – das kann teilweise über staatliche Forschungsförderung gesteuert werden, erfordert aber auch eine Umorientierung der wissenschaftlichen Institutionen selbst.

Unser Maßnahmenpaket für den Ausstieg aus der Tierindustrie enthält also bislang Entschädigungs- und Umschulungsangebote für Tierhalter*innen, einen Baustopp für Tieranlagen, neue Umwelt- und Klimaabgaben sowie eine grundlegend veränderte Förderpolitik. Das reicht noch nicht unbedingt, um schnelle Abbauziele umzusetzen, denn gerade große Betriebe und auch die Schlachthöfe sind nicht zwingend auf Subventionen angewiesen. Und sie sind heute schon diejenigen, die am wenigsten über eine Betriebsaufgabe nachdenken. Es braucht neben den finanziellen Maßnahmen daher auch neue Vorschriften und Kontrollmechanismen.

Auflagen verschärfen und durchsetzen

»Wenn man die Tierschutzstandards erhöht, so dass die Tiere mehr Platz haben, dann müssen automatisch die Tierzahlen drastisch sinken«, sagt der Agrarwissenschaftler Dr. Philipp von Gall. Wir treffen uns im April 2022 in einem Café in Berlin. Ein paar Tage vorher ist eine Studie erschienen, die von Gall für die Tierschutzorganisation Vier Pfoten erstellt hat.[39]

»Die Ampelregierung hat im Koalitionsvertrag festgehalten, dass sie die Landwirte dabei unterstützen will, die Nutztierhaltung in Deutschland artgerecht umzubauen«, erläutert von Gall. »Wir wollten herausfinden, was das für den Umfang der Tierhaltung heißen würde. Für die Studie haben wir angenommen, dass ›artgerechter Umbau‹ bedeutet, die konventionelle Tierhaltung auf die Flächenstandards der Biohaltung umzustellen – weil die weithin als Prototyp einer artgerechten Tierhaltung gilt.«

Tatsächlich ist das in Anbetracht der Bedürfnisse der Tiere noch immer extrem wenig Platz. Schweine zum Beispiel können bei einem Quadratmeter »Auslauf« pro Tier ihre Verhaltensbedürfnisse noch immer kaum ausleben. Trotzdem sind die Ergebnisse der Studie sehr interessant.

»Bei gleichbleibenden Tierzahlen würde sich durch die Umstellung der Bedarf an Stall- und Außenflächen insgesamt mindestens versechsfachen«, berichtet Philipp von Gall. So viel mehr Platz wäre also nötig, nur um die Bio-Haltungsvorgaben zu erfüllen! »Das kann keiner wollen. Daher folgt im Umkehrschluss, dass die Tierzahlen sinken müssen.«

Um genauer zu betrachten, wie groß die Reduktion wäre, unterscheidet die Studie zwischen Stallflächen und Außenflächen. »In einem Szenario gehen wir davon aus, dass keine Ställe erweitert oder neu gebaut werden sollen, aber unbegrenzt Außenflächen zur Verfügung stehen«, erklärt von Gall. »In diesem Fall müssten die Tierzahlen um ca. 30 Prozent zurückgehen.« Also so viele Tiere passen nach Bio-Vorgaben noch in die vorhandenen Ställe.

»Legt man außerdem fest, dass keine zusätzlichen Außenflächen für die Tierhaltung genutzt werden sollen, müssten die Tierzahlen um ganze 90 Prozent sinken.«

Die Studie hat noch einen Mittelweg zwischen diesen beiden Szenarien durchgerechnet, wonach sowohl neue Stallflächen als auch neue Außenflächen geschaffen werden können, aber jeweils nur in begrenztem Ausmaß. In diesem Szenario würden die Tierzahlen im Schnitt um 60 Prozent sinken, etwas unterschiedlich je nach Tierart – es könnten zum Beispiel nur noch drei von zehn Schweinen, zwei von zehn Puten und sieben von zehn »Milchkühen« gehalten werden. Der Platzbedarf außen würde dabei insgesamt um das Zwei- bis Dreifache steigen.

»Wenn die Koalition es ernst meint mit dem Vorhaben, die Tierhaltung artgerecht umzubauen, dann ergibt sich – abgesehen von tierethischen Fragen – daraus praktisch also mindestens eine Halbierung der Tierzahlen, sofern man den zusätzlichen Platzbedarf vernünftig begrenzen will«, fasst von Gall die Ergebnisse der Studie zusammen und ergänzt: »Das hätte man ehrlicherweise auch gleich so kommunizieren können.«

Solche Berechnungen zum Flächenbedarf zeigen, dass die Tierschutzgesetzgebung ein gutes Instrument sein kann, um den umfassenden Ausstieg aus der Tierindustrie voranzutreiben: Sobald man den vorgeschriebenen Platz im Stall pro Tier erhöht, aber keine Neubauten oder Erweiterungen von Ställen erlaubt, können die Betriebe zwangsläufig nur noch weniger Tiere halten. Entsprechend verringern sich auch Futtermittelbedarf und Gülleaufkommen. Dasselbe passiert, wenn man Ausläufe vorschreibt, weil viele Betriebe das entsprechende Land nicht haben werden. Das verbessert die Situation für die Tiere zumindest ein bisschen und verteuert zugleich die Tierhaltung. Insofern viele Betriebe unter diesen Bedingungen nicht mehr rentabel wären – da nicht alle Mehrkosten über höhere Preise gedeckt werden könnten –, steigt die Attraktivität der Ausstiegsangebote.

Um diesen Effekt zu haben, dürfte man offensichtlich die Umstellung oder die neue »bessere« Haltung nicht finanziell fördern. In der Realität passiert aktuell das Gegenteil: Bestimmte Stallumbauten für »mehr Tierwohl« werden gefördert, während Landwirt*innen, die auf Erzeugung pflanzlicher Nahrungsmittel umsteigen, keine Subventionen dafür bekommen.[40]

Die Platzvorgaben pro Tier zu erhöhen ist viel effektiver als eine »Flächenbindung« der Art, wie sie von Politiker*innen und Umweltverbänden oft gefordert wird: Das bedeutet, dass ein Betrieb nur so viel Tiere halten darf, wie er von eigenen Flächen ernähren kann. So eine Regelung würde zwar in den Regionen mit besonders hoher Tierdichte wie in Niedersachsen eine Reduktion bewirken. Deutschlandweit gesehen könnte sich so aber die Zahl der Tiere sogar erhöhen: »Setzt man die heute übliche Flächenbindung von zwei Großvieheinheiten je Hektar an, könnten auf der Agrarfläche in Deutschland in der Theorie rund dreimal so viel Geflügel, Schweine und Rinder gehalten werden, als es heute gibt«, sagt Philipp von Gall. Eine »Großvieheinheit« bezeichnet entweder ein ausgewachsenes Rind, acht Schweine oder 300 Hühner.

Auch bei einer Flächenbindung von 1,5 Großvieheinheiten je Hektar, wie sie aktuell im Ökolandbau vorgesehen ist, ergibt sich von allein keine Gesamtreduktion der Tierzahlen.

Sinnvoll könnte aber sein, die verschiedenen Instrumente zu kombinieren: Alle Betriebe müssen den Tieren mehr Platz bieten. Diejenigen, die mehr Tiere halten, als sie von eigenen Flächen ernähren können, müssten den Überhang sofort abstocken. Neue Tierhaltungen dürften nicht gebaut werden, so dass die Reduktion nicht anderswo ausgeglichen werden kann.

Neben solchen konkreten Gesetzesänderungen müssen die Regierungen dafür sorgen, dass die bestehenden und die neuen Regelungen tatsächlich konsequent umgesetzt und kontrolliert werden. Denn wenn Ferkel in Zuchtanlagen totgeprügelt werden, Hühner unter Schmerzen in Mastanlagen verenden oder Kühe mit verletzten Beinen in den Schlachttransporter gezwungen werden, dann widerspricht das ja eigentlich schon heute den Tierschutzvorschriften – ist aber trotzdem Normalität in der Tierindustrie.

Auf diese Diskrepanz weisen Jurist*innen seit langem hin. Der Juraprofessor Steffen Augsberg zum Beispiel, der im Deutschen Ethikrat an einer Stellungnahme zur Nutztierhaltung mitgearbeitet hat, sagt: »Ich kenne kein einziges Rechtsgebiet, in dem so heuchlerisch vorgegangen wird wie im Tierschutzrecht.«[41] Denn in der aktuellen Tierhaltung – die auch noch umfassende staatliche Förderungen erhält – wird systematisch schon das geltende Tierschutzrecht gebrochen, häufig von Staat und Gerichten geduldet. Um das zu ändern, muss man zum einen in allen Bundesländern das Tierschutz-Verbandsklagerecht einführen. Das bedeutet, dass Tierschutzverbände bei Gesetzesverstößen Klage erheben können. Bislang können sie nur bei der jeweiligen Staatsanwaltschaft Anzeige erstatten. Die meisten Verfahren werden dann aber eingestellt. Mit Klagebefugnis der Verbände müssten mehr Tierschutzverstöße von den Gerichten verfolgt werden.

Zum anderen müssen die Veterinärämter selbst angewiesen werden, ihre Möglichkeiten auszuschöpfen: Sie können bei Verstößen reihenweise hohe Bußgelder verhängen, Anzeigen erstatten und Betriebe komplett schließen – ganz ohne Entschädigung. Dasselbe gilt für Schlachthöfe, in denen es nachgewiesenermaßen immer wieder zu Fehlbetäubungen und unnötiger Gewalt gegen die Tiere kommt. Mehrere kleine Schlachthöfe wurden in den letzten Jahren aufgrund von Tierschutzverstößen geschlossen, möglich ist es also.[42] Aber auch in großen Schlachtfabriken sind Verstöße an der Tagesordnung. Gerade die großen Fleischkonzerne haben in den letzten Jahrzehnten Milliarden verdient mit einem zerstörerischen und ausbeuterischen Geschäftsmodell. Mit ihnen muss niemand Mitleid haben.

Außerdem gibt es viele Fälle, in denen Tierfabriken gegen ihre umweltrechtlichen Genehmigungsauflagen verstoßen, weil aus ihnen zum Beispiel dauerhaft zu viele Schadstoffe wie Nitrat und Ammoniak nach außen dringen oder weil sie mehr Gülle produzieren, als sie umweltverträglich verteilen können.[43] Eine konsequente Verfolgung aller Verstöße hätte auch da immense Auswirkungen auf die Branche.

Eine weitere Maßnahme kann bei den Futtermittelimporten ansetzen. Zwar ist es aufgrund bestehender Handelsabkommen schwierig, zum Beispiel einen generellen Einfuhrstopp für Sojafuttermittel zu verhängen. Allerdings könnte man auf deutscher und europäischer Ebene schärfere Lieferkettengesetze erlassen, was von zahlreichen NGOs bereits gefordert wird.

Lieferkettengesetze verpflichten Unternehmen dazu, bei Importen auf die Herstellungsbedingungen der Waren zu achten. Im Falle von Verstößen drohen Anzeigen und Bußgelder. Zwar hat die Bundesregierung im Jahr 2021 ein solches Gesetz beschlossen. Allerdings bezieht es sich nur auf die Einhaltung von Menschenrechten; umweltbezogene Sorgfaltspflichten fehlen. Außerdem scheinen die Wirtschaftsverbände großen Einfluss gehabt zu haben – Kritiker bewerten das Gesetz als ausgehöhlten Papiertiger.[44]

Ein europäisches Lieferkettengesetz ist im Sommer 2022, als ich dieses Buch schreibe, noch nicht verabschiedet worden. Der erste Entwurf der Europäischen Kommission würde allerdings nur für weniger als ein Prozent aller Unternehmen in der EU gelten und in wichtigen Punkten keine effektiven Sanktionen vorsehen.[45]

Schärfere Gesetze müssten alle Unternehmen darauf verpflichten, ihre Agrarprodukte nicht von kürzlich gerodeten Waldflächen zu beziehen und Menschenrechtsverletzungen in der gesamten Lieferkette wirksam auszuschließen. Bei Soja und auch bei Fleischimporten würde das die importierte Menge verringern und den Preis erhöhen.

Apropos Fleischimporte: Diejenigen, die einen Abbau der hiesigen Tierbestände und höhere Auflagen ablehnen, verweisen gern auf die Gefahr, dass sich dadurch die Produktion von Fleisch, Milch und Eiern ins Ausland verlagern könnte – Unternehmen könnten woanders billiger produzieren und die Supermärkte würden dann einfach deren Produkte importieren, anstatt die Preise zu erhöhen oder die Mengen zu verringern. Ist das eine echte Gefahr?

Der Agrarwissenschaftler Philipp von Gall ist in seiner Studie auf diese Frage eingegangen. »Die Gefahr der Verlagerung besteht natürlich, aber in der Diskussion wird das oft schlicht als Feigenblatt für Untätigkeit verwendet«, sagt er. Denn es gibt eine Reihe von Maßnahmen, mit denen man dieser Dynamik entgegensteuern kann. »Erstens muss man die neue Agrarpolitik mit einer Politik des sinkenden Konsums von Tierprodukten kombinieren. Auf diese Weise stimmt man Inlandsangebot und Inlandsnachfrage aufeinander ab«, erklärt von Gall. Die entsprechende Ernährungswende habe ich im vorigen Kapitel beschrieben.

Zweitens kann die EU Importverbote für Produkte erlassen, die nicht nach ihren Standards produziert wurden. Im Rahmen des internationalen Handelsrechts ist das nicht ganz einfach, unter gewissen Bedingungen aber möglich – und es gibt schon Präzedenzfälle.[46] »Auf diese Weise könnten Importe tierbasierter Produkte zwar nicht generell verboten, aber zumindest signifikant eingeschränkt werden«, sagt von Gall. Ein hoher Zollschutz für Tierprodukte würde das Risiko einer Verlagerung der Produktion ins Ausland weiter reduzieren.

Drittens könnte ein Abbau der hiesigen Tierbestände auch international eine »Leitbildfunktion« übernehmen, hofft von Gall. Die deutsche Politik sollte sich aus seiner Sicht auf globaler Ebene und im Rahmen der Vereinten Nationen für einen reduzierten Konsum von Fleisch, Milch und Eiern einsetzen. »Im Rahmen der 17 Nachhaltigkeitsziele sollten international gemeinsame Ziele für die Entwicklung der Tierhaltung definiert werden, die verschiedene Staaten unterschiedlich umsetzen können«, meint von Gall.

Diese globale Perspektive ist offensichtlich für den Erfolg der Transformation wesentlich. Wenn wir allein in Deutschland oder Europa das Ernährungssystem umkrempeln, weltweit der Tierkonsum aber steigt, ist wenig gewonnen. Aber unabdingbar ist, dass wir anfangen – hier und heute!

Ganz anders wirtschaften?

Es ist ein Samstag Anfang Mai 2022. Ich hocke auf der Erde, die Sonne scheint und ich bin seit einer Stunde dabei, kleine Zwiebelpflänzchen in den harten Boden zu stecken und gut anzudrücken. Hinter und vor mir sind rund 15 weitere Menschen auf dem Acker im Einsatz: Einer zieht Furchen auf den beiden langen Ackerstreifen, die für die Zwiebeln vorgesehen sind. Andere befreien die vorgezogenen Pflänzchen aus ihren Anzuchtplatten, platzieren sie an den richtigen Stellen oder pflanzen sie schließlich ein. Noch ein Stück weiter verteilen zwei Menschen Stroh auf der Erde als Mulch für Kürbispflanzen und noch zwei andere streuen pflanzlichen Dünger aus.

Der Acker liegt nicht weit außerhalb des kleinen Orts Leveste in der Nähe von Hannover. Heute findet hier eine Gemeinschaftsaktion statt für die Mitglieder der bio-veganen Gärtnerei Wildwuchs. Die meisten Helfer*innen sind aus Hannover mit dem Fahrrad gekommen, Junge und Ältere und mehrere Eltern mit kleinen Kindern, die einmal sehen sollen, wo ihr Gemüse eigentlich herkommt.

Ich habe mich zu der Gemeinschaftsaktion als Gast angemeldet, weil ich mich frage, ob wir in der Landwirtschaft noch mehr ändern müssen als den Umgang mit Tieren, Land und Natur. Offensichtlich gibt es ja viele Probleme auch außerhalb der Tierindustrie – auf der einen Seite werden Erntearbeiter*innen ausgebeutet und viele Bäuerinnen und Bauern fürchten um ihre Existenz, auf der anderen Seite sind fair und ökologisch produzierte Nahrungsmittel für ärmere Menschen kaum erschwinglich. Zudem werden Lebensmittel global nicht gerecht verteilt, noch immer gibt es massive Hungersnöte, Unter- und Mangelernährung. Wenn wir schon dabei sind, ein gerechtes Ernährungssystem zu entwerfen, ist es sicher mit der Abschaffung der Tierindustrie nicht getan. Braucht es auch eine andere Art der Organisation, eine andere Art des Wirtschaftens? Ein Ansatz dafür liegt in der solidarischen Landwirtschaft (Solawi).

Auf dem Acker in der Nähe von Hannover spreche ich mit Arne Wessel, dem Betriebsleiter der Gärtnerei. Er trägt seine dichte braune Haarmähne hinterm Kopf zusammengebunden. »Ich hatte mit meiner Schwester Meike im Jahr 2011 gerade eine kleine Obst- und Gemüsegärtnerei gestartet«, erzählt er mir. »Da sind Menschen auf uns zugekommen, die sich in einer Protestbewegung gegen einen Massentierhaltungsstall ein paar Dörfer weiter zusammengefunden hatten. Sie haben überlegt, was sie noch tun können, um nachhaltig etwas zu verändern, und sind auf die Idee einer Solawi gekommen. Wir haben uns schlau gemacht und dann ging alles ziemlich schnell.«

Zu der Zeit war diese Wirtschaftsform noch wenig bekannt, es gab nur ein paar Handvoll Betriebe in ganz Deutschland und das überregionale Netzwerk Solidarische Landwirtschaft hatte sich gerade erst gegründet. Die Idee ist einfach: »Für mich heißt Solawi, dass sich kleine Betriebe dem Markt entziehen und stattdessen direkt für eine Gemeinschaft produzieren«, sagt Arne Wessel. »Die Mitglieder der Gemeinschaft tragen letztlich die Kosten für den Betrieb und nicht für das Gemüse.«

Konkret sieht das bei der Solawi Wildwuchs so aus: Jedes Jahr wird ein Gesamtbudget für den Betrieb festgelegt, in dem die Gehälter der Mitarbeitenden ebenso enthalten sind wie Ausgaben für Maschinen und Saatgut. Es besteht eine Kooperation zwischen dem Betrieb und dem Solawi-Verein – dessen Mitglieder kommen gemeinsam für das Budget auf und erhalten jeweils Ernteanteile in Form einer wöchentlichen Gemüsekiste. »Damit sind wir nicht vom Markt abhängig wie andere Unternehmen. Das gibt uns Sicherheit«, erklärt Arne Wessel. Darin bestehe die Solidarität der Gemeinschaft gegenüber der Gärtnerei: »Es kann ja theoretisch sein, dass mal ein früher Hagel oder eine Überschwemmung einen Teil der Ernte vernichtet. Aber trotzdem wäre die Existenz der Gärtnerei gesichert.«

Im Vergleich zu vielen Gemüsebetrieben bekommen die Gärtner*innen bei Wildwuchs einen besseren Lohn und haben geregelte Arbeitszeiten. »Bei anderen Betrieben ist es üblich, dass man im Sommer 10- oder 12-Stunden-Tage schieben muss. Wir machen das anders. Bei uns können die Leute sogar im Sommer auch mal Urlaub machen.« Ermöglicht wird das unter anderem durch die Mitarbeit der Mitglieder wie an dem Samstag, an dem ich die Gärtnerei besuche. »Wir sind darauf angewiesen, dass zu den Gemeinschaftsaktionen einmal im Monat Menschen kommen, um beim Unkrautjäten, Pflanzen oder Ernten zu helfen. Auch in die Vereinsarbeit stecken einige Mitglieder viel ehrenamtliches Engagement. Es ist sehr schön zu sehen, dass es so gut funktioniert.«

Auf anderen, größeren Betrieben werden die meisten Jungpflanzen maschinell eingepflanzt – die durchaus anstrengende körperliche Arbeit, mit der wir an diesem Samstag hockend jede Zwiebel einzeln in den Boden pressen, entfällt. Auf der kleinen Fläche würde sich die maschinelle Pflanzung aber nicht lohnen, sagt Arne. Das ergebe nur Sinn, wenn man gleich einen oder mehrere Hektar mit Zwiebeln bepflanzt. Bei Wildwuchs sind dagegen immer nur schmale Streifen mit einer Art Gemüse besetzt, das reicht für die 100 Ernteanteile, schafft Vielfalt und hilft gegen Schädlinge. An der einen Seite wird der Acker von einer gemischten Hecke begrenzt, auf dem Wiesenstreifen daneben blüht gerade der Löwenzahn.

»Ich sehe das nicht als Verpflichtung, ein paarmal im Jahr auf dem Acker mitzuhelfen«, sagt Birgit Thormählen, mit der ich mich bei der Gemeinschaftsaktion unterhalte. Es sei vielmehr eine Gelegenheit, mit netten Leuten einen schönen Tag im Freien zu verbringen. »Außerdem ersetzt es das Fitnessstudio«, lacht sie. »Man bekommt auch eine andere Beziehung zu dem Gemüse«, ergänzt jemand anders. »Wir werden uns alle an heute erinnern, wenn wir später im Jahr Zwiebeln oder Kürbis in der Gemüsekiste haben.«

Neben der Solidarität gegenüber der Gärtnerei gibt es auch eine Solidarität der Mitglieder untereinander: Nicht alle müssen gleich viel bezahlen, sondern der Beitrag der einzelnen wird in einer anonymen Bietrunde immer zu Anfang des Jahres festgelegt. Jede Person gibt dabei ein Gebot dafür ab, was sie zu zahlen bereit und in der Lage ist. Dabei muss am Ende das ganze Jahresbudget der Gärtnerei erreicht werden. Ein Richtwert macht transparent, was im Durchschnitt pro Person zusammenkommen muss. »Viele orientieren sich am Richtwert«, sagt Arne Wessel. »Aber es gibt durchaus Schwankungen und auch einige starke Ausreißer nach oben und unten.« So können auch Mitglieder, die weniger Geld zur Verfügung haben, am Projekt teilnehmen und bio-veganes Gemüse beziehen, indem sie von höheren Beiträgen anderer Mitglieder profitieren. Ist das ein Modell für ein gerechteres Ernährungssystem?

»In Solawis mit anonymen Bietrunden wird die Tauschlogik, die sonst unsere Wirtschaft durchdringt, ein Stück weit aufgehoben«, sagt die Volkswirtin und Historikerin Dr. Friederike Habermann. »Denn die Leute bezahlen nicht dafür, dass sie etwas Bestimmtes bekommen, sondern sie bezahlen, was benötigt wird bzw. was sie können.« Habermann beschäftigt sich seit langem mit alternativen Wirtschaftsmodellen und hat mehrere Bücher dazu veröffentlicht. Sie glaubt, dass die Tauschlogik ein Grundübel unseres Wirtschaftssystems ist. »Es geht um das Prinzip, dass man nur etwas bekommt, wenn man es mit etwas anderem ertauscht«, erklärt Habermann. »Das ist auch die Basis jedes Marktes. Oft wird behauptet, dass Menschen immer schon so miteinander gewirtschaftet hätten, schon bevor es Geld gab. Aber das stimmt nicht. Die Tauschlogik hat es nicht schon immer gegeben und sie ist auch nicht unüberwindbar.«

Ein Problem an der Tauschlogik sei, dass sie zwangsläufig eine künstliche Knappheit erzeuge. »Angenommen, ich habe eine Banane und du hast einen Apfel. Die können wir nur dann miteinander tauschen, wenn sie denselben Tauschwert haben. Wenn meine Banane mehr wert ist als dein Apfel, dann breche ich sie vielleicht in zwei Hälften, für die eine Hälfte bekomme ich deinen Apfel. Was ich mit der anderen Hälfte mache, geht dich dann nichts an – ich kann sie selbst essen oder wegschmeißen. Und auch wenn ich so viele Bananen hätte, dass sie mir schon wegfaulen, würde ich keine davon abgeben, wenn ich nicht einen Apfel oder etwas anderes Gleichwertiges dafür bekomme. Diejenigen, die nichts zum Tauschen haben, gehen also leer aus – obwohl es genug Lebensmittel gibt.«

Das sei nicht bloß ein Gedankenexperiment, sondern letztlich eine Beschreibung der Realität, sagt Habermann: »Weil wir in Tauschlogik denken, finden wir es normal, dass Lebensmittel dorthin gehen, wo das Geld ist, anstatt dorthin, wo sie gebraucht werden. Deshalb ist eine Milliarde Menschen unterernährt bzw. hungert, während in Europa mehr Lebensmittel weggeschmissen werden, als auf der eigenen Fläche angebaut werden könnten.«

Tauschlogik bedeute außerdem, dass Unternehmen am Markt konkurrieren und diejenigen einen Vorteil haben, die zu geringeren Kosten produzieren können: »Der Markt basiert darauf, dass unter sonst gleichen Bedingungen die billigere Variante gewinnt und die teurere vom Markt verschwindet«, sagt Habermann. Das wiederum führe automatisch zu Zerstörung und Ausbeutung: »Billiger kann sein, wer unbescholten Natur vernutzt, unbemerkt Sorgetätigkeiten mit einverleibt und Arbeit am meisten ausbeutet. Nicht zuletzt darum dreht sich der vielgepriesene Wettbewerb.«

Auch der Zwang zum permanenten Wachstum ergibt sich aus Habermanns Sicht letztlich aus der Tauschlogik. Denn wenn ein Unternehmen es schaffe, mehr Produkte zum selben Preis herzustellen, müssten die anderen nachziehen, um nicht aus dem Markt herauskonkurriert zu werden. Diese und einige weitere Gründe sprechen für Habermann klar dafür, dass »das gute Leben für alle tauschlogikfrei sein muss«.[47] Solawis seien insofern gelebte Alternativen innerhalb des bestehenden Systems – zwar müssten auch sie nach außen mit Geld notwendige Güter ertauschen, aber innerhalb der Gemeinschaft organisierten sie sich tauschlogikfrei.

Friederike Habermann ist nur eine von vielen Denker*innen und Praktiker*innen, die heute schon an alternativen Wirtschaftsmodellen arbeiten. Im Netzwerk Oekonomischer Wandel (NOW) hat sie sich mit Vertreter*innen anderer Ansätze zusammengeschlossen. »Unsere gemeinsame Überzeugung ist: Eine bessere Wirtschaft muss demokratisch und bedürfnisorientiert sein und die ökologische Sensibilität des Planeten respektieren«, sagt Habermann. »Unsere Perspektiven und Vorschläge unterscheiden sich zwar im Detail, aber es überwiegen diese grundlegenden Gemeinsamkeiten.«

In einer Gemeinwohl-Ökonomie zum Beispiel, einem der dort vertretenen Ansätze, soll alle wirtschaftliche Tätigkeit dem Gemeinwohl und nicht mehr der Geldvermehrung um ihrer selbst willen dienen. Statt mit dem Bruttosozialprodukt soll der Erfolg von Volkswirtschaften mit einem »Gemeinwohl-Produkt« gemessen werden. Einzelne Unternehmen sollen eine »Gemeinwohl-Bilanz« erstellen und dementsprechend auch Steuervorteile oder andere Förderungen erhalten.

Der Commons-Ansatz dagegen fokussiert sich auf gemeinsam genutzte und verwaltete Güter: Bei diesen Commons kann es sich um landwirtschaftliche Flächen ebenso wie um Software, Häuser oder Maschinen handeln. Der Umgang mit ihnen wird von einer Gruppe von Menschen mit Blick auf Bedürfnisse und Fähigkeiten in der Gruppe organisiert. Commons werden »jenseits von Markt und Staat« verortet, womit gemeint ist, dass bei ihrer Nutzung andere Handlungslogiken dominieren. Es geht um gelingende Selbstorganisation anstatt Wettbewerb und finanziellem Gewinn.

Den Übergang von heute zu einem besseren System stellen sich die Aktiven im Netzwerk Oekonomischer Wandel ähnlich vor. »Es gibt drei Wege, die zusammen zu einer zukunftsfähigen Alternative zur gegenwärtigen Wirtschaftsordnung führen können«, sagt Friederike Habermann. »Wir müssen den Markt abbauen, die Commons aufbauen und die Demokratie ausbauen.«

Ich finde das überzeugend. Gerade im Bereich der Landwirtschaft müsste es ja darum gehen, Grundbedürfnisse zu befriedigen und zugleich Ausbeutung von Menschen und Tieren und ökologische Schäden zu verhindern – der aktuelle Markt leistet das offensichtlich nicht. Und das ist kein Zufall: Die genannten Ziele sind im Markt selbst gar nicht implementiert, dort herrschen Wettbewerbsprinzip und Profitlogik, und diese laufen der Bedürfnisbefriedigung und dem Schutz vor Ausbeutung und Zerstörung oftmals zuwider. Eine gemeinsam und demokratisch organisierte Erzeugung von Lebensmitteln könnte dagegen sinnvolle Ziele von vorneherein handlungsleitend machen. Sie würde auch das erreichen, was immer mehr soziale Bewegungen fordern: Ernährungssouveränität. Damit ist, einfach gesagt, das Recht gemeint, nicht nur genug zu essen zu haben, sondern über die Produktion von Lebensmitteln mitzubestimmen.

Tatsächlich sind gerade im Bereich der Landwirtschaft besonders viele Modellprojekte für alternative Wirtschaftsweisen zu finden – dazu gehören erstens die Solawis. Davon gibt es im Frühling 2022 schon fast 400 in ganz Deutschland, mehr als viermal so viele wie noch im Jahr 2015.[48] Die konkreten Organisationsformen unterscheiden sich, nicht alle arbeiten mit Bietrunden, einige legen auch Mitgliedsbeiträge fest. Und während bei der Solawi Wildwuchs ein Verein mit einem Gärtnereibetrieb kooperiert, sind viele andere Solawis eingetragene Genossenschaften.

Es gibt zweitens eine Reihe von Projekten, bei denen eine Gemeinschaft von Menschen gezielt landwirtschaftliche Flächen dem Bodenmarkt entzieht, um sie langfristig zu sichern und dafür zu sorgen, dass sie nach bestimmten Kriterien wie denen des Ökolandbaus bewirtschaftet werden. Bei der Bioboden-Genossenschaft oder der Kulturland-Genossenschaft zum Beispiel kann man Anteile kaufen. Von dem Geld erwerben diese Genossenschaften Acker- und Grünland und verpachten es günstig und unbefristet an Ökobetriebe – die sich die Flächen allein sonst häufig gar nicht leisten könnten, besonders seit in den letzten Jahren die Bodenpreise so stark gestiegen sind.

Eine dritte Art von Initiative, die sich für alternative Wirtschaftsweisen im Landwirtschaftsbereich einsetzt, ist das Bündnis »Unser Land schafft Wandel« aus Greifswald: Es hat sich mit dem Ziel gegründet, dass stadteigene Agrarflächen nur noch anhand von Gemeinwohl-Kriterien zu verpachten sind. Die Stadt Greifwald hat 2019 tatsächlich einen Großteil der Vergabekriterien, die das Bündnis ausgearbeitet hatte, in einen Beschluss übernommen.[49]

Auch hier wird also die reine Marktlogik ausgehebelt und die Praxis ein Stück weit an anderen Zielen als Effizienz und Gewinn ausgerichtet. Viele überregionale Organisationen wie die Arbeitsgemeinschaft bäuerliche Landwirtschaft (AbL) oder der Bund für Umwelt und Naturschutz (BUND) sind an dem Greifswalder Aktionsbündnis beteiligt und fordern, dass öffentliches Land überall im Sinne des Gemeinwohls bewirtschaftet werden sollte.

Wie hängen nun aber diese Bestrebungen, in der Landwirtschaft alternative Wirtschaftsmodelle zu etablieren, mit dem Ziel zusammen, die Nutztierhaltung abzubauen und dann abzuschaffen? Bei den meisten der genannten Projekte und Initiativen steht dieses Ziel leider bislang nicht auf der Agenda. Zwar lehnen viele die industrielle Tierhaltung ab, befürworten und praktizieren aber häufig eine ökologische und (vermeintlich) »artgerechte« Tierhaltung. So bietet ein Teil der Solawis auch Fleisch, Milchprodukte oder Eier an; bei einigen müssen sogar Mitglieder, die nur pflanzliche Lebensmittel beziehen, einen finanziellen Beitrag zur Tierhaltung leisten.[50]

Die Bioboden- und die Kulturland-Genossenschaft verpachten viele Flächen an tierhaltende Betriebe – gerade Bauernhöfe mit Weidehaltung sind dort Vorzeigeprojekte. Und bei den Gemeinwohlkriterien, die für die öffentliche Verpachtung erarbeitet wurden, gibt es nur moderate Begrenzungen der Tierzahlen anhand der Fläche und für Weidehaltung bekommt man positive Punkte.

Dabei spricht ja nicht nur der Klimaschutz dafür, auf eine pflanzenbasierte Landwirtschaft umzustellen. Auch das Prinzip der Solidarität, die Bedürfnisorientierung oder die Ablehnung von Ausbeutung müssen doch, ernstgenommen, auch für empfindungsfähige Tiere gelten – mit einem umfassenden Ideal von Gerechtigkeit ist es nicht vereinbar, Tiere auf Körpereigenschaften zu züchten, die ihrer eigenen Gesundheit schaden, ihnen die Kinder wegzunehmen oder sie ohne Not zu töten. All das gehört aber auch bei tierhaltenden Solawis oder gemeinschaftlich finanzierten Ökohöfen zur Normalität dazu.

In dieser Hinsicht bleiben also viele dieser Alternativprojekte doch verhaftet im alten Ernährungssystem mit seinen problematischen Praktiken und Gewohnheiten. Trotzdem bergen die neuen Organisationsformen Chancen für ein Umdenken auch in unserem Umgang mit Tieren, glaubt Friederike Habermann. »Commons heben das Subjekt-Objekt-Denken auf«, sagt sie. »Eine Grundgrenze, die die ganze Welt durchzieht, ist die zwischen denen, die konsumieren, und denen, die bloß Ressourcen, bloß nutzbare Natur sind – zum Beispiel stehen die Hunde heute auf der konsumierenden Seite, die Schweine sind als Ressource Natur. Früher waren auch Frauen Natur. Das ist völlig willkürlich. Wenn wir dagegen Commons machen, dann hat das ganz starke Auswirkungen, denn wir können die Mitwelt wirklich als Mitwelt verstehen.« Das sei allerdings kein Automatismus, ergänzt sie. »Es ist natürlich möglich, Commons auch ganz anthropozentrisch zu denken.«

Vielleicht könnten wir die alternativen Projekte als Orte verstehen, wo genau solche Diskussionen über Tierrechte oder die Ernährungswende stattfinden können – wo Fans einer ökologischen Tierhaltung mit vegan lebenden Menschen und Tierrechtler*innen ins Gespräch kommen und wo sich durch diesen Austausch auch neue Wege ergeben können.

»Eine Commons-Gesellschaft wäre nicht automatisch eine ohne Konflikte«, sagt auch Habermann. »Sogar im Gegenteil. Im Augenblick entscheiden der Markt und die Eigentumsrechte, wie produziert wird, und der Staat sichert die Eigentumsrechte ab. Demokratisierung bedeutet auch, die Konflikte nach oben kommen zu lassen – unterschiedliche Interessen müssen dann tatsächlich ausgehandelt werden. Das muss aber gar nichts Schlechtes sein.«

Es ist zumindest denkbar, dass eine Gruppe von Konsumierenden gemeinsam mit einem Betrieb zu der Entscheidung kommt, die Tierhaltung abzubauen oder abzuschaffen, so dass die Gemeinschaft auch die Umstellung begleitet und unterstützt. Wenn die Beziehung von Konsumierenden und Produzierenden dagegen nur in einem anonymen Markt stattfindet, gibt es genau solche Möglichkeiten gar nicht.

Insgesamt bin ich davon überzeugt, dass die Bewegungen für eine andere Wirtschaft und die für einen Ausstieg aus der Tierindustrie viel stärker miteinander kommunizieren und zusammenarbeiten sollten. Denn ein gerechtes Ernährungssystem muss nicht nur pflanzenbasiert funktionieren, es muss auch bedürfnisorientiert, demokratisch und ökologisch nachhaltig sein.

Könnten diese Prinzipien denn tatsächlich in der Breite funktionieren? Solawis sind ja trotz ihrer zunehmenden Verbreitung noch immer absolute Nischen. Sie sprechen bislang vor allem Menschen an, die sich schon für das Thema interessieren und auch bereit sind, nicht nur Geld, sondern auch etwas Zeit und Engagement zu investieren.

Tatsächlich spricht aber nichts grundsätzlich dagegen, dass der Zugang zu Nahrungsmitteln insgesamt so organisiert werden könnte. »Eine nachhaltige Versorgung der Menschen kann am besten durch kleine Strukturen gewährleistet werden«, sagt Arne Wessel von der Solawi Wildwuchs bei Hannover. »Verschiedene Solawis, die unterschiedliche Produkte erzeugen, könnten miteinander kooperieren und so ein vielseitiges Angebot bereitstellen«, meint Arne.

Dabei ist auch transnationale Zusammenarbeit möglich und wird heute schon praktiziert, denn für viele Nahrungsmittel macht es ja Sinn, dass sie in anderen Klimazonen angebaut werden, auch wenn ihr Anteil in einem ökologisch vertretbaren Ernährungssystem viel kleiner wäre als heute.[51] Globale Kooperationen sind zudem sinnvoll, um regionale Missernten auszugleichen, die im Zuge der Klimakatastrophe unweigerlich zunehmen werden.

Die einzelnen Betriebe müssen dabei gar nicht unbedingt klein sein: Die Münchner Solawi-Genossenschaft »Kartoffelkombinat« versorgt heute schon 1.800 Haushalte mit ökologisch erzeugtem, regionalem und saisonalem Gemüse – und setzt sich dabei auch für eine stärker pflanzliche Ernährung und Klimaschutz ein. Einer der Gründer, Simon Scholl, arbeitet zudem an einem weiteren Projekt: In einem Neubauviertel im Westen von München soll eine gemeinschaftsgetragene Grundversorgung für mehrere tausend Menschen geschaffen werden – inklusive Gemüse-Solawi, Mitgliederladen und Gastronomie.

Es müsse insgesamt gelingen, sagt Scholl in einem Podcast-Interview, um Solawi-Höfe herum ganze Wertschöpfungsräume auszugestalten und auch die Weiterverarbeitung der landwirtschaftlichen Erzeugnisse zum Beispiel in Bäckereien gemeinschaftlich und in überschaubaren Strukturen zu organisieren. »Jedes Dorf hätte dann so eine Struktur, die wären miteinander vernetzt und würden miteinander kooperieren. In den Großstädten muss man das Ganze quartiersbezogen denken.«[52]

Nur auf diese Weise würde die Lebensmittelversorgung krisenfest, glaubt Scholl. »Es geht um eine gemeinschaftsgetragene, regionale, saisonale, ökologische Grundversorgung, die wir selbst in die Hand nehmen, bei der wir uns selbst eigene Spielregeln geben. Dadurch können wir eine hohe Identifikation mit der Organisation herstellen. Die brauchen wir, denn es werden Krisen kommen und diese Strukturen werden Erschütterungen erfahren. Ich glaube: Je gemeinschaftsgetragener, je regionaler und je hierarchiefreier das Ganze ist, desto resilienter und widerstandsfähiger ist es auch.«

Viele Menschen, die in Solawis und ähnlichen Projekten aktiv sind, berichten davon, dass die Kommunikation und die Abstimmungen innerhalb der Projekte umso besser funktionieren, je mehr Erfahrung die beteiligten Personen bereits mit gemeinschaftlich organisierten Prozessen haben. Es ginge dabei um »kollektive Lernprozesse«, sagt Simon Scholl. Und Friederike Habermann spricht von einem »anderen Alltagsverstand«, der sich durchsetzen muss. Wenn es uns heute noch schwerfällt, uns ein ganzes Ernährungssystem auf Basis derartiger

Kooperationen vorzustellen, dann liegt das sicher auch daran, dass wir noch so anders zu denken gewöhnt sind.

Aber es gibt offensichtlich auch reale Hindernisse in den wirtschaftlichen und gesetzlichen Rahmenbedingungen. Deshalb haben viele der alternativökonomischen Initiativen handfeste politische Forderungen. Dazu gehört die bereits beschriebene Forderung, dass Flächen in öffentlicher Hand nur noch anhand von Gemeinwohl-Kriterien vergeben werden sollten. Die Arbeitsgemeinschaft bäuerliche Landwirtschaft fordert daneben eine Reform der Bodenmarktpolitik, um der Entwicklung entgegenzuwirken, dass Land immer stärker als Investitionsobjekt fungiert und große Unternehmen immer größere Mengen Land besitzen.[53] Das Netzwerk »Landwirtschaft ist Gemeingut« wiederum schlägt verschiedene rechtliche Änderungen vor, um Solawis und Bürgergenossenschaften den Zugang zu Land zu erleichtern. Außerdem brauche es breit angelegte Förderprogramme für neue Projekte.[54]

Ein Forschungsteam, das im Auftrag des Bundeslandwirtschaftsministeriums neue Organisationsformen des Landeigentums untersucht hat, gibt ebenfalls politische Empfehlungen: Weil die neuen Landprojekte vielfältige positive Auswirkungen haben – u.a. die Solidarität von Konsument*innen mit Agrarbetrieben stärken – sollten sie mindestens mit Informationskampagnen und Vernetzungsangeboten unterstützt werden.[55]

Ich denke, man kann hier zusätzlich noch grundlegendere Fragen aufwerfen: Damit Genossenschaften überhaupt Land erwerben können, muss es erst einmal zum Verkauf stehen. Das gilt aber nur für einen Bruchteil der Flächen – im Jahr 2020 wurden nur 0,5 Prozent der landwirtschaftlich genutzten Fläche in Deutschland verkauft.[56] Auch die Preisexplosion können die Genossenschaften nicht aufhalten – im Gegenteil, sie müssen mitspielen. Deshalb wird bisweilen schon ein Preisdeckel für Agrarflächen diskutiert.[57] Aber wäre es nicht zudem gerechtfertigt, große Flächeneigentümer zu zwingen, mindestens einen Teil ihres Landes für alternative Projekte zur Verfügung zu stellen?

Das Stichwort lautet Enteignung und lässt bei vielen wegen der DDR-Geschichte die Alarmglocken schellen. Aber wenn man die Idee einer gemeinschaftlich organisierten Grundversorgung mit Nahrungsmitteln auch im Sinne der Daseinsvorsorge ernst meint, ergibt sich diese Forderung eigentlich zwangsläufig, denn die Grundlage jeder Produktion – und auch das klassische Commons – ist der Boden. Und der ist heute fast komplett im Besitz von marktorientierten Unternehmen. Laut einer Untersuchung von 2017 befanden sich in den ostdeutschen Bundesländern sogar schon ein Drittel aller Agrarbetriebe in der Hand von ortsfremden, überregional aktiven Investoren – darunter zum Beispiel Pharma-Unternehmen und Großindustrielle.[58]

Beim Thema Enteignung ist außerdem zu bedenken, dass in Deutschland regelmäßig Landeigentümer*innen enteignet werden – für Autobahnen, Siedlungsbau oder Kohlegruben.[59] Eine ökologische und solidarische Landwirtschaft wäre da aus meiner Sicht ein besserer Grund. Es ließe sich zum Beispiel so organisieren, dass nur landwirtschaftsfremde Konzerne, die große Mengen Land besitzen, unter bestimmten Umständen Flächen abgeben bzw. verkaufen müssten – ohne dass selbständige Landwirt*innen fürchten müssten, per Zwangsenteignung um ihre Existenzgrundlage gebracht zu werden.

Generell finde ich es wichtig zu diskutieren, ob der Weg zu mehr Ernährungssouveränität nur über den langsamen Aufbau von selbst organisierten Alternativen gehen kann, oder ob es nicht auch sinnvoll und gerechtfertigt wäre, bestehende Strukturen zu demokratisieren – und weil das in der Privatwirtschaft nicht vorgesehen ist, würde das heißen, Unternehmen zu vergesellschaften. Genau das fordern zum Beispiel die Jusos München für die Supermarktkonzerne.

»Die Versorgung der Bevölkerung mit existentiellen Konsumgütern darf nicht der Kapitalvermehrung dienen«, heißt es in ihrem Beschluss vom April 2022.[60] Die Kritik, eine Vergesellschaftung führe zu ineffizienter Planwirtschaft, wird in dem Beschlusstext zurückgewiesen: Supermärkte würden bereits jetzt sorgfältig weit im Voraus zum Beispiel für saisonale Nachfrage planen und mit zuverlässigen Lieferketten arbeiten. Dieselben Mechanismen könne man nutzen, »um das Gemeinwohl zu steigern, Lebensmittelverschwendung zu bekämpfen und den Zugang zu Lebensmitteln als Daseinsvorsorge zu begreifen.«

Ich würde hinzufügen, dass Vergesellschaftung nicht heißen dürfte, dass die Supermärkte staatlich verwaltet würden – das Papier der Jusos ist diesbezüglich nicht eindeutig. Es müsste stattdessen darum gehen, aus ihnen gemeinschaftsbasierte Betriebe nach dem Vorbild der Solawis zu machen, wo Konsument*innen und Angestellte gemeinsam mit den Produktionsbetrieben darüber entscheiden, was und wie es hergestellt wird.

Ein anderer Ansatz, der ebenfalls die Lebensmittelerzeugung vom Markt entkoppeln könnte, wäre ein Grundeinkommen für Bäuerinnen und Bauern. Es würde ihnen u.a. ermöglichen, viel freier neue Wege auszuprobieren, zum Beispiel den Anbau von Linsen und anderen Nahrungsmitteln für Menschen anzugehen, ohne sofort um ihre Existenz zu fürchten.

Natürlich müsste so ein Grundeinkommen mit einigen Regelungen verknüpft werden, die sicherstellen, dass sowohl eine ökologisch sinnvolle Landwirtschaft stattfindet als auch der Bedarf an Nahrungsmitteln gedeckt wird. Deshalb könnten vielleicht wiederum dezentrale Kooperationen wie bei Solawis und Grundversorgungsprojekten oder passende Formen demokratischer Planung hinzukommen, die mit zentralistischer Planwirtschaft nach DDR-Modell nichts zu tun haben müssen.

Solche Ideen mögen im aktuellen politischen Klima noch unrealistisch erscheinen – genau wie die Forderung nach einer schnellen Abschaffung der Nutztierhaltung. In Anbetracht der massiven Krisen, in denen wir als Gesellschaft stecken, ist es aber dringend an der Zeit, dieses politische Klima, das heißt die herrschende Normalität selbst in Frage zu stellen. Wir müssen es wagen zu überlegen, welche Form der Landwirtschaft und welche Wirtschaftsordnung tatsächlich zukunftsfähig und gerecht sind – und wie sie umgesetzt werden können, sobald der politische Wille dafür vorhanden wäre.

Eine Vielzahl an entsprechenden Maßnahmen habe ich in diesem Kapitel geschildert: Von Entschädigungsprogrammen und einer anderen Steuer- und Förderpolitik über veränderte Tierschutzvorgaben bis hin zu einer neuen Bodenpolitik.

Im nächsten Kapitel geht es darum, wie wir gemeinsam dafür sorgen können, den benötigten politischen Willen hervorzubringen. Oder anders gesagt: Wie wir es schaffen können, dass die dargestellten Lösungen zunehmend realistisch und dann real werden.

8.

Rebellieren statt konsumieren: Gemeinsam für Veränderung

Es ist kurz nach acht Uhr morgens, als es endlich losgeht. Wir stehen in Viererreihen, fast 50 Reihen hintereinander. Die meisten von uns haben dünne hellblaue Schutzanzüge an. Wir bilden ein einheitliches Bild, einen hellblauen Demonstrationszug. Die vier Leute in der ersten Reihe tragen ein großes rotes Stoffbanner vor sich her: »Tierindustrie stoppen«. Wir befinden uns noch auf dem Gelände des Aktionscamps zwischen Schlafzelten und Essensausgabe, aber jetzt setzen wir uns in Bewegung. Die ersten fangen an zu rufen und schnell stimmen alle mit ein: »Auf geht's, ab geht's, PHW Ade!« Am Ausgang des Camps biegen wir ab auf die kleine Landstraße. Unser Ziel: Die Firmenzentrale der PHW-Gruppe in dem kleinen Ort Rechterfeld im Landkreis Vechta in Niedersachsen, etwa acht Kilometer von unserem Camp entfernt.

Die PHW-Gruppe ist der größte deutsche Geflügelkonzern und steht u. a. hinter den Marken Wiesenhof und Bruzzler. Innerhalb einer Woche tötet dieser Konzern 6,7 Millionen Hühner.[1] Das Bündnis »Gemeinsam gegen die Tierindustrie« hat für mehrere Tage im Juli 2021 zu dem Camp und einer Blockadeaktion aufgerufen. »Konzerne wie PHW heizen die Klimakrise an, sind für gigantisches Tierleid verantwortlich und beuten Arbeiter*innen aus«, heißt es in der Pressemitteilung. Im niedersächsischen Rechterfeld befinden sich die Unternehmenszentrale und wichtige Produktionsanlagen wie eine Brüterei und ein großes Futtermittelwerk, wo u. a. Soja aus dem globalen Süden verarbeitet wird.

Nachdem wir einige Kilometer gelaufen sind, vorbei an monotonen Feldern und durch kleine Orte mit verdutzt schauenden Anwohner*innen, können wir von weitem unser Ziel erkennen. Es ist ein bemerkenswertes Bild, denn der Konzern hat sich verbarrikadiert. Wir sehen nicht nur den großen Betonklotz mit der Aufschrift »MEGA Tierernährung«, sondern ein ganzes Stück davor einen Zaun, den das Unternehmen in Vorbereitung auf unsere Aktion aufgebaut hat. Vier Meter hohe Holzbretter, mit denen das Gelände abgeriegelt und die Zufahrtsstraße versperrt wurde. Wir haben aus der Presse sogar erfahren, dass die PHW-Gruppe einige Wochen zuvor einen Teil der Straße von der Gemeinde Visbek gekauft hat. So will sie sich gegen unseren Protest abschirmen.

Der Landkreis Vechta wiederum hatte im Vorfeld schon versucht, unser Camp zu verhindern, indem er es kurzerhand verboten hatte. Es sei nicht durch das Versammlungsrecht gedeckt. Die Organisator*innen des Camps mussten erst vor dem Verwaltungsgericht klagen – und bekamen Recht. Das Camp konnte stattfinden.

Aber jetzt wird unser Demonstrationszug von der Polizei aufgehalten: Wir dürfen unseren Weg nicht in Richtung Firmenzentrale fortsetzen. Während einige von uns mit der Polizei verhandeln, sitzen wir anderen auf der Straße und diskutieren in Kleingruppen darüber, wie wir weiter vorgehen. Ein Plenum aus Delegierten aus den Kleingruppen trifft schließlich eine Entscheidung. Wir haben einen Plan.

Die Polizei erlaubt uns weiterzulaufen, allerdings nur quer zur Firmenzentrale, nicht mehr darauf zu. Wir gehen in normalem Tempo weiter auf der schmalen Landstraße, links und rechts sind Felder. Die Polizei begleitet unseren Zug vorne, hinten und an der Seite. Mittlerweile ist es schon elf Uhr, die Julisonne scheint immer wärmer.

Plötzlich biegen einige aus unserer Gruppe links ab und rennen ohne Ankündigung an den Polizist*innen vorbei auf das Feld, Richtung Firmenzentrale. Ich muss mich kurz überwinden, aber dann renne ich auch los. Die Polizei versucht uns aufzuhalten, aber sie sind viel zu wenige, wir laufen einfach weiter. Ich erreiche eine Querstraße, quetsche mich zwischen parkenden Polizeiautos durch und renne weiter über eine Wiese mit hohem Gras, bis ich schließlich direkt an der Holzbarrikade auf der Zufahrtsstraße ankomme. Hier muss ich erst mal Luft schnappen. Andere haben schon ein Banner ausgerollt, »Stop Tierindustrie«, das sie an den Bretterzaun halten. Von oben schauen Security-Leute wie aus Wachtürmen auf uns herunter. Immer mehr von uns erreichen das Ziel. Langsam machen sich Erleichterung und Zufriedenheit breit: Wir haben es geschafft. Wir blockieren die Zufahrt. Hier fahren erst mal keine Lastwagen mit Futtermitteln oder Firmenwagen mehr raus oder rein.

Weitere Banner, Flaggen und Schilder werden ausgepackt. »Klimagerechtigkeit nur ohne Tierindustrie« steht darauf, »Agrarwende jetzt« und »Tiere sind keine Ware«. Sprechchöre branden auf. Die Polizei ist überfordert, wartet auf Verstärkung und schaut zunächst nur zu. Eine Trommelgruppe begleitet die Aktion und die Stimmung wird immer besser. Es fühlt sich gut an, sich gemeinsam mit anderen gegen die Ungerechtigkeit und Zerstörung aufzulehnen, für die Unternehmen wie PHW verantwortlich sind.

Ich setze mich auf den Boden und poste Bilder von der Blockade in sozialen Medien. Viele verfolgen die Aktion online, es regnet Likes und positive Kommentare – aber auch Kritik. Besonders die Aktionsform des zivilen Ungehorsams, der Rechtsverstoß, gefällt einigen nicht. Wir könnten ja gerne demonstrieren, aber bitteschön ohne solche illegalen

Blockaden, auch wir müssten uns an Gesetze halten. Dabei sind ungehorsame Aktionen ein etabliertes Mittel politischen Protests. Dass sie legitim sind, um Aufmerksamkeit für sonst vernachlässigte Anliegen zu schaffen, erkennen auch Politikwissenschaftler an.[2] Das Bündnis Gemeinsam gegen die Tierindustrie hat sich bewusst für eine Blockade statt einer bloßen Demonstration entschieden, um die Dringlichkeit und Wichtigkeit des Themas deutlich zu machen – und um direkt etwas zu bewirken, anstatt nur andere darum zu bitten, endlich tätig zu werden.

Insgesamt zehn Stunden blockieren wir an diesem Donnerstag die Zufahrtsstraße zur PHW-Firmenzentrale und zum Futtermittelwerk. Zusätzlich zur Sitzblockade haben mehrere Aktivist*innen sich mit Fahrradschlössern festgekettet. Weder Futtertransporte noch Firmenwagen kommen durch.

Das Bündnis wertet die Aktion zusammen mit dem Camp im Nachhinein als Erfolg: Viele große Medien haben über den Protest berichtet. Unsere Forderung nach einem Ausstieg aus der Tierindustrie wurde damit einmal mehr öffentlich sichtbar. Der PHW-Konzern hat sich die Abwehr der Aktivist*innen offenbar einiges kosten lassen – nicht nur die Straße und die Barrikade musste er bezahlen, sondern auch die vielen Security-Leute, die extra für die Woche angestellt wurden.

In der von der Tierindustrie geprägten Region sorgten die Proteste für großes Aufsehen und brachten eine Realität, die sonst als unveränderbar wahrgenommen wird, kritisch auf den Tisch. Auf dem Camp haben wir uns mit Bürgerinitiativen vernetzt und mit Bauern diskutiert. Und bei der Blockade selbst konnten um die 200 Aktivist*innen aus ganz Deutschland erleben, dass man nicht immer nur zuschauen muss, sondern sich organisieren und gemeinsam auch gegen Widerstände etwas bewegen kann. Mir selbst geben Erlebnisse wie dieses immer wieder Kraft, mich weiter für die Abschaffung der Tierindustrie einzusetzen.

Aber zugleich ist die Wirkung solcher Aktionen offensichtlich sehr begrenzt. Ab dem Nachmittag wurden wir nach und nach von der Polizei weggetragen. Denn seitdem die unangemeldete Versammlung formal aufgelöst wurde, zählte das Sitzenbleiben als Ordnungswidrigkeit. Einige Beteiligte berichteten später davon, dass Polizist*innen ihnen bei der Räumung starke Schmerzen zugefügt hätten, obwohl sie selbst ruhig und friedlich geblieben waren. Staat und Polizei, die in diesem Fall die wirtschaftlichen Interessen der PHW-Gruppe schützten, sitzen klarerweise am längeren Hebel. Am Tag nach der Blockade lief die Maschinerie ungebrochen weiter – alle Lastwagen mit Futtermitteln fuhren wieder und in den Mastanlagen und Schlachthöfen litten und starben nicht weniger Hühner als am Tag zuvor.

Diesen Zwiespalt zwischen Motivation und Frustration kennen sicher alle, die schon einmal bei einer Demo waren oder sich anderweitig politisch engagiert haben: Man erreicht schon etwas, aber doch fast immer zu wenig. Zu wenig, um wirklich die Verhältnisse zu ändern.

Wir müssen uns ehrlich eingestehen, dass die Gegenkräfte gegen den Ausstieg aus der Tierindustrie unheimlich stark sind – die wichtigsten habe ich in diesem Buch schon beschrieben. Es gibt die Konzerne, die mit der Ausbeutung von Tieren und Menschen und mit der Zerstörung des Klimas gutes Geld verdienen. Es gibt die Lobbyverbände der Agrarindustrie, die massiv die Politik beeinflussen. Es gibt die Landwirt*innen, die aus eigenen finanziellen Interessen das bestehende System gegen Kritik verteidigen. Es gibt die Verbraucher*innen, die Tierprodukte konsumieren und alle ihre psychologischen Abwehrmechanismen auffahren, um unsere Argumente nicht zur Kenntnis zu nehmen und nichts an ihren täglichen Gewohnheiten ändern zu müssen. Es gibt die Politiker*innen und Parteien, die entweder gar keinen Wunsch nach echten Änderungen haben oder sich aus Angst vor Ablehnung nicht trauen, deutlich Stellung zu beziehen und wirksame Maßnahmen zu ergreifen.

Auch kulturell vermittelte Ideen spielen eine wichtige Rolle – sowohl die Idee, dass Wurst-Essen und Milch-Trinken normal, natürlich und notwendig seien, als auch die Idee, dass Ernährung eine reine Privatsache sei. In Gesprächen bekomme ich das oft zu hören, gerade bei Aktionen: »Es ist ja ok, dass ihr gegen Tierhaltung seid, ihr könnt euch gern vegan ernähren – aber bitte akzeptiert auch meine Entscheidung, Fleisch zu essen.«

Dabei fällt nicht nur unter den Tisch, dass diese Entscheidungen Auswirkungen haben, die auch andere betreffen. Noch wichtiger ist: Dabei wird ausgeblendet, dass es uns bei unseren Aktionen und Forderungen meist gar nicht um den persönlichen Konsum der jeweiligen Gesprächspartnerin geht, sondern um die Machenschaften der Tierindustrie und um die allgemeinen Regeln, die wir uns als Gesellschaft geben – also um unser Landwirtschafts- und Ernährungssystem.

Womöglich trägt die vegane Tierrechtsbewegung eine gewisse Mitschuld daran, dass Diskussionen sich so oft um den individuellen Konsum drehen – denn viele Organisationen senden Botschaften, die genau dort ansetzen:[3] »So retten Sie die Welt durch Ihre Ernährung«, schreibt etwa PETA. Nach einer Schilderung der gravierenden Umweltfolgen der Tierhaltung heißt es: »Auch Sie können aktiv etwas gegen diese Probleme tun: Probieren Sie noch heute den Einstieg in die vegane Ernährung [...]. Es war nie einfacher, etwas für sich, die Tiere und die Umwelt zu tun.«[4] In einigen Texten zur Tierethik steht die individuelle Ernährungsumstellung ebenfalls im Vordergrund.

Das ist nachvollziehbar, denn tatsächlich ist die eigene Ernährung ein Bereich, den die meisten Menschen vergleichsweise leicht verändern können – und in einer Marktwirtschaft wirkt sich eine Änderung der Nachfrage irgendwann auch auf die Produktion aus. Und es scheint ja schon zu funktionieren: Seit einigen Jahren sinkt zumindest in Deutschland der Fleisch- und Milchkonsum, während sowohl die Anzahl der vegan lebenden Menschen als auch der Markt für Alternativen zu Tierprodukten stetig wachsen.

Leider sind aber die Trends nicht so eindeutig: Der Fleischkonsum sinkt nur sehr langsam und der Konsum von Eiern und Käse zum Beispiel ist in den letzten Jahren angestiegen. Ich habe in vorhergehenden Kapiteln außerdem dargestellt, wie stark die Produktion und auch die Nachfrage von politischen Entscheidungen und gesellschaftlichen Rahmenbedingungen abhängen.

Ein zu einseitiger Fokus auf den individuellen Konsum führt dazu, dass diese Faktoren aus dem Blick geraten. Man läuft damit Gefahr, das Thema zu entpolitisieren – und lädt geradezu dazu ein, dass Menschen die nötige politische Diskussion abwehren, indem sie ihre eigene Konsumfreiheit verteidigen. Anstatt als eine gemeinsame gesellschaftliche Herausforderung erscheint eine ethisch und ökologisch vertretbare Ernährung dann als etwas, das jede*r für sich umsetzen muss – aber auch genauso drauf pfeifen kann.

Damit will ich nicht sagen, dass der eigene Konsum unwichtig wäre. Ich lebe selbst seit über zwölf Jahren mit großer Überzeugung vegan und möchte unbedingt, dass sich alle Menschen sofort ebenso entscheiden. Menschen dazu zu motivieren, pflanzliche Alternativen auszuprobieren und ihre Ernährung umzustellen, ist ein zentraler Beitrag zur Ernährungswende.

Aber es ist wichtig zu sehen, dass es noch weitere Hebel gibt: Wir müssen nicht nur Individuen, sondern Institutionen und soziale Normen verändern. Aktionen wie unsere Blockade der PHW-Zentrale in Niedersachsen zielen u.a. darauf ab, die politische Debatte in diesem Sinne voranzutreiben. Was gibt es noch für Mittel und Wege, sich für Veränderungen einzusetzen – und welche sind tatsächlich erfolgversprechend?

Zunächst geht es um die Frage, ob und wie begrenzte Verbesserungen innerhalb des Systems uns dem großen Ziel näherbringen können. Schon in früheren Kapiteln bin ich immer wieder kurz auf diese Frage gestoßen, als es zum Beispiel darum ging, inwieweit technologische Innovationen wie In-vitro-Fleisch die nötige Ernährungswende voranbringen oder ob es sinnvoll ist, mit großen Konzernen zusammenzuarbeiten, um deren vegane Angebote zu verbessern. In den folgenden Abschnitten möchte ich die verschiedenen strategischen Ansätze noch etwas allgemeiner diskutieren.

Kleine Schritte und die Rolle der NGOs

Ich habe in vorhergehenden Kapiteln dafür argumentiert, dass ein schneller und umfassender Ausstieg aus der Tierindustrie unerlässlich ist. Wenn man sich mit den fatalen Folgen dieser Industrie ernsthaft und unvoreingenommen beschäftigt, ist eigentlich keine andere Konsequenz möglich. Aber weil die Gegenkräfte so stark sind, fällt es schwer zu glauben, dass dieses Ziel in naher Zukunft erreichbar ist. Ergibt es daher nicht Sinn, zunächst kleinere Veränderungen anzustreben, die eher umgesetzt werden und die dann hoffentlich mit der Zeit zum großen Ziel führen? Genau das ist die Strategie vieler Organisationen, die in Deutschland an dem Thema arbeiten und versuchen, die Transformation hin zu einem pflanzenbasierten Ernährungssystem zu befördern.

»Wir setzen uns für die Abschaffung der Massentierhaltung und eine weite Verbreitung der veganen Lebensweise ein«, steht zum Beispiel auf der Website der »Albert Schweitzer Stiftung für unsere Mitwelt« unter »Vision«. Die Stiftung ist eine der bekanntesten Organisationen im Bereich Tierschutz und Tierrechte. Weiter heißt es auf der Website: »Dabei gehen wir bewusst auch Zwischenschritte, indem wir Tierschutzstandards laufend anheben sowie den Verbrauch von Tierprodukten reduzieren.« Im Leitbild der Stiftung steht außerdem: »Wir fördern die vegane Ernährungsweise als die derzeit ethisch beste Lösung. Ihre umfassende Verbreitung ist ein langwieriger Prozess, der Zwischenschritte erfordert.

Deshalb setzen wir uns auch für eine schrittweise Reduktion des Verbrauchs von Tierprodukten ein. Da ein Ende der Nutzung von Tieren als Nahrungsquelle derzeit nicht absehbar ist, wirken wir zudem auf eine weniger qualvolle Züchtung, Haltung und Tötung der Tiere hin.«

Die Idee ist also, dass Verbesserungen von Tierschutzanforderungen sinnvolle Zwischenschritte auf dem Weg zur Abschaffung der Tierindustrie darstellen: Sie sollen übergangsweise die Leiden der Tiere zumindest verringern, zugleich verteuern sie in der Regel die Tierhaltung. Ein typisches Projekt, an dem die Albert Schweitzer Stiftung und europaweit 29 weitere Tierschutzorganisationen mitarbeiten, ist die Europäische Masthuhn-Initiative, die 2018 gegründet wurde: Die Organisationen haben einige Mindestanforderungen an die Hühnermast definiert und überzeugen seitdem zahlreiche Unternehmen im Lebensmitteleinzelhandel, der Gastronomie und in der Geflügelindustrie selbst, sich der Initiative anzuschließen und in ihren Lieferketten bis 2026 diese Mindestanforderungen umzusetzen. Bisher sind schon einige große Supermarktketten, Caterer und Schnellrestaurants dabei.

Das Ziel ist, über die freiwilligen Verpflichtungen der Unternehmen die Branche so zu verändern, dass später auch entsprechende gesetzliche Verpflichtungen erlassen werden können – weil die höheren Anforderungen sowieso schon etablierter Standard sind. Das passiert also nicht von heute auf morgen, aber die beteiligten Tierschutzorganisationen sind offensichtlich davon überzeugt, damit zumindest auf dem richtigen Weg zu sein.

Allerdings werden die festgelegten Anforderungen an die Hühnermast von der Albert Schweitzer Stiftung selbst als Kompromiss bezeichnet. Sie sollen für die Unternehmen wirtschaftlich umsetzbar sein und dürfen daher nicht zu hohe Mehrkosten verursachen. Konkret bedeutet das: Bei den Hühnern wird das Leid durch die Überzüchtung ein Stück weit reduziert, denn es dürfen nur noch Zuchtlinien verwendet werden, die etwas langsamer wachsen. Dazu gibt es ein bisschen mehr Platz und Beschäftigungsmaterial: Statt 26 Tieren darf man noch 20 Tiere pro Quadratmeter halten und man muss Sitzstangen und Pickmöglichkeiten bereitstellen – allerdings pro 1.000 Tiere nur zwei Meter Sitzstange und zwei Pickgegenstände. Es ist klar, dass die Hühner unter diesen Bedingungen noch immer stark leiden.

Das ist ein Grund dafür, warum solche Initiativen innerhalb der Tierrechtsbewegung umstritten sind.

Denn zum einen besteht die Gefahr, dass die leichten Verbesserungen mit indirekten negativen Effekten für Tiere einhergehen: Die Tierindustrie kann durch die Teilnahme an solchen Programmen ihr Image verbessern und auf die Verbraucher*innen könnten sie einen Beruhigungseffekt haben. Auch das Verhältnis der Tierschutzorganisationen zu den tiernutzenden Unternehmen ist betroffen: Sobald sich ein Unternehmen der Initiative anschließt, wird es von den Tierschutzorganisationen gelobt und als Kooperationspartner betrachtet – man muss daher davon ausgehen, dass sich dadurch der Spielraum der Organisationen für harsche Kritik und Protest deutlich verringert. So könnte die Initiative also letztlich zur Stabilisierung der Tierindustrie beitragen.

Zum anderen stellt sich immer die Frage: Selbst wenn die Initiative in der Bilanz positive Effekte für Tiere hat – sind die knappen Ressourcen der Tierbewegung dort wirklich am besten investiert? Oder könnte man mit anderen Kampagnen mehr erreichen? Was würde passieren, wenn sich die 30 Tierschutzorganisationen, die heute die Masthuhn-Initiative unterstützen, mit aller Energie für einen Abbau der Hühnerhaltung einsetzen würden – der im Rahmen der Initiative gar nicht vorgesehen ist?

Aufgrund solcher Überlegungen sehen einige, die sich für eine komplette Abschaffung der Agrartierhaltung einsetzen, Tierschutzreformen grundsätzlich kritisch. Diese Haltung vertritt zum Beispiel die Tierrechtsorganisation Animal Rights Watch.

»Ernst gemeinter Tierschutz schließt das Essen oder anderweitige Nutzen von Tieren kategorisch aus«, steht in ihrem Selbstverständnis. »Jemanden schützen, aber zugleich (›artgerecht‹) einsperren und (›human‹) töten zu wollen, ist ein Widerspruch in sich. Einen Ansatz, die Ausbeutung der Tiere zu reformieren und somit im Grundsatz beizubehalten, verfolgen wir aus diesem Grunde nicht. Unsere Forderungen sind grundsätzlich abolitionistisch [auf die Abschaffung gerichtet].«

Auch Animal Rights Watch erkennt natürlich an, dass die Nutzung von Tieren nicht plötzlich aufhören wird. Was ist ihre Strategie? »Wir setzen stark auf Aufklärung«, erklärt mir die Pressesprecherin Dr. Sandra Franz in einem Gespräch. »Wir wollen den Bewusstseinswandel in der Bevölkerung vorantreiben – hin zu der Einsicht, dass die Nutzung von Tieren immer Leid verursacht und dass auch Tiere grundlegende Rechte verdienen. Deshalb veröffentlichen wir immer wieder Bilder von heimlichen Recherchen in Tierfabriken und Schlachthöfen«, sagt sie. »Damit werben wir für die vegane Lebensweise. Außerdem möchten wir Menschen dazu bewegen, selbst aktiv zu werden und sich zum Beispiel in einer unserer 30 Ortsgruppen zu engagieren, um Druck auf die Politik auszuüben.«

Der Fokus auf Tierschutzreformen, den vor allem viele große Organisationen verfolgten, habe die Tierrechtsbewegung letztlich nicht vorangebracht, sondern im Gegenteil weit zurückgeworfen, meint Sandra. »Denn Reformbemühungen werden zwangsläufig so wahrgenommen, als sei die Reform das Ziel und sobald die Reform erreicht ist, wäre alles in Ordnung. Damit vermittelt man die Vorstellung, dass ein Konsum von Tieren ohne Tierleid möglich sei – Veganismus und die Abschaffung der Tierhaltung als echte Lösungen werden dadurch blockiert.«

Aus meiner Sicht ist die Sache nicht ganz so eindeutig. Obwohl ich die Bedenken gegenüber einem bloßen Reformismus teile, denke ich, dass man immer die jeweiligen Vorschläge und Kampagnen im Einzelnen anschauen muss, um die Wirkung einzuschätzen. Dafür eignet sich ein Konzept, das von Rosa Luxemburg geprägt wurde und in anderen linken Bewegungen verbreitet ist: Das Konzept der revolutionären Realpolitik. Die Idee dahinter ist, dass begrenzte Reformen (Realpolitik) und umfassende Transformationsziele (Revolution) kein Gegensatz sein müssen, sondern sinnvoll miteinander verbunden werden können – woraus sich allerdings bestimmte Anforderungen an die Reformen ergeben.

Genauer ausgearbeitet hat das der Aktivist Friedrich Kirsch, der sich selbst in der Tierbefreiungsbewegung verortet. Dabei handelt es sich um den besonders linken, staats- und kapitalismuskritischen Flügel der Tierrechtsbewegung.[5] »Uns geht es um einen grundlegenden Wandel der Gesellschaft«, erläutert Friedrich. »Dazu gehört die Abschaffung der Tierausbeutung, aber auch ein Ende anderer Unterdrückungsformen wie Sexismus, Rassismus, globaler Ungerechtigkeiten und neokolonialer Mechanismen.«

Friedrich argumentiert, dass Reformen und insbesondere Tierschutzreformen durchaus erstrebenswert sein können, sofern sie real das Leid der Tiere verringern. »Aus meiner Sicht haben wir auch eine Verpflichtung aus Solidarität mit den Tieren, die heute und in den nächsten Jahren noch in der Tierindustrie leiden müssen – wir müssen versuchen, ihre Situation zu lindern.« Das Ziel von Reformen müsse aber sein, dabei zugleich die Ausgangslage für eine umfassende Transformation zu verbessern – also die Tierindustrie zu schwächen, die Tierhaltung zu verteuern, die Bereitschaft für größere Veränderungen zu erhöhen oder kritische Bewegungen zu stärken.

Wenn das nicht gegeben ist, können Tierschutzreformen aus Friedrichs Sicht auch kontraproduktiv sein, zum Beispiel indem sie umgekehrt die gesellschaftliche Akzeptanz für die Tierindustrie erhöhen. Ebenso lehnt Friedrich Reformen ab, die die Machtposition von Konzernen und kapitalistische Wirtschaftsverhältnisse insgesamt festigen. »Revolutionäre Realpolitik strebt danach, in der gegenwärtigen Gesellschaft Tendenzen zu stärken, die über die bestehenden Ausbeutungssysteme hinausweisen«, schreibt er in einem Artikel in der Zeitschrift Tierbefreiung.

So weit, so überzeugend, finde ich. Kompliziert wird es natürlich, sobald man konkrete Kampagnen beurteilen will. Bei der Europäischen Masthuhn-Initiative zum Beispiel bleibe ich persönlich skeptisch – erstens, weil die Verbesserungen für die Tiere so gering sind und die Initiative auf eine Kooperation mit den Unternehmen setzt, die eigentlich für die Misere verantwortlich sind.

Zweitens denke ich, dass es bei allen Transformationsbestrebungen immer auch um einen Abbau der Tierzahlen gehen muss – damit weniger Tiere leiden müssen und damit die anderen fatalen Auswirkungen der Tierindustrie verringert werden. Leider liefern minimal höhere Zucht- und Haltungsstandards, wie sie in der Masthuhn-Initiative umgesetzt werden, in der Praxis eine Legitimation für neue Ställe.

So wurden zum Beispiel in Brandenburg in den letzten Jahren mehrere Hühnermastanlagen neu genehmigt, in denen nun Tiere nach dem »FairMast«-Programm für den Geflügelkonzern Plukon gemästet werden. Als ich mich mit der Gruppe Tierfabriken-Widerstand gegen die neuen Mastanlagen eingesetzt habe, wurde uns vorgeworfen, den Tierschutz zu blockieren. Plukon rühmt sich damit, dass die Haltung die Anforderungen der Europäischen Masthuhn-Initiative erfüllt und eine wachsende Nachfrage nach Produkten aus »tierfreundlicherer« Aufzucht befriedigt.[6] Praktisch werden nun einfach mehr Hühner leidvoll gemästet als vorher. Es fällt mir daher schwer zu glauben, dass diese Entwicklungen uns einem Ausstieg aus der Tierindustrie näherbringen. Tierschutzreformen bleiben generell ein zweischneidiges Schwert, einfach weil die verschiedenen positiven und negativen Wirkungen so schwer zu beurteilen und gegeneinander abzuwägen sind.

Institutionelle Veränderungen im Agrar- und Ernährungssystem müssen aber offensichtlich nicht nur die Haltungsbedingungen der Tiere betreffen. Viele der Maßnahmen, die ich in den Kapiteln 6 und 7 als Teil eines Ausstiegsprogramms geschildert habe, können ohne umfassende Transformation als kleine Schritte eingefordert oder umgesetzt werden. Genau daran arbeiten schon verschiedene NGOs.

Die Albert Schweitzer Stiftung setzt sich zum Beispiel ebenso wie ProVeg für eine Verbreitung der veganen Lebensweise und eine Reduktion von Tierprodukten ein. Während ProVeg mit der Aktion Pflanzenpower Schulkinder und Schulkantinen adressiert, bietet die Albert Schweitzer Stiftung eine Vegan Taste Week an, bei der sich Privatpersonen anmelden können, um vegane Tipps und Rezepte zu erhalten. Beide Organisationen arbeiten zudem mit Unternehmen aus der Lebensmittelwirtschaft zusammen, um vegane Produktentwicklungen anzuregen und deren Vermarktung zu unterstützen.

Auch auf politischer Ebene machen diese und andere Organisationen Lobbyarbeit für eine stärker pflanzliche Ernährung, bis hin zur globalen Ebene bei den Vereinten Nationen. So organisiert ProVeg International seit 2019 offizielle Side Events zum Thema Ernährungswandel bei den Weltklimakonferenzen und bringt so ein Thema dort ein, das lange keine große Rolle bei den Verhandlungen zum Klimaschutz gespielt hat. Wie wichtig es ist, auf diesen Konferenzen dabei zu sein, zeigt sich u. a. daran, dass es dort von Lobbyisten der Fleisch- und Milchwirtschaft nur so wimmelt. Höchste Zeit also, dass progressive NGOs dagegenhalten.

Noch eine andere Strategie der kleinen Schritte verfolgt die erst seit 2020 bestehende deutsche Tierrechtsorganisation Animal Society. »Unser Ziel ist, dass irgendwann die Interessen von Tieren nicht weniger berücksichtigt werden als die von Menschen«, sagt der Mitgründer Thomas Hecquet mir in einem Telefongespräch. »Wir sehen dafür den Staat und die Regierungen in der Verantwortung. Denn Tiere sind von politischen Entscheidungen massiv betroffen. Wir wollen, dass ihre Interessen dabei von vorneherein mit einbezogen werden. Dafür braucht es eine bessere Repräsentation von Tieren im politischen System.«

Konkret heißt das: Animal Society fordert mit der Kampagne »Tiere in's Parlament«, auf Bundesebene das Amt eines bzw. einer Bundestierschutzbeauftragten zu schaffen. Außerdem müsse die Regierung den Bereich Tierschutz aus dem Landwirtschaftsministerium, zu dem er aktuell gehört, herauslösen und dafür eine eigene Institution schaffen. Denn innerhalb des Ministeriums seien die Entscheidungen zu stark von landwirtschaftlichen Nutzungsinteressen gefärbt.

»Das wäre nur ein erster Schritt«, erklärt Thomas Hecquet. »Wir müssten dann als Tierbewegung darauf achten und Druck ausüben, damit die richtigen Leute an den jeweiligen Stellen sitzen und ihre Arbeit machen. In Zukunft müsste die politische Repräsentation der Tiere weiter verstärkt werden. Die Situation wäre aber auf jeden Fall besser als jetzt, denn aktuell arbeiten insgesamt viel zu wenige Menschen in den relevanten Institutionen, die sich überhaupt mit Tierschutz befassen oder dafür zuständig sind.«

Es ist kein Zufall, dass NGOs mit angestellten Mitarbeiter*innen sich häufig auf kleinschrittige Verbesserungen und realpolitische Reformen fokussieren – sie haben die Ressourcen, über längere Zeiträume dranzubleiben. Sie arbeiten typischerweise innerhalb des Systems, auch weil sie auf zuverlässige Finanzierung und stabile Netzwerke angewiesen sind.

In den letzten Jahren sind einige dieser Organisationen in der Tierbewegung stark gewachsen und haben sich professionalisiert, so dass mehr Arbeitskraft und Kompetenzen in die politische Arbeit fließen. Ich denke, dass diese kontinuierliche Arbeit für die schrittweise Transformation eine sehr wichtige Rolle spielt.

Gleichzeitig dürfen wir aber nicht glauben, dass die professionellen NGOs die einzigen Treiber der Veränderung wären. Dieses Bild ist aus meiner Sicht heute weit verbreitet und geht mit einem bestimmten Bild der Demokratie einher, in dem die Rollen klar verteilt sind: Für die Politik sind zunächst die Parteien und Politiker*innen zuständig. Wenn es daran etwas zu kritisieren gibt, übernehmen das die NGOs – Greenpeace kümmert sich um Klimaschutz, der Naturschutzbund sorgt sich um aussterbende Arten und die Albert Schweitzer Stiftung übernimmt dann den Tierschutz.

Die Rolle von uns als Privatleuten besteht in diesem Bild wiederum primär darin, alle paar Jahre wählen zu gehen und im Alltag ökologisch und ethisch gut einzukaufen. Außerdem können wir, wenn wir mit der herrschenden Politik nicht einverstanden sind, die jeweiligen Organisationen unterstützen, indem wir Geld spenden, Petitionen unterschreiben oder vielleicht mal bei einer von ihnen organisierten Demo vorbeikommen. In diesem Bild können wir also eigentlich gar nichts direkt bewirken, wir können nur unsere Unzufriedenheit delegieren an die Profis. Entsprechend machtlos oder ohnmächtig fühlen wir uns.

Natürlich bin ich unbedingt dafür, dass gute Vereine und Stiftungen Spenden und Unterstützung für ihre Kampagnen bekommen. Aber für einen gesellschaftlichen Wandel braucht es noch etwas anderes. Es braucht Menschen, die sich eben nicht mit ihrer Rolle als Konsumenten oder Spenderinnen zufriedengeben – sondern direkt das angehen, was sie stört, Verantwortung übernehmen und eigene Handlungsmacht zurückgewinnen.

Selbst wirksam werden

»Bei uns im Ort wurde ja schon immer gemault wegen des Gestanks«, sagt Gudrun Eichler aus Königs Wusterhausen bei Berlin. »Trotzdem habe ich früher eigentlich nie darüber nachgedacht, dass hier jeden Tag 120.000 Hühner geschlachtet werden. Diese Zahlen waren für mich gar nicht fassbar. Als ich dann erfahren habe, dass der Schlachthof sogar noch erweitert werden soll, habe ich gleich gedacht: Da muss man etwas machen.«

Ich habe Gudrun 2016 kennengelernt, da sie an einer Veranstaltung teilnahm, die ich als Mitglied der kleinen Tierrechtsgruppe Tierfabriken-Widerstand mitorganisiert hatte. Wir waren darauf aufmerksam geworden, dass der Wiesenhof-Schlachthof in Königs Wusterhausen beim zuständigen Umweltamt beantragt hatte, ab sofort die Zahl der täglich geschlachteten Hühner von 120.000 auf 160.000 zu erhöhen. Wir wollten die Leute in der Gegend darüber informieren und motivieren, sich dagegen zu engagieren. Deshalb warfen wir Flyer in die Briefkästen mit Fakten zu dem Vorhaben und mit der Einladung zu einer »Protestwerkstatt«.

»Die Fakten waren erschütternd für mich«, erinnert sich Gudrun Eichler, die als selbständige Architektin arbeitet. »Der Schlachthof wollte jeden Tag über eine Million Liter Wasser aus unserem Grundwasser entnehmen. Gestank und Lärm in der Gegend sollten steigen. Und wie mit den Hühnern umgegangen wird in dieser Industrie, hat mich schockiert.«

Zu der Protestwerkstatt kamen außer Gudrun noch etwa 15 Menschen, die am selben Abend kurz entschlossen eine Bürgerinitiative gründeten: »Königs Wusterhausen Stinkt's«. Sie überlegten sich, wie sie am besten gegen die Erweiterung vorgehen könnten. Bei Genehmigungsverfahren dieser Größenordnung muss eine Öffentlichkeitsbeteiligung stattfinden. Das bedeutet, dass alle Interessierten sich die Antragsunterlagen ansehen und bei Bedenken sogenannte Einwendungen gegen die Pläne einreichen können.

Die Frist dafür war zum Zeitpunkt der Protestwerkstatt fast abgelaufen. Aber einige Tage blieben noch. Die Mitglieder der Bürgerinitiative entschlossen sich, dem Umweltamt mit möglichst vielen und stichhaltigen Einwendungen ihren Protest deutlich zu machen. Gudrun Eichler arbeitete selbst den Genehmigungsantrag von mehreren tausend Seiten durch, um sich ein eigenes Bild von den Plänen zu machen. Als Architektin hat sie ständig mit Bauanträgen zu tun.

Dabei stieg ihre Empörung weiter. »Die hatten sich nicht einmal die Mühe gemacht, einen ordentlichen Antrag hinzulegen«, schimpft sie. »Der wimmelte von Fehlern, war schlampig und unvollständig. Wenn in meinen Bauanträgen eine Kleinigkeit nicht stimmt, werde ich sofort links und rechts abgewatscht. Aber das Unternehmen dachte offenbar, das reicht für die Behörden und für die Öffentlichkeit reicht es schon lange. Dabei wollen die unser Wasser entnehmen. Sie wollen unsere Luft verpesten, sie wollen ganz viele Tiere töten! Das hat mich sehr aufgeregt.«

Zusammen mit dem Naturschutzbund (NABU) Brandenburg engagierte die Bürgerinitiative einen Anwalt, der auf Umweltrecht spezialisiert ist. Denn um genehmigt zu werden, muss ein Vorhaben wie die Schlachthoferweiterung verschiedene Vorschriften erfüllen – dabei geht es zum Beispiel um den Schutz vor Gesundheitsgefahren, um wasserrechtliche Erlaubnisse, Naturschutzvorgaben, Brandschutz und dergleichen mehr. Einwendungen gegen die Genehmigung müssen sich auf solche Vorschriften beziehen. Dass an Schlachthöfen zwangsläufig Hühner leiden oder dass die Tierindustrie das Klima schädigt, ist dabei leider nicht relevant. Trotzdem gab es an dem Antrag viel zu beanstanden.

»Wir haben immer mehr Widersprüche und Unstimmigkeiten gefunden«, erzählt Gudrun. »Und das nicht nur in dem Erweiterungsantrag selbst. Wiesenhof hatte zum Beispiel in der Vergangenheit mehrere neue Gebäude errichtet, ohne dass dafür eine Genehmigung vorlag. Und die wasserrechtliche Erlaubnis, auf die der Erweiterungsantrag zurückgriff, hätte gar nicht erteilt werden dürfen.« Gudrun Eichler war fest entschlossen, die Genehmigung spätestens vor Gericht zu stoppen.

Niemand ahnte zu dem Zeitpunkt, wie lange sich der Kampf hinziehen würde: Fünf Jahre. Die Bürgerinitiative organisierte Demonstrationen und kleine Banneraktionen, einmal wurde der Schlachthof sogar von einem Bündnis von Tierrechtler*innen mehrere Stunden blockiert.

Die regionalen Zeitungen berichteten regelmäßig über die Geschehnisse und viele Menschen spendeten dafür, dass die Bürgerinitiative den Anwalt und die laufenden Gerichtsverfahren bezahlen konnte.

Zwischendurch kamen weitere Skandale ans Licht: Es stellte sich heraus, dass der Schlachthof schon 2015, bevor überhaupt der Erweiterungsantrag gestellt wurde, die Schlachtzahlen erhöht hatte. Das Landesumweltamt hatte das offenbar stillschweigend geduldet. Obwohl diese Erhöhung eigentlich illegal gewesen war, musste der Schlachthof erst gerichtlich gezwungen werden, sie wieder zurückzufahren – insgesamt hat Wiesenhof fast drei Jahre lang und bis zu 89 Millionen Hühner illegal geschlachtet.[7] Und ohne die parlamentarische Anfrage eines grünen Landtagsabgeordneten wäre das noch nicht einmal öffentlich bekannt geworden.

Trotz aller Unstimmigkeiten erteilte das Umweltamt Ende 2018 die Genehmigung für die Erweiterung. Die Bürgerinitiative reichte mit dem NABU dagegen Klage ein – und hatte schließlich noch einmal drei Jahre später, 2021, Erfolg. Das Oberverwaltungsgericht Berlin-Brandenburg kippte in letzter Instanz die Genehmigung und der Schlachthof darf seitdem nur noch auf alter Kapazität schlachten, also »nur« 120.000 Tiere pro Tag.

»Das ist ein Wahnsinnserfolg für uns. Wir freuen uns riesig darüber«, sagt Gudrun. Natürlich ist auch hier die Wirkung begrenzt. Kritiker*innen wenden ein, dass Konzerne wie die PHW-Gruppe, die hinter Wiesenhof steht, einfach woanders, im Zweifelsfalle im Ausland, ihre Schlachtkapazitäten erweitern würden. Aber das tun sie letztlich sowieso, aus meiner Sicht ist das kein Entweder-Oder. Und der Konzern hatte großes Interesse daran, genau in Königs Wusterhausen mehr zu schlachten. Diese Pläne hat die Bürgerinitiative durchkreuzt und so das weitere Wachstum der Geflügelindustrie gebremst. Im Anschluss an die gewonnene Klage gegen die Erweiterung unterstützt die Bürgerinitiative den NABU bei einer Klage gegen den Schlachthof, dabei geht es um die Grundwasserentnahme in der von Trockenheit geplagten Region.

Bundesweit haben engagierte Bürger*innen in den letzten Jahren schon mehrere hundert geplante Tieranlagen verhindert, schätzt Eckehard Niemann, der lange ein Netzwerk von Bürgerinitiativen koordiniert hat.[8] Einer der bekanntesten Fälle ist die Mastanlage im brandenburgischen Hassleben, eine ehemalige DDR-Anlage, in die ein Investor im Jahr 2004 rund 85.000 Schweine einpferchen wollte. Aufgrund von

Protesten reduzierte der Investor die Tierzahl auf 37.000 und bekam diese vom Umweltamt 2013 genehmigt. Die Bürgerinitiative kämpfte weiter, unterstützt von mehreren NGOs und auch vor Gericht. Nach mehreren Gerichtsverfahren kam die endgültige Entscheidung 2020 vom Oberverwaltungsgericht Berlin-Brandenburg: Der Megastall hätte nie genehmigt werden dürfen.

Nicht immer werden solche Auseinandersetzungen gerichtlich entschieden: Im nordhessischen Waldeck zog ein Investor 2019 seinen Bauantrag für eine 80.000er-Hühnermastanlage selbst zurück. Vorangegangen waren jahrelange Proteste, eine Unterschriftenaktion und eine öffentlichkeitswirksame Menschenkette. Wäre der Stall gebaut worden, würden dort jedes Jahr mehr als eine halbe Million Hühner zusätzlich leiden und sterben.[9]

Für mich zeigen diese Beispiele, wie viel »ganz normale« Menschen erreichen können, wenn sie sich organisieren und zusammenarbeiten. Zwar geht es selten darum, bestehende Tierfabriken zu schließen und Tierzahlen abzubauen. Das ist leider auch weitaus schwieriger. Aber solange weiterhin neue Ställe entstehen – laut einer Recherche der Deutschen Umwelthilfe waren im Jahr 2021 über drei Millionen neue Tierplätze in Deutschland geplant[10] –, sind das wichtige Kämpfe, die geführt werden müssen.

Dabei sorgen die Bürgerinitiativen zudem dafür, dass die Diskussion um die Zukunft von Landwirtschaft und Ernährung verstärkt auch auf dem Land geführt wird. Das wiederum hat Auswirkungen auf den Konsum – angefangen bei den engagierten Bürger*innen selbst. »Ich habe früher viel Fleisch gegessen«, sagt zum Beispiel Gudrun Eichler. »Mittlerweile, seit Wiesenhof, lebe ich vegetarisch. Ich weiß jetzt, dass man sich anders ernähren kann. Man muss nur andere Kochbücher kaufen.«

Das Wissen darüber, wie man gesund und lecker ohne Tierprodukte kochen und essen kann, spielt offensichtlich für die Ernährungswende insgesamt eine entscheidende Rolle. Dieses Wissen zu verbreiten ist zwar nicht der einzige, aber ein wichtiger Hebel zur Transformation. Und immer mehr Menschen ohne eine große Organisation im Rücken setzen sich damit gegen die Tierindustrie und für eine gerechtere Welt ein. Zu ihnen gehört die Bloggerin und Kochbuchautorin Serayi aus Aalen bei Stuttgart.

»Es war eine absolute Herzenssache für mich, nicht einfach nur vegan für mich zu leben, sondern andere Menschen zu inspirieren«, erzählt sie mir am Telefon. »Ich erkläre über meinen Instagram-Account, warum ich das überhaupt mache. Und mit meinen Rezepten zeige ich, dass es eigentlich gar keine Ausreden gibt, weil man Fleisch und andere Tierprodukte so einfach ersetzen kann.«

Der Name ihres Instagram-Profils und ihres ersten Kochbuchs lautet »Orient trifft vegan«. Serayi sagt: »Ich präsentiere die traditionelle Küche, mit der ich aufgewachsen bin. Ich habe südländische und deutsche Wurzeln und es sind Rezepte aus verschiedenen Regionen dabei, deshalb habe ich den Namen Orient gewählt. Einige Gerichte sind von Hause aus schon pflanzlich, andere habe ich veganisiert.«

Das Interesse ist riesig: Über 36.000 Menschen folgen Serayi auf Instagram und ihr Buch wurde kurz nach der Veröffentlichung schon zum Beststeller. Ihr Publikum ist divers: Zum einen Menschen, die schon länger an veganer Ernährung interessiert sind und neue Rezepte ausprobieren wollen. »Aber ich erreiche auch ganz viele Menschen mit einer ähnlichen Herkunft wie ich, die bisher kaum mit dem Thema Veganismus in Berührung gekommen sind, aber die für ihre Familie mit weniger Fleisch und trotzdem traditionell kochen möchten.«

Schon mehrere Zeitungen haben über ihre Arbeit berichtet. Die Journalist*innen schreiben dabei gern, dass Serayi »zwei Welten« miteinander verbinde. »Das würde ich selbst gar nicht so sagen«, schmunzelt Serayi. »Ich bin beides: Ich habe eine Heimat drüben und die andere Heimat hier und ich trage einfach mein Leben und mein Essen nach außen.«

Serayi hat mit Anfang zwanzig begonnen, sich mit veganer Ernährung zu beschäftigen, weil bei ihr eine chronische Krankheit diagnostiziert wurde, sie sich gesünder ernähren und abnehmen wollte. »Und dann kommt man an den Dokus über das Leid der Tiere nicht vorbei«, sagt sie. »Als ich gesehen habe, was den Tieren angetan wird, habe ich eine große Empathie entwickelt. Gleichzeitig war es total schön zu sehen, dass so viele Menschen sich für die Küche interessieren, mit der ich aufgewachsen bin. Diese Aspekte sind verschmolzen und daraus ist ›Orient trifft vegan‹ entstanden.«

Im Sommer 2022, als wir uns unterhalten, ist Serayi 26 Jahre alt und hat gerade ihr zweites Kochbuch veröffentlicht. Auf Instagram postet sie immer wieder Informationen über das Leid der Tiere und die anderen Folgen der Tierindustrie. »Viele verdrängen das, wissen es nicht oder wollen es nicht wissen.«

Muslime würden häufig glauben, dass Fleischkonsum kein Problem sei, sofern das Fleisch halal sei. »Dann erkläre ich, dass die Produktion in Wirklichkeit nicht im Sinne von irgendwelchen Regeln stattfindet, an die sie glauben. Mir schreiben viele Muslime, dass sie durch mich einen neuen Blickwinkel bekommen haben.«

Aber auch insgesamt gebe es viel zu wenig Bewusstsein dafür, was Tiere eigentlich für Wesen sind. »Es gibt ja Leute, die kommen an einer Kuhweide vorbei und sagen ›Ah guckt mal, ein Steak‹. Daran sieht man doch, wie wenig sie daran denken, dass Tiere Familien haben, dass sie Freunde haben, dass sie weinen können und sich freuen können.«

Mit ihren Beiträgen auf Instagram erreicht Serayi viele Menschen, die noch nicht vegan leben – einer Umfrage zufolge, die sie selbst gemacht hat, essen fast die Hälfte ihrer Follower Fleisch. »Aber sie schauen sich meine Inhalte tagtäglich an und ganz oft schreiben mir Leute, dass sie durch mich vegan geworden sind. Das macht mich natürlich sehr dankbar.«

Ihre Strategie sei dabei, Beschuldigungen und eine »Zeigefinger-Mentalität« zu vermeiden. »Ich versuche mich nicht gegen die Leute zu richten, die Tierprodukte konsumieren, sondern meine Botschaft ist: Guckt mal, was die Tierindustrie anrichtet, lasst uns das nicht mehr unterstützen! Denn indem wir Fleisch, Milch oder Eier kaufen, bezahlen wir diese Industrie für ihre Taten.«

Mit ihrer Arbeit regt Serayi so nicht nur Menschen dazu an, ihren eigenen Konsum zu verändern, sondern sie stößt Diskussionen an und verändert auf diese Weise auch soziale Normen. Serayi glaubt fest daran, dass sich die vegane Lebensweise immer weiter durchsetzen wird. Und sie ist davon überzeugt, dass viele engagierte Menschen jeweils auf andere Weise dazu beitragen. »Wir brauchen alle. Die, die kochen, und die, die Texte schreiben oder Interviews geben. Diejenigen, die laut sind, und diejenigen, die ein bisschen leise sind. Jeder hat seine eigene Persönlichkeit und zusammen können wir ganz unterschiedliche Menschen erreichen.«

Tatsächlich gibt es eine große Bandbreite an Möglichkeiten, am gesellschaftlichen Wandel mitzuarbeiten. Serayi, die eigentlich gelernte Make-up-Artistin ist, hat ihr Engagement mittlerweile zum Beruf gemacht und ist selbständige Autorin und Unternehmerin.

Viele andere Aktive sind ehrenamtlich tätig. Zum Beispiel Janis, ein Freund von mir, der in Berlin wohnt.

»Ich möchte in einer Welt leben, in der es möglichst wenig vermeidbares Leid gibt – und umgekehrt ein möglichst gutes Leben für alle«, sagt er auf meine Frage, was ihn zu seinem Engagement motiviert. »Mein Fokus liegt dabei auf der Ausbeutung nicht-menschlicher Tiere, besonders für die menschliche Ernährung, aber auch für Kleidung, Kosmetik und in Tierversuchen. In den letzten Jahren sind mir außerdem die bedrohlichen Folgen der Klimaerhitzung für unseren Alltag und unser Überleben immer deutlicher geworden. Hier möglichst schnell gegenzusteuern ist wichtig für ein gutes Leben von fast allen Erdenbewohnenden.«

Als Konsequenz setzt Janis sich für eine Transformation hin zu veganen Lebensweisen und für den Erhalt von Ökosystemen ein. Dafür engagiert er sich bei mehreren Organisationen: »Ich arbeite zum Beispiel mit an Karten, die vegane Lokale und Geschäfte leicht auffindbar machen. Ich beteilige mich an Infoständen und Workshops zu veganer Ernährung, Tierethik oder bio-veganer Landwirtschaft. Ich habe eine Fundraising-Weiterbildung gemacht und schreibe für gemeinnützige Vereine Anträge für Fördergelder.«

Weil er gern backt, unterstützt er regelmäßig die »Vegan Bake Sales« in Berlin: Dort werden an einem Stand an einem belebten Ort vegane Kuchen gegen Spende angeboten. So können Leute im Vorbeigehen probieren, wie lecker man vegan backen kann, und die Einnahmen fließen in einen guten Zweck.

Mit seiner Tierrechtsgruppe hat Janis sich außerdem politisch eingemischt: Vor der Wahl zum Berliner Abgeordnetenhaus war er Teil eines Bündnisses verschiedener Organisationen, das einen Forderungskatalog für eine Berliner Nachhaltigkeitsstrategie entwickelt hat, der anschließend den Parteien übergeben wurde. Dabei hat er sich dafür eingesetzt, dass die Themen Landwirtschaft und Ernährung dort stärker thematisiert werden und die Transformation zu einer pflanzenbasierten Ernährung überhaupt als Teil der Lösung auftaucht. Am Ende haben die koalierenden Parteien einzelne Punkte davon tatsächlich in den Koalitionsvertrag übernommen, zum Beispiel das Ziel, in der Gemeinschaftsverpflegung immer »tierfreie« Optionen anzubieten.

Janis zeigt für mich in einer Person, wie vielfältig Aktivismus sein kann. Kaum jemand macht so viele verschiedene Dinge wie er. Aber natürlich gibt es zugleich viele Menschen, die nur in einer Organisation tätig sind oder nur eine Art von Arbeit machen – hier kann jede Person den eigenen Fähigkeiten und Vorlieben folgen: Die einen bereiten Aktionen vor, die anderen bringen Kuchen oder Suppe vorbei. Die einen diskutieren in lokalen Gremien mit, die anderen organisieren Treffen oder Veranstaltungen.

Ich kenne mittlerweile viele Menschen, denen das Engagement auf die Dauer so wichtig geworden ist, dass sie ihr Alltagsleben daran angepasst haben. Zum Beispiel meine Freundin Emma, die nur Teilzeit arbeitet, um neben Job und Kind noch genug Zeit für Aktivismus haben. Das kann sich auch auf persönlicher Ebene sehr lohnen. »Etwas Sinnvolles zu tun in einer Gruppe, in der ich mich wohlfühle, das hat etwas total Erfüllendes und Verbindendes. Für mich ist das eine wichtige Motivation dafür weiterzumachen«, sagt Emma.

Viele Formen von Aktivismus lassen sich aber auch gut in ein volles Ausbildungs-, Studien- oder Berufsleben integrieren. Schon mit wenigen Stunden Einsatz am Abend oder am Wochenende kann man viel bewirken. Oft ergibt es auch viel Sinn, direkt im eigenen Umfeld tätig zu werden – indem man zum Beispiel versucht, das vegane Angebot in der Betriebskantine oder der Schulmensa zu verbessern, das Catering bei Firmenveranstaltungen zu beeinflussen oder im Uni-Seminar oder im Dorfzentrum einen Vortrag mit Diskussion zum Thema zu organisieren.

Ein weiteres Feld, in dem manche Menschen ihre freie Zeit einsetzen, um für eine Agrar- und Ernährungswende zu kämpfen, sind die politischen Parteien.

Aktiv in Parteien

»Wir leben in einer parlamentarischen Demokratie, in der die Politik maßgeblich von Parteien gestaltet wird. Deshalb habe ich mich dazu entschieden, mich in einer Partei zu engagieren.« Dr. Didem Aydurmuş hat in Klimapolitik promoviert und ist parallel dazu über die Tierethik zum Veganismus gekommen. Seit 2019 ist sie bei Die Linke aktiv. Dort arbeitet sie in der Ökologischen Plattform und in der Arbeitsgruppe Tierschutz und Tierrechte mit. Außerdem wurde sie 2021 in den Bundesparteivorstand gewählt, veröffentlicht Pressemitteilungen, schreibt an Wahlprogrammen mit und vernetzt Abgeordnete mit Aktivist*innen aus der Klimagerechtigkeits- und der Tierbewegung. Auch sie ist ehrenamtlich tätig. Ich habe sie gefragt, warum sie das macht.

»Ich finde Ungerechtigkeit und Leid unerträglich«, sagt Didem. »Ich habe das Glück, in einer privilegierten Position zu sein – ich muss nichts in meinem Leben vermissen, ich durfte Bildung genießen. Und Privilegien verpflichten. Deshalb setze ich mich für Rechte für alle fühlenden Lebewesen ein und gegen Gewalt, Ausbeutung und Umweltzerstörung.«

Die Arbeit in der Partei sei oft zäh und anstrengend. Manchmal habe sie das Gefühl, gegen Windmühlen zu kämpfen. »In Parteistrukturen hat man es immer auch mit verhärteten Meinungen zu tun. Gerade gegenüber dem Veganismus gibt es noch viele Klischees. Man muss immer verhandeln und Kompromisse machen. Am Ende sind die oft weit von dem entfernt, was ich eigentlich richtig finde. Aber es gibt immer wieder Überraschungen und dann ist es toll zu merken, dass sich doch etwas bewegt.«

Sie ist zum Beispiel stolz darauf, dass ihre Partei seit April 2022 ein Ausstiegsprogramm aus der Tierhaltung fordert.[11]

»Wichtig finde ich auch eine Veränderung der Einstellung«, sagt Didem. »Daher sehe ich es als großen Erfolg, dass in unserem Wahlprogramm nicht die Begriffe ›Nutztier‹ oder ›artgerecht‹ fallen. Denn Tiere sind nicht zu unserer Benutzung da und gerechte Ausbeutung gibt es nicht – aber durch die genannten Begriffe werden diese Vorstellungen weiter zementiert.«

Auch beim Partei-Engagement geht es offensichtlich um kleine Schritte, zumal der Einfluss einzelner Parteien selbst wiederum begrenzt ist – Die Linke hat es 2021 nur knapp überhaupt in den Bundestag geschafft. »Aber auf Dauer lohnt es sich«, ist Didem überzeugt. »Gemeinsam können wir das System infiltrieren«, schmunzelt sie. »Wir brauchen dabei unbedingt den Druck der Bewegungen, von Demonstrationen und Aktionen, das gibt mir selbst Rückenwind. Außerdem müssen wir uns besser vernetzen, wenn wir ähnliche Ziele haben, auch über Parteigrenzen hinweg.«

Die linken Parteien könnten sich in ihren konkreten Forderungen gegenseitig inspirieren und antreiben. Und für die Umsetzung brauche es immer Koalitionen. Deshalb ist Didem viel im Austausch mit Kolleg*innen bei den Grünen und auch bei der SPD – zum Beispiel mit Stefan Sander vom Verein »Sozis für Tiere«.

»Wir haben 2014 diesen Verein gegründet, um Tierschutz, Tierrechte und Tierbefreiungsideen innerhalb der SPD voranzubringen«, erklärt

Stefan bei einer Podiumsdiskussion. Er ist beruflich in der IT-Branche tätig und schon seit 2005 Mitglied der SPD. »Um progressiv etwas zu verändern, braucht es politische Mehrheiten, und ohne die SPD sind die kaum zu bekommen.«

Zwar habe seine Partei zum Thema Tierhaltung und Fleischkonsum noch eine sehr problematische Position. Aber genau deshalb arbeite er mit daran, dass sich das verbessert. Mit »Sozis für Tiere« veröffentlicht er zum Beispiel Stellungnahmen und organisiert Veranstaltungen. Daneben engagiert er sich direkt als Parteimitglied. »Man kann durchaus auf Wahlprogramme Einfluss nehmen, wenn man frühzeitig mitdiskutiert und immer wieder Beschlussanträge bei Parteitagen einbringt. Es erfordert Ausdauer, aber wie soll es sonst gehen?«

Ganz ähnlich sieht es Dr. Robert Porzel, der bei Bündnis 90/Die Grünen aktiv ist. »Als Veganer und Tierrechtler hat man wie überall sonst in der Gesellschaft auch bei den Grünen einen schweren Stand«, sagt er. »Aber Parteien sind organische Strukturen, die sich über die Zeit verändern. Und entscheidend dafür sind die Menschen, die sich einbringen.«

Es sei unheimlich leicht, mitzumachen, denn neue Mitglieder würden in der Partei mit offenen Armen empfangen. Robert, der als Ingenieur beruflich im Bereich der Künstlichen Intelligenz forscht, arbeitet in seinem Wohnort Bremen in der Landesarbeitsgemeinschaft Tierpolitik bei den Grünen mit. Außerdem ist er Sprecher der Bundesarbeitsgemeinschaft Tierschutzpolitik, die als Beratungsgremium für die Bundespartei fungiert. »Auch wir bringen Anträge bei Parteitagen ein. Dann müssen ganz basisdemokratisch alle Delegierten darüber abstimmen«, erklärt Robert. »Selbst wenn ein Antrag erst mal abgelehnt wird, haben wir damit im parteiinternen Diskurs etwas angestoßen. Das köchelt eine Weile vor sich hin. Und wenn wir den Antrag später noch mal einbringen, kann es gut sein, dass wir gewinnen. Und dann haben wir eine Position innerhalb der Partei verändert.«

Bei den Grünen sind in den letzten Jahren tatsächlich mehrere progressive Beschlüsse gefasst worden. 2019 hat zum Beispiel der Bundesparteitag einen Antrag der Tierschutzpolitik-AG angenommen, der für grüne Politik das Ziel formuliert, über pflanzliche Ernährung aufzuklären und sie zu fördern. Zu den Unterpunkten gehören einige sinnvolle Maßnahmen für die Ernährungswende, wie ich sie in Kapitel 6 und 7 beschrieben habe: Umstellung öffentlicher Kantinen, Einpreisung externer Kosten bei Tierprodukten, Förderung bio-veganer Landwirtschaft, Abschaffung von Subventionen für die Tierindustrie, umfassende Öffentlichkeitsarbeit über die Vorteile pflanzlicher Ernährung.

Solche Maßnahmen können, wenn umgesetzt, durchaus als revolutionäre Realpolitik gelten. Denn es handelt sich um Reformen innerhalb des Systems, die uns dem Ziel einer Abschaffung der Tierindustrie näherbringen. Über diesen Weg und ihre Arbeit bei Parteien haben Robert Porzel, Stefan Sander und Didem Aydurmuş zusammen einen Artikel geschrieben. Mit ihrem Wirken den Status quo nicht nur zu reformieren, sondern grundlegend zu ändern, ist für alle drei sehr wichtig. Aus dieser Perspektive kritisieren sie die klassische Strategie der Tierschutzreformen.

»Die Geschichte bisheriger Reformversuche zeigt vor allem drei Dinge«, heißt es in dem Artikel. »Reformen dienen oft marktwirtschaftlichen Zwecken und den Menschen, so wurde z. B. das Betäuben vor der Schlachtung vor ca. 100 Jahren in den USA eingeführt, um Schäden an der ›Ware‹ und Verletzungen der Schlachter durch die verzweifelt zappelnden und um sich tretenden Tiere zu vermeiden. Zudem führen Reformen meistens von einer Ausbeutungssituation in eine andere, beispielsweise hat die Kennzeichnung von Eiern und entsprechende Verordnungen Legehennen von kleinen Gruppen in engen Käfigen in riesige Gruppen auf engstem Boden geführt. Zumeist dienten die bisherigen Reformen auch der Gewissensberuhigung der Konsument*innen und verfestigen damit das Ausbeutungsystem.«

Damit wollen sich die drei Autor*innen nicht zufrieden geben – bei aller Realpolitik, auf die man sich bei der Parteiarbeit einlassen muss. Eine »konsequente Politik der Veränderung« könne »aus dem, was für die meisten Menschen jetzt Normalität ist, eine neue Normalität erschaffen«, schreiben sie. Als Beispiel nennen sie in ihrem Artikel aktuelle Anstrengungen, Qualzuchten bei landwirtschaftlich genutzten Tieren zu identifizieren und zu verbieten. Denn das hätte zur Folge, dass zukünftig viele Arten von Milchkühen, Mastschweinen und Vögeln nicht mehr legal gezüchtet und gehalten werden dürften – ein massiver Einschnitt in die Tierindustrie.

Die Herausforderung bei der Parteiarbeit besteht offensichtlich nicht nur darin, für solche Forderungen Zustimmung innerhalb einer Partei zu bekommen, so dass sie in Beschlüsse und Wahlprogramme eingehen. Die nächsten und noch größeren Hürden sind, dass sie tatsächlich Teil von Koalitionsverträgen werden und die Regierungen sie dann auch umsetzen. Auf diesem Weg wird typischerweise vieles gestrichen, abgeschwächt oder aufgeweicht – so erging es auch einigen Forderungen zur Ernährungswende.

So war zum Beispiel schon das grüne Wahlprogramm für die Bundestagswahl 2021 deutlich weniger ambitioniert als der Parteitagsbeschluss 2019. Aber es stand immerhin noch drin, dass für den Klimaschutz weniger tierische Produkte produziert und konsumiert werden müssten und die Partei vegetarische und vegane Ernährung attraktiver und zugänglich für alle Menschen machen wolle. Davon blieb im Koalitionsvertrag nur übrig, dass pflanzliche Alternativen gestärkt werden sollen und sich »die Entwicklung der Tierbestände an der Fläche orientieren soll« – klare Abbauziele fehlten ebenso wie wirksame ernährungspolitische Maßnahmen. Und das grün geführte Landwirtschaftsministerium machte zumindest im ersten Dreivierteljahr nach der Wahl keine Anstalten, einen Abbau der Tierzahlen oder wirklich umfassende Ernährungswende zu gestalten.[12] Das reale Regierungsgeschäft bleibt im Vergleich mit den eigentlichen Notwendigkeiten auch im Hinblick auf die Klimakatastrophe unfassbar träge und unbeweglich.

»Es geht in der Politik letztlich um graduelle Veränderungen«, sagt Robert Porzel. »Darum, dass Ideen entstehen, sich fortpflanzen und verbreiten. Das sind meistens eher evolutionäre als revolutionäre Prozesse. Oft müssen wir sogar große Anstrengungen allein dafür aufbringen, dass wir keine Rückschritte erleben – zum Beispiel wenn nach einem erzielten Erfolg das Pendel wieder droht in die Gegenrichtung zu schwingen.«

Wer sich in Parteien und Parlamenten für politische Änderungen engagiert, braucht entsprechend viel Geduld und Frustrationstoleranz. Aber zugleich sind Ungeduld und Zorn doch so angebracht! Um die Klimakatastrophe noch abzubremsen und Milliarden von Tieren vor schlimmsten Qualen zu bewahren, muss die Transformation trotz aller Hindernisse schneller gehen. Minischrittchen in die richtige Richtung sind einfach nicht genug. Gibt es keine Möglichkeiten, den Prozess zu beschleunigen? Um das herauszufinden, habe ich mich mit Theorien sozialen Wandels beschäftigt.

Die Kraft zivilen Widerstands

»Wenn Menschen ihre wahre Macht entdecken, können sie oft die Erwartungen politischer Expert*innen übertreffen«, schreiben die US-amerikanischen Aktivisten und Autoren Paul und Mark Engler in ihrem Buch »This is an Uprising« von 2016, zu Deutsch etwa »Dies ist ein Aufstand«.[13] Das Buch ist mir immer wieder empfohlen worden und es wird oft als ein Handbuch für soziale Bewegungen bezeichnet. Auf knapp 300 Seiten werden darin verschiedene gesellschaftliche Auseinandersetzungen der jüngeren Geschichte beschrieben: vom indischen Kampf um Unabhängigkeit unter Gandhi über die Schwarze Bürgerrechtsbewegung bis hin zu den Camps der Occupy-Bewegung. Die beiden Englers arbeiten heraus, welche Faktoren jeweils dazu beigetragen haben, ob die Bewegungen ihre Forderungen durchsetzen konnten. Dabei beziehen sie zudem eine Reihe von Theorien anderer Autor*innen mit ein.

Die Grundideen des Buchs lauten: Massenhafter gewaltloser Widerstand kann tiefgreifende Änderungen in Politik und Gesellschaft bewirken, die vorher kaum jemand für möglich gehalten hätte. Solche Erfolge passieren aber nicht rein zufällig, sondern dahinter stecken oft strategische Prinzipien, die man sich bewusst zunutze machen kann.

Ein wichtiger Ausgangspunkt dabei ist ein bestimmtes Verständnis davon, wer eigentlich in einer Gesellschaft Macht hat. Wir denken leicht, dass die Macht bei einigen wenigen Menschen oder Institutionen liegt, nämlich bei denen an der Spitze – in Demokratien also bei der Regierung, dem Parlament und den Parteien, aber auch in den Gerichten und bei den Chefs der großen Unternehmen. Dieses Bild sei jedoch irreführend, schreiben die Englers und verweisen auf den Politikwissenschaftler Gene Sharp, der eine andere, soziale Konzeption der Macht entwickelt hat. »Die Grundlage politischer Macht ist der Gehorsam«, besagt diese Konzeption. »Obwohl es nicht so scheint, sind Herrschende und Herrschaftssysteme abhängig von dem Wohlwollen, den Entscheidungen und der Unterstützung der Bevölkerung.«[14]

Der Grund: Selbst die mächtigsten Diktatoren brauchen Menschen, die die Steuern einziehen oder die Wirtschaft am Laufen halten, und auch Unterdrückungsapparate wie Polizei und Armee funktionieren nur, wenn genug Menschen die entsprechenden Befehle befolgen. Umgekehrt bedeutet das: Wenn Ungehorsam um sich greift, kann sich kein Regime halten. Die eigentliche, soziale Macht liegt also in der Bevölkerung. So wurde zum Beispiel der serbische Diktator Milošević im Jahr 2000 u.a. durch Massenproteste von der Oppositionsbewegung Otpor gestürzt.

Eine ähnliche Dynamik kann sich aber auch in (mehr oder weniger) demokratischen Gesellschaften entfalten, zeigen die Englers in ihrem Buch. Progressiven Bewegungen geht es dabei oft nicht darum, ein ganzes Regime umzustoßen, sondern sie wollen bestimmte Praktiken, Institutionen oder Normen verändern – in der Vergangenheit zielten Bewegung zum Beispiel darauf ab, das Wahlrecht für Frauen, Bürgerrechte für Schwarze Menschen oder Anerkennung und bessere Versorgung von AIDS-Kranken zu erkämpfen.

Um die Wirkungsweise solcher Bewegungen zu beschreiben, greifen die Englers noch auf ein weiteres Konzept zurück, das die soziale Theorie der Macht ergänzt und konkretisiert: Das Konzept der »Stützpfeiler« besagt, dass jedes politische System sich auf verschiedene Institutionen stützt, ohne die es zusammenbrechen würde – zum Beispiel das Militär, die Medien, das Bildungswesen, die Wirtschaftswelt, die Kirchen, die Gerichte etc. Alle diese Institutionen spielen wiederum nur so lange ihre stützende Rolle, wie die jeweiligen Menschen entsprechend mitarbeiten. Man kann sich das Ganze vorstellen wie einen römischen Tempel, bei dem mehrere Säulen das Dach tragen. Soziale Bewegungen ziehen an den verschiedenen Säulen. Wenn sie genug davon umstoßen, stürzt der Tempel zusammen und der Status quo verändert sich.

Um zu veranschaulichen, wie das aussehen kann, beschreiben die Englers den Kampf für die gleichgeschlechtliche Ehe in den USA. Im Jahr 1990 betrachteten noch drei Viertel aller Amerikaner*innen Homosexualität als unmoralisch. Weniger als ein Drittel unterstützten die Idee, dass Schwule und Lesben heiraten dürften. Die wenigsten Politiker*innen trauten sich zu der Zeit an das Thema heran und kaum jemand mit einem öffentlichen Posten lebte offen homosexuell. Im Jahr 1996 wurde mit dem »Defense of Marriage Act« im Senat sogar noch ein Gesetz verabschiedet, das die Ehe als Verbindung zwischen Mann und Frau definiert – mit Unterstützung u.a. von Bill Clinton und Joe Biden.

Knapp zwanzig Jahre später hatte sich das Blatt komplett gewendet: Eine wachsende Mehrheit der Bevölkerung befürwortete laut Umfragen die rechtliche Gleichstellung, die Homo-Ehe wurde legal in allen 50 Staaten und selbst konservative Politiker hielten sie für unausweichlich. Wie war das gelungen?

»Der Wandel wurde nicht dadurch bewirkt, dass ein Mehrheitsführer im Senat seine Fraktion unter Druck setzte oder ein charismatischer Präsident seinen starken Einfluss geltend machte«, schreiben die Englers. »Stattdessen geschah er durch die Anstrengungen einer breit getragenen Bewegung, die in verschiedensten Bereichen für gleiche LGBT-Rechte kämpfte. Zusammen eroberten sie die Herzen und Köpfe einer kritischen Masse von Menschen. Auf diese Weise verwandelten sie das Unmögliche in das Unvermeidbare.«[15]

Die Bewegung organisierte über viele Jahre große Demonstrationen und kreative und ungehorsame Aktionen, die öffentliche Aufmerksamkeit erzeugten. Zugleich arbeiteten die Aktivist*innen daran, die Macht von sozialen Institutionen gegen den konservativen Status quo zu wenden: In der Unterhaltungsindustrie outeten sich immer mehr Schauspieler*innen als homosexuell. Beliebte Serien und Filme begannen queere Charaktere in den Vordergrund zu stellen und in positivem Licht zu zeigen. Auch in den Kirchen wurden Kämpfe um die Anerkennung von homosexuellen Gemeindemitgliedern und Geistlichen ausgetragen. Progressive Jurist*innen sorgten dafür, dass ihr Berufsverband Adoptionen durch gleichgeschlechtliche Paare unterstützte. Jugendliche und Studierende bildeten Gruppen, die es anderen erleichterten, sich zu outen, und verwandelten so das Bildungssystem. Und so weiter und so fort.

Alle diese Institutionen waren zuvor Stützpfeiler der Ungleichheit gewesen. Aber durch die soziale Bewegung wurden die gesellschaftlichen Bedingungen so verändert, dass die gleichgeschlechtliche Ehe schließlich beinahe zwangsläufig per Gerichtsentscheidung durchgesetzt wurde.

In ihrem Buch zeigen die Englers an diesem Beispiel den Unterschied zwischen zwei verschiedenen Ansätzen der politischen Arbeit auf: Der eine Ansatz geht davon aus, dass Fortschritt passiert, indem man die Herrschenden direkt dazu bringt, kleine Verbesserungen umzusetzen, etwa durch gezielte Kampagnen und Lobbyarbeit. Dafür muss man sich daran orientieren, was in einer gegebenen Situation realistisch erreichbar erscheint. Der andere Ansatz, den die Englers »transformational« nennen, arbeitet indirekt: Indem man die öffentliche Meinung beeinflusst und verschiedene soziale Institutionen auf die eigene Seite bringt, sorgt man dafür, dass sich das ganze Debattenklima verändert. So werden viel weitreichendere Veränderungen möglich.

Die Englers schreiben: »Es gibt etwas, das die bekanntesten Bewegungen des letzten Jahrhunderts gemeinsam haben. Ob es darum ging, die Kinderarbeit zu beenden, die Rolle der Frauen im politischen Leben neu zu bestimmen oder ein Apartheidsregime zu stürzen – alle diese Bewegungen kämpften für Ziele, die von etablierten Strippenziehern als aussichtslos betrachtet wurden, und sie gewannen, indem sie Möglichkeiten schufen, die vorher nicht existiert hatten.«[16]

In ihrem Buch tragen die Englers daraufhin mehrere Faktoren zusammen, die in der Vergangenheit für den Erfolg von sozialen Bewegungen entscheidend waren. Welche sind das?

Offensichtlich braucht es massenweise Menschen, die die Bewegung unterstützen und an Demonstrationen und Aktionen teilnehmen. Aber interessanterweise braucht es nicht so viele, wie man vielleicht vermuten würde: Es braucht keine Mehrheit der Bevölkerung. Möglicherweise reichen sogar ein paar Prozent. Die Politikwissenschaftler*innen Erica Chenoweth und Maria J. Stephan haben zum Beispiel weltweit über 300 soziale Bewegungen im 20. Jahrhundert untersucht und sind dabei zu dem Schluss gekommen: »Keine Kampagne, die die aktive und dauerhafte Unterstützung von nur 3,5 Prozent der Bevölkerung erreicht hatte, scheiterte.«[17]

Aktive und dauerhafte Unterstützung besteht dabei nicht nur darin, dass man für die Ziele auf die Straße geht. Sondern auch darin, dass man den Zielen entsprechend wählt und im eigenen Umfeld über das Thema diskutiert und andere überzeugt. Aktive Unterstützer*innen sind außerdem Menschen, die sich in ihren sozialen und beruflichen Einflussbereichen für die jeweiligen Ziele einsetzen: Zum Beispiel Anwältinnen, die ehrenamtliche Arbeit übernehmen. Musiker, die Songs zum Thema schreiben. Lehrer, die es in Schulstunden diskutieren. Geistliche, die in der Predigt darüber sprechen. Oder Ladenbesitzerinnen, die Schilder mit Slogans in ihre Fenster stellen.

Ebenfalls von Erica Chenoweth und Maria J. Stephan stammt die These, dass weitgehend gewaltfreie Bewegungen im Schnitt doppelt so oft erfolgreich waren wie Bewegungen, die im größeren Stil Gewalt anwendeten. Eine Erklärung dafür ist, dass Gewalt viele Menschen abschrecke und dadurch nicht genug Unterstützung mobilisiert werden könnte. Die Englers ergänzen, dass durch das staatliche Gewaltmonopol in Form von Polizei und Militär soziale Bewegungen eigentlich keine Chance hätten, in diesem Feld zu gewinnen – Staaten seien zu gut darin, gewalttätige Proteste zu unterdrücken, wohingegen sie bei gewaltfreiem Widerstand in ein Dilemma gerieten: Entweder sie lassen die

Aktivist*innen gewähren oder sie überziehen sie mit Repressionen, was dann aber zu mehr Unterstützung und Solidarität in der Bevölkerung führen kann.

Diese eindeutigen Wertungen zur Gewaltfrage sind innerhalb sozialer Bewegungen durchaus umstritten, u.a. mit Verweis darauf, dass einige indigene Gruppen im globalen Süden seit Jahren ihr Land und ihre Rechte teilweise auch bewaffnet verteidigen. An der Arbeit von Chenoweth und Stephan gibt es ebenfalls Kritik.[18] Ich halte trotzdem den Fokus auf Gewaltfreiheit zumindest unter den hiesigen aktuellen Bedingungen für sinnvoll.

Gewaltfreiheit heißt dabei nicht, dass es keine radikalen oder konfrontativen Aktionen geben soll – sogar ganz im Gegenteil. Die Englers beschreiben *disruption*, Störung, als Schlüsselfaktor für soziale Bewegungen, um Medienaufmerksamkeit zu erregen und öffentliche Diskussionen anzustoßen. Denn verglichen mit einer braven Demonstration lässt sich eine Straßenblockade, eine Störaktion bei einer Veranstaltung oder die Besetzung einer Fabrik schlechter ignorieren. Dabei ist es den Englers zufolge kein Problem, dass solche Aktionen bei einigen Leuten Kritik und Ablehnung hervorrufen – in gewissem Rahmen könne man das in Kauf nehmen, weil man mit konfrontativen Aktionen umgekehrt Menschen von stillen Befürworter*innen zu aktiven Unterstützer*innen machen könne. Denn gerade das Risiko, das die Aktiven bei illegalen Aktionen eingehen, macht deutlich, wie ernst es ihnen ist. Es signalisiert Opferbereitschaft und erweckt damit Sympathie.

Viele Menschen in die Bewegung hinein zu mobilisieren, ist offensichtlich generell entscheidend. Und auch das passiert oft nicht langsam oder Schritt für Schritt. Stattdessen gibt es in vielen politischen Auseinandersetzungen einen Moment, den die Englers den »Wirbelwind« nennen: Eine Reihe dramatischer Ereignisse setzt eine Dynamik in Gang, die sich der Kontrolle einzelner Organisationen entzieht und plötzlich eine große Zahl von Leuten aktiviert, die zuvor nicht in der Bewegung engagiert waren. So etwas geschah zum Beispiel bei den Massenprotesten im Arabischen Frühling ab 2010 oder bei der internationalen Verbreitung der Occupy-Camps ab 2011. Teilweise gibt es externe Trigger-Ereignisse, die solche Eskalationen anstoßen, aber teilweise können Bewegungen auch selbst gezielt und strategisch einen Wirbelwind entfachen.

Die Englers räumen selbst ein, dass alle diese Faktoren keinen Erfolg garantieren. Gerade der Arabische Frühling zeigt aus ihrer Sicht die

Grenzen der Massenmobilisierung auf – weil die damaligen Aktivist*innen es nicht geschafft haben, ihre Erfolge zu institutionalisieren, kehrte zum Beispiel in Ägypten mit dem Wahlerfolg der Muslimbrüder wenig später der Autoritarismus zurück.

Um dauerhaften Wandel zu erreichen, braucht es daher laut den Englers eine Zusammenarbeit zwischen Kräften mit verschiedenen Strategien innerhalb einer »Bewegungsökologie«. Ungehorsame Störaktionen und wirbelwindartige Massenproteste gehen oft von selbstorganisierten Graswurzelgruppen aus, denn für etablierte NGOs sind sie typischerweise zu riskant – ihre Arbeit ist von Geldern und politischen Netzwerken abhängig, die sie nicht auf Spiel setzen wollen. Deshalb tendieren viele Organisationen, je größer und professioneller sie werden, dazu, zugleich immer ›braver‹ zu werden. Es braucht daher den Aktivismus von unten, um eine echte Dynamik zu erzeugen.

Die Graswurzelgruppen sind aber umgekehrt oft instabil, die Massenmobilisierung passiert nur in Wellen und es braucht daher Kräfte, die in den Phasen der Konsolidierung Erfolge verteidigen und festschreiben. Genau das könnten etabliertere Organisationen leisten.

Und noch ein drittes Element gehört den Englers zufolge zur Bewegungsökologie: Alternative oder gegenkulturelle Gemeinschaften, wie sie zum Beispiel in Hausprojekten, linken Zentren und auch vielen Genossenschaften gelebt werden. Sie erproben neue Formen des Zusammenlebens und fungieren als stützende Basis für langjährige Aktivistinnen ebenso wie als Sprungbrett für Neueinsteiger.

Ich finde diese Einteilung in drei verschiedene Organisationsformen und Strategien, die nichtsdestotrotz zusammenarbeiten müssen, sehr einleuchtend – auch wenn sie sicher kein einfaches Erfolgsrezept liefert. Klar ist ebenso, dass gesellschaftliche Veränderungen auch anders ablaufen können.[19] Trotzdem liefert das Buch der Englers ein nützliches Modell dafür, welche Faktoren man zumindest bedenken sollte.

Eine ganz ähnliche Unterteilung habe ich auch bei Autor*innen gelesen, die sich mit der Frage befassen, wie eine Überwindung der kapitalistischen Wirtschaft gelingen kann – also eine besonders grundlegende Transformation der Gesellschaft, ein Systemwandel.

So skizzieren Matthias Schmelzer, Andrea Vetter und Aaron Vansintjan in ihrem Buch »The Future is Degrowth«, übersetzt etwa »Die Zukunft liegt im Postwachstum«, einen Weg hin zu einer Wirtschaftsweise, die nicht auf Wachstum ausgelegt und stattdessen bedürfnisorientiert, gerecht und ökologisch verträglich ist.[20] Wie so eine Vision für das Ernährungssystem aussehen könnte, habe ich im letzten Abschnitt des vorigen Kapitels bereits angedeutet.

Der Weg dorthin, so diese Autor*innen, erfordert ein Zusammenspiel von drei Strategien: Erstens »nicht-reformistische Reformen«, die von oben umgesetzt werden können – für die Abkehr vom Wirtschaftswachstum sollten zum Beispiel die Wochenarbeitszeiten verkürzt werden, man müsste ein Grundeinkommen und ein Maximaleinkommen einführen und Grenzen für den Ressourcenverbrauch festlegen. Das ist die Strategie der kleinen Schritte oder der revolutionären Realpolitik, für die sich u. a. etablierte NGOs und Parteien einsetzen.

Die zweite Strategie besteht diesem Buch zufolge im Aufbau von »Nowtopias«, die innerhalb bestehender Strukturen Räume schaffen, die einer nicht-ökonomischen Logik folgen – das entspricht also den gegenkulturellen Gemeinschaften.

Es brauche drittens aber auch »Bruch-Strategien«: Massenbewegungen und »organisierten Widerstand, der Druck für eine radikale Transformation aufbaut und letztlich den Staat auf allen Ebenen demokratisiert und in Besitz nimmt.«[21] Hier kommen also ungehorsame Proteste und Wirbelwinddynamiken ins Spiel.

Was bedeutet das alles nun für die Bewegung für den Ausstieg aus der Tierindustrie? Ich habe schon geschildert, wie kleine Schritte und sinnvolle Reformen aussehen können und wie sich Aktive in NGOs und Parteien dafür einsetzen. Die »Nowtopias« oder alternativen Gemeinschaften finden wir zum Beispiel in Solidarischen Landwirtschaften, auf Lebenshöfen und bei vegan wirtschaftenden Betrieben, aber auch in Kochschulen oder veganen Kindergärten. Sie alle machen heute schon vor, wie ein pflanzenbasiertes, gerechteres Ernährungssystem aussehen kann.

Was dann offenbar noch fehlt, ist eine Massenbewegung – also eine Bewegung, die der aktuellen Politik im großen Stil die Unterstützung entzieht und mehrere Stützpfeiler der Tierindustrie zugleich wirksam angreift. Zwar gibt es viele aktive Tierrechts- und Tierbefreiungsgruppen, die immer wieder Demonstrationen veranstalten und auch vor Störaktionen wie Blockaden und Besetzungen nicht zurückschrecken. Aber von einer Bewegung, die auf die aktive Unterstützung auch nur von einigen Prozent der Bevölkerung zählen könnte, kann noch keine Rede sein.

Möglicherweise hat der Einsatz gegen die Tierindustrie auch Eigenschaften, die eine Massenmobilisierung erschweren. Anders als bei den meisten anderen sozialen Bewegungen können zum Beispiel diejenigen, die am direktesten von der Ungerechtigkeit betroffen sind, also die Tiere, kaum selbst mitkämpfen. Zudem ist der Konsum von Tierprodukten sowohl im Interesse einer mächtigen Wirtschaftsbranche als auch kulturell und sozial tief verankert. Obgleich eine breite Mehrheit der Bevölkerung gegen Tierquälerei ist und allein deshalb schon Widerstand gegen die Tierindustrie leisten müsste, konsumieren die allermeisten noch täglich Fleisch, Milch oder Eier und scheuen sicher auch deshalb davor zurück, sich überhaupt tiefgehender mit dem Thema zu beschäftigen.

Ich glaube deshalb: Wenn schon in den nächsten Jahren eine Massenbewegung entstehen soll, die wirklich das Ernährungssystem transformieren kann, wird es wahrscheinlich auf Bündnisse ankommen und darauf, dass Kräfte außerhalb der Tierrechts- und Tierbefreiungsbewegung den Ausstieg aus der Tierindustrie auf die eigene Agenda setzen – insbesondere die internationale Klimabewegung.

Bevor ich beschreibe, wie das geschehen könnte, möchte ich im nächsten Abschnitt noch eine Frage beleuchten, die direkt damit zusammenhängt und aus meiner Sicht für den Erfolg entscheidend sein könnte: Wo stehen eigentlich die Landwirt*innen in dieser gesellschaftlichen Auseinandersetzung – und wo könnten sie stehen?

Denn klar ist schon bei oberflächlicher Betrachtung: Der Berufsstand gehört aktuell zu den zentralen Stützpfeilern des Status quo. Nicht nur beeinflusst die Agrarlobby sehr erfolgreich die Politik. Auch viele Bäuerinnen und Bauern verteidigen leidenschaftlich die Tierhaltung und gehen gegen Reformversuche auf die Straße. Aber was gibt es daneben für Positionen – und wie könnten sich die Verhältnisse ändern?

Bäuerliche Perspektiven

»Die Landwirtschaftsszene ist politisch sehr divers, da gibt es das ganze Spektrum von konservativ bis progressiv«, sagt Gesine Langlotz. Die 27-Jährige ist seit ihrem Schulabschluss in der Landwirtschaft tätig, hat einen Milchbetrieb mit aufgebaut, bei einer Wanderschäferei gearbeitet und mit Kolleginnen zwei Gemüsebetriebe gegründet, die das Vermarktungskonzept Solidarische Landwirtschaft nutzen. Außerdem verdient sie als Selbständige Geld im Obstbaumschnitt und mit der Ausbildung von Baumwart*innen.

Ich habe Gesine im Sommer 2021 kennengelernt, als wir beide an einer politischen Aktionsradtour in Brandenburg teilgenommen haben. Dort ging es um den Zugang zu Land und eine gerechte Bodenpolitik – ein Thema, zu dem sich Gesine schon seit vielen Jahren engagiert. Sie ist bei der Arbeitsgemeinschaft bäuerliche Landwirtschaft (AbL) in Mitteldeutschland aktiv, eine Interessenvertretung von Bäuerinnen und Bauern, die sich gegen die Agrarlobby und von ihr massiv bestimmte Politik einsetzt und Teil der weltweiten bäuerlichen Bewegung La Via Campesina ist.

»Nach außen nimmt man oft nur bestimmte Stimmen aus der Landwirtschaft wahr. Darunter sind gerade Rechtspopulisten laut und Leute, die eigentlich die Interessen der Agrarindustrie vertreten«, sagt Gesine. Tatsächlich sind solche Positionen auch meinem Eindruck nach zum Beispiel in den sozialen Medien sehr präsent. Sie lehnen einen Abbau der Tierzahlen vehement ab, häufig mit fadenscheinigen Argumenten und Polemik. »Aber viele andere Stimmen aus der Landwirtschaft werden nicht gehört«, meint Gesine.

Sie selbst gehört zu den progressiveren Kräften und vertritt klar antikapitalistische Forderungen: Man müsse Boden umverteilen und Investoren von außerhalb der Landwirtschaft, die in den letzten Jahren große Flächen aufgekauft haben, wieder enteignen oder zumindest sehr hart besteuern. Öffentliches Land sollte nur anhand von Gemeinwohlkriterien vergeben werden. Die Landwirtschaft sei eigentlich ein Reproduktionsbereich, in dem es darum gehe Dinge zu erhalten, zum Beispiel den fruchtbaren Boden. Das aktuelle System sei durch den Wettbewerbsdruck hingegen darauf ausgelegt, Menschen, Tiere, Boden und Umwelt auszubeuten. Es brauche also einen Systemwandel.

Auch im Hinblick auf die Tierindustrie hat Gesine eine eindeutige Position: »Natürlich müssen wir daraus aussteigen, diese Zustände kann ja keiner wollen. Futtermittelimporte und Vertreibung der Indigenen auf anderen Kontinenten, Tierleid, schlechte Arbeitsbedingungen an Schlachthöfen – all das muss aufhören.« Wenn es nach ihr ginge, sollte man die Hühner- und Schweinemast als gewerbliche Betriebszweige ganz abschaffen, weil diese Tiere in direkter Nahrungsmittelkonkurrenz zu Menschen stehen. Auch die Zahl der Wiederkäuer müsse wegen des Methans deutlich sinken. Entsprechende Veränderungen brauche es bei

Konsum und Lebensmittelbesteuerung. »Es gibt kein Recht auf Fleisch«, sagt sie grinsend.

In der Landwirtschaftsszene sorgt Gesine mit dieser Position für Diskussionen. »Innerhalb der AbL sind wir uns eigentlich einig, dass der Ausstieg aus der Tierindustrie kommen muss. Aber die genauen Forderungen und Strategien sind durchaus kontrovers. Und die Leute, die direkt davon betroffen sind, die selbst Tiere halten, haben natürlich Angst vor unabschätzbaren Veränderungen. Sie brauchen Zeit und Geld. Da stehen Existenzen auf dem Spiel, und nicht nur das, es geht auch um Identitäten.«

Bei der jungen Generation gebe es schon mehr Interesse am Abbau der Tierhaltung, auch weil für diese die Gefahr der Klimakrise noch gewichtiger sei. Tatsächlich hat die Junge AbL, die Jugendorganisation innerhalb der AbL, in einer Pressemitteilung im Januar 2022 schon eine »drastische Reduktion der Tierzahlen« gefordert sowie »artgerechte Tierhaltung ohne Konkurrenz zur pflanzlichen Lebensmittelproduktion«.[22]

Das ist innerhalb der Agrarszene schon ziemlich radikal, aber doch noch etwas anderes als eine komplette Abschaffung der Tierhaltung, wie sie die Tierrechts- und Tierbefreiungsbewegung fordert. Dieser Forderung stimmt auch Gesine nicht zu. »Ein paar wenige Hühner und Schweine können innerhalb von Betrieben zur Resteverwertung sinnvoll sein«, sagt sie. »Und wir sollten unbedingt weiterhin Wiederkäuer wie Rinder, Schafe und Ziegen nutzen – standortangepasst auf der Weide.«

Während zur Vision der Tierrechtsbewegung gehört, dass große Teile des Grünlands ohne Tiere renaturiert oder nur noch zum Naturschutz beweidet werden, meint Gesine, dass wir auf diese Flächen zur Nahrungsmittelproduktion in Anbetracht der Klimakrise nicht verzichten könnten: »Es wird auf jede Kalorie ankommen.«

Weidehaltung sei in anderen Teilen der Welt, aber auch hierzulande gerade unter sich verändernden Klimabedingungen enorm wichtig. »Mit Herden kann man dem Regen nachziehen, wenn es viele Dürren gibt. Und der Dung der Tiere kann verwüstetes Land wieder fruchtbar machen«, sagt Gesine. »Ob und wie stark dieses Potential auch in Europa eine Rolle spielen wird, kann derzeit keine*r genau sagen. Deshalb müssen das Wissen um diese Haltung und eine breite genetische Vielfalt der Tierbestände unbedingt erhalten bleiben.«

Ich bin gegenüber der Annahme, dass Weidehaltung diese Vorteile mit sich bringt, sehr skeptisch und halte sie für wissenschaftlich mindestens umstritten. Es gibt einige Studien, deren Ergebnisse gerade in trockenen Regionen gegen eine Beweidung sprechen.[23] Und selbst wenn weidende Tiere unter bestimmten Bedingungen Wüstengebiete wiederbeleben können, folgt daraus nicht, dass das die einzige oder beste Methode dafür wäre – und die immensen klimaschädlichen Methanemissionen der Rinderhaltung sprechen klar gegen sie.[24]

Hinzu kommen die ethischen Bedenken in Bezug darauf, Tiere für ihre Körperprodukte zu nutzen und zu schlachten. Gesine hingegen findet das unter bestimmten Bedingungen vertretbar – auch wenn sie weiß, dass diese Bedingungen in Europa nur in einem minimalen Teil der Tierhaltung gegeben sind. »Tiere in ziehenden Herden können zum Beispiel weitgehend artgerecht gehalten werden, das habe ich schon selbst erlebt. Da ordnen Menschen ihr ganzes Leben einer Herde unter, da bestimmt der Rhythmus der Tiere über den Menschen. Es ist eine westliche Sicht auf Menschen und Tiere, wenn man darin immer nur Ausbeuter und Ausbeutungsobjekt sieht.«

Auch dem würde ich widersprechen – sofern die Tiere letztlich ohne Not geschlachtet werden, bleibt die Praxis für mich ungerecht. Ich muss dabei an die Ziegenherde von Svenjo Heyne denken: Er sieht seine Ziegen als Mitarbeiter und er lehnt es auch deshalb ab, sie zu töten.

Es gibt also klare Differenzen zwischen Gesines und meiner Perspektive auf grundsätzliche Fragen zur Tiernutzung. Trotzdem halte ich es für sehr wichtig, dass Tierrechtler*innen wie ich sich mit Menschen wie Gesine austauschen und auch versuchen, über die Unterschiede hinweg Möglichkeiten der Zusammenarbeit auszuloten. Denn nicht nur stimmen wir darin überein, dass die Tierindustrie aufhören muss und es ein anderes System der Landwirtschaft braucht. Gesine gehört zugleich zu denen, die uns innerhalb der Agrarszene am nächsten stehen. Denn überzeugte Veganer*innen gibt es dort nur sehr wenige, während eine positive Sicht gerade auf die Weidetierhaltung sehr weit verbreitet ist. Die Unterstützung von Bäuerinnen und Bauern könnte aber für die Transformation entscheidend sein.

Ich habe in Kapitel 7 bereits dargestellt, dass es allein aus Gerechtigkeitsgründen einen neuen Gesellschaftsvertrag mit der Landwirtschaft braucht: Die Transformation muss auch für diejenigen, die heute in der Tierhaltung arbeiten, attraktive Alternativen schaffen, denn alles andere wäre unfair. Es gibt nun aber auch handfeste strategische Gründe, sich um Unterstützung aus der Landwirtschaft zu bemühen, die ich bisher nur angedeutet habe. Ich glaube, dass diese in der Tierrechtsbewegung bisweilen noch unterschätzt werden.

»Die Bäuer*innen können die ganze Debatte lahmlegen, indem sie ihre Betroffenheitskarte ausspielen«, sagt Gesine. »Das muss man doch gelernt haben von der Diskussion um die Energiewende und von den Kohlekumpels, dass die das können. Deshalb muss man, wenn man radikale Forderungen aufstellt, die Betroffenen immer schon mitdenken.«

Ganz ähnlich sieht es Michael Krack, der bei Aktion Agrar arbeitet. Diese NGO hat sich 2014 im Kontext der Wir-haben-es-satt-Bewegung gegründet, die schon seit 2010 jeden Januar in Berlin eine große Demonstration für eine andere Landwirtschaft veranstaltet. Aktion Agrar organisiert verschiedene Kampagnen zum Beispiel für freies Saatgut und gegen den Ausverkauf von Ackerland. 2022 hat die NGO außerdem eine Kampagne zum Thema Reduktion der Tierzahlen in der Landwirtschaft gestartet. Dabei sei es sehr wichtig, die Perspektiven von Landwirt*innen mit einzubeziehen. »Die Politik wird nur die Veränderung in die Wege leiten, wenn sie sich sicher sein kann, dass die Betriebe dabei mitgehen können und das System nicht komplett vor die Wand fährt«, sagt Michael Krack. »Auch deshalb braucht es Unterstützung für die Transformation aus dem Berufsstand heraus.«

Ein zweiter strategischer Grund dafür, die Bäuerinnen und Bauern einzubeziehen, ist etwas langfristiger gedacht. »Heute arbeiten nur etwas mehr als ein Prozent der Bevölkerung in der Landwirtschaft«, sagt Gesine. »Das ist viel zu wenig für ökologisch sinnvolle, kleinteilige Anbauverfahren. Wir brauchen mehr Menschen in dem Bereich – und wir können auf diejenigen, die heute schon das Wissen und die Erfahrung haben, nicht verzichten. Sie können alle während und nach der Transformation gute Sachen tun. Es lohnt sich, um sie alle zu kämpfen.«

Dafür hält Gesine ganz ähnliche Maßnahmen für sinnvoll wie die, die ich im letzten Kapitel gefordert habe: »Es braucht eine Entschuldung für die Höfe, die aus der Tierproduktion aussteigen«, sagt sie. »Dazu müsste es Umstellungskonzepte, Beratung und stabilere Vermarktungswege geben, ansonsten sitzen die Höfe gleich wieder in der Schuldenfalle wie jetzt mit den Tieren. Wenn man RWE ohne Ende Geld in den Arsch blasen kann, wäre mir die Landwirtschaft als Ort der Geldausschüttung deutlich lieber.« Auf diese Weise könne man viele Betriebe retten.

»Jeder Hof zählt« ist ein Leitspruch der AbL, den auch Aktion Agrar unterstützt. »Das heißt nicht, dass jede Praxis zählt«, sagt Michael Krack. »Es muss sich an den Wirtschaftsweisen viel ändern. Aber wir müssen den Menschen, die Lust haben, Lebensmittel zu produzieren, das ermöglichen und zwar unter guten Bedingungen.«

Ich denke auch, dass wir im Hinblick auf kommende Krisen die in der Landwirtschaft arbeitenden Menschen dringend brauchen: Die Klimakatastrophe wird die industrielle Nahrungsmittelproduktion noch problemanfälliger machen. Kleinere Strukturen mit vielen erfahrenen Bäuerinnen und Bauern sind anpassungsfähiger als wenige zentral verwaltete Großbetriebe.

Ich glaube zudem, dass es auch für die politische Stabilität mittelfristig entscheidend sein wird, auf welcher Seite die Landwirt*innen stehen, gerade wenn doch mal aufgrund von Dürren oder Krieg auch hierzulande das Essen knapp wird. Der bäuerliche Berufsstand war schon immer und insbesondere in Krisenzeiten von rechten Kräften umkämpft.

Was können wir aber nun tun, um dem entgegenzuwirken? »Es fehlt noch an linken und gerechten Konzepten für das Land«, meint Gesine. »Die Menschen in der Landwirtschaft brauchen Planungssicherheit, ein gutes finanzielles Auskommen und Wertschätzung. Wenn die drei Komponenten nicht kommen, kann man es vergessen.«

Michael von Aktion Agrar glaubt, dass mehr positive Beispiele nötig sind, um den Skeptiker*innen zu zeigen, dass ein Wandel möglich ist. »Es müssten sich Modellregionen gründen, wo wir verschiedene Aspekte der Transformation ausprobieren und die Betriebe dafür absichern. So können wir herausfinden, was im größeren Stil funktioniert, und können darauf verweisen und sagen: Hier haben wir es geschafft, die Bauernhöfe umzubauen. Wir haben den regionalen Versorgungsgrad von 30 Prozent auf 70 Prozent erhöht und den Betrieben eine sichere Perspektive gegeben durch Verträge mit Kantinen, mit Supermärkten in den Ortschaften usw.«

Das sind schon ziemlich konkrete Vorschläge. Noch davor besteht die Herausforderung darin, überhaupt über unterschiedliche Ziele hinweg zusammenzuarbeiten. »Wir brauchen total breite Bündnisse, um politisch etwas zu bewegen«, glaubt Lucia Müller, die auch bei Aktion Agrar angestellt ist. »Wir müssen die Landwirt*innen einbeziehen in unsere Kampagnen, auch wenn die Positionen im Einzelnen sich durchaus unterscheiden. Wichtig ist, dass es einen gemeinsamen Fokus gibt wie eben das Ziel, die Tierzahlen zu reduzieren.«

Wenn sich Tierrechtler*innen an solchen Bündnissen beteiligen wollen, müssen sie Kompromisse eingehen – nämlich die Forderung, alle Tierhaltung zu beenden, zunächst zurückstellen. »Man muss eben gucken, welchen Teil des Wegs man gemeinsam gehen kann«, meint Gesine in unserem Gespräch. »Die Tierindustrie abzuschaffen wäre doch ein total wichtiger Schritt, wenn man das Leid von Tieren reduzieren will. Und dafür muss man kompromissbereit sein und einander zuhören. Das kann für beide Seiten krass sein: Für die Landwirtin, die die harten Vorwürfe kriegt. Und für den Tierrechtler, der sich anhören muss, dass das Gegenüber es vertretbar findet, Kühe und Kälber zu trennen oder gar Tiere zu töten. Aber wenn man Widersprüche nicht aushält, dann kann man nicht zusammen kämpfen. Und dann bleibt man einfach schwach.«

Ich wende ein, dass aus Tierrechtssicht solche Kompromisse natürlich schwierig sind, weil es um so grundlegende Prinzipien geht wie darum, ob man Tiere überhaupt als Lieferanten von Produkten sieht oder nicht – unser Ziel ist ja gerade, das Mensch-Tier-Verhältnis grundlegend zu verändern.

»Das kann ich schon verstehen«, sagt Gesine. »Aber es gibt in diesem landwirtschaftlichen, höchst kolonialen System kein Essen, an dem keine Ausbeutung, kein Blut klebt. Statt nur auf die Tiere zu fokussieren, könntet ihr euch auch mal in landwirtschaftliche Kämpfe einbringen und mit uns für freies Saatgut kämpfen«, schlägt sie vor. »Das ist weniger kontrovers, aber umso wichtiger: Freies Saatgut ist nämlich erst die Grundlage für die Pflanzenproduktion, die ihr fordert. Und diese Grundlage wird gerade massiv angegriffen.«

Gesine spielt darauf an, dass nur drei multinationale Konzerne mehr als 60 Prozent des Weltsaatgutmarktes beherrschen und es Landwirt*innen zunehmend schwerer gemacht wird, regional angepasstes Saatgut selbst zu vermehren. Im Zuge der Industrialisierung der Landwirtschaft sind bereits 75 Prozent der Nutzpflanzensorten verloren gegangen, in Deutschland sind es sogar 90 Prozent der genetischen Vielfalt, also der Variation innerhalb der Sorten, die unwiederbringlich verloren sind.[25] Dabei sind diese Ressourcen entscheidend, um den Pflanzenbau im Zuge der Klimakrise an verschiedene Bedingungen anzupassen.

»Daran wurde jahrtausendelang gezüchtet, davon hängen wir alle ab«, sagt Gesine. »Aber trotzdem sind es fast nur Bäuer*innen, die dafür kämpfen, bei der AbL oder international in der Kleinbäuer*innenorganisation La Via Campesina. Dasselbe gilt für den Boden, die Grundlage unserer Ernährung, der zunehmend privatisiert und systematisch heruntergewirtschaftet wird. Fast niemand interessiert sich hierzulande dafür. Die meisten Leute haben noch nicht verstanden, dass der Kampf um den Boden mindestens genauso wichtig ist wie der Kampf um Wohnraum oder für eine gute Gesundheitsversorgung.« Auch weil es bei diesen Themen weniger Meinungsverschiedenheiten gebe als bei den Grundsatzfragen zur Tierhaltung, könne man daran die gemeinsame politische Arbeit üben und gegenseitiges Vertrauen gewinnen.

Ich finde beide Ansätze, die Gesine vorschlägt, sinnvoll. Ich glaube, dass gewisse Kompromisse auf dem Weg zur Transformation nötig sind. So haben wir uns im Bündnis Gemeinsam gegen die Tierindustrie darauf geeinigt, nur die Abschaffung dieser Industrie zu fordern und nicht das Ende jeder Nutzung von Tieren, obwohl viele Bündnismitglieder wie ich dieses weitergehende Ziel verfolgen. Aber wir glauben, dass Allianzen mit den progressiven Kräften u. a. aus der Agrarszene wichtig sind, um reale Veränderungen zu bewirken.

Daraus darf natürlich nicht folgen, dass man aus Angst vor Konflikten einen lauen Reformismus verfolgt. Aber das Ziel, die Tierzahlen in wenigen Jahren drastisch zu reduzieren und die großen Konzerne der Tierindustrie zu entmachten, bleibt aus meiner Sicht radikal genug. Und solche Kompromisse bedeuten auch nicht, dass wir die grundsätzlichen Fragen nicht mehr diskutieren würden – im Gegenteil, sie kommen im Austausch mit Landwirt*innen und Konsument*innen immer wieder auf.

Ich stimme Gesine auch darin zu, dass andere Themen und Forderungen, die Bäuerinnen und Bauern beschäftigen, dringend mehr solidarische Unterstützung von außerhalb der Landwirtschaft brauchen. Dass wir lernen und üben, breitere Bündnisse zu schließen und gemeinsam zu kämpfen, könnte außerdem generell ein Schlüssel sein für die nötige, umfassende gesellschaftliche Transformation.

Bewegungen verbinden

»In der Klimabewegung sind Landwirtschaft und Ernährung bislang noch kein großes Thema, obwohl so große Mengen an Treibhausgasen aus diesem Bereich stammen«, sagt Rike Lorenz aus Berlin. »Das muss sich unbedingt ändern, denn dort liegt ja auch eine Chance: Mindestens in Mitteleuropa ist es vergleichsweise leicht, die Ernährungsweisen umzustellen und so Klimagase einzusparen.«

Rike Lorenz engagiert sich bei der überregionalen Gruppe Animal Climate Action. Deren Ziel ist, den Zusammenhang von Klimawandel und Tierhaltung deutlich zu machen, auch und besonders in den sozialen Bewegungen, die oft noch jeweils eines der Themen separat betrachten. »Wir führen Aktionen durch, betreiben Recherche und Aufklärungsarbeit zum Beispiel durch Vorträge, und wir vernetzen uns mit anderen Gruppen, um das Thema Klima in der Tierrechtsbewegung und umgekehrt das Thema Tierindustrie in der Klimabewegung zu stärken.«

Gerade letzteres ginge aber noch langsam voran, sagt Rike. Viele Klimaaktivist*innen unterschätzten den Anteil der Landwirtschaft und Tierhaltung an den Treibhausgasen. Es gebe daneben auch Berührungsängste mit Tierethik und Veganismus. »Die Leute sind sich zum Beispiel nicht sicher, wie sie zu Tierrechten oder Tierbefreiung stehen, und so lange trauen sie sich an das Thema nicht ran. Oder sie befürchten, dass man nur mit uns zusammenarbeiten kann, wenn man niemals ein Ei oder ein Stück Käse isst. Dabei propagieren wir gar nicht in erster Linie Veganismus, denn es geht uns nicht um den individuellen Konsum. Wir wollen die Produktion verändern.«

In der veganen Szene ist es allerdings gar nicht unüblich, Menschen zu kritisieren, die sich für Klimaschutz einsetzen, ohne selbst konsequent vegan zu leben. »Es gibt keine fleischessenden Klimaschützer«, habe ich in sozialen Medien schon oft gelesen. Und natürlich stimmt es, dass Fleischessen dem Klima schadet und auch ich würde mir da in der Klimabewegung mehr Bewusstsein und Konsequenz wünschen. Aber wenn es darum geht, gemeinsam die Gesellschaft zu verändern, könnten solche Slogans kontraproduktiv sein.

»Keiner von uns ist perfekt beim Konsum«, meint Rike von Animal Climate Action. »Es kann doch nicht sein, dass wir ständig unserem individuellen Klimafußabdruck hinterherrennen müssen. Das sollte gar nicht die Verantwortung des Einzelnen sein. Stattdessen müssen wir dafür sorgen, dass nur noch klimafreundliche Lebensmittel hergestellt werden.« Und dabei könnten Menschen auch unabhängig von ihrem aktuellen individuellen Konsum zusammenarbeiten.

Im Jahr 2019 hat die Gruppe Animal Climate Action eine Aktionskonferenz in Hannover organisiert, um verschiedene Kräfte zu bündeln und gemeinsam eine große Mobilisierung für politische Aktionen gegen die Tierindustrie zu planen. Bürgerinitiativen, Aktivist*innen der Klimagerechtigkeitsbewegung, der Tierrechts- und Tierbefreiungsbewegung, Gewerkschaften und landwirtschaftspolitische Zusammenschlüsse waren explizit eingeladen. Die Idee war, die Tierindustrie als Querschnittsthema anzugehen und die verschiedenen Gründe, die für ihre Abschaffung sprechen, zusammenzuführen.

Über hundert Menschen aus verschiedensten Gruppen kamen. Ich war selbst dabei und sehr beeindruckt von der Energie und Tatkraft an diesem Wochenende. Daraus entstand bei mehreren weiteren Treffen das Bündnis Gemeinsam gegen die Tierindustrie, das dann tatsächlich im Jahr 2021 – mit einem Jahr Verspätung wegen Corona – die erste große Aktion durchführte. Und wir versuchen mit diesem Bündnis weiterhin, Menschen und Gruppen aus verschiedenen sozialen Bewegungen anzusprechen, die sich mit je eigenen Motiven und Zielen gegen die Tierindustrie wenden. Wir sind zum Beispiel mit Arbeitsrechtsinitiativen gut vernetzt und mehrere Klimagruppen sind direkt Mitglied im Bündnis.

Aber die meisten Menschen, die im Bündnis mitarbeiten, kommen aus der Tierrechts- und Tierbefreiungsbewegung bzw. sie sind vor allem aktiv, weil sie Leid und Gewalt gegen Tiere verhindern wollen. Dasselbe gilt bei unseren Aktionen: Die meisten Teilnehmenden sind Tierrechtler*innen. Auch wenn wir aus der Klimabewegung viel Solidarität und Unterstützung bekommen, bleibt es schwierig, viele Menschen aus diesem Kontext zu mobilisieren.

»Ich glaube, dass die Bereiche Energie und Verkehr noch als dringlicher empfunden werden«, meint Rike von Animal Climate Action. »Sie sind ja auch sehr dringlich. Und die Kapazitäten sind leider insgesamt begrenzt.« Es braucht offensichtlich zu allen diesen Themen mehr Leute, die sich politisch engagieren.

Darüber habe ich mit Sunny gesprochen, der in Köln wohnt und bei Animal Rebellion aktiv ist – dabei handelt es sich um eine Art Schwesterbewegung zur internationalen Klimabewegung Extinction Rebellion. »Um genug Druck für die nötigen Transformationen aufzubauen, müssen wir uns besser organisieren und zusammenarbeiten«, sagt Sunny.

Extinction Rebellion (XR) trat erstmals 2018 in Großbritannien auf. Mit Straßenblockaden legten tausende Menschen in London gleichzeitig sechs Brücken lahm. Zuvor hatte die Gruppe öffentlich der britischen Regierung die Rebellion erklärt, weil diese es in Anbetracht von Klimakatastrophe und Artensterben versäume, die Lebensgrundlagen der Bevölkerung zu schützen. Extinction Rebellion setzt auf massenhaften zivilen Ungehorsam und konnte in kurzer Zeit tatsächlich immens viele Menschen mobilisieren und den öffentlichen Diskurs deutlich beeinflussen – seit 2019 auch in Deutschland.

Die drei Forderungen, auf die sich XR fokussiert, sind sehr allgemein und damit weithin anschlussfähig: Die Regierung und alle gesellschaftlichen Institutionen sollen die Wahrheit darüber sagen, wie dramatisch die ökologische Krise ist. Die Treibhausgasemissionen müssen bis 2025 auf Netto-Null reduziert werden. Und die Regierung soll eine Bürger*innenversammlung einberufen, um notwendige Maßnahmen zu beschließen, die die Regierung dann umsetzen muss.

Spezifische Themen kommen also in diesen Forderungen gar nicht vor. Trotzdem hat XR immer wieder Aktionen gegen fossile Energien durchgeführt. Tierindustrie und Ernährungssystem waren dagegen kaum ein Thema. Auch deshalb hat sich zunächst in Großbritannien Animal Rebellion gegründet. »Wir können den Klimanotstand nicht beenden, ohne den Tiernotstand zu beenden«, heißt es auf deren Website. Die Gruppe will alle diejenigen repräsentieren, die sich um die Tiere und den Planeten sorgen, und sie innerhalb einer »Bewegung der Bewegungen« mit Vertreter*innen anderer Ziele zusammenbringen.

»Wir wissen, dass wir nur dann mächtig genug sein werden um unsere Gesellschaft zu transformieren, wenn wir eine gemeinsame Basis finden, auf der wir mit anderen Bewegungen zusammenstehen und einheitliche Forderungen an die Regierung richten können, die sie nicht ignorieren kann«, schreibt Animal Rebellion. »Nichts weniger als unser Überleben und das Überleben aller Tiere einschließlich der Meerestiere hängen davon ab. Wir müssen eine Massenbewegung aufbauen, die mächtig genug ist die Regierung zu zwingen, den klimatischen und ökologischen Notstand anzupacken, in dem wir alle uns befinden. Keine Gruppe oder Organisation schafft das alleine.«[26]

Animal Rebellion hat sich sowohl an großen Protesten von Extinction Rebellion beteiligt als auch eigene Aktionen umgesetzt, für die sie wiederum von XR Unterstützung bekamen. Im Herbst 2019 besetzten zum Beispiel 1.500 Menschen den Smithfield-Fleischmarkt in London und machten dort die Vision eines pflanzenbasierten Ernährungssystems sichtbar. Danach hat die Gruppe immer wieder ungehorsame Aktionen wie Blockaden und Besetzungen zum Beispiel gegen McDonald's und die Milchindustrie sowie bei internationalen Konferenzen durchgeführt. Strategisch orientiert sich Animal Rebellion wie auch Extinction Rebellion an einigen Ideen, die die Engler-Brüder in ihrem Buch über erfolgreiche Massenbewegungen herausgearbeitet haben.

Dieser Ansatz hat auch hierzulande Menschen begeistert. Sunny aus Köln war bei der ersten großen Rebellion Wave von XR in Berlin dabei und hat sich danach entschlossen, eine lokale Animal-Rebellion-Gruppe in seiner Stadt zu gründen. »In der Kölner XR-Gruppe war kaum jemand vegan«, sagt er. »Aber wir haben trotzdem sehr viel Zustimmung und Hilfe bekommen. Den Leuten war bewusst, wie wichtig es ist, das Thema zu adressieren. Und sie haben auch eigene Vorteile gesehen, weil sie durch uns noch mehr Aktivist*innen anwerben konnten.«

Eine echte Massenbewegung wurde trotzdem nicht daraus. »Es war uns damals noch nicht so klar, wie wichtig eine strukturelle Basis ist und Menschen, die dauerhaft und verlässlich mitarbeiten«, sagt Sunny. Bei Extinction Rebellion Deutschland wurde zudem die weitere Mobilisierung durch die Corona-Pandemie ausgebremst. Nach den ersten großen Protestwellen, bei denen mehrere tausend Menschen Berlin blockierten, ging die Zahl der Aktiven wieder zurück.

Zugleich musste sich die Bewegung mit scharfer Kritik auseinandersetzen. Anlass dafür waren u.a. Aussagen des britischen Mitgründers Roger Hallam. In Interviews mit Der Zeit sagte er zum Beispiel, XR schließe niemanden aus und deshalb seien auch Menschen, die »ein bisschen sexistisch oder rassistisch denken«, in der Bewegung willkommen.[27] Wenig später verglich er die Klimakatastrophe mit dem Holocaust.[28]

Die deutsche Organisation distanzierte sich zwar rasch von Hallam, konnte damit aber nicht alle Vorbehalte auflösen, die viele linkspolitisch Engagierte seit Beginn an gegenüber XR hegten: Dass die Bewegung im Versuch, den Mainstream und die bürgerliche Mitte zu erreichen, problematische Machtverhältnisse und Privilegiengefälle in der Gesellschaft ignoriere oder gar festige. So gehörte zum Beispiel von Anfang an zur Strategie, dass sich bei den Aktionen möglichst viele Menschen verhaften lassen, um politischen Druck zu erzeugen. Eine solche Konfrontation mit der Polizei kann aber für eine Schwarze Person etwas ganz anderes bedeuten als für einen weißen Mittelschichtsbürger und dafür gab es innerhalb der Bewegung teilweise wenig Sensibilität.

Auf Kritik stieß auch das Prinzip von XR, keine Feinde zu benennen und Schuldzuweisungen an Einzelpersonen zu vermeiden. »Wir leben in einem toxischen System, doch daran trägt kein Mensch allein die Schuld«, heißt es zum Beispiel auf der deutschen Website. Genau damit blende man aber die realen Herrschaftsverhältnisse aus, schreibt die Autorin Kathrin Hartmann.[29] In Wahrheit hat ein kleiner Teil der Weltbevölkerung die Hauptverantwortung für die Klimakatastrophe, während der andere Teil schon jetzt unter den Folgen leidet.

Hier steckt eine grundsätzliche Herausforderung für jeden Versuch, eine spektrenübergreifende Massenbewegung aufzubauen: Wie schafft man es, möglichst breite Bevölkerungsschichten anzusprechen und zugleich alle bestehenden Unterdrückungsstrukturen mitzudenken? Teilweise lässt sich das gar nicht vereinbaren – wer zum Beispiel Rechte oder AfD-Wähler willkommen heißt, schließt damit Menschen aus, die unter deren Ideologie zu leiden haben. Oder: Wer deutsche Arbeiter*innen bzw. ihre Jobs nicht gefährden will, nimmt im Zweifel globale Ungerechtigkeit, auf deren Basis die deutsche Industrie erfolgreich ist, in Kauf.

Ich denke: Jede Bewegung, die die Gesellschaft zum Besseren transformieren will, muss sich glasklar gegen Rassismus, Sexismus, Antisemitismus und andere Unterdrückungsformen positionieren – nicht nur, weil diese dem Ziel einer gerechten Welt direkt im Wege stehen, sondern auch, um Allianzen zu anderen linken Kräften zu ermöglichen. Wenn es nicht bei Lippenbekenntnissen bleiben soll, ist eine solche Positionierung gar nicht immer einfach und kostet Ressourcen, weil man sich mit den jeweiligen Themen ernsthaft beschäftigen und eigene Privilegien in Frage stellen muss.

In der veganen Tierrechtsbewegung wird das leider bislang nicht immer umgesetzt: Es gibt noch immer sexistische Kampagnen zum Beispiel von PETA. Es gibt Aktivist*innen, die mit Holocaust-Vergleichen Aufmerksamkeit erzeugen wollen oder Slogans anderer Bewegungen für eigene Zwecke instrumentalisieren, zum Beispiel indem sie Banner mit »All Lives Matter« beschriften. Ich habe aber den Eindruck, dass über die letzten Jahre das Bewusstsein für die Problematik gewachsen ist und solche Methoden zunehmend Ablehnung erfahren.

Wenn man fordert, dass die Tierrechtsbewegung sich klar gegen alle Unterdrückungsformen zwischen Menschen positioniert – kann man dann nicht eigentlich von den anderen linken Bewegungen fordern, dass sie umgekehrt auch die Ausbeutung der Tiere ernstnehmen? Tatsächlich ist das ja vielfach noch nicht der Fall: Tiere spielen in linken Theorien und Kampagnen meist keine Rolle und es gibt ganz praktisch noch jede

Menge politische Veranstaltungen, wo Fleisch, Milch und Eier serviert werden. Wenn die Bewegungen näher zusammenrücken sollen, muss sich das ebenfalls ändern.

Um stärkere Bündnisse mit anderen Bewegungen zu schmieden, müssen wir als Tierrechts- und Tierbefreiungsbewegung womöglich mindestens zweigleisig fahren: Erstens sollten wir im Austausch mit anderen Gruppen gemeinsame Forderungen entwickeln, denen auch Leute zustimmen können, die von dem Ziel einer umfassenden Tierbefreiung oder einem allgemeinen Veganismus nicht überzeugt sind. Ein rascher Ausstieg aus der klimaschädlichen, ausbeuterischen Tierindustrie ist ein solches Ziel.[30]

Zweitens finde ich es aber auch wichtig, sich dafür einzusetzen, dass mehr Menschen das herrschende Verhältnis zu Tieren grundsätzlich hinterfragen und fühlende Lebewesen nicht mehr als Waren und Ressourcen sehen, die wir zu unseren Zwecken benutzen können. Die Ausbeutung der Tiere zu beenden, ist auch ganz unabhängig von ihren weiteren Folgen eine Sache der sozialen Gerechtigkeit und auch dafür sollten wir Solidarität und Unterstützung von anderen linken Bewegungen einfordern.[31]

Aber selbst wenn das gelingt und wir immer stärker bewegungsübergreifend zusammenarbeiten, heißt das leider noch lange nicht, dass wir auch Erfolg haben werden. Das lässt sich gerade an der Klimabewegung beobachten: Sie ist viel größer und stärker als die Tierrechtsbewegung und erhält Unterstützung von verschiedensten gesellschaftlichen Kräften. Trotzdem scheitert sie bislang darin, die Politik so zu beeinflussen, dass tatsächlich die nötigen Maßnahmen ergriffen werden.

1,4 Millionen Demonstrant*innen gingen beim großen Klimastreik im Herbst 2019 deutschlandweit auf die Straße – aber am selben Tag beschloss die Bundesregierung ein Klimapaket, das das 1,5-Grad-Ziel komplett verfehlt. Tausende Menschen blockierten mit Ende Gelände über mehrere Jahre immer wieder medienwirksam Kohlegruben und Kohlebagger – nichtsdestotrotz kommt der Kohleausstieg viel später, als dies nötig wäre. Ebenfalls Tausende leisteten mit Extinction Rebellion zivilen Ungehorsam in den Städten – aber die Regierungspolitik hat sich dadurch kaum verändert.

Ich will damit nicht sagen, dass die Aktivist*innen nichts erreicht hätten. Sie haben mit Sicherheit sowohl die öffentliche Meinung als auch Wahlergebnisse beeinflusst und wahrscheinlich wäre die deutsche

Klimapolitik ohne diese Bewegungen noch desaströser. Aber die Fortschritte sind dramatisch zu klein und sie sind zudem labil: Seit dem Beginn des russischen Angriffskriegs auf die Ukraine läuft ein fossiles Rollback. Die Bundesregierung investiert Milliarden in neue fossile Infrastruktur u.a. für Flüssiggas und auch der Kohleausstieg könnte rückgängig gemacht werden.

In Anbetracht dieser Lage brauchen wir in der Klimabewegung offensichtlich eine bessere Strategie und vielleicht auch andere Aktionsformen. Die Diskussion darüber wird innerhalb der Bewegung intensiv geführt.

Die Aktiven der Letzten Generation setzen zum Beispiel seit Anfang 2022 auf stetig wiederholte Blockaden von Straßen und Autobahnen, bei denen sie mit vergleichsweise wenigen Menschen massive Störungen verursachen. Bei ihrer Kampagne unter dem Motto »Essen retten – Leben retten« forderten sie damit sogar explizit eine Agrar- und Ernährungswende nach den Vorschlägen des Bürgerrats Klima. Im Rahmen der nächsten Kampagne »Stoppt den fossilen Wahnsinn« beschränkten sie sich nicht auf Autoblockaden, sondern führten offene Sabotage-Aktionen durch, indem sie Öl-Pipelines abdrehten. Beide Aktionsformen brachten den Aktivist*innen viel Ablehnung und Hass ein, sorgten aber zugleich für große Medienaufmerksamkeit und mobilisierten weitere Menschen in die Bewegung.

Die Letzte Generation will ihre Proteste mit immer mehr Teilnehmenden so weit skalieren, bis die Regierung auf ihre Forderungen reagieren muss. Währenddessen wird auch bei Ende Gelände und Extinction Rebellion diskutiert, ob es an der Zeit für friedliche Sabotage an fossilen Infrastrukturen ist, um die Gewalt und Zerstörung aufzuhalten, die mit der Klimakatastrophe einhergehen. Zugleich bleibt eine entscheidende Frage, wie noch mehr Menschen dazu bewegt werden können, sich überhaupt den Protesten anzuschließen, damit eine dauerhafte und machtvolle Massenbewegung entsteht.

Ich glaube, wenn wir eine rasche Wende in der Agrar- und Ernährungspolitik erreichen wollen, müssen wir uns an genau diesen Diskussionen und Prozessen beteiligen. Denn wir müssen mit den anderen Gruppen innerhalb der Klimabewegung einen gemeinsamen Weg finden, die Transformation der Gesellschaft gegen alle Widerstände voranzubringen. Oder anders gesagt: Ich denke, solange die Klimabewegung insgesamt scheitert, hat die Forderung nach einem raschen Ausstieg aus der Tierindustrie und nach einer umfassenden Tierbefreiung erst recht keine Chance.

Aber wie aussichtsreich sind diese Anstrengungen nun wirklich – können wir überhaupt gewinnen? In Anbetracht der Realität fällt es mir selbst oft schwer, nicht den Mut zu verlieren.

Wer nicht kämpft, hat schon verloren

Ich habe mit Ende zwanzig begonnen, mich politisch zu engagieren. Zwar war ich schon zu Schulzeiten darauf gestoßen, wie schlecht es Tieren in der Tierindustrie geht. Aber so richtig gepackt hat es mich erst später. Ich bin Veganerin geworden und wollte schon bald mehr tun, als keine Tierprodukte zu kaufen.

Zuerst habe ich an Infoständen mit Passant*innen über die vegane Lebensweise gesprochen. Dann war ich bei einer Aktionsfahrradtour gegen Mastanlagen in Niedersachsen dabei. Das ist jetzt über zehn Jahre her. Seitdem bin ich eigentlich kontinuierlich und in verschiedenen Kontexten gegen die Tierindustrie aktiv. Ich habe Demonstrationen organisiert, Einwendungen gegen neue Mastanlagen geschrieben, in Ställen recherchiert, an Blockaden teilgenommen, Workshops gegeben und zahlreiche Vorträge gehalten. Das Thema ist mir so wichtig geworden, dass ich mich auch beruflich darauf spezialisiert und mehrere Bücher darüber geschrieben habe.

Erst ein paar Jahre nach meinem Einstieg in den Aktivismus sind mir außerdem die Bedrohung durch die Klimakatastrophe und die damit verbundenen Ungerechtigkeiten wirklich zu Bewusstsein gekommen. Ich habe mich zeitweise bei Extinction Rebellion Deutschland beteiligt und versuche seitdem, die verschiedenen Themen noch stärker zusammenzudenken.

Das politische Engagement ist mit der Zeit ein zentraler Teil meines Lebens geworden. Und ich gehe fest davon aus, dass sich das in den nächsten Jahren nicht ändern wird. Aber ich bin zugleich immer wieder kurz davor, alles hinzuschmeißen – aus Frust darüber, wie wenig wir als Tierrechts- und Klimabewegung faktisch ausrichten. Aus Hoffnungslosigkeit, weil die Lage einfach so düster aussieht.

Denn man kann doch wirklich daran verzweifeln: Es ist eigentlich so klar, was passieren muss. Vorausschauende Vernunft, Mitgefühl,

Gerechtigkeitsprinzipien – so viele gute Gründe sprechen dafür, dass wir eine ganz andere Politik brauchen. Zahlreiche sinnvolle Maßnahmen liegen längst auf dem Tisch. Sie müssen nur umgesetzt werden. Aber genau das passiert nicht. Und es gibt viel zu wenige Menschen, die sich ernsthaft dagegen auflehnen – während die meisten anderen entweder lautstark Unvernunft und Ungerechtigkeit verteidigen oder sich einfach nicht um die Probleme kümmern.

Zusätzlich kann man darüber resignieren, dass wir letztlich nicht wissen, mit welchen Strategien die sozialen Bewegungen endlich größere Erfolge erzielen könnten. Zwar gibt es Theorien des Wandels – über einige habe ich in diesem Kapitel berichtet. Aber daraus lassen sich leider keine klaren Anweisungen dafür ableiten, was wir als Einzelne nun tun sollten.

Ist es am sinnvollsten, sich für die kleinschrittigen, realpolitischen Reformen einzusetzen? Damit schaffen wir jedoch keine schnelle Transformation. Sollten wir solidarische vegane Projekte aufbauen, um Vorbildmodelle zu liefern? Dann besteht die Gefahr, dass wir uns in bloßen Nischen austoben, die auf die Gesellschaft im Ganzen gar keinen Einfluss haben. Kommt es daher darauf an, eine Massenbewegung aufzubauen, um die öffentliche Meinung zu ändern und die Stützpfeiler des Status quo umzustürzen? Bislang scheint das trotz vieler Anstrengungen nicht zu funktionieren.

Auch wenn wir alle drei Strategien und weitere zugleich verfolgen, ist die Gefahr sehr groß, dass wir scheitern. Die Gegenkräfte sind stark. Und gesellschaftliche Entwicklungsprozesse sind unheimlich komplex. Sie sind weder vorhersehbar noch zuverlässig beeinflussbar. Das liegt auch daran, dass immer wieder Dinge passieren, mit denen man vorher nicht rechnen konnte – denken wir nur an die Pandemie oder den russischen Angriff auf die Ukraine. Solche Ereignisse stoßen ganz neue gesellschaftliche Dynamiken an. Hart erkämpfte Errungenschaften können durch unerwartete Faktoren in einem Atemzug wieder rückgängig gemacht werden. Daher kann selbst die am besten durchdachte Aktion, die strategisch ausgefeilteste Kampagne am Ende für die Katz sein.

Wozu also die Mühe? Woher kommt die Motivation, trotz allem weiterzumachen? Das frage ich mich manchmal selbst. Ich glaube, bei mir sind es drei verschiedene Beweggründe, die mich dazu bringen, nicht aufzugeben.

Erstens bin ich davon überzeugt, dass es zumindest nicht unmöglich ist, etwas zu verbessern. Solange es Chancen gibt, die große Transformation zu schaffen, müssen wir es probieren, nach bestem Wissen und Gewissen. Und auch wenn wir nur ganz kleine Fortschritte erreichen, lohnt es sich, gerade weil so viel auf dem Spiel steht. Wir können die Klimakatastrophe nicht mehr aufhalten, aber es kommt noch immer auf jedes Zehntelgrad an, weil jedes Zehntelgrad an zusätzlicher Erwärmung mehr Leid und Tod bedeutet. Und jede einzelne Mastanlage, die nicht gebaut oder stillgelegt wird, ist ein Ort weniger, an dem eine tödliche Pandemie entstehen könnte. Jeder Hektar Fläche, der renaturiert oder nicht erst gerodet wird, kann ein wertvoller Lebensraum sein. Und jedes einzelne Tier, das aus der Tierindustrie gerettet oder gar nicht erst in dieses Elend hineingeboren wird, macht einen Unterschied.

Ich glaube auch, dass wir es anderen schulden, nicht aufzugeben. Mit Sicherheit den Tieren, die in den Ställen und Schlachthöfen leiden. Aber auch anderen Menschen. Die Klimaaktivistin Luisa Neubauer hat in einer Rede einmal Folgendes gesagt, das mich sehr bewegt hat: »Überall sind Menschen, die wollen, dass es besser, gerechter und nachhaltiger auf dieser Welt zugeht. Und sie kämpfen, was das Zeug hält. Der notwendige Wandel wird nur kommen, wenn wir ein Grundvertrauen in die Menschen entwickeln. Irgendwo auf der Welt kämpft gerade jemand, in genau diesem Augenblick, im System oder außerhalb des Systems, für eine gerechtere Welt, und verlässt sich darauf, dass wir das auch tun.«[32]

Mein zweiter Beweggrund lautet: Gerade weil die gesellschaftlichen Prozesse so komplex und schwer vorhersehbar sind, bietet die Zukunft zahlreiche Möglichkeiten für Veränderung, die wir jetzt noch gar nicht sehen. Aktuell erscheint die Arbeit der sozialen Bewegungen sehr zäh, es braucht viel Aufwand für kleinste Verbesserungen, alles geht viel zu langsam voran. Das System scheint sehr stabil. Aber dieser Eindruck täuscht.

Tatsächlich sind gesellschaftliche Entwicklungen meist nicht linear, sie können sich plötzlich stark beschleunigen, oft ausgelöst durch Trigger-Ereignisse. Dabei kann sich die Lage sowohl zum Positiven als auch zum Negativen wenden. Häufig ist beides gemischt. So können zum Beispiel negative Geschehnisse und Krisen plötzlich politische Dynamiken oder Wirbelwind-Momente von Protesten anstoßen. Die Nuklearkatastrophe von Fukushima beförderte den deutschen Atomausstieg. Die Ermordung Schwarzer Menschen durch die US-amerikanische Polizei führte zu großen Demonstrationswellen der Black Lives Matter-Bewegung. Zugleich bieten spürbare Krisen immer Gelegenheiten für rechte und faschistische Kräfte, an Macht zu gewinnen.

Ich denke, wir müssen uns darauf einstellen, dass die Zeit der relativen Stabilität auch hierzulande nicht mehr lange andauern wird, ob wir das wollen oder nicht. Die Klimakatastrophe wird in Zukunft noch mehr spürbare Effekte haben. Sie wird nicht nur zu Unwettern und Hitzewellen, sondern zu Ernährungs-, Wirtschafts- und Fluchtkrisen führen. Solange die Zerstörung von Ökosystemen und die Tierindustrie so weiterlaufen, kann es gut sein, dass neue Pandemien entstehen. Und schon seit Anfang 2022 herrscht ein Krieg in Europa, dessen weiteren Verlauf niemand absehen kann.

Ich würde also davon ausgehen, dass sich die Welt in jedem Fall in den nächsten Jahren deutlich verändern wird. Für uns als linke soziale Bewegungen kommt es dann darauf an, vorbereitet zu sein: Wenn sich durch Krisen neue Möglichkeitsfenster auftun, müssen wir diese nutzen. Wir müssen bereitstehen, um in kurzer Zeit Wirbelwind-Proteste zu organisieren und politische Reformen durchzusetzen. Und wir müssen zugleich verhindern, dass die entsprechenden Dynamiken von den Gegenkräften genutzt werden.

Diesen Widerstreit kann man im Kleinen schon daran beobachten, wie sich die öffentliche Debatte zur Agrarpolitik nach dem Beginn des Kriegs in der Ukraine verändert hat: Während progressive Stimmen argumentieren, dass wir wegen der Verknappung von Getreide die Tierzahlen abbauen müssen, nutzen Bauernverband und Agrarindustrie die Situation, um die intensive Landwirtschaft gegen Umweltauflagen zu verteidigen.

Auch bei größeren Krisen wird es voraussichtlich mindestens zwei politische Antworten geben, die im Wettstreit miteinander liegen: Entweder wir nehmen die Krise zum Anlass, mehr Gerechtigkeit umzusetzen – also denjenigen zu helfen, die besonders betroffen sind, zerstörerische und ausbeuterische Praktiken zu beenden und die Grundversorgung aller zu priorisieren. Oder aber die Krise führt wie bisher dazu, dass bestehende Ungleichheiten verstärkt werden, zum Beispiel indem die Reichen auf Kosten der anderen profitieren oder wir Europäer*innen uns noch weiter gegenüber dem Rest der Welt abschotten.

Ich glaube, dass auch deshalb das politische Engagement so wichtig ist, selbst wenn es aktuell noch nicht die Erfolge bringt, die wir uns wünschen. Wir bauen dabei Netzwerke, Verbindungen und Gemeinschaften auf, die wir dringend brauchen werden, sobald die gesellschaftlichen Verhältnisse doch einmal stärker in Bewegung geraten. Wir üben uns in Selbstorganisierung und solidarischer Zusammenarbeit. Wir bereiten uns vor.

Der dritte Beweggrund, aus dem ich mich weiter engagiere, besteht schließlich darin, dass genau diese Netzwerke und Verbindungen schon für sich genommen unheimlich wertvoll sind. Ich habe im politischen Aktivismus so viele tolle Menschen kennengelernt und gute Freund*innen gewonnen, mit denen ich unbedingt weiter zusammenarbeiten möchte. Und so vielfältig die Möglichkeiten sind, sich in der Bewegung einzubringen, so vielfältig sind die gemeinsamen Aktivitäten: Mit manchen habe ich zusammen Texte geschrieben, mit anderen habe ich Veranstaltungen organisiert, mit noch anderen auf einem Lebenshof mitgeholfen oder stundenlang in einer Blockade gesessen. Ich möchte diese Erlebnisse und diese Verbindungen auch in Zukunft nicht missen.

Das sind meine Gründe dafür, nicht aufzugeben, obwohl die Lage oft aussichtslos erscheint. Meine Hoffnung ist, dass noch viel mehr Menschen diese oder andere Motive in sich entdecken und entscheiden, sich der Bewegung für eine gerechte Transformation unserer Gesellschaft anzuschließen. Und wenn das passiert, ist alles möglich. Bist du dabei?

Weiterführende Informationen

Empfehlungen und Tipps zum Weiterlesen, Weiterdenken und Aktivwerden sind hier zusammengestellt:

www.friederikeschmitz.de/anderssatt/weiter

Anmerkungen

Im Folgenden werden die allermeisten Verweise auf Internetseiten per Kurzlinks (z. B. www.friederikeschmitz/AS/25) gegeben. Diese Kurzlinks leiten in der Regel an eine Version der jeweiligen Internetseite weiter, die am 8. August 2022 über das Internet-Archiv unter https://archive.org/ dauerhaft archiviert wurde. Bei Videos, Audiodateien und anderen nicht archivierbaren Quellen leitet der Kurzlink zur Originalseite weiter, die am 8. August 2022 zuletzt abgerufen wurde.

Eine Tabelle mit allen Kurzlinks und den jeweils verknüpften Seiten ist hier zu finden: www.friederikeschmitz/AS/

Für die Inhalte der verlinkten Webseiten übernehmen wir keine Haftung, da wir uns diese nicht zu eigen machen, sondern lediglich auf deren Stand zum Zeitpunkt der Erstveröffentlichung verweisen.

Bei Zitaten auf Deutsch, zu denen eine englischsprachige Quelle angegeben ist, stammt die Übersetzung von mir (F. Schmitz).

Einleitung

1 Siehe z. B. UNEP (2020): *Preventing the Next Pandemic.* Verfügbar via www.friederikeschmitz.de/AS/1

2 Mottet, A. et al. (2017). *Livestock: On our plates or eating at our table? A new analysis of the feed/food debate.* In: Global Food Security 14, 1–8; Bundesinformationszentrum Landwirtschaft (o. D.): *Was wächst auf Deutschlands Feldern?* Verfügbar via www.friederikeschmitz.de/AS/2

Mehrere Forscher*innen u. a. aus den Agrar- und Klimawissenschaften haben angesichts des Ukraine-Krieges mit einem offenen Brief die Bundesregierung aufgefordert, die Transformation des Ernährungssystems und insbesondere die Verringerung des Fleischkonsums aktiv zu beschleunigen. Siehe Fesenfeld, L. (2022). *Offener Brief: Handlungsmöglichkeiten für die Transformation des Ernährungssystems.* Verfügbar via www.friederikeschmitz.de/AS/3

3 IPCC (2022). *Climate Change 2022: Impacts, Adaptation, and Vulnerability. Contribution of Working Group II to the Sixth Assessment Report of the Intergovernmental Panel on Climate Change.* Cambridge University Press, S. TS-98.

4 Zum sinkenden Fleisch- und Milchkonsum siehe: BLE (2022). *Versorgungsbilanz Fleisch 2021: Pro-Kopf-Verzehr sinkt auf 55 Kilogramm.* Verfügbar via www.friederikeschmitz.de/AS/4; dieselbe (2022). *Milchmarkt 2021: Pro-Kopf-Verbrauch von Milch sinkt auf 47,8 Kilogramm.* Verfügbar via www.friederikeschmitz.de/AS/5. Zum steigenden Käse- und Ei-Konsum siehe: Statista (2022). *Pro-Kopf-Konsum von Käse in Deutschland in den Jahren 1950 bis 2021.* Verfügbar via www.friederikeschmitz.de/AS/6; BLE (2021). *239 Eier pro Person: Höherer Bedarf lässt Selbstversorgung auf 72 Prozent steigen.* Verfügbar via www.friederikeschmitz.de/AS/7

5 Gemeinsam gegen die Tierindustrie (2021). *Milliarden für die Tierindustrie. Wie der Staat öffentliche Gelder in eine zerstörerische Branche leitet.* Verfügbar via www.friederikeschmitz.de/AS/8

6 BMEL (2021). *Deutschland, wie es isst – der BMEL-Ernährungsreport 2021.* Verfügbar via www.friederikeschmitz.de/AS/9

7 ProVeg (2021). *70 % der Menschen in Deutschland wollen Verbot der Massentierhaltung.* Verfügbar via www.friederikeschmitz.de/AS/10

8 Bürgerrat Klima (2021). *Unsere Emp-*

fehlungen für die deutsche Klimapolitik. Verfügbar via www.friederikeschmitz.de/AS/11
9 Dialog Rind & Schwein (o. D.). *Regenerativer Methankreislauf in der Rinderfütterung.* Verfügbar via www.friederikeschmitz.de/AS/12
10 Vgl. in diesem Buch S. 136.

1, Zoonosen und Zivilisationskrankheiten: Was ist Gesundheit uns wert?

1 RedaktionsNetzwerk Deutschland (2020). *Mehr als 1500 Infizierte: Zahl der Corona-Nachweise bei Tönnies gestiegen.* Verfügbar via www.friederikeschmitz.de/AS/13
2 Bernhold, C. und Lütten, J. (2020). *»Wir wurden wie Sklaven behandelt«.* In: Jour Fixe Gewerkschaftslinke Hamburg, Hrsg.: Das System Tönnies, Die Buchmacherei, 35–43, hier S. 38.
3 Kossen, P. (2020). *»Sicherheitsabstände kann da niemand einhalten«,* Ausschnitte aus einem Interview in Die Zeit. In: Jour Fixe Gewerkschaftslinke Hamburg, Hrsg.: Das System Tönnies, Die Buchmacherei, 61–62.
4 Hüttenschmidt, A. (2020). *Vermarktung: Für Schweinemäster trotz Corona derzeit kein Grund zur Sorge,* auf topagrar online. Verfügbar via www.friederikeschmitz.de/AS/14
5 Kirche + Leben (2020): *Kossen kritisiert Laschet wegen Corona in Schlachthof.* Verfügbar via www.friederikeschmitz.de/AS/15
6 Christof Haverkamp (2020): *Peter und Florian Kossen: Fleischindustrie macht Arbeitsmigranten krank,* auf Kirche + Leben. Verfügbar via www.friederikeschmitz.de/AS/16
7 Sebastian, M. und Seeliger, M. (2022). *Die Re-Regulierung der Schlachthofarbeit in der Corona-Krise.* In: Arbeit 31 (1–2), 235–254.
8 Domradio.de (2021). *»Anschreien, Demütigen, Erpressen«, Gespräch mit Sozialpfarrer Peter Kossen.* Verfügbar via www.friederikeschmitz.de/AS/17
9 Gemeinsam gegen die Tierindustrie (2022). *Endlich alles gut? Update zu Arbeitsbedingungen in der Tierindustrie,* 6. Folge vom Podcast »Gemeinsam Lauschen«. Verfügbar via www.friederikeschmitz.de/AS/18
10 Podbregar, N. (2022). *Corona: Pandemie begann doch im Wildtiermarkt,* auf scinexx. Verfügbar via www.friederikeschmitz.de/AS/19
11 BMBF (2020). *»Neue Infektionskrankheiten stammen meist von Tieren«, Interview mit Thomas C. Mettenleiter.* Verfügbar via www.friederikeschmitz.de/AS/20
12 BBC News (2020). *Coronavirus: Fear over rise in animal-to-human diseases.* Verfügbar via www.friederikeschmitz.de/AS/21
13 UNEP (2020): *Preventing the Next Pandemic.* Verfügbar via www.friederikeschmitz.de/AS/1, S. 29.
14 Siehe dazu den Abschnitt »Futtermittel und Neokolonialismus« ab S. 53 in diesem Buch.
15 Hungerkamp, M. (2021). *Vogelgrippe: Schon 1,4 Mio. Tiere getötet,* auf agrarheute. Verfügbar via www.friederikeschmitz.de/AS/22
16 RedaktionsNetzwerk Deutschland (2020). *Mehr als zehntausend tote Vögel an der Westküste Schleswig-Holsteins.* Verfügbar via www.friederikeschmitz.de/AS/23
17 Krumenacker, T. (2022). *Alarmstufe Rot: Vogelgrippe bedroht das Überleben von Seeschwalben in der Nordsee,* auf RiffReporter. Verfügbar via www.friederikeschmitz.de/AS/24
18 proplanta (2020). *Zugvögel haben Vogelgrippe eingeschleppt.* Verfügbar via www.friederikeschmitz.de/AS/25
19 Friedrich-Löffler-Institut (2016): *Geflügelpest: Herkunft und Verbreitung des Virus H5N8, Stand 21.12.2016.* Verfügbar via www.friederikeschmitz.de/AS/26; siehe auch: Dasselbe (2019). *Steckbrief zu Influenza-Infektionen bei Geflügel und Wildvögeln, Stand 26.08.2019.* Verfügbar via www.friederikeschmitz.de/AS/27
20 Samuel, S. (2020). *The meat we eat is a pandemic risk, too,* auf Vox. Verfügbar via www.friederikeschmitz.de/AS/28

21 Aviagen (2019). *Ross 308, Ross 308 FF, Performance Objectives 2019*. Verfügbar via www.friederikeschmitz.de/AS/29

22 Niedersächsisches Ministerium für Ernährung, Landwirtschaft und Verbraucherschutz (o. D.). *Masthühner*. Verfügbar via www.friederikeschmitz.de/AS/30

23 Friedrich-Löffler-Institut (2019). *Klassische Geflügelpest (Hochpathogene Aviäre Influenza), Stand 22.08.2019*. Verfügbar via www.friederikeschmitz.de/AS/31

24 Podbregar, N. (2022). *Wiederkehr der Vogelgrippe*, auf scinexx. Verfügbar via www.friederikeschmitz.de/AS/32

25 Dhingra, M. S. et al. (2018). *Geographical and Historical Patterns in the Emergences of Novel Highly Pathogenic Avian Influenza (HPAI) H5 and H7 Viruses in Poultry*. In: Frontiers in Veterinary Science (05 June 2018). Verfügbar via www.friederikeschmitz.de/AS/33

26 Friedrich-Löffler-Institut (2019). *Klassische Geflügelpest* (s. o.).

27 Siehe proplanta (o. D.). *Mediagalerie: Wachstum der Welt-Geflügelproduktion abgebremst*. Verfügbar via www.friederikeschmitz.de/AS/34; Deter, A. (2020). *Starker Anstieg der globalen Geflügelfleischerzeugung*, auf topagrar online. Verfügbar via www.friederikeschmitz.de/AS/35

28 Statista (2022). *Produktion von Geflügelfleisch in Deutschland und in der Europäischen Union in den Jahren 1990 bis 2020*. Verfügbar via www.friederikeschmitz.de/AS/36

29 Standaert, M. (2020). *›Unstoppable‹: African swine fever deaths to eclipse record 2019 toll, auf The Guardian*. Verfügbar via www.friederikeschmitz.de/AS/37

30 World Organisation for Animal Health (2014). *Impact of diseases on meat and milk*. Verfügbar via www.friederikeschmitz.de/AS/38

31 WHO (2005). *Avian influenza: assessing the pandemic threat*. Verfügbar via www.friederikeschmitz.de/AS/39

32 Bei dieser Statistik sind die Effekte der Impfung nicht herausgerechnet, also auch Geimpfte mit Durchbruchsinfektionen gehen in die Statistik ein und senken die Todesrate. Destatis (2022). *Letalitätsrate beim Coronavirus (COVID-19) in den am stärksten betroffenen Ländern, Stand 1. August 2022*. Verfügbar via www.friederikeschmitz.de/AS/40

33 Robert Koch Institut (2021). *RKI zu humanen Erkrankungen mit aviärer Influenza (Vogelgrippe), Stand 24.2.2021*. Verfügbar via www.friederikeschmitz.de/AS/41

34 De Vries, R. P. et al. (2017). *Three mutations switch H7N9 influenza to human-type receptor specificity*. In: PLoS Pathog 13(6). Verfügbar via www.friederikeschmitz.de/AS/42; Zhu, H. et al. (2013). *Infectivity, Transmission, and Pathology of Human-Isolated H7N9 Influenza Virus in Ferrets and Pigs*. In: Science (341, 6142), 183–186; Degen, M. (2012). *Im Zweifel für die Forschung*, auf Deutschlandfunk. Verfügbar via www.friederikeschmitz.de/AS/43

35 UNEP (2020): *Preventing the Next Pandemic*, S. 15. Verfügbar via www.friederikeschmitz.de/AS/1

36 Mehle, A. et al. (2012). *Reassortment and Mutation of the Avian Influenza Virus Polymerase PA Subunit Overcome Species Barriers*. In: Journal of Virology 86(3), 1750–1757. Verfügbar via www.friederikeschmitz.de/AS/44

37 Centers for Disease Control and Prevention (2012). *First Global Estimates of 2009 H1N1 Pandemic Mortality Released by CDC-Led Collaboration*. Verfügbar via www.friederikeschmitz.de/AS/45

38 Die Arbeitsgruppe heißt »Agroecology and Rural Economics Research Corps«, die Website-Adresse lautet arerc.wordpress.com/.

39 Kathrin Hartmann (2020). *»Wir können einpacken!«, Interview mit Rob Wallace*, auf Der Freitag. Verfügbar via www.friederikeschmitz.de/AS/46

40 Friedrich-Löffler-Institut (2019). *Klassische Geflügelpest (Hochpathogene Aviäre Influenza), Stand 22.08.2019*. Verfügbar via www.friederikeschmitz.de/AS/31; Friedrich-Löffler-Institut (2021). *Risikoeinschätzung zum Auftreten von HPAIV H5 in Deutschland, Stand 26.10.2021*. Verfügbar via www.friederikeschmitz.de/AS/47

41 Bäuerlein, T. und Jäger, S. (2020). *»Beim Schutz gegen Erreger macht die industrielle Tierhaltung viele Dinge richtig«, Interview mit Christina Hölzel.* Verfügbar (Paywall) via www.friederikeschmitz.de/AS/48
42 Dhingra, M.S. et al. (2018). *Geographical and Historical Patterns in the Emergences of Novel Highly Pathogenic Avian Influenza (HPAI) H5 and H7 Viruses in Poultry.* In: Frontiers in Veterinary Science. Verfügbar via www.friederikeschmitz.de/AS/33
43 Standaert, M. und De Augustinis, F. (2020). *A 12-storey pig farm: has China found the way to tackle animal disease?*, auf The Guardian. Verfügbar via www.friederikeschmitz.de/AS/49
44 Friedrich-Löffler-Institut (2021). *Risikoeinschätzung zum Auftreten von HPAIV H5 in Deutschland, Stand 10.01.2022.* Verfügbar via www.friederikeschmitz.de/AS/50
45 FAO (2020). *Drug-resistant infections threaten to become next pandemic.* Verfügbar via www.friederikeschmitz.de/AS/51
46 AOK-Bundesverband (2020). *Jedes zweite verordnete Antibiotikum ist ein Reservemedikament.* Verfügbar via www.friederikeschmitz.de/AS/52
47 Bundesministerium für Bildung und Forschung (2015). *Krankenhauskeime im Tierstall ? – Gesundheitsforschung in der Landwirtschaft.* Verfügbar via www.friederikeschmitz.de/AS/53
48 Kwasniewski, N. (2019). *Antibiotikaresistente Keime auf jedem zweiten Discounter-Hähnchen*, auf Der Spiegel. Verfügbar via www.friederikeschmitz.de/AS/54
49 Liebrich, S. (2020). *Wenn resistente Keime im Gülletransport mitreisen*, auf Süddeutsche Zeitung. Verfügbar via www.friederikeschmitz.de/AS/55
50 Robert Koch Institut (2019). *Antworten auf häufig gestellte Fragen zu Krankenhausinfektionen und Antibiotikaresistenz, Stand: 15.11.2019.* Verfügbar via www.friederikeschmitz.de/AS/56
51 Hannover, J. (2020). *Resistente Keime im Hühnerstall*, auf Deutschlandfunk. Verfügbar via www.friederikeschmitz.de/AS/57
52 Berger, A. (2021). *Die nächste Pandemie könnte aus dem Hühnerstall kommen*, auf Deutschlandfunk Kultur. Verfügbar via www.friederikeschmitz.de/AS/58
53 Bäuerlein, T. und Jäger, S. (2020). *»Beim Schutz gegen Erreger macht die industrielle Tierhaltung viele Dinge richtig«, Interview mit Christina Hölzel.* Verfügbar (Paywall) via www.friederikeschmitz.de/AS/48
54 Robert Koch Institut (2019). *Antworten auf häufig gestellte Fragen zu Krankenhausinfektionen und Antibiotikaresistenz, Stand: 15.11.2019.* Verfügbar via www.friederikeschmitz.de/AS/56
55 Nationale Forschungsplattform für Zoonosen (2021). *Stellungnahme zur Verordnung (EU) 2019/6 des Europäischen Parlaments und des Rates vom 11. Dezember 2018 über Tierarzneimittel und zur Aufhebung der Richtlinie 2001/82/EG und dem Delegierten Rechtsakt der EU-Kommission (Stand: 27. August 2021).* Verfügbar via www.friederikeschmitz.de/AS/59
56 Siehe z.B. FAO et al. (2021): *Antimicrobial resistance and the United Nations Sustainable Development Cooperation Framework.* Verfügbar via www.friederikeschmitz.de/AS/60 Teilweise ist davon die Rede, dass im Jahr 2050 bis zu 10 Millionen Menschen jährlich an resistenten Keimen sterben könnten. Die Studie, auf die die Zahl zurückgeht, wurde aber von anderen WIssenschaftler*innen scharf kritisiert. Siehe: Boytchev, H. und Parsons, V. (2016). *Die Mär von den zehn Millionen Toten*, auf Der Spiegel. Verfügbar via www.friederikeschmitz.de/AS/61
57 Landvolk Niedersachsen (2021). *Bewusster Umgang mit Antibiotika in der Tierhaltung.* Verfügbar via www.friederikeschmitz.de/AS/62
58 Bundesamt für Verbraucherschutz und Lebensmittelsicherheit (2021). *Abgabemengen von Antibiotika in der Tiermedizin leicht gestiegen.* Verfügbar via www.friederikeschmitz.de/AS/63
59 Lambrecht, O. und Liebrich, S. (2019). *Landwirte setzen immer noch zu*

viele Antibiotika ein, auf Süddeutsche Zeitung. Verfügbar via www.friederikeschmitz.de/AS/64
60 Ärzteblatt (2013). *Masthähnchen erhalten häufig Antibiotika*. Verfügbar via www.friederikeschmitz.de/AS/65
61 Berger, A. (2021). *Die nächste Pandemie könnte aus dem Hühnerstall kommen*, auf Deutschlandfunk Kultur. Verfügbar via www.friederikeschmitz.de/AS/58
62 Benning, R. und Striezel, A. (2021). *Recherche zu Reserveantibiotika bei Tieren, die der Lebensmittelgewinnung dienen*. Verfügbar via www.friederikeschmitz.de/AS/66
63 Berger, A. (2021). *Die nächste Pandemie könnte aus dem Hühnerstall kommen* (s. o.).
64 Germanwatch (2022). *Antibiotika-Rechtsakt: EU-Kommission wird ihrer Verantwortung nicht gerecht*. Verfügbar via www.friederikeschmitz.de/AS/67; Martin Häusling, MdEP (2022). *EU-Parlament zu Reserveantibiotika: Abstimmung mit fatalen Folgen*. Verfügbar via www.friederikeschmitz.de/AS/68
65 Deutscher Bauernverband (2015). *Faktencheck Antibiotika*. Verfügbar via www.friederikeschmitz.de/AS/69
66 Deutscher Bauernverband (2020). *Geschäftsbericht 2019/2020*. Verfügbar via www.friederikeschmitz.de/AS/70
67 Berger, A. (2021). *Die nächste Pandemie könnte aus dem Hühnerstall kommen*, auf Deutschlandfunk Kultur. Verfügbar via www.friederikeschmitz.de/AS/58
68 Hemme, M. et al. (2018). *Antibiotic use on German pig farms – A longitudinal analysis for 2011, 2013 and 2014*. PLoS ONE 13(7). Verfügbar via www.friederikeschmitz.de/AS/71
69 Deter, A. (2019). *Klöckner macht ernst: Geflügelhalter sollen Konzept zur Antibiotikareduktion vorlegen*, auf topagrar online. Verfügbar via www.friederikeschmitz.de/AS/72
70 Umweltbundesamt (2022). *Gesundheitliche Bedeutung von Feinstaub*. Verfügbar via www.friederikeschmitz.de/AS/73
71 Institute for Advanced Sustainability Studies (2016). *IASS Fact Sheet 1/2016: Landwirtschaft, Ammoniak und Luftverschmutzung*. Verfügbar via www.friederikeschmitz.de/AS/74
72 Siehe ebenda sowie Monitor (2019). *Neue Studie spricht von rund 120.000 vorzeitigen Todesfällen durch Feinstaub in Deutschland – Landwirtschaft gilt als Hauptverursacher*. Verfügbar via www.friederikeschmitz.de/AS/74
73 Soric, M. (2020). Coronavirus: *Feinstaub verschlimmert COVID-19-Risiko*, auf DW. Verfügbar via www.friederikeschmitz.de/AS/75
74 Institute for Advanced Sustainability Studies (2016). *IASS Fact Sheet 1/2016: Landwirtschaft, Ammoniak und Luftverschmutzung*. Verfügbar via www.friederikeschmitz.de/AS/74
75 Umweltbundesamt (2022). *Ammoniak-Emissionen*. Verfügbar via www.friederikeschmitz.de/AS/76
76 topagrar online (2018). *Ammoniakreduktion beschlossen: Für viele Höfe rückt die Betriebsaufgabe näher*. Verfügbar via www.friederikeschmitz.de/AS/77
77 BMEL (2021). *Bauern für Klimaschutz: So geht es weiter im Investitionsprogramm Landwirtschaft*. Verfügbar via www.friederikeschmitz.de/AS/78
78 Umweltbundesamt (2012). *Strategien zur Verminderung der Feinstaubbelastung, Zusammenfassender Abschlussbericht*. Verfügbar via www.friederikeschmitz.de/AS/79
79 Michalsen, A. et al. (2019). *Brauchen wir Fleisch? Essgewohnheiten auf dem Prüfstand*. In: Diehl, E. und Tuider, J., Hrsg.: Haben Tiere Rechte?, BPB, 232–239.
80 Deutsche Gesellschaft für Ernährung e.V. (2020). *Der Wissenschaft verpflichtet – Ihr Partner für Essen und Trinken. Pressemappe zur Vorstellung des 14. DGE-Ernährungsberichts*. Verfügbar via www.friederikeschmitz.de/AS/80
81 Marco Springmann (2020). *Ernährung als Teil der Lösung: Planetary Health Diet – Neue Empfehlungen für Teller und Tonnen*, Vortrag beim BZfE-Forum »Essen wird anders – Ernährung und die Planetaren Grenzen«. Video verfügbar auf YouTube via www.friederikeschmitz.de/AS/81

82 Willett, W. et al. (2019). Food in the Anthropocene: the EAT–Lancet Commission on healthy diets from sustainable food systems. In: The Lancet 393(10170), 447–492, S. 455.
83 Zahlen für das Jahr 2021: BLE (2022). *Versorgung mit Fleisch in Deutschland im seit 1991*. Tabelle verfügbar via www.friederikeschmitz.de/AS/82
84 Allerdings hier nur um 20 Prozent darunter, siehe ebenda.
85 Empfohlen wird ein Konsum von 250 Gramm an Milchprodukten pro Tag; der Verbrauch in Deutschland war 2020 pro Person 1,06 kg am Tag. Siehe BLE (2022). *Versorgung mit Milch im Vollmilchwert*. Tabelle verfügbar via www.friederikeschmitz.de/AS/83. Wenn man davon ausgeht, dass mehr als ein Viertel weggeworfen wird, ist der tatsächliche Verbrauch nur dreimal so hoch wie empfohlen.
86 Willett, W. et al. (2019). *Food in the Anthropocene: the EAT–Lancet Commission on healthy diets from sustainable food systems*. In: The Lancet 393(10170), 447–492, S. 459.
87 NCDAlliance (2019). *Bad diets responsible for 11 million premature deaths globally per year*. Verfügbar via www.friederikeschmitz.de/AS/84
88 Leitzmann, C. und Keller, M. (2013). *Vegetarische Ernährung*, Ulmer UTB, S. 92.
89 Springmann, M. (2020). *Videobotschaft für Animal Rebellion Germany*. Video verfügbar via www.friederikeschmitz.de/AS/85
90 Forum Ökologisch-Soziale Marktwirtschaft (2021). *Ernährungsarmut: In Deutschland (k)ein Thema?*. Verfügbar via www.friederikeschmitz.de/AS/86
91 Heinrich Böll Stiftung (2021). *Ernährungsarmut: Wer schlecht isst, ist nicht selber schuld*. Verfügbar via www.friederikeschmitz.de/AS/87
92 WHO (2019). *Ten threats to global health in 2019*. Verfügbar via www.friederikeschmitz.de/AS/88

2. Klimakatastrophe und Gerechtigkeit: Die Zeit zu handeln ist jetzt

1 Kramer, K. und Ware, J. (2020). *Counting the Cost 2020, A year of climate breakdown*. Verfügbar via www.friederikeschmitz.de/AS/89
2 Latif, M. (2020). *Heißzeit*, Herder, S. 49.
3 Niranjan, A. (2021). *Hitzewelle in USA und Kanada wurde durch Klimawandel 150 mal wahrscheinlicher*, auf DW. Verfügbar via www.friederikeschmitz.de/AS/90
4 UN Environment Program (2021). *Emissions Gap Report 2021*. Verfügbar via www.friederikeschmitz.de/AS/91
5 Russell, R. (2021). *Degrees of danger: What will the world look like if we miss our climate targets?*, auf DW. Verfügbar via www.friederikeschmitz.de/AS/92
6 Stevens, H. und Dennis, B. (2021). *National climate pledges are too weak to avoid catastrophic warming. Most countries are on track to miss them anyway*, auf The Washington Post. Verfügbar via www.friederikeschmitz.de/AS/93
7 U.S. Department of the Interior (2018). *New Analysis Shows 2018 California Wildfires Emitted as Much Carbon Dioxide as an Entire Year's Worth of Electricity*. Verfügbar via www.friederikeschmitz.de/AS/94
8 Steffen, W. et al. (2018). Trajectories of the Earth System in the Anthropocene. In: PNAS 115 (33), 8252–8259. Verfügbar via www.friederikeschmitz.de/AS/95
9 Kevin Anderson (2011). *Climate Change: Going Beyond Dangerous*, Vortragsslides, S. 29. Verfügbar via www.friederikeschmitz.de/AS/96
10 The World Bank (2012). *Turn Down the Heat, Why a 4°C warmer world must be avoided*. Verfügbar via www.friederikeschmitz.de/AS/97
11 Tandon, A. (2021). *Today's youth will face ›unmatched‹ climate extremes compared to older generations*, auf CarbonBrief. Verfügbar via www.friederikeschmitz.de/AS/98
12 Diffenbaugh, N. S. (2019). *Global warming has increased global economic inequality*. In: PNAS 116 (20), 9808–9813.

Verfügbar via www.friederikeschmitz.de/AS/99

13 Crippa, M. (2021). *GHG emissions of all world countries, 2021 Report*. Verfügbar www.friederikeschmitz.de/AS/100

14 Poore, J. und Nemecek, T. (2019). *Reducing food's environmental impacts through producers and consumers*. In: Science 360 (6392), 987–992; IPCC (2019). *Special Report on Climate Change and Land, Chapter 5, Executive Summary*. Verfügbar via www.friederikeschmitz.de/AS/101

15 The Naked Scientist (2018). *Carbon emissions of food production, Interview with Joseph Poore*. Verfügbar via www.friederikeschmitz.de/AS/102

16 Carrington, D. (2018). *Avoiding meat and dairy is ›single biggest way‹ to reduce your impact on Earth*, auf The Guardian. Verfügbar via www.friederikeschmitz.de/AS/103

17 Poore, J. und Nemecek, T. (2019). *Reducing food's environmental impacts through producers and consumers*. In: Science 360 (6392), 987–992.

18 IFEU (2014). *Umweltbilanz von Milch- und Milcherzeugnissen. Status quo und Ableitung von Optimierungspotenzialen*. Verfügbar via www.friederikeschmitz.de/AS/104

19 Ritchie, H. und Roser, M. (2021). *Environmental Impacts of Food Production*, auf Our World in Data. Verfügbar via www.friederikeschmitz.de/AS/105

20 Ebenda.

21 Ritchie, H. (2020). *You want to reduce the carbon footprint of your food? Focus on what you eat, not whether your food is local*, auf Our World in Data. Verfügbar via www.friederikeschmitz.de/AS/106; CO2online (o. D.). *Welche Lebensmittel werden mit dem Flugzeug transportiert?* Verfügbar via www.friederikeschmitz.de/AS/107

22 Mit solchen »fistulierten« Kühe forschen z. B. das Friedrich-Löffler-Institut in Braunschweig und die Universität Hohenheim.

23 Philipps, T. (2019). *Rülpsen für das Klima*, auf Deutschlandfunk Kultur. Verfügbar via www.friederikeschmitz.de/AS/108

24 Algen als Futterzusatz erreichen manchen Studien zufolge eine Reduktion von 80 Prozent – allerdings kann man das nur im Stall gehaltenen Kühen füttern und es ist unklar, ob das überhaupt skalierbar ist und ob sich die Verdauungssysteme nicht nach kurzer Zeit anpassen würden. Siehe Dutkiewicz, J. und Hayek, M. (2021). *Want Carbon-Neutral Cows? Algae Isn't the Answer*, auf Wired. Verfügbar via www.friederikeschmitz.de/AS/109

25 Siehe z. B. McKinsey Sustainability (2021). *Curbing methane emissions*. Verfügbar via www.friederikeschmitz.de/AS/176

26 Poore, J. und Nemecek, T. (2019). *Reducing food's environmental impacts through producers and consumers*. In: Science 360 (6392), 987–992.

27 Mottet, A. et al. (2017). *Livestock: On our plates or eating at our table? A new analysis of the feed/food debate*. In: Global Food Security 14, 1–8.

28 Wissenschaftlicher Beirat für Agrarpolitik beim BMEL (2015). *Wege zu einer gesellschaftlich akzeptierten Nutztierhaltung*. Verfügbar via www.friederikeschmitz.de/AS/110

29 Für einen guten Überblick siehe Ritchie, H. und Roser, M. (2021). *Environmental Impacts of Food Production*, auf Our World in Data. Verfügbar via www.friederikeschmitz.de/AS/105

30 Pilorgé, E. et al. (2021). *Pea and rapeseed acreage and land use for plant based meat alternatives in the EU*. In: OCL 28. Verfügbar via www.friederikeschmitz.de/AS/111

31 Umweltbundesamt (2022). *Klimaschutz im Verkehr*. Verfügbar via www.friederikeschmitz.de/AS/112; Umweltbundesamt et al. (2021). Factsheet Moore. Verfügbar via www.friederikeschmitz.de/AS/113

32 Ebenda.

33 Alexander, P. (2015). *Drivers for global agricultural land use change: The nexus of diet, population, yield and bioenergy*. In: Global Environmental Change 35, 138–147.

34 Gemeinsam gegen die Tierindustrie

(2021). *Futtermittel für die Tierindustrie – Zerstörung und Vertreibung in Brasilien*, 4. Folge vom Podcast »Gemeinsam Lauschen«. Verfügbar via www.friederikeschmitz.de/AS/114

35 WWF (2022). *Mehr als Wald: Warum eine neue EU-Verordnung neben den Wäldern das gesamte Mosaik der Lebensräume schützen muss, Kurzfassung*. Verfügbar via www.friederikeschmitz.de/AS/115

36 Greenpeace (2019). *Hooked on Meat. Wie die europäische Nachfrage nach Soja die Klimakrise verschärft*, S. 5. Verfügbar via www.friederikeschmitz.de/AS/116

37 Lang, S. (2021). *Ernten, bis der Viehtrog voll ist.* In: Heinrich Böll Stiftung et al., Fleischatlas 2021, S. 16. Verfügbar via www.friederikeschmitz.de/AS/117

38 Kuepper, B. et al. (2020). *Brandbeschleuniger Soja - Handlungsoptionen gegen Entwaldung durch Futtermittelimporte nach Deutschland*, Profundo, S. 6. Verfügbar via www.friederikeschmitz.de/AS/118 Im Jahr 2020 stammte ein noch größerer Teil aus Brasilien, weil China mehr US-Soja abnahm, siehe Graf, U. (2021). *EU-Sojaimporte aus USA gesunken*, auf Bayerisches Landwirtschaftliches Wochenblatt. Verfügbar via www.friederikeschmitz.de/AS/119

39 Laut Greenpeace-Studie sind es 87 Prozent, siehe Greenpeace (2019). *Hooked on Meat. Wie die europäische Nachfrage nach Soja die Klimakrise verschärft*, S. 16. Verfügbar via www.friederikeschmitz.de/AS/116

40 BMEL (o. D.). *Vorläufiges Futteraufkommen im Wirtschaftsjahr 2020/21.* Verfügbar via www.friederikeschmitz.de/AS/120

41 Ebenda.

42 Topagrar online (2021). *Ohne Sojaimporte gäbe es Produktionseinbruch bei Schwein und Geflügel*. Verfügbar via www.friederikeschmitz.de/AS/121

43 Mottet, A. et al. (2017). *Livestock: On our plates or eating at our table? A new analysis of the feed/food debate.* In: Global Food Security 14, 1–8, hier S. 2.

44 Deutscher Verband Tiernahrung e. V. (2021). *Die Bedeutung der eiweißliefernden Rohstoffe für die tierische Veredlungswirtschaft in Deutschland*, Version 2.0. Verfügbar via www.friederikeschmitz.de/AS/122

45 Kuepper, B. et al. (2020). *Brandbeschleuniger Soja - Handlungsoptionen gegen Entwaldung durch Futtermittelimporte nach Deutschland*, Profundo, S. 3. Verfügbar via www.friederikeschmitz.de/AS/118

46 ZDF Heute (2022). *Amazonas-Regenwald: Abholzung auf Höchststand.* Verfügbar via www.friederikeschmitz.de/AS/123

47 Gatti, L. V. et al. (2021). *Amazonia as a carbon source linked to deforestation and climate change.* In: Nature 595, 388–393.

48 Kuepper, B. et al. (2020). *Brandbeschleuniger Soja - Handlungsoptionen gegen Entwaldung durch Futtermittelimporte nach Deutschland*, Profundo, S. 12. Verfügbar via www.friederikeschmitz.de/AS/118

49 Schindler, B. (2022). *Dr. Malte Rubach: »Eine vegane Welt ist völlig abwegig«, Interview mit Malte Rubach*, auf PResstaurant. Verfügbar via www.friederikeschmitz.de/AS/124

50 Die Ernte von heimischem Soja betrug im Jahr 2020 nur 2,3 Prozent der importierten Menge an Sojabohnen. Siehe Michel, J. (2021). *Soja: Anbaufläche stark gewachsen - die Importe nehmen aber nicht ab*, auf agrarheute. Verfügbar via www.friederikeschmitz.de/AS/125

51 WBAE at al. (2016). *Klimaschutz in der Land- und Forstwirtschaft sowie den nachgelagerten Bereichen Ernährung und Holzverwendung*, S. 166. Verfügbar via www.friederikeschmitz.de/AS/126

52 Umweltbundesamt (2018). *Daten zur Umwelt, Ausgabe 2018, Umwelt und Landwirtschaft*, S. 24. Verfügbar via www.friederikeschmitz.de/AS/127

53 In einer anderen Publikation schreibt das Umweltbundesamt speziell über die Fläche für den hiesigen Fleischkonsum, dass fast die Hälfte davon außerhalb Deutschlands, überwiegend in Südamerika liegt und der Größe von Mecklenburg-Vorpommern entspricht. Siehe: Umweltbundesamt (2020). *Fleisch der Zukunft*, S. 64. Verfügbar via www.friederikeschmitz.de/AS/128

54 Fesenfeld, L. (2022). *Offener Brief: Handlungsmöglichkeiten für die Transformation des Ernährungssystems*. Verfügbar via www.friederikeschmitz.de/AS/3
55 Statista (2022). *Prognose zum Anstieg der globalen Nachfrage nach Fleisch bis zum Jahr 2050*. Verfügbar via www.friederikeschmitz.de/AS/129
56 Silva, G. (2018). *Feeding the world in 2050 and beyond – Part 1: Productivity challenges*, auf Michigan State University. Verfügbar via www.friederikeschmitz.de/AS/130
57 Davis, K.F. (2016). *Meeting future food demand with current agricultural resources*. Global Environmental Change 39, 125–132.
58 Quiggin, D. et al. (2021). *Climate change risk assessment 2021, Chatham House*. Verfügbar via www.friederikeschmitz.de/AS/131
59 Zur Diskussion dazu, inwiefern die Weidewirtschaft sinnvoll oder schädlich ist, siehe den Abschnitt »Klimafreundliche Weidehaltung« in diesem Kapitel ab S. 69 und »Und was wird aus dem Grünland?« im 4. Kapitel ab S. 142.
60 Poore, J. und Nemecek, T. (2019). *Reducing food's environmental impacts through producers and consumers*. In: Science 360 (6392), 987–992, hier S. 5.
61 Erb, K.H. et al. (2016). *Exploring the biophysical option space for feeding the world without deforestation*. In: Nature Communications 7. Verfügbar via www.friederikeschmitz.de/AS/132
62 Poore und Nemecek beziffern das Einsparpotential auf 6,6 Milliarden Tonnen Kohlendioxidäquivalente. Der globale Straßenverkehr verursachte im Jahr 2018 etwa 6 Milliarden Tonnen Kohlendioxidemissionen, siehe Ritchie, H. (2020). *Cars, planes, trains: where do CO2 emissions from transport come from?*, auf Our World in Data. Verfügbar via www.friederikeschmitz.de/AS/133
63 Poore, J. und Nemecek, T. (2019). *Reducing food's environmental impacts through producers and consumers*. In: Science 360 (6392), 987–992.
64 Carrington, D. (2018). *Avoiding meat and dairy is ›single biggest way‹ to reduce your impact on Earth*, auf The Guardian. Verfügbar via www.friederikeschmitz.de/AS/103; Linden, B. (2018). Interview mit Joseph Poore auf Go Vegan Radio. Verfügbar via www.friederikeschmitz.de/AS/134
65 Hayek, M.N. (2021). *The carbon opportunity cost of animal-sourced food production on land*. In: Nature Sustainability 4, 21–24; siehe auch Ritchie. H. (2021). *What are the carbon opportunity costs of our food?*, auf Our World in Data. Verfügbar via www.friederikeschmitz.de/AS/135
66 Clark, M.A. (2020). *Global food system emissions could preclude achieving the 1.5° and 2°C climate change targets*. In: Science 370 (6517), 705–708.
67 IPCC (2022). *Climate Change 2022, Mitigation of Climate Change, Working Group III contribution to the Sixth Assessment Report of the Intergovernmental Panel on Climate Change*, S. 2055, 2061. Verfügbar via www.friederikeschmitz.de/AS/136
68 WBAE et al. (2016). *Klimaschutz in der Land- und Forstwirtschaft sowie den nachgelagerten Bereichen Ernährung und Holzverwendung*, S. 210. Verfügbar via www.friederikeschmitz.de/AS/126
69 Es ist nicht so, dass die eingesparten Emissionen 10 Prozent *von* den deutschen Treibhausgasen ausmachen, denn die beiden Mengen beziehen unterschiedliche Emissionsquellen mit ein. Bei den Emissionen aus unserer Ernährung sind auch Importe eingerechnet – u. a. die Importe von Futtermitteln. Die werden aber bei den Gesamtemissionen von Deutschland nicht mitgezählt. Denn die Treibhausgase, die bei der Abholzung von Regenwald entstehen, werden bei den Ländern angerechnet, in denen der Regenwald abgeholzt wird – auch wenn wir dann das Soja an unsere Tiere verfüttern. Daher kann man die Mengen nur im Hinblick auf ihre Größenordnung vergleichen.
70 Sun, Z. (2022). *Dietary change in high-income nations alone can lead to substantial double climate dividend*. In: Nature Food 3, 29–37.
71 Scheffler, M. und Wiegmann, K. (2019). *Quantifizierung von Maßnahmen-*

vorschlägen der deutschen Zivilgesellschaft zu THG-Minderungspotenzialen in der Landwirtschaft bis 2030. Verfügbar via www.friederikeschmitz.de/AS/137
72 Scheffler, M. und Wiegmann, K. (2021). *Bedeutung der Zielsetzung Klimaneutralität 2045 für den Landwirtschaftssektor*. Verfügbar via www.friederikeschmitz.de/AS/138
73 Wissenschaftlicher Beirat der Bundesregierung Globale Umweltveränderungen (2020). *Landwende im Anthropozän: Von der Konkurrenz zur Integration, Zusammenfassung*. Verfügbar via www.friederikeschmitz.de/AS/139
74 Siehe z. B. diese Studie für Dänemark: Searchinger, T. D. (2021). *A Pathway to Carbon Neutral Agriculture in Denmark*. Verfügbar via www.friederikeschmitz.de/AS/140; in Deutschland siehe z. B. Breunig, P. und Mergenthaler, M. (2022). *Besonderheiten des Klimaschutzes im Agrar- und Ernährungssystem – was müssen wir neu denken?* In: Berichte über Landwirtschaft 100 (2). Verfügbar via www.friederikeschmitz.de/AS/141
75 The World Bank (2022). *Moving Towards Sustainability: The Livestock Sector and the World Bank*. Verfügbar via www.friederikeschmitz.de/AS/142
76 Settele, V. (2020). *Revolution im Stall*, Vandenhoeck & Ruprecht, S. 18–19.
77 Schmitz, F. (2020). *Veronika Settele über die Entwicklung der industriellen Tierhaltung 1945 – 1990*, Folge 4 vom Podcast »Gespräche über den Ausstieg aus der Tierindustrie«. Verfügbar via www.friederikeschmitz.de/AS/143
78 Von Gall, P. (2016). *Tierschutz als Agrarpolitik*, Transcript, S. 38.
79 BLE (2022). *Versorgung mit Fleisch in Deutschland im seit 1991*. Tabelle verfügbar via www.friederikeschmitz.de/AS/82
80 Ebenda.
81 Deutscher Bauernverband (2019). *Situationsbericht 2018/19, 1.2 Jahrhundertvergleich*. Verfügbar via www.friederikeschmitz.de/AS/144
82 Gemeinsam gegen die Tierindustrie (2021). *Milliarden für die Tierindustrie. Wie der Staat öffentliche Gelder in eine zerstörerische Branche leitet*. Verfügbar via www.friederikeschmitz.de/AS/8
83 Statista (2022). *Entwicklung der Kostenschätzungen für den Flughafen BER Berlin-Brandenburg von 2005 bis 2020*. Verfügbar via www.friederikeschmitz.de/AS/145
84 Avater-Esper, S. (2016). *BMUB Klimaschutzplan sieht Halbierung des Fleischkonsums vor*, auf topagrar online. Verfügbar via www.friederikeschmitz.de/AS/146; Bund Ökologische Lebensmittelwirtschaft (2016). *BÖLW zum Entwurf des Klimaschutzplanes 2050*. Verfügbar via www.friederikeschmitz.de/AS/147
85 Awater-Esper, S. (2016). *Rukwied kanzelt den Klimaschutzplan des BMUB ab*, auf topagrar online. Verfügbar via www.friederikeschmitz.de/AS/148
86 Awater-Esper, S. (2016). *BMUB Klimaschutzplan sieht Halbierung des Fleischkonsums vor* (s. o.).
87 Awater-Esper, S. (2016). *Kanzleramt entlastet Landwirtschaft beim Klimaschutzplan*, auf topagrar online. Verfügbar via www.friederikeschmitz.de/AS/149
88 BMUB (2016). *Klimaschutzplan 2050, BMUB-Hausentwurf vom 06.09.2016*. Verfügbar via www.friederikeschmitz.de/AS/150
89 BMUB (2016). *Klimaschutzplan 2050*, S. 66. Verfügbar via www.friederikeschmitz.de/AS/151
90 Deutscher Bauernverband (2018). *Klimastrategie 2.0*. Verfügbar via www.friederikeschmitz.de/AS/152
91 Schmitz, F. (2019). *Treibhausgase aus der deutschen Landwirtschaft nur sieben Prozent?* Verfügbar via www.friederikeschmitz.de/AS/153
92 BMEL (2019). *Kompetenznetzwerk für Nutztierhaltung nimmt Arbeit auf*. Verfügbar via www.friederikeschmitz.de/AS/154
93 Ich werde auf die Empfehlungen im nächsten Kapitel zurückkommen.
94 Zukunftskommission Landwirtschaft (2021). *Zukunft Landwirtschaft. Eine gesamtgesellschaftliche Aufgabe*, S. 81. Verfügbar via www.friederikeschmitz.de/AS/155

95 Ebenda, S. 67.
96 Topagrar online (2020). Borchert-Kommission: Bundestag stimmt für Umbau der Tierhaltung. Verfügbar via www.friederikeschmitz.de/AS/156
97 EU-Rechnungshof (2021). *EU-Agrarsubventionen machen Landwirtschaft nicht klimafreundlicher*. Verfügbar via www.friederikeschmitz.de/AS/157
98 Zur Bewertung der EU-Agrarreform siehe z. B.: Van Aken, L. (2021). *EU-Agrarförderung: Dafür müssen unsere Kinder und Enkel zahlen*, auf Greenpeace. Verfügbar via www.friederikeschmitz.de/AS/158
99 Der Spiegel (2021). *Greenpeace kritisiert EU-Kampagne für Fleisch und Milch*. Verfügbar via www.friederikeschmitz.de/AS/160
100 Klima-Allianz (2019). *Studie: Klimaziele in der Landwirtschaft nur mit Abstockung der Tierbestände zu erreichen*. Verfügbar via www.friederikeschmitz.de/AS/161
101 Lambrecht, M. (2021). *Klimaschäden durch Tierhaltung*, auf Greenpeace. Verfügbar via www.friederikeschmitz.de/AS/162
102 Der BUND z. B. fordert nur eine Halbierung bis 2050 und spezifiziert das mit »v. a. Schweine- und Geflügelmast«, siehe BUND (o. D.). *Für eine klimafreundliche Landwirtschaft*. Verfügbar via www.friederikeschmitz.de/AS/163
103 Wir haben es satt (2022). *Pressemitteilung: »Es gibt nichts Gutes, außer man tut es!«: Agrarwende jetzt!* Verfügbar via www.friederikeschmitz.de/AS/164; dieselbe (2022). *Pressemitteilung: Megaställe stoppen – Bauernhöfe statt Tierfabriken!* Verfügbar via www.friederikeschmitz.de/AS/165
104 Hörmann, B. (2021). *»Kuh pro Klima« im Oberallgäu: Mit Rindern das Klima retten*, auf Allgäuer Zeitung. Verfügbar (Paywall) via www.friederikeschmitz.de/AS/166
105 Idel, A. (2010). *Die Kuh ist kein Klima-Killer!* Metropolis-Verlag.
106 Aigner, S. (2020). *Weidetiere helfen, das Klima zu schützen*, auf Telepolis. Verfügbar via www.friederikeschmitz.de/AS/167
107 Siehe z. B.: Demeter (2017). *Die Kuh ist kein Klimakiller*. Verfügbar via www.friederikeschmitz.de/AS/168; Neuland (o. D.). *Fleisch aus Weidehaltung*. Verfügbar via www.friederikeschmitz.de/AS/168a
108 Siehe außer dem erwähnten Buch auch: Idel, A. und Beste, A. (2018). *Vom Mythos der klimasmarten Landwirtschaft – oder warum weniger vom Schlechten nicht gut ist*. Verfügbar via www.friederikeschmitz.de/AS/169
109 Umweltbundesamt (2021). *Umweltbilanz von Milch: Weidehaltung schlägt Stallhaltung*. Verfügbar via www.friederikeschmitz.de/AS/170
110 Siehe dazu den Abschnitt »Und was wird aus dem Grünland?« ab S. 142.
111 Laut Studie vom Umweltbundesamt verursacht Kuhmilch in der emissionsärmsten Variante und Berechnungsmethode (nach Allokation der Emissionen auf Fleisch- und Milchprodukte) mindestens 0,89 kg CO_2eq pro Kg, während Sojamilch bei 0,4 und Dinkel- und Hafermilch bei 0,3 kg CO_2eq liegen. Siehe: Antony, F. et al. (2021): *Sichtbarmachung versteckter Umweltkosten der Landwirtschaft am Beispiel von Milchproduktionssystemen*, Umweltbundesamt, Hrsg. Verfügbar via www.friederikeschmitz.de/AS/171; Statista (2022). *Ökologischer Fußabdruck von Milchprodukten, Eiern und Milchersatzprodukten in Deutschland im Jahr 2019*. Verfügbar via www.friederikeschmitz.de/AS/172
112 Auf der TED-Seite und bei YouTube. Allan Savory (2013). *How to fight desertification and reverse climate change*. Video verfügbar via www.friederikeschmitz.de/AS/173
113 Garnett, T. (2017). *Grazed and Confused? Ruminating on cattle, grazing systems, methane, nitrous oxide, the soil carbon sequestration question – and what it all means for greenhouse gas emissions*. FCRN, University of Oxford. Verfügbar via www.friederikeschmitz.de/AS/174
114 An dem Punkt setzt noch eine weitere Gruppe von Argumenten an, mit denen die Rinderhaltung verteidigt

werden soll. Manche Steakfans fordern, die Relevanz von Methan für die Erderwärmung ganz anders zu bewerten. Dafür verweisen sie auf die Tatsache, dass Methan anders als Kohlendioxid nur eine begrenzte Zeit in der Atmosphäre bleibt, etwa zehn Jahre, und dann zerfällt. Davon ausgehend argumentieren sie, dass gleichbleibende Rinderbestände kein Problem seien – denn jedes Jahr zerfalle dann ja genauso viel Methan, wie zugleich neu entstehe, so dass dadurch keine Erwärmung eintreten könne. (Siehe z. B. Liu, S. (2021). *Rethinking methane from animal agriculture*. In: CABI Agriculture and Bioscience 2. Verfügbar via www.friederikeschmitz.de/AS/175) Das Argument übersieht aber u. a., dass die Erde ja schon längst viel zu warm ist. Und aus den Annahmen des Arguments folgt umgekehrt, dass wir durch eine Verringerung der Tierzahlen relativ gesehen die Erde kühlen können – eine Chance, die wir uns nicht entgehen lassen dürften!
Tatsächlich ist das Klimagas Methan gerade kurzfristig enorm entscheidend, eben weil es nur einige Jahre in der Atmosphäre bleibt. Auf 100 Jahre gerechnet ist Methan etwa 28-mal so klimaschädlich wie Kohlendioxid – viele übliche Rechnungen der Klimawissenschaft beziehen sich auf diesen Zeitraum. Wenn man dagegen nur die nächsten 20 Jahre betrachtet, erwärmt die gleiche Menge Methan das Klima etwa 86-mal so stark wie Kohlendioxid. Deshalb kommen Untersuchungen zu dem Schluss, dass schnelle Verringerungen des Methanausstoßes für den Klimaschutz besonders wichtig sind – das betrifft auch die anderen großen Methanquellen wie die Erdgasindustrie, aber eben auch die Landwirtschaft. Siehe z. B. McKinsey Sustainability (2021). *Curbing methane emissions*. Verfügbar via www.friederikeschmitz.de/AS/176

115 Ravilious, K. (2022). *Methane much more sensitive to global heating than previously thought – study*, auf The Guardian. Verfügbar via www.friederikeschmitz.de/AS/177

116 Siehe z. B.: Don, A. (2018). *Die 4-Promille-Initiative »Böden für Ernährungssicherung und Klima« – Wissenschaftliche Bewertung und Diskussion möglicher Beiträge in Deutschland*. Thünen Working Paper 112. Verfügbar via www.friederikeschmitz.de/AS/178; siehe auch Kapitel 4 in diesem Buch, insb. ab S. 131.

117 Siehe z. B.: Hayek, M. N. (2021). *The carbon opportunity cost of animal-sourced food production on land*. In: Nature Sustainability 4, 21–24; Deutsche Energie-Agentur (2021). *Natürliche Senken – Kurzgutachten im Rahmen der dena-Leitstudie Aufbruch Klimaneutralität*, erstellt vom Ökoinstitut e. V. Verfügbar via www.friederikeschmitz.de/AS/179

118 Ein Beispiel dazu: Die Megafarm »White Oak Pastures« in den USA wirbt seit Jahren für ihre Produkte mit der Behauptung, ihr Rindfleisch habe eine negative Emissionsbilanz. Das war allerdings das Ergebnis einer Auftragsstudie, die mittlerweile durch eine wissenschaftlich geprüfte Studie widerlegt wurde. Trotzdem werden die falschen Behauptungen vielfach weiter verbreitet. Siehe: Carter, N. und Mehta, T. (2021). *Another Industry Attempt to Greenwash Beef*, auf Plant Based Data. Verfügbar via www.friederikeschmitz.de/AS/180

119 Unpopular Science (2021). *The Regenerative Ranching Racket*, auf Medium. Verfügbar via www.friederikeschmitz.de/AS/181

120 Siehe dazu z. B. die Facebook-Gruppe »Soil 4 Climate«, den entsprechenden Twitter-Account oder die Äußerungen und Artikel von Seth Itzkan.

121 Wozniacka, G. (2021). *Is the Future of Big Dairy Regenerative?*, auf Civil Eats. Verfügbar via www.friederikeschmitz.de/AS/182; The Cattle Site (2020). *The Nature Conservancy, Cargill, McDonald's, Target unite to support regenerative agriculture practices*. Verfügbar via www.friederikeschmitz.de/AS/183

122 Farming UK (2021). *McDonald's UK launches regenerative grazing project*. Verfügbar via www.friederikeschmitz.de/AS/184

123 Wozniacka, G. (2021). *Is the Future*

of Big Dairy Regenerative?, auf Civil Eats. Verfügbar via www.friederikeschmitz.de/AS/182
124 Berner, B. (2021). *Klimakiller Kuh?*, auf Tagesschau. Verfügbar via www.friederikeschmitz.de/AS/185
125 REWE Group (2020). *Gastbeitrag von Milchbauer Sven Lorenz zur Verbrauchermilch: »Mehr Geld für mehr Tierwohl«.* Verfügbar via www.friederikeschmitz.de/AS/186
126 Flowers on my Plate (2020). *Regenerative Landwirtschaft & warum ich wieder Fleisch esse.* Verfügbar via www.friederikeschmitz.de/AS/187
127 Hallmann, C.A. et al. (2017). *More than 75 percent decline over 27 years in total flying insect biomass in protected areas.* In: PLOS ONE. Verfügbar via www.friederikeschmitz.de/AS/188
128 Müller-Jung, J. (2017). *»Wir befinden uns mitten in einem Albtraum«*, auf FAZ.NET. Verfügbar via www.friederikeschmitz.de/AS/189
129 Steiner, J. (2020). *Neue Studie zeigt: Insektensterben weiter ein Problem*, auf SWR Wissen. Verfügbar via www.friederikeschmitz.de/AS/190
130 RedaktionsNetzwerk Deutschland (2020). *Bereits 60 Arten ausgestorben: Hitze und Pestizide schaden Schmetterlingen.* Verfügbar via www.friederikeschmitz.de/AS/191
131 Siehe auch: Bundesamt für Naturschutz (2015). *Artenschutz-Report 2015.* Verfügbar via www.friederikeschmitz.de/AS/192
132 Umweltbundesamt (2021). *Struktur der Flächennutzung.* Verfügbar via www.friederikeschmitz.de/AS/193
133 Umweltbundesamt (2022). *FAQs zu Nitrat im Grund- und Trinkwasser.* Verfügbar via www.friederikeschmitz.de/AS/194
134 Zimmermann, P. (2017). *Stille Wiese: Insektensterben in Bayern*, auf BR24. Verfügbar via www.friederikeschmitz.de/AS/195
135 Topagrar online (2022). *Taube für 50 kg N bei Düngung und 35 % weniger Milch und Schwein.* Verfügbar via www.friederikeschmitz.de/AS/196
136 Der Anteil entspricht womöglich nicht dem Flächenanteil von etwa der Hälfte, weil für verschiedene Kulturen unterschiedlich viel Pestizide eingesetzt werden – so ist z.B. der Apfelanbau besonders giftintensiv, im Vergleich dazu brauchen einige Futtermittelpflanzen wenig Pflanzenschutz.
137 Schäffer, A. et al. (2018). *Der stumme Frühling – Zur Notwendigkeit eines umweltverträglichen Pflanzenschutzes*, Nationale Akademie der Wissenschaften - Leopoldina, S. 45. Verfügbar via www.friederikeschmitz.de/AS/197
138 Bayerische Landesanstalt für Landwirtschaft (o.D.). *Unkrautmanagement im Grünland.* Verfügbar via www.friederikeschmitz.de/AS/198
139 Wirz, A. et al. (2017). *Kursbuch Agrarwende 2050, Ökologisierte Landwirtschaft in Deutschland*, Greenpeace. Verfügbar via www.friederikeschmitz.de/AS/199
140 Umweltbundesamt (2018). *Umwelt und Landwirtschaft 2018.* Verfügbar via www.friederikeschmitz.de/AS/200
141 Pauli, M. (2022). Das größte Massensterben seit 66 Millionen Jahren, auf Deutschlandfunk Kultur. Verfügbar via www.friederikeschmitz.de/AS/201
142 Carrington, D. (2014). *Earth has lost half of its wildlife in the past 40 years, says WWF*, auf The Guardian. Verfügbar via www.friederikeschmitz.de/AS/202
143 IPBES (2019). Media Release: *Nature›s Dangerous Decline 'Unprecedented‹; Species Extinction Rates ›Accelerating‹.* Verfügbar via www.friederikeschmitz.de/AS/203
144 Glaubrecht, M. (2020). *Das Verschwinden der Arten ist die Krise des Jahrhunderts*, auf Der Tagesspiegel. Verfügbar via www.friederikeschmitz.de/AS/204
145 Bar-On, Y.M. (2018). *The biomass distribution on Earth.* In: PNAS 115 (25), 6506–6511. Verfügbar via www.friederikeschmitz.de/AS/205
146 Janson, M. (2021). *So viel Fisch wird weltweit gefangen*, auf Statista. Verfügbar via www.friederikeschmitz.de/AS/206
147 WWF (2015). *Living Blue Planet Report.* Verfügbar via www.friederikeschmitz.de/AS/207

148 WWF (2009). *Unsere Ozeane: geplündert, verschmutzt und zerstört*. Verfügbar via www.friederikeschmitz.de/AS/208
149 BUND (o. D.) *Fischerei: Die Zerstörung der Artenvielfalt unter der Oberfläche*. Verfügbar via www.friederikeschmitz.de/AS/209
150 FAO (2018). *The State of World Fisheries and Aquaculture 2018 - Meeting the sustainable development goals*, S. 6. Verfügbar via www.friederikeschmitz.de/AS/210
151 Sala, E. (2021). *Protecting the global ocean for biodiversity, food and climate*. In: Nature 592, 397–402.
152 RedaktionsNetzwerk Deutschland (2021). *Ozeanstudie: Begünstigt die Fischerei den Klimawandel?* Verfügbar via www.friederikeschmitz.de/AS/210a
153 Greenpeace (2019) *Ghost Gear: The Abandoned Fishing Nets Haunting Our Oceans*. Verfügbar via www.friederikeschmitz.de/AS/211
154 Statista (2022). *Importwert der wichtigsten Importländer von Fisch und Fischereierzeugnissen weltweit in den Jahr 2020 bis 2022*. Verfügbar via www.friederikeschmitz.de/AS/212
155 BMEL (o. D.). *Fischerei*. Verfügbar via www.friederikeschmitz.de/AS/213
156 Heinrich-Böll-Stiftung (2017). *Aquakultur: Hoffnung aus der Fischfarm?* Verfügbar via www.friederikeschmitz.de/AS/214
157 Stockholm Resilience Centre (2019). *Ten years of nine planetary boundaries*. Verfügbar via www.friederikeschmitz.de/AS/215
158 Rockström, J. et al. (2009). *Planetary Boundaries: Exploring the Safe Operating Space for Humanity*. In: Ecology and Society 14 (2). Verfügbar via www.friederikeschmitz.de/AS/216
159 Potsdam-Institut für Klimafolgenforschung (2020). *Die Welt ernähren, ohne den Planeten zu schädigen, ist möglich*. Verfügbar via www.friederikeschmitz.de/AS/217
160 EAT (2019). *Food Planet Health, Summary Report of the EAT-Lancet Commission*. Verfügbar via www.friederikeschmitz.de/AS/218
161 Springmann, M. (2020). *The healthiness and sustainability of national and global food based dietary guidelines: modelling study*. In: BMJ 370. Verfügbar via www.friederikeschmitz.de/AS/219 www.friederikeschmitz.de/AS/219
162 Springmann, M. (2019). *Die Umwelt- und Gesundheitskosten unserer Ernährung*, Vortrag an der Universität Göttingen. Video auf YouTube verfügbar via www.friederikeschmitz.de/AS/220
163 Der erlaubte Fischkonsum ist allerdings laut der Planetary Health Diet nur wenig geringer als der deutsche Durchschnittskonsum (ca. 10 kg statt 14 kg pro Kopf und Jahr) und damit in Anbetracht des Zustands der Meere noch erschreckend hoch. In seinem Vortrag zur Studie stellt Marco Springmann klar, dass die gesundheitlichen Vorteile durch moderaten Fischkonsum auch mit pflanzlichen Lebensmitteln erreicht werden können. Siehe ebenda.

3. Respekt statt Ausnutzung: Ein anderes Verhältnis zu Tieren

1 ARIWA (2014) *Umfangreiche Filmrecherche beweist Totschlagen kleiner Ferkel ist Standard*. Verfügbar via www.friederikeschmitz.de/AS/221
2 Lambrecht, O. und Baars, C. (2016). *Massive Tierschutz-Probleme bei Bauern-Chefs*, auf Das Erste. Video auf YouTube verfügbar via www.friederikeschmitz.de/AS/222
3 Bierl, P. (2017). *Dokumentation der Verfehlungen auf dem Brucker Schlachthof*, auf Süddeutsche Zeitung. Verfügbar via www.friederikeschmitz.de/AS/223; Soko Tierschutz e. V. (2017). *Strafanzeige gegen Skandal Schlachthof Eschweiler*, auf Presseportal. Verfügbar via www.friederikeschmitz.de/AS/224
4 Soko Tierschutz (2018). *Undercover in der Brüterei für Bio, Freiland und Co.*, auf Presseportal. Verfügbar via www.friederikeschmitz.de/AS/225
5 Stuttgarter Nachrichten (2019). *Jetzt ermittelt die Staatsanwaltschaft*. Verfügbar via www.friederikeschmitz.de/AS/226
6 ZDF frontal (2020). *Bio-Eier: Massen-*

tierhaltung und Tierleid, Video auf YouTube verfügbar via www.friederikeschmitz.de/AS/227

7 Böhm, S. (2021). *Grausame Bilder aus den Ställen eines Puten-Funktionärs*, auf Nordkurier. Verfügbar via www.friederikeschmitz.de/AS/228

8 ARIWA (2022). *Blutig, eitrig, kahlgerupft: Das Leid der »Legehennen«*. Verfügbar via www.friederikeschmitz.de/AS/229

9 Tierärztliche Hochschule Hannover (2017). *Untersuchungen an verendeten/getöteten Schweinen in Verarbeitungsbetrieben für tierische Nebenprodukte*. Verfügbar via www.friederikeschmitz.de/AS/230

10 Menschen für Tierrechte Baden-Württemberg (o. D.). *Klage gegen Putenhaltung*. Verfügbar via www.friederikeschmitz.de/AS/231

11 DLG (2021). *Haltung von Masthühnern, DLG-Merkblatt 406*. Verfügbar via www.friederikeschmitz.de/AS/232

12 Topagrar online (2021). *Vier von fünf Legehennen mit Brüchen des Brustbeins*. Verfügbar via www.friederikeschmitz.de/AS/233

13 Provieh (2021). *Brustbeinbrüche – das unsichtbare Leiden der Legehennen*, Interview mit Dr. Lisa Jung. Verfügbar via www.friederikeschmitz.de/AS/234

14 BMEL (o. D.) *Rinderhaltung in Deutschland*, siehe Tabelle »Weidehaltung von Milchkühen auf Betriebsflächen«. Verfügbar via www.friederikeschmitz.de/AS/234a

15 Hoedemaker, M. (2020). *Abschlussbericht: Tiergesundheit, Hygiene und Biosicherheit in deutschen Milchkuhbetrieben – eine Prävalenzstudie* (PraeRi). Verfügbar via www.friederikeschmitz.de/AS/235

16 Pfeiler, T. (2019). *Psychologische Aspekte des Mensch-Tier-Verhältnisses*. In: Diehl, E. und Tuider, J., Hrsg., Haben Tiere Rechte? BPB; Hagendorff, T (2021). *Was sich am Fleisch entscheidet*, Büchner Verlag.

17 Hoy, S., Hrsg. (2012). *Schweinemast*, Ulmer.

18 Siehe auch Hagendorff, T. (2021). *Was sich am Fleisch entscheidet*, Ulmer, u. a. S. 83–88.

19 Siehe Schmitz, F. (2016). *Fleischvermarktung. Die Werbestrategien der Tierindustrie*. Vortrag verfügbar via www.friederikeschmitz.de/AS/236

20 BMEL (2021). *Deutschland, wie es isst – der BMEL-Ernährungsreport 2021*. Verfügbar via www.friederikeschmitz.de/AS/9

21 Pfeiler, T. (2019). *Psychologische Aspekte des Mensch-Tier-Verhältnisses*. In: Diehl, E. und Tuider, J., Hrsg., Haben Tiere Rechte? BPB.

22 BMEL (2021). *Nationale Verzehrsstudie II: Wie sich Verbraucher in Deutschland ernähren*. Verfügbar via www.friederikeschmitz.de/AS/237

23 Greenpeace (2021). *Aufgedeckt. Die 7 Mythen der Fleischindustrie*. Verfügbar via www.friederikeschmitz.de/AS/238

24 Leach, S. et al. (2022). *Unpalatable truths: Commitment to eating meat is associated with strategic ignorance of food-animal minds*. In: Appetite 171; Loughnan, S. et al. (2014). *The Psychology of Eating Animals*. In: Current Directions in Psychological Science 23 (2).

25 Loughnan, S. et al. (2010). *The role of meat consumption in the denial of moral status and mind to meat animals*. In: Appetite 55 (1).

26 Albert Schweitzer Stiftung für unsere Mitwelt (2017). *Update: A.N.D.-Position zur veganen Ernährung*. Verfügbar via www.friederikeschmitz.de/AS/240

27 Der Anteil von Bio-Schweinefleisch liegt bei unter 2 Prozent, siehe: BÖLW (2021). *Branchenreport 2021*, S. 11. Verfügbar via www.friederikeschmitz.de/AS/241 Wie stark die Schweine leiden, hängt dabei zwar durchaus zum Beispiel vom Management im einzelnen Betrieb ab, das kann man aber nicht anhand der Preise differenzieren.

28 Siehe die EU-Bioverordnung und die Richtlinien der Bioverbände, zB. Bioland (2022). *Bioland Richtlinien*. Verfügbar via www.friederikeschmitz.de/AS/241a

29 Reidt, L. (2018). *Artgerecht gehalten und trotzdem krank*, auf Deutschlandfunk Kultur. Verfügbar via www.friederikeschmitz.de/AS/242

30 Siehe z. B.: Deutsches Tierschutzbüro (2021). *Skandal-Bio-Schlachthof endgültig*

geschlossen! Verfügbar via www.friederikeschmitz.de/AS/243
31 BMEL et al. (2020). *Öko-Barometer 2020*. Verfügbar via www.friederikeschmitz.de/AS/244
32 Deter, A. (2021). *Coronazeit: Bundesbürger haben mehr Biofleisch gekauft*, auf topagrar online. Verfügbar via www.friederikeschmitz.de/AS/245
33 Reese, J. (2018). *The End of Animal Farming*, Beacon Press, S. 109–111.
34 Loughnan, S. et al. (2014). *The Psychology of Eating Animals*. In: Current Directions in Psychological Science 23 (2)
35 Reese, J. (2018). *The End of Animal Farming*, Beacon Press, S. 111.
36 Buchholz, M. (2015). *Gott und die Welt: Menschenrechte für Tiere?*, Video verfügbar auf YouTube via www.friederikeschmitz.de/AS/246
37 Fishlove (o. D.). *About Fishlove*. Verfügbar via www.friederikeschmitz.de/AS/247
38 Mood, A. und Brooke, P. (2010). *Estimating the Number of Fish Caught in Global Fishing Each Year*. Verfügbar via www.friederikeschmitz.de/AS/248
39 Schmundt, H. (2013). *»Fische kennen keinen Schmerz wie wir«*, Interview mit Robert Arlinghaus auf Spiegel Online. Verfügbar via www.friederikeschmitz.de/AS/249
40 Wild, M. (2012). *Fische: Kognition, Bewusstsein und Schmerz. Eine philosophische Perspektive*. Verfügbar via www.friederikeschmitz.de/AS/250
41 Zu diesen und den weiteren Experimenten siehe: Balcombe, J. (2018). *Was Fische wissen*, mare.
42 Soko Tierschutz (2021). *Das unsichtbare Gemetzel auf unseren Meeren*. Video auf YouTube verfügbar via www.friederikeschmitz.de/AS/251
43 Siehe auch Schmitz, F. (2020). *Tiere essen – dürfen wir das?* Metzler.
44 Rettet das Huhn (o. D.). *Der Verein »Rettet das Huhn e. V.«*. Verfügbar via www.friederikeschmitz.de/AS/252
45 Zühlsdorf, A. et al. (2016). *Wie wichtig ist Verbrauchern das Thema Tierschutz? Kommentiertes Chartbook zur repräsentativen Umfrage*. Verfügbar via www.friederikeschmitz.de/AS/253
46 BMEL (2022). *Zukunftsfeste Tierhaltung*. Verfügbar via www.friederikeschmitz.de/AS/254
47 Foodwatch (2020). *Empfehlungen der »Borchert-Kommission« zur Nutztierhaltung: Die wichtigsten Fragen & Antworten*. Verfügbar via www.friederikeschmitz.de/AS/255

4. Geht das überhaupt? Die neue Landwirtschaft

1 Freie Bauern (2021). *Freie Bauern erklären, warum Landwirte Veganer nicht ernst nehmen können*. Verfügbar via www.friederikeschmitz.de/AS/256
2 Grunze, S. (2021). *Phosphor in Zahlen: Konzentrierte Macht auf dem Weltmarkt*, auf RiffReporter. Verfügbar via www.friederikeschmitz.de/AS/257
3 Deter, A. (2021). *Phosphor in 300 Jahren aufgebraucht: Lösungsideen für die Zukunft*, auf topagrar online. Verfügbar via www.friederikeschmitz.de/AS/258
4 Finizio (o. D.) *Unsere Labor- & Feldversuche*. Verfügbar via www.friederikeschmitz.de/AS/259
5 Vogt, G. (2001). *Geschichte des ökologischen Landbaus im deutschsprachigen Raum*. Ökologische Konzepte 99, Stiftung Ökologie und Landbau. Verfügbar via www.friederikeschmitz.de/AS/260
6 Biocyclic Vegan International (o. D.). *Producers*. Verfügbar via www.friederikeschmitz.de/AS/261
7 Gut Wilmersdorf (o. D.). *Anbaumethoden*. Verfügbar via www.friederikeschmitz.de/AS/262
8 Schulz, F. et al. (2017). *Gemischtbetrieb mit Viehhaltung vs. viehloser Ökolandbau - 3. Rotation im Dauerfeldversuch Gladbacherhof*. Tagungsband 14, Wissenschaftstagung Ökolandbau.
9 Haack, M. et al. (2020). *Nischen des Ernährungssystems: Bewertung des Nachhaltigkeits- und Transformationspotenzials innovativer Nischen des Ernährungssystems in Deutschland*, Umweltbundesamt, Hrsg., S. 39. Verfügbar via www.friederikeschmitz.de/AS/263

10 FAO (2018). *World's most comprehensive map showing the amount of carbon stocks in the soil launched*. Verfügbar via www.friederikeschmitz.de/AS/264

11 Umweltbundesamt (2022). *Bodenbearbeitung*. Verfügbar via www.friederikeschmitz.de/AS/265

12 Chen, J. (2021). *Diversity increases yield but reduces harvest index in crop mixtures*. In: Nature Plants 7, 893–898; Schwerdtner, U. und Spohn, M. (2021). *Interspecific root interactions increase maize yields in intercropping with different companion crops*. In: Journal of Plant Nutrition and Soil Science. Verfügbar via www.friederikeschmitz.de/AS/266

13 Vieweg, M. (2021). *Mehr Ertrag durch ein Naturprinzip*, auf Natur.de. Verfügbar via www.friederikeschmitz.de/AS/267

14 Engelhardt, H. (2020). *Nischeninnovationen in Europa zur Transformation des Ernährungssystems – NEuropa –Steckbriefsammlung*, Umweltbundesamt, Hrsg., S. 37. Verfügbar via www.friederikeschmitz.de/AS/268

15 Zur veganen Permakultur siehe z. B.: Burnett, G. (2015). *The Vegan Book of Permaculture*, Permanent Publications.

16 Siehe Förderkreis biozyklisch-veganer Anbau (o. D.). *Wissenschaftliche Literatur*. Verfügbar via www.friederikeschmitz.de/AS/269

17 Das wird teilweise auch schon gemacht, allerdings ist Plastikverunreinigung ein Problem. Pohl, M. und Humbs, C. (2015). *Plastikverseuchter Kompost macht Äcker zu Müllhalden*, auf Das Erste. Verfügbar via www.friederikeschmitz.de/AS/270

18 Zinke, O. (2019). *Studie: Ökolandbau hat Vorteile für Umwelt und Gesellschaft*, auf agrarheute. Verfügbar via www.friederikeschmitz.de/AS/270a

19 Global liegen die Erträge im Ökolandbau je nach Kulturart, Standort und Management um 5–34 % und im Gesamtdurchschnitt um 25% unter denen des konventionellen Anbaus. Die Ertragsunterschiede nehmen aufgrund der Mehrung der Ökosystemleistungen über die Jahre ab, jedoch ohne das konventionelle Ertragsniveau zu erreichen. Die Ursachen liegen teilweise in der höheren Düngung bei konventionellem Anbau, teilweise an der anderen Schädlings- und Unkrautbekämpfung. Bei manchen Statistiken kann allerdings verzerrend wirken, dass Ökobetriebe teilweise auf schlechteren Standorten wirtschaften. Siehe: Wissenschaftlicher Beirat der Bundesregierung Globale Umweltveränderungen (2020). *Landwende im Anthropozän: Von der Konkurrenz zur Integration*, S. 163.Verfügbar via www.friederikeschmitz.de/AS/271; Ökolandbau.de (2020). *Erträge im biologischen und konventionellen Landbau*. Verfügbar via www.friederikeschmitz.de/AS/272

20 Nestler, R. (2019). *Öko-Landwirtschaft bringt dem Klima wenig*, auf Der Tagesspiegel. Verfügbar via www.friederikeschmitz.de/AS/273

21 Deter, A. (2020). *Wissenschaftler und Politiker wollen mehr Ökologie im Ackerbau*, auf topagrar online. Verfügbar via www.friederikeschmitz.de/AS/274; Deter, A. (2020). *Führende Agrarforscher diskutierten über die Ökologisierung der Landwirtschaft*, auf topagrar online. Verfügbar via www.friederikeschmitz.de/AS/275

22 Freie Bauern (2021). *Freie Bauern erklären, warum Landwirte Veganer nicht ernst nehmen können*. Verfügbar via www.friederikeschmitz.de/AS/256

23 BLE et al. (2019). *Bericht zur Markt- und Versorgungslage Getreide 2019*, S. 35. Verfügbar via www.friederikeschmitz.de/AS/276

24 Longin, F. (2022). *Was in der Weizenproduktion jetzt geändert werden muss*, Gastkommentar auf topagar online. Verfügbar via www.friederikeschmitz.de/AS/277

25 Klement, U. (2022). *Ernährungskrise: Sind die Vorgaben für Backweizen zu streng?*, auf BR24. Verfügbar via www.friederikeschmitz.de/AS/278

26 Der Hoftierarzt (2021). *Die Kuh als Umweltsau? Welternährung, Umweltschutz und Nachhaltigkeit*, Interview mit Wilhelm Windisch. Verfügbar via www.friederikeschmitz.de/AS/279

27 Mrasek, V. (2019). *Gülle könnte Tieren im Ackerboden schaden*, auf Deutschlandfunk. Verfügbar via www.friederikeschmitz.de/AS/280

28 Windisch spricht die Nutzung für Biogas auch an, meint aber, durch eine Verfütterung würde man zusätzliche, also insgesamt mehr Nahrungsmittel aus der selben Biomasse gewinnen. Eine Frage ist, wie dabei die Gesamtbilanz im Hinblick auf Ressourcen und Klimaschutz (z. B. Methan) aussieht; dazu habe ich keine Studien gefunden. Zu bedenken ist dabei, dass die Tiere selbst ja auch nur zum Teil verwertet werden (bei Schweinen etwa 75 Prozent, bei Rindern nur 50 bis 60 Prozent), wobei Haltung und Verarbeitung (u. a. Kühlung) viel Energie braucht – es wird also eine komplizierte Rechnung. In jedem Fall spricht das tierethische Argument weiterhin dagegen.

29 Eine weitere Anwendungsmöglichkeit ist die Herstellung von Aktivkohle und anderen Kohlenstoffprodukten, siehe: Albat, D. (2019). *Brauerei-Abfälle als Rohstoff*, auf scinexx. Verfügbar via www.friederikeschmitz.de/AS/281

30 Leopoldina (2012). *Bioenergie: Möglichkeiten und Grenzen. Kurzfassung und Empfehlungen*. Verfügbar via www.friederikeschmitz.de/AS/282

31 Das genaue Verhältnis hängt von den jeweiligen Kulturen, dem Standort und vielem mehr ab. Eine globale Durchschnittsberechnung besagt z. B., dass Schweinefleisch mehr als dreimal so viel Fläche zur Produktion derselben Menge Eiweiß benötigt wie Erbsen. Siehe: Ritchie, H. und Roser, M. (2021). *Environmental Impacts of Food Production*, auf Our World in Data. Verfügbar via www.friederikeschmitz.de/AS/105www.friederikeschmitz.de/AS/105

32 The Vegan Society (2015). *Grow Green. Tackling Climate Change Through Plant Protein Agriculture*, S. 23. Verfügbar via www.friederikeschmitz.de/AS/283

33 Sunbloom Proteins (o. D.). *Sunbloom, das funktionelle Sonnenblumenprotein*. Verfügbar via www.friederikeschmitz.de/AS/284

34 CheWow (o. D.). *Unsere Mission*. Verfügbar via www.friederikeschmitz.de/AS/285

35 Ottleben, I. (2019). *Raps als hochwertige Proteinquelle für die menschliche Ernährung?*, auf Laborpraxis. Verfügbar via www.friederikeschmitz.de/AS/286

36 Ernährungsumschau (2020). *Vegan und vegetarisch: Raps als Proteinquelle für den Menschen*. Verfügbar via www.friederikeschmitz.de/AS/287

37 DGE (o. D.). *Vollwertig essen und trinken nach den 10 Regeln der DGE*. Verfügbar via www.friederikeschmitz.de/AS/288; Bundeszentrum für Ernährung (o. D.) *Planetary Health Diet*. Verfügbar via www.friederikeschmitz.de/AS/289

38 So will es ein Unternehmen mit den Nebenprodukten der Herstellung von Eiweißmehlen aus Ackerbohnen machen, siehe: Vegconomist (2022). *NUTRIS eröffnet die erste europäische Anlage zur Herstellung von Favabohnenproteinisolat*. Verfügbar via www.friederikeschmitz.de/AS/290

39 Leszczynski, U. (2020). Die Zukunft wächst an brandenburgischen Bäumen, auf Der Tagesspiegel. Verfügbar via www.friederikeschmitz.de/AS/291

40 Umweltbundesamt (2022). *Grünlandumbruch*. Verfügbar via www.friederikeschmitz.de/AS/292

41 Zum Anteil des artenreichen Grünlands in Deutschland siehe www.friederikeschmitz.de/AS/293

42 Ebenda.

43 Statistisches Bundesamt (2021). *Tierhaltung: Dominierende Haltungsformen gewinnen weiter an Bedeutung*. Verfügbar via www.friederikeschmitz.de/AS/294

44 Siehe z. B.: ORF.at (2021). *Land für Abschuss von »Problemwölfen«*. Verfügbar via www.friederikeschmitz.de/AS/295

45 Balluch, M. (2020). *Ein kritischer Blick auf Almen*. Verfügbar via www.friederikeschmitz.de/AS/296; derselbe (2020). *Fakten zu Ein kritischer Blick auf Almen*. Verfügbar via www.friederikeschmitz.de/AS/297

46 Kriechbaum, M. et al. (2019). *Wolf ODER Artenvielfalt auf Almen: Ist das die Frage?* In Hackländer, K., Hrsg.: Der Wolf. Im Spannungsfeld von Land- &

Forstwirtschaft, Jagd, Tourismus und Artenschutz, Leopold Stocker Verlag, S. 113–128, hier S. 119.

47 Ebenda, S. 124.

48 Dazu siehe auch die Studien zum unterschiedlichen Flächenbedarf verschiedener Ernährungsweisen, in diesem Buch S. 51.

49 Naturschutzförderliche extensive Beweidung zeichnet sich durch einen geringen Tierbesatz aus. Einer Studie zufolge, die die Rindfleischproduktion bei extensiver ganzjähriger Weidewirtschaft betrachtet, liegt dabei die »Schlachtmasse« nur bei 63,7 kg pro Hektar – und dabei weit unter selbst dem unteren Ende der Durchschnittswerte z. B. vom Umweltbundesamt, das den Flächenbedarf von 100 g Rindfleisch mit 4,9 qm beziffert, was einem Hektarertrag von ca. 200 kg entspricht. Siehe: Lange, S. et al. (2009). *Ökobilanz der Rindfleischproduktion aus extensiver Ganzjahresbeweidung.* Verfügbar via www.friederikeschmitz.de/AS/298; Umweltbundesamt (2020). *Fleisch der Zukunft*, S. 64. Verfügbar via www.friederikeschmitz.de/AS/128

50 Deutsche Energie-Agentur (2021). *Natürliche Senken – Kurzgutachten im Rahmen der dena-Leitstudie Aufbruch Klimaneutralität*, erstellt vom Ökoinstitut e. V. Verfügbar via www.friederikeschmitz.de/AS/179

51 *Landwende im Anthropozän: Von der Konkurrenz zur Integration*, Abschnitt 3.1.3. Verfügbar via www.friederikeschmitz.de/AS/271

52 Siehe: matabooks.de/graspapier/

53 Umweltbundesamt (2019). *Wasser ernten: Vom Trockenstandort zur Öko-Oase.* Verfügbar via www.friederikeschmitz.de/AS/299

54 Ich habe diese Angabe grob nachgerechnet und komme zu etwas kleineren Zahlen. Man muss noch mit einbeziehen, dass Walnüsse erst nach 10 Jahren volle Erträge erzielen und je nach Wetter, Standort und Sorte unterschiedliche Erträge liefern; auch der Flächenbedarf bei der Rindfleischproduktion variiert stark. Meine Rechnung ergibt, dass Walnüsse pro Hektar das drei- bis 18-fache an Kalorien von Rindfleisch liefern. Die Details sind verfügbar via www.friederikeschmitz.de/AS/300

55 BUND (o. D.). *Lebensraum Streuobstwiese.* Verfügbar via www.friederikeschmitz.de/AS/301

56 Statista (2022). *Selbstversorgungsgrad bei Obst in Deutschland in den Wirtschaftsjahren 2006/2007 bis 2020/2021.* Verfügbar via www.friederikeschmitz.de/AS/302

57 Deutscher Fachverband für Agroforstwirtschaft (o. D.). *Pro und Contra Agroforst.* Verfügbar via www.friederikeschmitz.de/AS/303

58 Transformation Haus & Feld (o. D.). *Blick aus der Zukunft.* Verfügbar via www.friederikeschmitz.de/AS/304

59 Niggli, U. (2021). *Alle satt? Ernährung sichern für 10 Milliarden Menschen*, Residenz Verlag, S. 114.

60 Siehe: morgenfarm.berlin/

61 Agrarsysteme der Zukunft (o. D.). *SUSKULT. Entwicklung eines nachhaltigen Kultivierungssystems für Nahrungsmittel resilienter Metropolregionen.* Verfügbar via www.friederikeschmitz.de/AS/305

62 Niggli, U. (2021). *Alle satt? Ernährung sichern für 10 Milliarden Menschen*, Residenz Verlag, S. 114.

63 Balcombe, J. (2018). *Was Fische wissen*, mare.

64 Es ist allerdings wichtig zu sehen, dass praktisch jede Erzeugung von Nahrungsmitteln für Menschen bestimmte negative Auswirkungen auf Insekten hat kein Anbau von Pflanzen kommt ohne jede Abwehr von sogenannten Schädlingen aus. Auch wenn man auf natürliche Gleichgewichte setzt, heißt das letztlich nur, dass andere (die »Nützlinge«) das Töten übernehmen. Es kommt also zum einen auf die Gesamtschadensbilanz an, zum anderen auf die generelle Einstellung gegenüber Tieren, die mit verschiedenen Praktiken verbunden ist. Genauer betrachtet habe ich diese Fragen in Schmitz, F. (2020). *Tiere essen – dürfen wir das?* Metzler, S. 74–84.

65 Berggren, A. et al. (2019). *Approaching Ecological Sustainability in the Emerging Insects-as-Food Industry.* In: Trends in Ecology & Evolution 34 (2), 132–138.

66 Niggli, U. (2021). *Alle satt? Ernährung sichern für 10 Milliarden Menschen*, Residenz Verlag, S. 125.
67 Bioökonomie.de (o. D.). *Der Algenbauer*. Verfügbar via www.friederikeschmitz.de/AS/306
68 Greshake, F. (2020). *Krise in der Lederindustrie*, auf Wochenblatt. Verfügbar via www.friederikeschmitz.de/AS/307
69 FAO (2016). *World statistical compendium for raw hides and skins, leather and leather footwear 1999–2015*. Verfügbar via www.friederikeschmitz.de/AS/308
70 Albert Schweitzer Stiftung für unsere Mitwelt (2016). *Leder: Tierleid und Umweltverschmutzung*. Verfügbar via www.friederikeschmitz.de/AS/309
71 Siehe z. B.: Blank, A. (2022). *Der Wolle wieder einen Wert geben*, auf wendland-net. Verfügbar via www.friederikeschmitz.de/AS/310

5. Zukunft durch Technik? Alternative Proteine auf dem Vormarsch

1 WDR Quarks (2021). *Teller ohne Tier: Wie gut ist Fleischersatz?* Video verfügbar via www.friederikeschmitz.de/AS/311
2 BMEL (2020). *Deutschland, wie es isst – der BMEL-Ernährungsreport 2020*. Verfügbar via www.friederikeschmitz.de/AS/312
3 Der Spiegel (2021). *Neun von 18 Veggieburgern sind »gut«*. Verfügbar via www.friederikeschmitz.de/AS/313
4 Kaiser, T. (2014). *»Wurst wird die Zigarette der Zukunft«*. Verfügbar via www.friederikeschmitz.de/AS/314
5 Kwasniewski, N. (2015). *»Die Wurst ist die Zigarette der Zukunft«*, auf manager magazin. Verfügbar via www.friederikeschmitz.de/AS/315
6 Ebenda.
7 Faz.net (2019). *»Ist an der Zeit, fünfzig Prozent weniger Tiere zu essen«*. Verfügbar via www.friederikeschmitz.de/AS/316
8 Rügenwalder Mühle (2022). *Weiter dynamischer Wachstumskurs trotz Herausforderungen: Rügenwalder Mühle legt starke Zahlen vor und baut Marktführerschaft aus – neuer Standort legt Grundstein für weiteres Wachstum*. Verfügbar via www.friederikeschmitz.de/AS/317
9 Goebel, J. (2022). *Rügenwalder Mühle: Mit dem Erfolg kommen die Probleme*, auf WIrtschaftsWoche. Verfügbar via www.friederikeschmitz.de/AS/318
10 Vegconomist (2020). *Rügenwalder Mühle und ProVeg – Erfolgsgeschichte einer starken Partnerschaft*. Verfügbar via www.friederikeschmitz.de/AS/319
11 Huth, F. (2019). *Rügenwalder Mühle: Wird der Fleischproduzent bald komplett vegan?* Verfügbar via www.friederikeschmitz.de/AS/320
12 Leider habe ich vom Unternehmen auch auf mehrfache Nachfrage keine Antwort auf die Frage bekommen, wie sich der Absatz der Fleischsparte in den letzten Jahren entwickelt habe. Die Schätzung von 20 Prozent kommt von mir, ich habe so gerechnet: Vor dem Veggiestart betrug der Absatz 21.542 Tonnen (Schürmeyer, J. (2015). *Rügenwalder wächst mit Veggie*, auf NWZ Online. Verfügbar via www.friederikeschmitz.de/AS/321; im Jahr 2021 rund 35.000 Tonnen. Da die Veggieprodukte davon etwas mehr als die Hälfte ausmachen, habe ich geschätzt, dass der Fleischabsatz bei 17.000 Tonnen lag, das entspricht knapp 80 Prozent des Absatzes von 2013.
13 Faz.net (2019). *»Ist an der Zeit, fünfzig Prozent weniger Tiere zu essen«*. Verfügbar via www.friederikeschmitz.de/AS/316
14 Vegan Info (2019). *Greenwashing: Die Rügenwalder-Lüge*. Verfügbar via www.friederikeschmitz.de/AS/322
15 Rügenwalder Mühle (2022). *Weiter dynamischer Wachstumskurs trotz Herausforderungen* (s. o.).
16 So äußerte sich kurz darauf auch der Chef Michael Hähnel auf die Frage, ob das Unternehmen irgendwann aus der Fleischverarbeitung aussteigen wolle. »Nein. Der Bereich ist für unsere Marke wichtig. Das ist unsere Herkunft. Und auch wenn der Veggie-Markt wächst, bleiben Fleisch und Wurst ein Riesensegment.« Siehe: Jahrberg, H. (2021). *»Was gerade passiert, ist der Wahnsinn«*, Interview mit Michael Hähnel, auf Der

Tagesspiegel. Verfügbar via www.friederikeschmitz.de/AS/323

17 Land.Schafft.Werte (o. D.). *Verarbeitung.* Verfügbar via www.friederikeschmitz.de/AS/324

18 Kriener, M. (2015). *Die dunkle Seite des Schinken Spickers*, auf taz. Verfügbar via www.friederikeschmitz.de/AS/325

19 Meyer, C. (2022). *Rügenwalder Mühle produziert künftig Fleischalternativprodukte in Goldenstedt*, auf OM Online. Verfügbar via www.friederikeschmitz.de/AS/326

20 Vegconomist (2019). *PHW Gruppe vertreibt JUST Egg in Europa.* Verfügbar via www.friederikeschmitz.de/AS/327; Fisser, D. (2022). *Wiesenhof: Muss bald kein Hähnchen mehr für Fleisch sterben?* Verfügbar (Paywall) via www.friederikeschmitz.de/AS/328

21 2019 stieg der Umsatz im Kerngeschäft Geflügelspezialitäten um gut 4 Prozent. Rundschau für den Lebensmittelhandel (2020). *PHW-Gruppe meldet solides Wachstum.* Verfügbar via www.friederikeschmitz.de/AS/329

22 BLE (2022). *Versorgung mit Fleisch in Deutschland seit 1991.* Tabelle verfügbar via www.friederikeschmitz.de/AS/82

23 Schulze Pals, L. und Beckhove, A. (2019). *Wesjohann fordert Pflichtkennzeichnung für Fleischprodukte, Interview mit Peter Wesjohann.* Verfügbar (Paywall) via www.friederikeschmitz.de/AS/330

24 Hertling, J. (2019). *Demografie ist eine Chance*, Gespräch mit Peter Wesjohann und Ingo Stryck, auf LebensmittelPraxis. Verfügbar via www.friederikeschmitz.de/AS/331

25 Siehe die Handelsregisterbekanntmachung auf North Data, verfügbar via www.friederikeschmitz.de/AS/332

26 Rundschau für den Lebensmittelhandel (2021). *Hochland meldet zweistelliges Markenwachstum.* Verfügbar via www.friederikeschmitz.de/AS/333

27 Gassmann, M. (2021). *Ein Spezialeinsatzkommando soll den Vegan-Hype kontern*, auf WELT. Verfügbar via www.friederikeschmitz.de/AS/334

28 Simply V (2020). *Nachhaltigkeit – Zehn Fragen an Caroline Zimmer, Geschäftsführerin der E.V.A. GmbH.* Verfügbar via www.friederikeschmitz.de/AS/335

29 Ebenda.

30 Meijaard, E. et al. (2020). *Coconut oil, conservation and the conscientious consumer.* In: Current Biology 30, R737–R758. Verfügbar via www.friederikeschmitz.de/AS/336

31 WWF Deutschland (2020). *Like Ice in the Sunshine. Pflanzenöle und Fette in Speiseeis. Das Beispiel Kokosöl.* Verfügbar via www.friederikeschmitz.de/AS/337

32 Reinhardt, G. et al. (2020). *Ökologische Fußabdrücke von Lebensmitteln und Gerichten in Deutschland*, Institut für Energie- und Umweltforschung Heidelberg, S. 11. Verfügbar via www.friederikeschmitz.de/AS/338

33 Statista (2022). *Pro-Kopf-Konsum von Käse in Deutschland in den Jahren 1950 bis 2021.* Verfügbar via www.friederikeschmitz.de/AS/6

34 Schnell, U. (2012). *Bottled Life*, Dokumentarfilm.

35 Kwasniewski, N. (2019). *»Das schlimmste Unternehmen der Welt«*, auf Der Spiegel. Verfügbar via www.friederikeschmitz.de/AS/339

36 Terpitz, K. (2020). *Wie der weltgrößte Lebensmittelkonzern an der Zukunft der Ernährung forscht*, auf Handelsblatt. Verfügbar via www.friederikeschmitz.de/AS/340

37 Siehe z. B.: Umweltbundesamt (2020). *Fleisch der Zukunft.* Verfügbar via www.friederikeschmitz.de/AS/128

38 Bundeszentrum für Ernährung (2020). *Pflanzliche Alternativen zu Fleisch.* Verfügbar via www.friederikeschmitz.de/AS/341

39 Kwong, E. et al. (2021). *How big companies are targeting middle income countries to boost ultra-processed food sales*, auf The Conversation. Verfügbar via www.friederikeschmitz.de/AS/342

40 Moodle, R. et al. (2021). *Ultra-Processed Profits: The Political Economy of Countering the Global Spread of Ultra-Processed Foods – A Synthesis Review on the Market and Political Practices of Transnational Food Corporations and Strategic Public Health Responses.* In: IJHPM 10, 968–982.

Verfügbar via www.friederikeschmitz.de/AS/343

41 Tuider, J. (2021). *Ernährungstipps für deinen Alltag*, auf Nestlé. Verfügbar via www.friederikeschmitz.de/AS/344

42 Mehr zu politischen Strategien siehe Kapitel 8 (Rebellieren statt konsumieren).

43 Bio:fictions (2021). *Britta Winterberg – Nachhaltiger Käse aus Zellfabriken*, Podcastfolge. Verfügbar via www.friederikeschmitz.de/AS/345

44 Cellular Agriculture (2020). *Cheese without Cows. The First-ever Taste Test of Cell-based Mozzarella – LegenDairy Co-Founder & CSO Dr. Britta Winterberg*, Podcastfolge. Verfügbar via www.friederikeschmitz.de/AS/346

45 Ermisch, S. (2021). *Grün gegründet (Teil 4): Formo verspricht Käse-Genuss ohne Umweg über eine Kuh*, auf heise online. Verfügbar via www.friederikeschmitz.de/AS/347

46 Bioökonomie.de (o. D.). *Der Käsezüchter*. Verfügbar via www.friederikeschmitz.de/AS/348

47 Bio:fictions (2021). *Britta Winterberg – Nachhaltiger Käse aus Zellfabriken* (s. o.)

48 Transgen (2022). *Chymosin (Labenzym, mikrobielles Lab)*. Verfügbar via www.friederikeschmitz.de/AS/349

49 Heuberg, S. (2021). *Angriff auf den Gouda: Dieser 28-Jährige will Laborkäse zu Geld machen*, auf Business Insider. Verfügbar via www.friederikeschmitz.de/AS/350

50 Bioökonomie.de (2020). *Die Biopioniere. Der Käsezüchter.* Video auf YouTube verfügbar via www.friederikeschmitz.de/AS/351

51 Terpitz, K. (2021). *Tierischer Käse ohne Kuh – Rekordfinanzierung für Berliner Start-up*, auf Handelsblatt. Verfügbar via www.friederikeschmitz.de/AS/352

52 Master Investor (2021). *The Agrarian Revolution, LegenDairy Foods, Raffael Wohlgensinger*, Video auf YouTube verfügbar via www.friederikeschmitz.de/AS/353

53 Formo (2021). *Series A: A New Chapter for Cheese*. Verfügbar via www.friederikeschmitz.de/AS/354

54 Terpitz, K. (2021). *Tierischer Käse ohne Kuh – Rekordfinanzierung für Berliner Start-up*, auf Handelsblatt. Verfügbar via www.friederikeschmitz.de/AS/352

55 Formo (2021). *We've rebranded, meet Formo*. Verfügbar via www.friederikeschmitz.de/AS/355

56 Innocent Meat (o. D.). The mission rethink. Verfügbar via www.friederikeschmitz.de/AS/356

57 Good Food Institute (2022). *State of the Industry Report: Cultivated meat and seafood*. Verfügbar via www.friederikeschmitz.de/AS/357

58 Jha, A. (2013). *Scientist to eat lab-grown beefburger*, auf The Guardian. Verfügbar via www.friederikeschmitz.de/AS/358

59 Dutkiewicz, J. und Rosenberg, G. N. (2021). *Man v food: is lab-grown meat really going to solve our nasty agriculture problem?*, auf The Guardian. Verfügbar via www.friederikeschmitz.de/AS/359

60 Das Serum wird aus dem Blut ungeborener Kälber gewonnen, indem ihnen mit einer Nadel direkt ins Herz gestochen wird. Es wird so lange Blut abgesaugt, bis es blutleer ist. Dabei ist offenbar umstritten, ob die Tiere noch am Leben sind und ob sie darunter leiden. Aufgrund der Belege und in Anbetracht dessen, wie sich die Außendarstellung in der Tierindustrie sonst zu den Fakten verhält, würde ich davon ausgehen, dass die Prozedur mit furchtbarem Leid verbunden ist. Siehe zur Diskussion: Echtermann, A. (2019). *»Kälberserum«: Grausames Geschäft mit dem Blut ungeborener Kühe?*, auf Correctiv. Verfügbar via www.friederikeschmitz.de/AS/360

61 Philipott, T. (2022). *The Bloody Secret Behind Lab-Grown Meat*, auf Mother Jones. Verfügbar via www.friederikeschmitz.de/AS/361

62 Siehe: Umweltbundesamt (2020). *Fleisch der Zukunft*, S. 85. Verfügbar via www.friederikeschmitz.de/AS/128

63 Ebenda, S. 83.

64 Fassler, J. (2021). *Lab-grown meat is supposed to be inevitable. The science tells a different story*, auf The Counter. Verfügbar via www.friederikeschmitz.de/AS/362

65 Humbird, D. (2021). *Scale-up economics for cultured meat.* In: Biotechnology and Bioengineering 118 (8), 3239–3250. Verfügbar via www.friederikeschmitz.de/AS/363

66 Fassler, J. (2021). *Lab-grown meat is supposed to be inevitable* (s. o.).

67 Swartz vom Good Food Institute sagt laut Joe Fasslers Artikel auf The Counter (s. o.), er wisse nicht, ob das nötig sein wird oder nicht. Siehe außerdem: Linch und Neil_Dullaghan (2021). *Cultured meat: A comparison of techno-economic analyses*, auf Effective Altruism Forum. Verfügbar via www.friederikeschmitz.de/AS/364

68 Stephens, N. et al. (2018). *Bringing cultured meat to market: Technical, socio-political, and regulatory challenges in cellular agriculture.* In: Trends in Food Science & Technology 78, 155–166. Verfügbar via www.friederikeschmitz.de/AS/365

69 Peppou, G. (2021). *Cultured meat was never inevitable*, auf Medium. Verfügbar via www.friederikeschmitz.de/AS/366; siehe auch die Aussagen von Josh Tetrick im Artikel von Joe Fassler auf The Counter (s. o.).

70 Fassler, J. (2021). *Lab-grown meat is supposed to be inevitable* (s. o.).

71 Friedrich, B. (o. D.). *Creating a New Agricultural Revolution*, Transkript eines Vortrags auf Effective Altruism. Verfügbar via www.friederikeschmitz.de/AS/367

72 Swartz, E. (2021). *Rational optimism for cultivated meat*, auf Good Food Institute. Verfügbar via www.friederikeschmitz.de/AS/368

73 Santo, R. E. et al. (2020). *Considering Plant-Based Meat Substitutes and Cell-Based Meats: A Public Health and Food Systems Perspective.* In: Frontiers in Sustainable Food Systems 31. Verfügbar via www.friederikeschmitz.de/AS/369

74 Dutkiewicz, J. (2021). *Curb Your Food Tech Enthusiasm*, auf Wired. Verfügbar via www.friederikeschmitz.de/AS/370

75 Dutkiewicz, J. und Rosenberg, G. N. (2021). *Man v food: is lab-grown meat really going to solve our nasty agriculture problem?*, auf The Guardian. Verfügbar via www.friederikeschmitz.de/AS/359

76 Siehe oben: »Wir lieben saftiges Fleisch und werden es immer lieben«, steht auf der Firmenwebsite. Die niederländische Firma Meatable schreibt auf ihrer Website gar: »Wie lieben Fleisch und sehen es als wesentlichen Teil einer ausgewogenen Ernährung«.

6. Pflanzlich glücklich: Die Ernährungswende

1 Arens-Azevêdo, U. et al. (2015). *Qualität der Schulverpflegung – Bundesweite Erhebung. Abschlussbericht*, BMEL. Verfügbar via www.friederikeschmitz.de/AS/371.

2 Inform (2022). *DGE-Qualitätsstandard für die Verpflegung in Schulen.* Verfügbar via www.friederikeschmitz.de/AS/372

3 ARIWA (o. D.) *Zielgruppe Kinder & Jugendliche.* Verfügbar via www.friederikeschmitz.de/AS/373; siehe auch Schmitz, F. (2016). *Fleischvermarktung. Die Werbestrategien der Tierindustrie.* Vortragsvideo auf YouTube verfügbar via www.friederikeschmitz.de/AS/236

4 i.m.a. (2018). *Jahresbericht 2018.* Verfügbar via www.friederikeschmitz.de/AS/374.pdf

5 i.m.a. (2020). *Jahresbericht 2020.* Verfügbar via www.friederikeschmitz.de/AS/375

6 Janssen, H. (2013). *Die Furcht vor der grünen Umerziehung*, auf Der Spiegel. Verfügbar via www.friederikeschmitz.de/AS/376

7 Ehrenstein, C. (2021). *»Verbraucher entscheiden über Erfolg eines Produkts«*, Interview mit Ilse Aigner, auf WELT. Verfügbar via www.friederikeschmitz.de/AS/377

8 Kneiffel, C. (2017). *»Ich möchte niemandem vorschreiben, was er zu essen hat«*, Interview mit Christian Schmidt, auf Mainpost. Verfügbar via www.friederikeschmitz.de/AS/378

9 Löhr, J. (2019). *Salat predigen – Braten essen, auf Faz.net.* Verfügbar (Paywall) via www.friederikeschmitz.de/AS/379

10 WELT (2021). *Vegetarier Özdemir will striktere Auflagen für die Fleischindustrie*

einführen. Verfügbar via www.friederikeschmitz.de/AS/380
11 Schuler, R. (2021). *Ampel soll UNS nicht vorschreiben, was wir essen*, auf BILD. Verfügbar via www.friederikeschmitz.de/AS/381
12 WBAE (2020). *Politik für eine nachhaltigere Ernährung: Eine integrierte Ernährungspolitik entwickeln und faire Ernährungsumgebungen gestalten*. Verfügbar via www.friederikeschmitz.de/AS/382
13 WBAE et al. (2016). *Klimaschutz in der Land- und Forstwirtschaft sowie den nachgelagerten Bereichen Ernährung und Holzverwendung*, S. 132–133. Verfügbar via www.friederikeschmitz.de/AS/126
14 Milman, O. (2022). *Bean burrito or beef burrito? Restaurants try messages on menus to help diners order less meat*, auf The Guardian. Verfügbar via www.friederikeschmitz.de/AS/383; ProVeg (2020). *Nachhaltigkeit fördern durch Nudging.* Verfügbar via www.friederikeschmitz.de/AS/384; Rometsch, K. (2021). *»Durch Nudging können wir den unbewussten Konsum von Fleisch reduzieren«*, Gespräch mit Prof. Dr. Christina Gravert, auf Die Debatte. Verfügbar via www.friederikeschmitz.de/AS/385
15 Ich finde es durchaus fraglich, inwieweit eine rein pflanzliche Kantine die Entscheidungsfreiheit der Endkund*innen einschränkt – denn auch in jeder »normalen« Kantine gibt es ja nicht unendlich viele Gerichte, sondern zum Beispiel zwei oder drei zur Auswahl, die Freiheit ist also immer auf bestimmte Gerichte begrenzt. Das würde sich nicht dadurch ändern, dass alle Gerichte vegan sind. Und niemand wird gezwungen, dort zu essen.
16 Vgl. WBAE (2020). *Politik für eine nachhaltigere Ernährung: Eine integrierte Ernährungspolitik entwickeln und faire Ernährungsumgebungen gestalten*, S. 356. Verfügbar via www.friederikeschmitz.de/AS/382
17 Ebenda, S. 387.
18 Ebenda, S. 4.
19 Ebenda, S. 381.
20 Ebenda, S. 382.
21 Ebenda, S. 383.
22 Verbraucherzentrale Bundesverband (2021). *Weniger Mehrwertsteuer auf Obst und Gemüse für Klimaschutz und Gesundheit*. Verfügbar via www.friederikeschmitz.de/AS/386
23 Vgl. WBAE (2020). *Politik für eine nachhaltigere Ernährung* (s. o.), S. 384.
24 Oft wird in den vorhandenen Studien zum Beispiel angenommen, dass Eingriffe in die Ernährung gesundheitspolitisch begründet werden – also das Ziel haben, die Konsument*innen zu einer Ernährung zu bewegen, die für sie selbst besser ist. Wenn solche Maßnahmen als unangemessene Bevormundung wahrgenommen werden – weil jede*r das Recht haben sollte, ungesund zu essen –, folgt daraus noch nicht, dass die Maßnahmen genauso bewertet werden würden, wenn sie mit Verweis auf den Klimaschutz begründet werden. Ebenso kann die Akzeptanz einer Maßnahme davon abhängen, im Rahmen von welchem Gesamtpaket von Maßnahmen sie vorgeschlagen oder umgesetzt wird. Siehe dazu auch: Pissarskoi, E. und Kiesselbach, M. (2021). Lowering the consumption of animal products without sacrificing consumer freedom – a pragmatic proposal. In: Ethics, Policy and Environment. Verfügbar via www.friederikeschmitz.de/AS/387
25 Vgl. WBAE (2020). *Politik für eine nachhaltigere Ernährung* (s. o.), S. 386.
26 Beispiel Kindertagesstätten: Laut einer Stichproben-Studie von 2017 servierten damals fast die Hälfte der Kitas mindestens dreimal die Woche Fleisch – empfohlen wurde von der DGE damals maximal zweimal, seit 2020 ist die Empfehlung maximal einmal. DGE (2016). *13. Ernährungsbericht, Vorveröffentlichung Kapitel 2 und 3*. Verfügbar via www.friederikeschmitz.de/AS/388 (archiviert am 11.08.2019).
27 Ritter, G. et al. (2021). *NRW isst besser! Wegweiser zu einem nachhaltigeren Ernährungssystem in NRW*, S. 57. Verfügbar via www.friederikeschmitz.de/AS/389
28 Der Spiegel (2021). *Berliner Unis streichen Fleisch fast komplett aus dem*

Speiseplan. Verfügbar via www.friederikeschmitz.de/AS/390
29 Studierendenwerk Berlin (2021). *Mensa-Ernährungskonzept*. Verfügbar via www.friederikeschmitz.de/AS/391
30 Der Spiegel (2021). *Berliner Unis streichen Fleisch fast komplett aus dem Speiseplan* (s. o.).
31 Studentenwerk Göttingen (2021). *Mensen des Studentenwerks auf dem Weg zur CO2-Reduktion*. Verfügbar via www.friederikeschmitz.de/AS/392
32 Vgl. WBAE (2020). *Politik für eine nachhaltigere Ernährung: Eine integrierte Ernährungspolitik entwickeln und faire Ernährungsumgebungen gestalten*, S. 595. Verfügbar via www.friederikeschmitz.de/AS/382
33 Ein Organisation, der heute schon unterstützt, dass Schüler*innen und Kita-Kinder Gemüse anbauen, ist die GemüseAckerdemie (siehe: acker.co/).
34 WBAE (2020). *Politik für eine nachhaltigere Ernährung* (s. o.), S. 661.
35 Ebenda, S. 586.
36 Das Umweltbundesamt fordert das ebenfalls: Umweltbundesamt (2017). *Für Klima und Umwelt: Tierische Produkte höher besteuern*. Verfügbar via www.friederikeschmitz.de/AS/393
37 WBAE (2020). *Politik für eine nachhaltigere Ernährung* (s. o.), S. 663.
38 Ebenda, S. 576, 663.
39 Ebenda, S. 572.
40 Ebenda, S. 571; Umweltbundesamt (2018). *Hohe Kosten durch unterlassenen Umweltschutz*. Verfügbar via www.friederikeschmitz.de/AS/394
41 Umweltbundesamt (2021). *Gesellschaftliche Kosten von Umweltbelastungen*. Verfügbar via www.friederikeschmitz.de/AS/395
42 University College London (2021). *Economic cost of climate change could be six times higher than previously thought*, auf phys.org. Verfügbar via www.friederikeschmitz.de/AS/396
43 Eine Übersicht über die Beträge und Details zur Rechnung sind verfügbar via www.friederikeschmitz.de/AS/397
44 WBAE (2020). *Politik für eine nachhaltigere Ernährung* (s. o.), S. 571.
45 Bürgerrat Klima (2021). *Unsere Empfehlungen für die deutsche Klimapolitik*. Verfügbar via www.friederikeschmitz.de/AS/11
46 Eine gewisse Verzerrung im Vergleich zur Gesamtbevölkerung besteht allerdings, die dadurch entstanden ist, dass die Bewerbung und Teilnahme ja freiwillig war, also schon ein gewisses Interesse an der Thematik bestehen musste. Obwohl versucht wurde, das auch möglichst repräsentativ zu gestalten, waren am Ende Menschen, die in Befragungen angegeben hatten, dass ihnen das Thema Klimaschutz wichtig sei, im Bürgerrat Klima stärker vertreten als bei einer Vergleichsbefragung von Bürger*innen im Vorfeld des Bürgerrats. Außerdem waren beim Kriterium Bildung Menschen mit niedrigen Bildungsabschlüssen leicht unterrepräsentiert – statt einem Anteil von 29 Prozent in der Bevölkerung hatten sie im Bürgerrat nur einen Anteil von 18 Prozent. Siehe: Bürgerrat Klima (2021). *Unsere Empfehlungen für die deutsche Klimapolitik* (s. o.), S. 82.
47 BMUV (2022). *Bürgerinnen- und Bürgerratschlag Nachhaltige Ernährung*. Verfügbar via www.friederikeschmitz.de/AS/398
48 Ernährungsrat Berlin (2021). *Berlin isst anders. Ein Zukunftsmenü für Berlin und Brandenburg*, S. 206–207. Verfügbar via www.friederikeschmitz.de/AS/399
49 Leenaert, T. (2022). *Der Weg zur veganen Welt*, Transcript, S. 24, 79.
50 Ebenda, S. 37.
51 Ebenda.
52 Ebenda, S. 84.
53 Ebenda, S. 91.
54 Ebenda, S. 93–94.
55 Taft, C. (2016). Motivational Methods *for Vegan Advocacy: A Clinical Psychology Perspective*, Vegan Publishers.
56 Ebenda, S. 8.
57 Das Video ist auf Facebook verfügbar via www.friederikeschmitz.de/AS/400
58 Taft, C. (2016). Motivational Methods *for Vegan Advocacy: A Clinical Psychology Perspective*, Vegan Publishers, S. 22.
59 Ebenda, S. 43.

60 Christakis, N. A. et al. (2008). *The Collective Dynamics of Smoking in a Large Social Network*. In: The New England Journal of Medicine 358, 2249–2258. Verfügbar via www.friederikeschmitz.de/AS/401
61 Christakis, N.A. et al. (2007). *The Spread of Obesity in a Large Social Network over 32 Years*. In: New England Journal of Medicine 357, 370–379. Verfügbar via www.friederikeschmitz.de/AS/402; siehe außerdem Cooney, N. (2011). *Change of Heart*, Lantern Books, S. 151–153.
62 Eine Reihe an Studien sind auf der Wikipedia-Seite »Three degrees of influence« zusammengestellt. Verfügbar via www.friederikeschmitz.de/AS/403
63 Einhorn, L (2020). *Normative social influence on meat consumption*, MPIfG Discussion Paper 20/1. Verfügbar via www.friederikeschmitz.de/AS/404
64 Schmidt, F. (2019). *Ernährungsstudie: Vegetarisch leben ist ansteckend*, auf Der Spiegel. Verfügbar via www.friederikeschmitz.de/AS/405
65 Anderson, J. (2018). *The Effect Of Social Norms On Meat Consumption*, on faunalytics. Verfügbar via www.friederikeschmitz.de/AS/406
66 Nalon, E. (2018). *Nudging Consumers To Reduce Meat Demand: A Science-Based Approach*, auf faunalytics. Verfügbar via www.friederikeschmitz.de/AS/407
67 Versluis, I. und Papies, E.K. (2016). *The Role of Social Norms in the Portion Size Effect: Reducing Normative Relevance Reduces the Effect of Portion Size on Consumption Decisions*. In: Frontiers in Psychology. Verfügbar via www.friederikeschmitz.de/AS/408
68 Wuppertal Institut (2021). *Transformationsarenen des Klimaschutzes - Nachhaltige Ernährung außer Haus*, Folge 4 vom Podcast Zukunftswissen.fm. Verfügbar via www.friederikeschmitz.de/AS/409
69 Wie bereits erwähnt, stimmten bei einer repräsentativen Umfrage im Jahr 2021 fast 70 Prozent der Befragten der Aussage zu, dass die Massentierhaltung in Deutschland verboten werden sollte. Nur 21 Prozent waren dagegen. ProVeg (2021). *70 % der Menschen in Deutschland wollen Verbot der Massentierhaltung*. Verfügbar via www.friederikeschmitz.de/AS/10/
70 Delon, N. (2018). *Social norms and farm animal protection*. In: Palgrave Communications 4. Verfügbar via www.friederikeschmitz.de/AS/410 Delon sucht speziell nach Begründungen für Tierschutzreformen und schlägt daher außerdem vor, auf nationale Identität zu verweisen: »Amerikaner*innen zeigen Mitgefühl für Tiere«.
71 Buettner, D. (2015). Blue Zones Solutions: Eating and Living Like the World's Healthiest People. Washington D.C.: National Geographic; siehe auch: Buettner, D. (2015). *The Finnish Town That Went on a Diet*, auf The Atlantic, verfügbar via www.friederikeschmitz.de/AS/411
72 Ritter, G. et al. (2021). *NRW isst besser! Wegweiser zu einem nachhaltigeren Ernährungssystem in NRW*, S. 87. Verfügbar via www.friederikeschmitz.de/AS/389
73 Klimaliste Berlin (2021). *Klimaplan Berlin*, Version 1.0. Verfügbar via www.friederikeschmitz.de/AS/412
74 WBAE (2020). *Politik für eine nachhaltigere Ernährung: Eine integrierte Ernährungspolitik entwickeln und faire Ernährungsumgebungen gestalten*, S. 689. Verfügbar via www.friederikeschmitz.de/AS/382
75 Siehe dazu auch den Beitrag von Niko Rittenau in diesem Buch.
76 Vgl. z.B. Rittenau, N. et al. (2021). *Vegan ist Unsinn*, Ventil Verlag, S. 287–304.

7. Gerechte Transformation: Die Produktion umstellen

1 Schneidewind, U. (2019). *Die Große Transformation*, Fischer Verlag, S. 256.
2 Deter, A. (2021). *Seit 2010 haben 47.300 Tierhalter aufgegeben!*, auf topagrar online. Verfügbar via www.friederikeschmitz.de/AS/413
3 Deter, A. (2021). *Ein Landwirt ernährt heute 137 Personen*, auf topagrar online. Verfügbar via www.friederikeschmitz.de/AS/414

4 Schneidewind (2019). *Die Große Transformation*, Fischer Verlag, S. 256.
5 Forbes (2022). *Clemens Toennies*. Verfügbar via www.friederikeschmitz.de/AS/415
6 Bakir, D. (2021). *Kim Kardashian und Co: Wer jetzt alles Milliardär ist – und wo Donald Trump landet*, auf Stern. Verfügbar via www.friederikeschmitz.de/AS/416
7 Statista (2022). *Die 25 reichsten Deutschen im Jahr 2022 nach Vermögen*. Verfügbar via www.friederikeschmitz.de/AS/417
8 Polke, F. (2019). *Immer mehr Betriebe denken ans Aufhören*, auf Westfälische Nachrichten. Verfügbar via www.friederikeschmitz.de/AS/418
9 Siehe z. B.: Lehmann, N. (2020). *10-Punkte-Plan für einen Gesellschaftsvertrag mit der Landwirtschaft*, auf agrarheute. Verfügbar via www.friederikeschmitz.de/AS/418a
10 Gemeinsam gegen die Tierindustrie (2021). *Milliarden für die Tierindustrie. Wie der Staat öffentliche Gelder in eine zerstörerische Branche leitet*, S. 20–23. Verfügbar via www.friederikeschmitz.de/AS/8
11 Blattner, C. (2020). *Just Transition for Agriculture? A Critical Step in Tackling Climate Change*. Journal of Agriculture, Food Systems, and Community Development 9 (3). Verfügbar via www.friederikeschmitz.de/AS/419
12 Theile, M. (2020). *Schwein gehabt*, auf Die Zeit. Verfügbar (Paywall) via www.friederikeschmitz.de/AS/420
13 Government of the Netherlands (2020). *New steps to tackle nitrogen pollution offer prospects for farmers*. Verfügbar via www.friederikeschmitz.de/AS/421
14 Häger, A. und Schmid, J. (2021). *Fleischproduktion in Deutschland: Weniger Bauern, mehr Fleischindustrie*, auf Heinrich-Böll-Stiftung. Verfügbar via www.friederikeschmitz.de/AS/422
15 Arden, M. (2015). *Holland: Weniger Produktionsrechte*, auf topagrar online. Verfügbar via www.friederikeschmitz.de/AS/423
16 Ministerie van Landbouw, Natuur en Voedselkwaliteit (2021). *Kamerbrief /* Brief an das Parlament. Verfügbar via www.friederikeschmitz.de/AS/424
17 www.friederikeschmitz.de/AS/425
18 WirtschaftsWoche (2022). *Bauernproteste in Niederlanden: Erste Gespräche mit Regierung*. Verfügbar via www.friederikeschmitz.de/AS/426
19 Schröer, D. et al. (2021). *Bezahlter Ausstieg aus der Schweinehaltung: Raus aus der Sackgasse?* Verfügbar via www.friederikeschmitz.de/AS/427
20 Pahlke, M. (2022). *Einkommensalternative: Pilze anbauen statt Schweine mästen*, auf agrarheute. Verfügbar via www.friederikeschmitz.de/AS/428
21 Gemeinsam gegen die Tierindustrie (2021). *Milliarden für die Tierindustrie. Wie der Staat öffentliche Gelder in eine zerstörerische Branche leitet*. Verfügbar via www.friederikeschmitz.de/AS/8
22 Ebenda, S. 26–30.
23 Ebenda, S. 28–29.
24 Siehe S. 69–74 und 141–149.
25 Verbände-Plattform (2019). *Stellungnahme der Verbände-Plattform zur Ausgestaltung der Eco-Schemes im Rahmen der EU-Agrarpolitik nach 2020*. Verfügbar via www.friederikeschmitz.de/AS/429
26 BMEL (o. D.). *Hülsenfrüchte*. Verfügbar via www.friederikeschmitz.de/AS/430
27 Vgl. ebenda.
28 Bottinelli, S. (2021). *Denmark invests 1.25 billion kroner to advance plant-based food research and production*, auf Food Matters Live. Verfügbar via www.friederikeschmitz.de/AS/431
29 Nordkurier (2022). *Mehr Unterstützung bei Anbau von Hülsenfrüchten gefordert*. Verfügbar via www.friederikeschmitz.de/AS/432
30 FU Münster (2020). *Vom Acker übers Labor auf den Teller*. Verfügbar via www.friederikeschmitz.de/AS/433
31 Deutscher Fachverband für Agroforstwirtschaft (2021). *Verpasste Gelegenheit im Bundesrat: Möglichkeit für eine wirksame Agroforst-Förderung nicht ausgeschöpft*. Verfügbar via www.friederikeschmitz.de/AS/434
32 Staude, J. (2022). *Solarstrom aus wiedervernässten Mooren, auf klimareporter.*

Verfügbar via www.friederikeschmitz.de/AS/435

33 Rassek, M. (2022). *Klimawandel und Energiegewinnung: Aufforstung und Energiewirtschaft – Landwirt aus Beeskow steigt aus Tierhaltung und Ackerbau aus*, auf MOZ. Verfügbar (Paywall) via www.friederikeschmitz.de/AS/436

34 Inkota (2018). *Breites Bündnis gegen Marktmacht der Megakonzerne*. Verfügbar via www.friederikeschmitz.de/AS/437

35 Grethe et al. (2021): *Klimaschutz im Agrar- und Ernährungssystem Deutschlands: Die drei zentralen Handlungsfelder auf dem Weg zur Klimaneutralität*, Gutachten für die Stiftung Klimaneutralität. Verfügbar via www.friederikeschmitz.de/AS/438

36 Deutsche Umwelthilfe (2021). *Ökonomische Instrumente für eine umwelt- und klimafreundliche sowie artgerechte Tierhaltung*. Verfügbar via www.friederikeschmitz.de/AS/439

37 Preker, A. (2021). *Mehr Tierwohl ist möglich – aber wann?*, auf Der Spiegel. Verfügbar via www.friederikeschmitz.de/AS/440

38 Wacket, M. et al. (2020). *Kohleausstieg kostet Steuerzahler Milliardensummen*, auf Reuters. Verfügbar via www.friederikeschmitz.de/AS/441; Podbregar, N. (2018). *Wie viele Arbeitsplätze kostet der Ausstieg?*, auf natur.de. Verfügbar via www.friederikeschmitz.de/AS/442

39 Von Gall, P. und Petrick, K. (2022). *Weniger Tiere – mehr Raum für Wandel*, Analyse im Auftrag von Vier Pfoten, Stiftung für Tierschutz. Verfügbar via www.friederikeschmitz.de/AS/443

40 BLE (2020). *Förderung für Stallumbau in der Sauenhaltung*. Verfügbar via www.friederikeschmitz.de/AS/444

41 Zeit Online (2020). *»Tägliches T-Bone-Steak ist kein Menschenrecht«*. Verfügbar via www.friederikeschmitz.de/AS/445

42 Siehe z. B.: Struck, A. (2018). *Nach massiven Tierschutzverstößen: Schlachthof darf nicht mehr öffnen*, auf agrarheute. Verfügbar via www.friederikeschmitz.de/AS/446

43 Siehe z. B.: Raschke, B. (2019). *Hintergrund-Papier zur Bolart Schweineproduktionsanlage GmbH*. Verfügbar via www.friederikeschmitz.de/AS/447

44 Tscherrig, T. (2021). *So löcherten Lobbyisten das deutsche Lieferkettengesetz*, auf Infosperber. Verfügbar via www.friederikeschmitz.de/AS/448

45 Initiative Lieferkettengesetz (2022). *Entwurf für EU-Lieferkettengesetz: Der Grundstein ist gelegt*. Verfügbar via www.friederikeschmitz.de/AS/449

46 Die EU verbietet beispielsweise den Import von Robbenprodukten und erhielt dabei vor dem Schiedsgericht der WTO Recht, und zwar mit Verweis auf den Schutz des »öffentlichen Moral«.

47 Habermann, F. (2018): *Ausgetauscht. Warum gutes Leben für alle tauschlogikfrei sein muss*, Ulrike Helmer Verlag.

48 Solidarische Landwirtschaft (o. D.). *Bestehende Solawis und Solawis i. G.* Verfügbar via www.friederikeschmitz.de/AS/450; Rommel, M. (2020). *Raus aus der Wachstumsspirale*, auf Bioland. Verfügbar via www.friederikeschmitz.de/AS/451

49 Unser Land schafft Wandel (2020). *Kommunale Agrarwende?! Die Neuregelungen zur Landvergabe in Greifswald im Überblick*. Verfügbar via www.friederikeschmitz.de/AS/452

50 Siehe z. B.: Solawi Oldenburg (o. D.). *Häufige Fragen*. Verfügbar via www.friederikeschmitz.de/AS/453

51 Beispiele für solidarische internationale Projekte sind z. B.: TEIKEI (teikeicoffee.org), Gemein & Nützlich (gemein-vertrieb.de); Solioli (solioli.de).

52 Myzelium (2021). *Solidarische Lebensweise und gemeinschaftsbasiertes Wirtschaften*. Folge 47 vom Myzelium Podcast. Verfügbar via www.friederikeschmitz.de/AS/454

53 AbL (2020). *Ackerland in Bauernhand*. Verfügbar via www.friederikeschmitz.de/AS/455

54 Netzwerk Flächensicherung et al. (2022). *Zugang zu Land für gemeinwohlorientierte Landwirtschaft!* Verfügbar via www.friederikeschmitz.de/AS/456

55 Curtiss, J. et al. (2022). *Neue Organisationsformen des Landeigentums – Boden in Gemeinschaft*. Verfügbar via www.friederikeschmitz.de/AS/457

56 Zinke, O. (2021). *Bodenpreise steigen steil an: Das müssen die Bauern jetzt zahlen*, auf agrarheute. Verfügbar via www.friederikeschmitz.de/AS/458
57 Die Linke (2020). *Bodenreform 2020: Landwirte schützen – Agrarland gerecht verteilen*. Verfügbar via www.friederikeschmitz.de/AS/459
58 Zinke, O. (2019). *Agrarstruktur: Von Heuschrecken und Großbetrieben*, auf agrarheute. Verfügbar via www.friederikeschmitz.de/AS/460; siehe auch: Zinke, O. (2021). *Agrarholdings kaufen freie Landwirtschaft auf – auch im Westen*, auf agrarheute. Verfügbar via www.friederikeschmitz.de/AS/461
59 Zinke, O. (2021). *Bauernland in Staatshand: Enteignung landwirtschaftlicher Flächen*, auf agrarheute. www.friederikeschmitz.de/AS/462
60 Jusos München (2022). *Supermärkte vergesellschaften!* Verfügbar via www.friederikeschmitz.de/AS/463

8. Rebellieren statt konsumieren: Gemeinsam für Veränderung

1 DGS Magazin (2020). *PHW-Gruppe unter den größten Fünf*. Verfügbar via www.friederikeschmitz.de/AS/464
2 Seidel, Ä. (2019). *Robin Celikates: Klimaprotest ist »nicht antidemokratisch«*, auf Deutschlandfunk. Verfügbar via www.friederikeschmitz.de/AS/465
3 Reese, J. (2018). *The End of Animal Farming*, Beacon Press, S. 113–115.
4 PETA (2022). *Weltumwelttag am 5. Juni: Darum sollten Sie mitmachen*. Verfügbar via www.friederikeschmitz.de/AS/466
5 Es geht bei »Befreiung« also nicht um die buchstäbliche Befreiung von Tieren aus Mastanlagen oder Laboren, sondern um die Befreiung aus einem gesellschaftlichen Unterdrückungsverhältnis. Siehe auch Schmitz, F. (2018). *Standpunkt: Gerechtigkeit für Tiere – Gesellschaftliche Tierbefreiung*, auf bpb. Verfügbar via www.friederikeschmitz.de/AS/467
6 Plukon (2020). *Plukon erfüllt die Kriterien der Europäischen Masthuhn-Initiative*. Verfügbar via www.friederikeschmitz.de/AS/468
7 Raschke, B. (2018). *89 Millionen Hühner bei Wiesenhof ohne Genehmigung geschlachtet?* Verfügbar via www.friederikeschmitz.de/AS/469
8 LBU (2020). *Deutlich mehr Corona in Intensiv-Tierhaltungsgebieten*. Verfügbar via www.friederikeschmitz.de/AS/470
9 Bei der Hähnchenmast gibt es pro Jahr 7–8 »Durchgänge«. Zum Erfolg in Waldeck: Aktion Agrar (2022). *Initiative 1: BI Waldeck und AGA Nordhessen*. Verfügbar via www.friederikeschmitz.de/AS/471
10 DUH (o. D.). *E-Mail-Aktion für ein bundesweites Moratorium gegen neue Tierplätze in der Massentierhaltung!* Verfügbar via www.friederikeschmitz.de/AS/472
11 Die Linke (2022). *Beschluss 2022/072, Landwirtschaft*. Verfügbar via www.friederikeschmitz.de/AS/473
12 Im Juni 2022 startete der Prozess zur Erarbeitung einer Ernährungsstrategie, die laut Koalitionsvertrag 2023 beschlossen werden soll. Laut der Pressemitteilung des Agrarministeriums gehört zu den zentralen Zielen eine stärker pflanzenbasierte Ernährung. Noch ist aber unklar, wie groß die Veränderung sein soll und wie sie erreicht werden soll. Siehe: BMEL (2022). *Özdemir: Gute Ernährungspolitik ist eine Frage der Fairness*. Verfügbar via www.friederikeschmitz.de/AS/474
13 Engler, M. und Engler, P. (2017). *This Is an Uprising*. Nation Books.
14 Zitiert aus ebenda, S. 91.
15 Ebenda, S. 89.
16 Ebenda, S. 114.
17 Zitiert aus ebenda, S. 110.
18 Siehe z. B. Ahmed, N. (2019). The flawed social science behind Extinction Rebellion's change strategy, auf Medium. Verfügbar via www.friederikeschmitz.de/AS/475; Gelderloos, P. (2020). Debunking the myths around nonviolent resistance, auf Roar. Verfügbar via www.friederikeschmitz.de/AS/476
19 Auf ein interessantes Wechselspiel zwischen öffentlicher Meinung und Gesetzen habe ich schon im Kapitel 6 zur Ernährungswende hingewiesen anhand des Beispiels der Gurtpflicht: Die öffentliche Meinung ist nicht immer

die Voraussetzung für neue Gesetze, sondern wird umgekehrt von diesen geprägt. So gewinnen Gesetze oft mehr Zustimmung, nachdem sie schon verabschiedet wurden. Ähnliches wurde für die Einführung der Homo-Ehe in Europa nachgewiesen: Vorurteile gegen Homosexualität sanken signifikant als Folge der Legalisierung. Siehe Aksoy, C. G. (2020). *Do laws shape attitudes? Evidence from same-sex relationship recognition policies in Europe*. In: European Economic Review 124.

20 Schmelzer, M. et al. (2022). *The Future Is Degrowth. A Guide to a World beyond Capitalism*. Verso Books.

21 Ebenda, S. 254–255.

22 jAbL (2022). *PM: Junge Landwirt*innen fordern sozial-ökologische Transformation der Landwirtschaft ohne Kompromisse beim Klima- und Artenschutz*. Verfügbar via www.friederikeschmitz.de/AS/477

23 Weidehaltung kann die Verwüstung u. a. dadurch beschleunigen, dass sie das Wachstum von Büschen und Bäumen verhindert und den Boden anfälliger für Erosion macht. Die Effekte hängen stark vom Management ab und sind bei intensiver Beweidung bzw. Überweidung besonders negativ. In seinem Buch »Regenesis« hat George Monbiot mehrere Studien zusammengetragen, aus denen er die Folgerung zieht: »Als allgemeine Regel gilt: Das beste, was man tun kann, damit die Ökosysteme in Trockenregionen sich erholen, ist die Nutztiere zu entfernen.« (Monbiot, G. (2022). *Regenesis*, Penguin, S. 89) Siehe zur Diskussion um die Weidehaltung außerdem in diesem Buch die Abschnitte »Klimafreundliche Weidehaltung? Achtung Greenwashing« ab S. 69 und »Was wird aus dem Grünland?« ab S. 141.

24 Zu anderen Methoden siehe z. B. Schauenberg, T. (2022). *Wie man den Planeten vor der Verwüstung retten kann*, auf DW. Verfügbar via www.friederikeschmitz.de/AS/478; Branch, O. und Wulfmeyer, V. (2019). *Deliberate enhancement of rainfall using desert plantations*. In: PNAS 116 (38), 18841–18847. Verfügbar via www.friederikeschmitz.de/AS/479; zu den Klimaeffekten der Weidehaltung siehe in diesem Buch ab. S. 69.

25 Aktion Agrar (o. D.). *Saatgut als Gemeingut*. Verfügbar via www.friederikeschmitz.de/AS/480

26 Animal Rebellion (o. D.) *Frequently Asked Questions (FAQ)*. Verfügbar via www.friederikeschmitz.de/AS/481

27 Cwiertnia, L. (2019). *Er hat einen Plan*, Interview mit Roger Hallam, auf Zeit Online. Verfügbar (Paywall) via www.friederikeschmitz.de/AS/482

28 Knuth, H. (2019). *»Fast ein normales Ereignis«*, Interview mit Roger Hallam, auf Zeit Online. Verfügbar (Paywall) via www.friederikeschmitz.de/AS/483

29 Hartmann, K. (2020). *Grüner wird's nicht*, Blessing, S. 92.

30 Entsprechende Ziele wurden zum Beispiel auch im »Klimaplan von unten« formuliert, an deren Erstellung sich u. a. Aktivist*innen von Animal Climate Action und Gemeinsam gegen die Tierindustrie beteiligt haben. Verfügbar via www.friederikeschmitz.de/AS/484 (archiviert am 19.04.2022).

31 Siehe dazu einen Aufruf, den ich mit zwei Freundinnen initiiert habe und der sich an die politische Linke richtet mit dem Titel »Befreiung hört nicht beim Menschen auf«, siehe: befreiung-hoert-nicht-beim-menschen-auf.org/

32 Siehe Luisa Neubauer auf Twitter (twitter.com/Luisamneubauer) am 05.12.2021.

Dank

Herzlichen Dank an alle, die für dieses Buch ihr Wissen und ihre Erfahrungen mit mir geteilt haben, mich zu Besuch kommen ließen, Teile des Buches gelesen und mir wertvolle Rückmeldungen gegeben haben oder das Projekt auf andere Weise unterstützt und vorangebracht haben: Alexander Schrode, Anja Bonzheim, Anne Weiss, Arianna Ferrari, Armin Rohm, Arne Wessel, Arved Bünning, Benjamin Bodirsky, Bianca Ulken, Birgit Thormählen, Caroline Zimmer, Cecilia Antoni, Charlotte Blattner, Christian Rombeck, Christian Zacherl, Corinna Dawid, Damian Winter, Daniel Hausmann, Daniel Mettke, David Geier, Didem Aydurmuş, Ellen Maria Ernst, Felix Domke, Frauke Schoon, Frederik Henn, Friederike Habermann, Friedrich Kirsch, Georg Kobiela, Gesine Langlotz, Gudrun Eichler, Guido Ritter, Hannah Flüh, Harald Grethe, Hilal Sezgin, Ingo Rüdiger, Jan Horstmann, Janis, Jens Neumann, Jens Tuider, Johannes Graef, Judith Düesberg, Jürgen Foß, Kathrin Hartmann, Kara ten Hoevel, Konstantinos Tsilimekis, Kristin Höhlig, Laura Gertenbach, Lena, Lena Brasch, Lucia Müller, Maike Graef, Manuel Klarmann, Marcel Sebastian, Mareike Menneckemeyer, Michael Krack, Michelle Grüne, Niko Rittenau, Oliver Schmitt, Patrick Siegmund, Philipp Bruck, Philipp von Gall, Ralf Holler, Rike Lorenz, Robert Porzel, Sandra Franz, Sandra Neumeier, Sarah Heiligtag, Sebastian Schottstedt, Serayi, Stefan Sander, Steffen Beier, Sunny, Svenjo Heyne, Thomas Hecquet, Timo Geuß, Ulrike Schwerdtner, Veronika Settele.